JN440472

地文航海

박양기·박성기

朴惺基
海軍士官學校 卒業(理學士)
金井艦長, 臨陣艦長 艦隊勤務 12年
海軍士官學校 軍事學科長, 航海教官
艦隊訓練團 參謀長
第2海域司 參謀長
海軍 第2士官學校 副校長
前 海軍士官學校 教授

朴洋基
海軍士官學校 卒業(理學士)
慶北艦, 華山艦, 玉浦艦 등 海上勤務 10年
韓國海洋大學校 大學院 卒業(工學碩士)
海技士 免許出題委員
前 海軍士官學校 教授

地文航海

중판 발행 2014년 8월 14일
지은이 박양기·박성기
펴낸이 이정수
책임 편집 최민서·신지항
펴낸곳 연경문화사
등록 1-995호
주소 서울시 강서구 양천로 551-24 한화비즈메트로 2차 807호
대표전화 02-332-3923
팩시밀리 02-332-3928
이메일 ykmedia@naver.com
값 27,000원
ISBN 978-89-8298-071-7 (93440)

머 리 말

航海術의 발달 과정은 과학 문명과 병진(並進)하여 발전하여 왔고, 오늘날에는 인공 위성을 이용하는 항법 단계에까지 이르게 되어 인간의 힘을 빌리지 않고도 자동적으로 항진(航進)시킬 수 있는 단계에 도달하였다. 航海學도 그 범위가 넓어져서 地文, 天文, 電波 航海 등으로 분류하여 연구하기에 이르렀다. 그 중에서도 地文航海는 항해학의 가장 기초적인 학문으로, 航海學을 공부하는 사람이면 누구나 地文航海부터 시작하는 것이 당연한 순서라 생각된다.

이에 필자들은 10여 년간의 실무 경험과 다년간의 강의 자료를 토대로 하여, 여러 서적에서 집필 자료를 섭렵(涉獵)하여 航海學을 처음 배우려는 사람들이 쉽게 이해할 수 있도록 기초 지식과 이론을 실무에 쉽사리 적용할 수 있도록 배려하여 저술하였다. 집필 과정에서 특히 유의한 점은 저서 내용을 한글 위주로 시도하였고, 전문용어는 한문과 영문을 괄호 안에 병기(並記)하여 이해를 돕도록 하였다.

워낙 천학비재(淺學非才)한 필자들이라 불비한 점이 많을 것으로 생각되나, 차후에 기회 있는 대로 개정하여 완전한 저서를 만들고자 하므로 선후배 및 독자 제현(諸賢)의 기탄없는 충고를 바라마지 않는다.

끝으로, 본서를 집필하는 데 격려와 조언을 해 주신 海軍士官學校 교수부 선후배와 어려움 속에서도 출판을 맡아 주신 淵鏡文化社에 감사를 드리는 바이다

지은이 씀

차 례

제 3 장 해 도

제 4 장 수로 서지

제 5 장 항로 표지

제 6 장 항해 계기

제 7 장 조석과 유조

제 8 장 자기 나침의

제 9 장　전륜 나침의

제 10 장　추측 항법

제 11 장　유조 항법

제 12 장　항정선 항법

제 13 장 대권 항법과 집성 대권 항법

제 14 장 연안 항법

제 15 장 항해 실무

부 록

제 1 장 항해학 개설

101 항해학의 정의

항해학(航海學)을 영문으로 표기할 때 navigate의 명사인 Navigation이라 한다. navigate는 라틴어의 동사(動詞) navigere의 과거분사인 navigatus에서 유래한 단어이다. navigere의 navis는 선박(船舶)을 뜻하고, agere는 움직인다(to move), 또는 인도한다(to direct)는 뜻이다.

세계적으로 가장 권위 있는 항해학 저서인 영국의 'Admiralty navigation manual', 미국의 'American practical navigator' 및 'Dutton's navigation and piloting'에서는 항해학을 "한 장소에서 다른 장소로 선박, 항공기, 우주선 및 자동차 등을 안전하고 경제적인 방법으로 운항하는 기술과 학리(學理)를 배우는 과학이다."라고 정의하고 있다.

이상과 같이, 넓은 의미로써 정의한 항해학은 선박의 항해, 잠수함의 수중 항해, 항공기의 비행, 우주선의 우주 항해, 자동차의 운전 및 특수한 여건의 극권(極圈)과 구명정 항해 등이 포함되어 그 내용이 너무 광범위하고 한계가 모호하게 된다.

그러므로 항해학을 좁은 의미로써 해석하여 정의하면, 선박을 한 장소에서 다른 장소로 항행(航行)시키는 과정에서 필요한 선박의 위치(位置), 방향(方向), 거리(距離)를 결정하는 방법과, 이에 관계되는 사항을 다루는 기술 및 과학이라고 할 수 있다. 따라서, 항해학을 익히는 과정에서 중요한 것은 학술적인 사실을 이해하는 것도 필요하지만, 그 이치를 숙지하지 않으면 실용상 아무 소용이 없게 된다.

102 항해학의 분류

항해학은 크게 지문 항해(추측 항법과 연안 항법), 천문 항해, 전파 항해로 분류된다.

1. 지문 항해(地文航海; Geo Navigation)

(1) 추측 항법(推測航法; Dead reckoning, DR)

추측 항법은 외력(바람과 해조류)을 고려하지 않고 침로와 항정(航程)만을 이용하여 이미 정확하게 결정된 선박의 위치를 기준하여 새로운 선위를 추정하여 결정하는 방법을 말한다.

추측 항법에서 침로는 나침의(羅針儀)에 의해서 결정하고, 항정은 측정의(測程儀) 및 기관(機關) 회전수로 계산되며, 이것을 이용하여 항해사가 직접 해도에 선위를 기점한다. 추측 항적 자화기(Dead reckoning tracer, DRT)나 추측 항적 분해기(Dead reckoning analyzer, DRA)는 선박의 운동을 기계적으로 계산하여 선위를 기점하는 계기이고, 최신 항법의 일종인 관성 항법(Inertial navigation)과 도플러 항법(Doppler navigation)도 추측 항법의 원리를 개발시킨 계기를 이용하고 있다.

(2) 연안 항법

연안 항법(沿岸航法; Piloting)은 육상 물표, 항로 표지(航路標識), 측심(測深) 등을 이용하여 계속적으로 선박의 위치를 결정하고 선박을 안전하게 항행시키는 방법을 말한다.

연안 항법은 한때 시각과 청각의 도달 거리 내에서 적용되었으나, 레이다, 무선 통신 및 발달된 전자 계기에 의해서 인간의 시각과 청각의 도달 거리는 수평선 넘어로 확대되었고, 물속과 우주 공간까지도 도달하고 있다.

2. 천문 항해(天文航海; Celestial navigation)

천문항해는 태양, 달, 별 및 혹성 등 천체를 관측하여 선박의 위치를 결정하는 방법과 그에 필요한 사항을 다룬다.

3. 전파 항해(電波航海; Electronic navigation)

전파 항해는 전자 계기를 이용하여 선박의 위치를 결정하는 방법과, 그에 필요한 사항을 다루는 학과이다. 전파 항해는 원래 지문 항해의 일부분이었으나, 전자 계기의 발달로 인하여 선위를 결정하는 수단으로서 전파 항해가 차지하는 비중이 크게 되어 분리되었다.

이 책에서는 지문 항해에 관한 사항을 주로 하여 거술하였다.

제 2 장 지 구

201 지구의 모양과 크기

지구(地球)는 일반적으로 구형(球形)이라 알려져 있고, 이러한 가정하에 항해학(航海學)의 일반 문제를 다루고 있으나, 인공 위성에서 촬영한 사진에 의하면 지구는 사과를 거꾸로 세운 모양과 비슷하게 보인다. 즉 지구는 양극(兩極) 지름이 적도(赤道) 지름보다 약간 짧고, 남북으로 편평(扁平)한 편구(扁球; Oblate spheroid)이다.

지구의 크기는 측정하는 사람에 따라 약간의 차이가 있으나(표 2-1 참조), 국제 측지학회(國際測地學會)에서 채용하는 지구(地球)의 크기는 적도 반지름(a) 6378.3880 km, 양극 반지름(b) 6356.9119 km로서 평균 반지름 $\left(\frac{2a+b}{3}\right)$은 6371.229 km이다. 국제 측지학회의 채용값은 하이포드(Hayford)의 측정값을 기준하였다.

표 2-1.

측정자	연 도	적도 반지름 a(m)	양극 반지름 b(m)	타 율 f	채용 국가
Bessel(독)	1941	6,377,397	6,356,079	$\frac{1}{299.15}$	독일, 노르웨이
Clarke(영)	1866	6,378,206	6,356,584	$\frac{1}{294.98}$	영국, 미국, 프랑스
Clarke(영)	1880	6,378,249	6,356,515	$\frac{1}{293.47}$	
Helmart(독)	1907	6,378,300	6,356,818	$\frac{1}{298.35}$	
Hayford(미)	1909	6,378,388	6,356,909	$\frac{1}{296.96}$	
국제측지학회 채용	1924	6,378,388.0	6,356,911.9	$\frac{1}{297.00}$	프랑스, 이탈리아, 스페인

202 Geoid와 표준 타원체

지구에서 가장 높은 곳은 에베레스트산으로 8,848 m이고, 가장 깊은 바다는 10,033 m로서 수직 거리가 약 19 km에 이르는데, 이 凸凹이 있는 지구 표면에서 어느 지점을 지구의 기준면으로 정하느냐 하는 문제가 생긴다.

그래서 바다에서는 평균 수면(平均水面)을 지구 표면으로 정하고, 육지(陸地)에서는 내륙으로 긴 도랑을 파서 해수를 끌어들인 것으로 가정하였을 경우에 이루어지는 평균면을 지구 표면으로 정한 모양을 게오이드(Geoid)라 한다. 즉 해면 위에 있는 육지를 깍아낸 경우의 모양과 같다.

Geoid를 논리적으로 정의하면, 중력(重力)이 같은 점으로 이루어진 면(面)이다. 따라서 육지 부근에서는 질량 분포(質量分布)가 균일(均一)하지 않은 관계로 다소 불규칙하기는 하지만 회전 타원체(回轉楕圓體)의 모양과 비슷하다.

지구 표면에서 Geoid면의 법선(鉛直線 또는 重力方向; AC)과 회전 타원체의 법선(法線)과 교각(交角)을 이루게 되는 경우, 이 각을 국소 오차(局所誤差; Station error;AB)라고 한다.

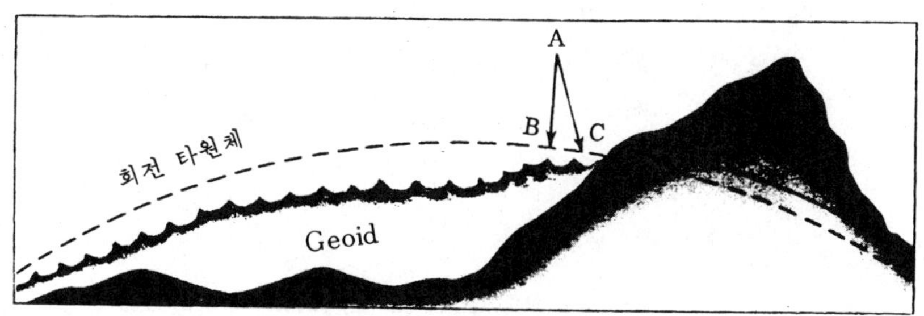

그림 2-1. 국소 오차

평균 수면은 지방에 따라 바람이나 해류(海流)의 영향을 받게 되고, 또한 육지 근방의 해면은 육지의 인력(引力)을 받게 되므로 특히 내륙의 수면이 높게 되어 게오이드면은 凸凹이 되지 않을 수 없게 된다.

이러한 불규칙한 면으로는 불편하기 때문에 지구의 지축을 회전축으로 하고, Geoid 면과 가장 비슷한 회전 타원체를 표준 타원체(標準楕圓體; Standard ellipsoid)라 한다. 그리고 지구의 모양과 크기는 이 표준 타원체를 근거로 한다.

표준 타원체인 지구의 적도 반지름(a) 및 양극 반지름(b)의 차(差)와 적도 반지름의 비(比)가 되는 타율(楕率), 또는 편평율(扁平率; Ellipticy or Flattening) $f=\frac{a-b}{a}$는 $\frac{1}{297}=0.003$이고, 타원의 중심(中心) 및 촛점(焦點) 간의 거리와 적도 반지름과의 비가 되는 이심율(離心率; Eccentricity) $e=\frac{\sqrt{a^2-b^2}}{a}$은 $\frac{1}{12.2}=0.082$가 된다. 따라서 표준 타원체의 거등권(距等圈)은 원이 되나, 자오선(子午線)은 당연히 타원이 된다.

203 각위도와 각경도

지구는 타원체이기 때문에 적도와 극(極)을 제외하고는 지표(地表)에서 이루어지는 연직선(鉛直線)은 지구 중심을 지나지 않게 되므로 적도면과 각을 이루게 되는데, 이것을 각위도(角緯度; Angular latitude)라 한다. 각위도는 지심 위도(地心緯度; Geocentric latitude, L_c), 지리 위도(地理緯度; Geographical latitude, L), 천문 위도(天文緯度; Astronomical latitude, L_a)가 있다. 본초 자오선(本初子午線; Prime meridian)과 관측자를 지나는 자오선이 극에서 이루는 교각을 각경도(角經度; Angular longitude)라 한다.

1. 지심 위도

지구상의 어느 지점과 지구 중심을 연결한 직선이 적도면과 이루는 각을 지심 위도라 한다.

2. 지리 위도

표준 타원체의 기하학적 연직선이 적도면과 이루는 각을 지리 위도라

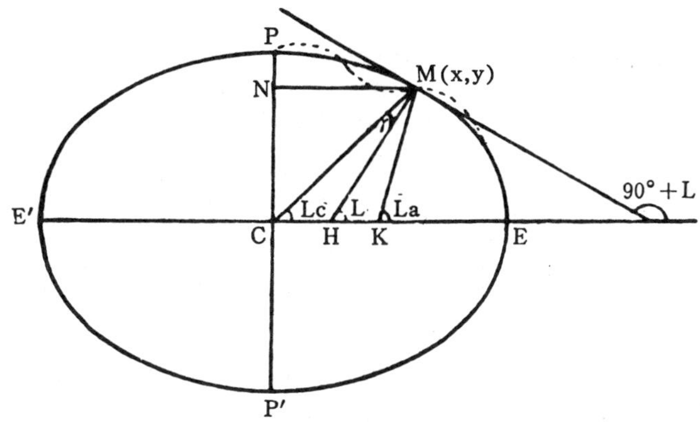

그림 2-2. 각위도의 종류

한다. 이것은 지도 또는 해도 제작시에 사용되며, 일반적으로 위도라 함은 지리 위도를 말한다.

3. 천문 위도

수준기(水準器)에 의한 수평면(Geoid의 수평면)에 대한 수직선, 즉 실제의 연직선이 적도면과 이루는 각을 천문 위도라 한다. 이것은 천체의 관측에 의하여 구하게 된다.

204 선위도와 선경도

지구의 표면에 있는 어느 지점과 적도 사이의 자오선의 호의 길이를 해리로 나타낸 것을 그 지점의 선위도(線緯度; Linear latitude)라 하고, 적도의 북쪽에 있으면 N, 남쪽에 있으면 S를 붙인다.

즉 어느 지점의 위도가 10°N이면 적도와 그 지점 사이를 자오선을 따라 잰 거리가 600해리라는 뜻이며, 반대로 어느 지점의 위도가 적도에서 600해리 북쪽에 있으면 그 지점의 선위도는 10°N이라는 뜻이다.

선경도(線經度; Linear longitude)는 본초 자오선과 어느 지점을 지나는 자오선 사이에 낀 적도의 호(弧)의 길이를 지리리(地理浬)로 나타낸 것이며 측정하는 방향에 따라 E 또는 W를 붙인다. 선위도 및 선경도는 모두 거리의 척도(尺度) 임에 주의하여야 한다.

205 구로 가정하였을 때의 지구

지구는 구형에 가까운 타원체로서 크기는 측정하는 사람에 따라 약간의 차이가 있기는 하나, 적도 반지름이 양극 반지름보다 약 21 km가 길다. 이것은 지구의 크기에 비하면 극히 작기 때문에 특별한 경우를 제외하고는 항해학에서 제반 문제(諸般問題)를 쉽게 해결하기 위하여 지구는 그 평균 반지름을 반지름으로 하는 구(球)라고 가정(假定)한다.

지구를 구라고 가정해도 실용상 지장이 없으며, 지구 중심에서의 각(角) 1′에 대한 자오선의 호의 길이는 1852.2 m로서 우리들이 일상 사용하는 1해리와 거의 같다. 선위도와 선경도는 같은 단위로 사용할 수 있고, 또한 선위도, 선경도, 각위도 및 각경도를 구분할 필요가 없게 된다. 자오선은 원이 되므로 각위도는 모두 그 지점(地點)에서의 반지름이 적도면과 지구의 중심에서 이루는 각이 된다.

206 위치에 관한 용어

1. 대권과 소권

구의 중심을 지나는 평면(平面)이 구면과 만나 이루는 원을 대권(大圈; Great circle)이라 하고, 구의 중심을 지나지 않는 평면이 구면(球面)과 만나 이루는 원을 소권(小圈; Small circle)이라 한다. 다시 말하면 구를 두 개로 똑같게 자를 때의 단면(斷面)이 이루는 원이 대권이며, 똑같지 않게 자를 때의 단면이 이루는 원이 소권이다.

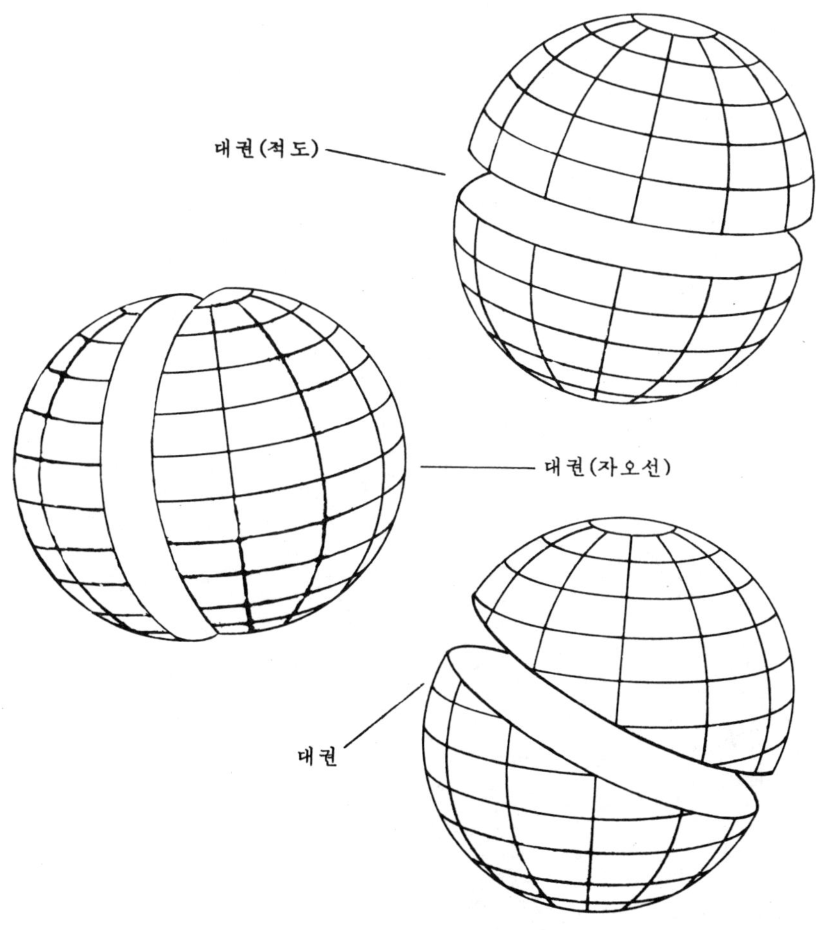

그림 2-3. 대 권

대권은 구면상에 그을 수 있는 가장 큰 원이 되며, 구면상에 있는 두 점 사이의 최단 거리는 대권상의 길이가 된다.

2. 지축과 지극

지구의 자전축(自轉軸)을 지축(地軸; Axis of the earth)이라 하며, 지

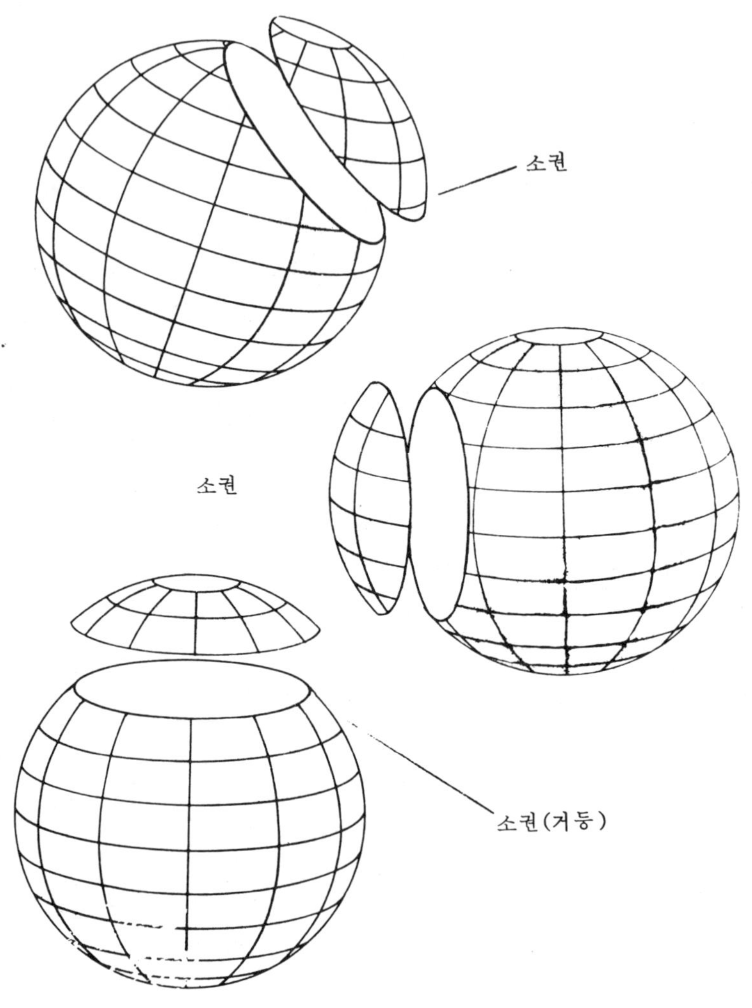

그림 2-4. 소 권

축이 지구면과 만나는 점을 지극(地極; Poles)이라 한다. 지축의 방향은 북으로 북극성(北極星) 쪽을 향하고 있으며, 북극성 쪽에 있는 지극을 북극(北極; North pole, P_1) 라 하고, 그 반대쪽에 있는 지극을 남극(南極; South pole, P_s)이라 한다.

3. 적 도

지축에 직교(直交)하는 대권을 적도(赤道; Equator)라 하며, 이는 양극에서 같은 거리에 있는 점의 궤적(軌跡)이다. 지구는 적도에 의하여 북반구(北半球; Northern hemisphere)와 남반구(南半球; Southern hemisphere)로 이등분 된다.

4. 자 오 선

양극을 지나는 모든 대권을 자오선(子午線; Meridian)이라 한다. 즉 지축을 지나는 평면이 지구면과 만나서 이루는 대권이다. 따라서 모든 자오선은 적도와 직교한다. 자오선을 양극에서 두 개로 나누어 관측자를 지나는 반원(半圓)을 상호(上弧; Upper branch)라 하고, 나머지 반원을 하호(下弧; Lower branch)라 한다. 일반적으로, 자오선이라 하면 상호만을 뜻하고, 자오선 중에서 영국의 황실 천문대(皇室天文臺; Greenwich observatory)의 자오의(子午儀)의 중심을 지나는 자오선을 본초 자오선(本初子午線; Prime meridian)이라 한다.

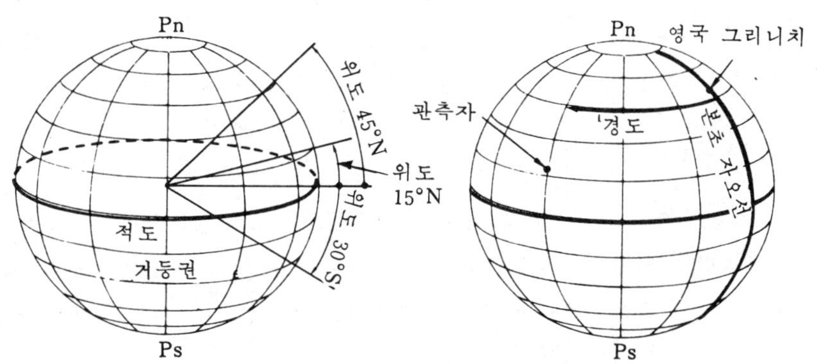

그림 2-5. 적도, 거등권, 위도, 경도, 자오선 및 본초 자오선

午線; Prime meridian)이라 한다.

이것은 12 지(支)로 방위를 표시할 때에 북쪽을 자(子), 동쪽을 묘(卯), 남쪽을 오(午), 그리고 서쪽을 유(酉)라 하여 북쪽과 남쪽을 잇는 선(線)이라는 뜻으로 자오선이라 이름하였다.

5. 위　도

지구상의 어느 지점과 적도 사이의 자오선의 호 또는 그 지점과 지구 중심을 연결한 직선이 적도면과 이루는 각을 위도(緯度; Latitude, Lat., L)라 한다. 적도를 0°로 하여 양극 쪽으로 90°까지 측정하며(측정 방향에 따라), 북쪽으로 측정하면 북위(北緯)라 하고 N(north)라는 접미 부호(接尾符號)를 붙이고, 남쪽으로 측정하면 남위(南緯)라 하고 S(south)라는 접미 부호를 붙여야 한다.

6. 경　도

지구상의 어느 지점의 자오선과 본초 자오선 사이의 적도의 호 또는 극에서 이루는 각을 경도(經度; Longitude, Long., λ)라 한다. 즉 두 자오선 면이 지축에서 이루는 각이 된다. 경도는 본초 자오선을 0°로 하여 동쪽이나 서쪽으로 180°까지 측정하며(측정 방향에 따라), 동쪽으로 측정하면 동경(東經)이라 하고 E(east)라는 접미 부호를 붙이고, 서쪽으로 측정하면 서경(西經)이라 하고 W(west)라는 접미 부호를 붙여야 한다.

7. 거등권 또는 위도권

적도와 평행한 모든 소권을 거등권(距等圈; Parallel of latitude) 또는 위도권(緯度圈)이라 한다. 즉 지축에 직교하는 모든 평면이 지구면과 만나 이루는 소권으로 위도가 같은 지점의 자취가 된다. 따라서 거등권은 극에 가까울수록 작아진다.

그림 2-5에서 거등권은 위도 15° 간격으로, 자오선은 경도 30° 간격으로 되어 있다.

8. 변 위

두 지점을 지나는 거등권 사이의 자오선의 호를 변위(變緯; Difference of latitude, l)라 한다. 두 지점의 위도의 부호가 같은 경우에는 두 위도의 차가 변위가 되고, 두 위도의 부호가 다른 경우에는 두 위도의 합(合)이 변위가 된다.

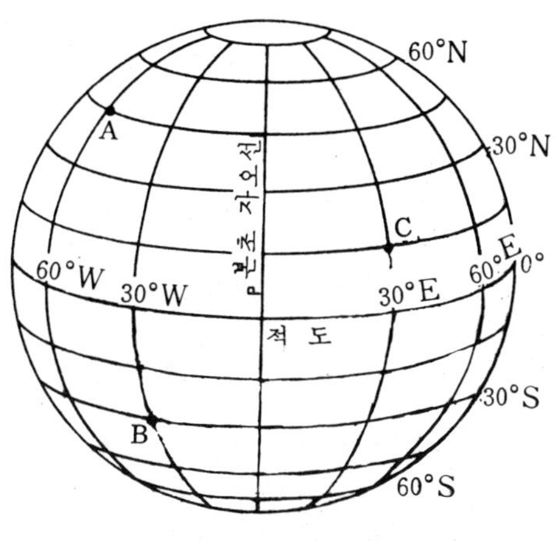

그림 2-6. 변 위

그림 2-6에서 A 점의 위도는 45°N이고, C점의 위도는 15°N이기 때문에 AC 사이의 변위 $l=45°N-15°N=30°$이고, B점의 위도는 30°S이므로 BC 사이의 변위 $l=30°S+15°N=45°$이다.

9. 변 경

두 지점을 지나는 자오선 사이의 적도의 호 또는 극에서 이루는 각을 변경(變經; Difference of longitude, DL_0)이라 한다. 두 지점의 경도의 부호가 같은 경우에는 두 경도의 차가 변경이 되고, 두 경도의 부호가 다른 경우에는 두 경도의 합이 변경이 되나, 만약 두 경도의 합이 180°가 넘는 경우는 360°에서 두 경도의 합을 감한 각(또는 것)이 변경이 된다.

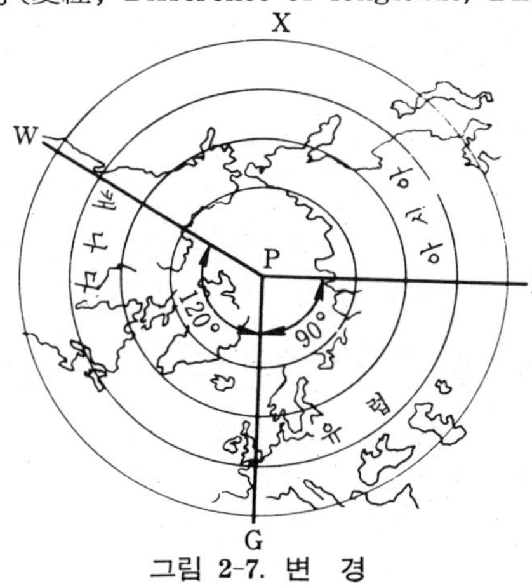

그림 2-7. 변 경

그림 2-6에서 A 점의 경도는 60°W이고 B점의 경도는 30°W이기 때문에 AB 사이의 변경

$DL_0 = 60°W - 30°W = 30°$이고, C점의 경도는 30°E이므로 AC 사이의 변경 $DL_0 = 60°W + 30°E = 90°$이다.

그러나 그림 2-7에서 E의 경도(PE)는 90°E이고, W의 경도(PW)는 120°W이기 때문에 두 경도의 합은 90°E+120°W=210°가 되어 180°보다 크게 된다. 따라서, EW 사이의 변경 $DL_0 = 360° - 210° = 150°$이다.

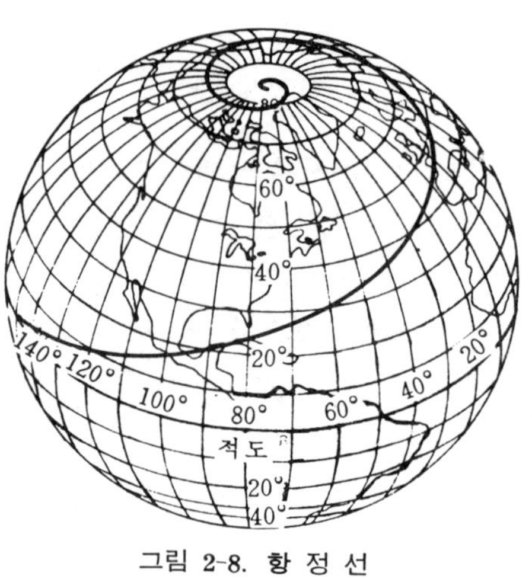

그림 2-8. 항 정 선

10. 항정선 또는 사항곡선

지구상에서 각 자오선과 같은 각(角)으로 만나는 점들을 연결한 곡선(曲線)을 항정선(航程線; Rhumb line) 또는 사항곡선(斜航曲線; Loxodrome)이라 한다. 그러므로 두 지점을 항정선으로 연결하여 이 선상을 선박이 항행(航行)하는 경우는 선수미선은 각 자오선과 항상 같은 각을 유지하게 된다.

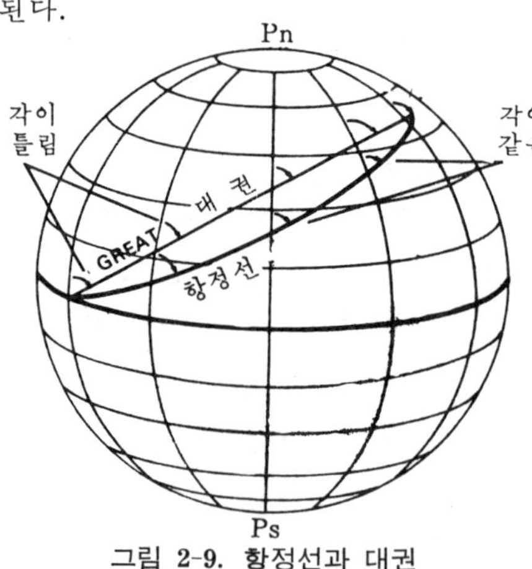

그림 2-9. 항정선과 대권

자오선, 적도 및 거등권은 각 자오선과 항상 같은 각을 이루기 때문에 항정선이 되고, 그 밖의 항정선은 나선상(螺線狀; Loxodrome spiral)의 곡선을 그리며 점차 극으로 수렴한다.

11. 동 서 거

지구상의 두 지점 사이에 무수한 자오선을 설정하고 이것과 두 지점을 잇는 항정선과의 무수한 교점에 있어서의 각 자오선 사이의 거등권의 호의 길이를 해리로 표시한 것을 동서거(東西距; Departure, P)라 한다.

따라서 두 지점의 위도가 같은 경우는 두 지점 사이의 거등권의 호의 길이가 동서거가 되고, 두 지점의 경도가 같은 경우는 동서거가 0이 된다.

모든 자오선은 극으로 모여들기 때문에 같은 변경일지라도 위도가 다르면 동서거도 다르게 된다.

그림 2-10은 변경 1°의 동서거를 각 거등권상에서 표시한 거리이다.

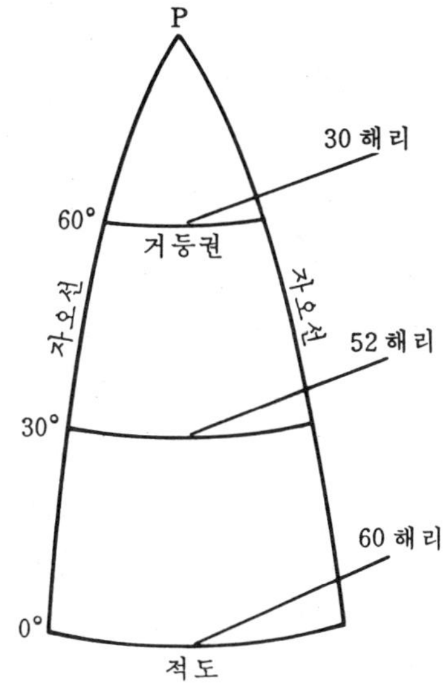

그림 2-10. 동 서 거

12. 지권, 극권 및 5대

태양의 시운동(視運動)과 밀접한 관계가 있는 것으로 위도 23°27′인 거등권을 지권(至圈; Tropic) 또는 회귀선(回歸線)이라 하고, 위도 66°33′인 거등권을 극권(極圈; Polar circle)이라 한다. 지권 중에서 북반구에 있는 것은 하지권(夏至圈; Tropic of cancer), 남반구에 있는 것을 동지권(冬至圈; Tropic of capricon)이라 하며, 극권 중에서 북반구에 있는 것을 북극권(北極圈; Arctic circle), 남반구에 있는 것을 남극권(南極圈; Antarctic circle)이라 한다.

이들 4개의 지권과 극권에 의하여 지구가 5개 지역으로 나누어지는 대역을 5대(五帶; Five zone)라 한다.

극과 극권 사이의 대역을 한대(寒帶; Frigid zone), 극권과 지권 사이의 대역을 온대(温帶; Temperate zone), 남북 지권 사이의 대역을 열대(熱帶; Torrid zone)라 한다.

207 방향(또는 방위와 침로)에 관한 용어

1. 방 향

일반적으로 방향(方向; Direction)이라 함은 두 점 사이의 거리에 관계없이 어느 한 점으로부터 다른점을 향하는 쪽을 말한다. 항해학에서 관습적으로 사용하는 방향은 관측자의 기준 방향(함수 쪽 또는 북쪽)과 관측자 및 어느 점을 잇는 직선(관측자로부터 어느 점을 향하는 쪽) 사이에 이루어지는 각(角)으로 度(Degree)나 點(Point)으로 표시한다. 일반적으로 기준방향을 0°로 하여 오른쪽으로 360°까지 측정하지만, 경우에 따라서는 오른쪽이나 왼쪽으로 0°에서 90°까지 또는 0°에서 180°까지 측정하기도 한다.

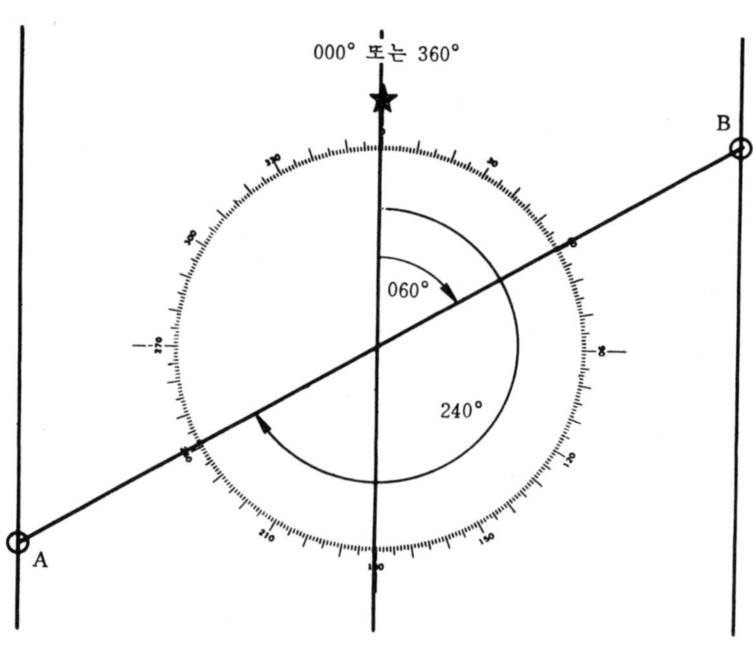

그림 2-11. 방 향

그림 2-11에서 A 점으로부터 B 점의 방향은 060°이고, B 점으로부터 A 점의 방향은 240°이다. 직선은 두 방향으로 표시하는데, 직선 AB라 하면 A점에서 B점을 보는 방향이고, 직선 BA라 하면 B점에서 A점을 보는 방향이다.

방향은 항정선 방향(Rhumb line direction)과 대권 방향(Great circle-direction)으로 구분하며 항정선 방향은 침로(針路; Course)를 표시하는 경우에 사용하고, 대권 방향은 방위(Bearing)와 천체 방위(Azimuth)를 표시하여 무선 방위(無線方位; Radio direction)나 물표 또는 천체를 측정할 때 사용한다.

2. 도수식 방향

도수식 방향(度數式方向)은 360°식, 180°식 및 90°식 등 세 가지 측정 방법이 있다. 360°식은 기준 방향을 000°로 하여 시계 방향으로 360°까지 측정한다. 진북을 기준 방향으로 하는 경우는 정동(正東)이 090°, 정남(正南)이 180°, 정서(正西)가 270°, 정북(正北)이 360° 또는 000°가 된다. 360°식은 일반적으로 100° 이하라도 세 자리 숫자로 표시하고, 진방위나 진침로를 표시할 때 반드시 세 자리 숫자로 표시한다.

180°식과 90°식은 북쪽 또는 남쪽을 기준 방향으로 정하고 동서 양쪽으로 180°까지 측정한 방향이 180°식이고, 90°까지 측정한 것이 90°식이다. 이 때 방향 앞에 기준 방향이 북쪽이면 반드시 N(north), 또는 남쪽이면 S(south)라는 접두 부호(接頭符號)를 붙이고, 방향 뒤에는 측정 방향에 따라 동쪽이면 E(east), 서쪽이면 W(west)라는 접미 부호를 붙여야 한다. 예를 들면 N120°E, S150°E, N80°W, S50°W 등으로 표시한다.

선수를 기준하여 오른쪽 또는 왼쪽으로 측정한 방향도 측정 방향에 따르는 우현이나 좌현을 명시하여야 한다.

3. 점식 방향

원둘레를 32등분 하여 생긴 한 등분이 중심에서 이루는 각을 1점(點;

그림 2-12. 점식 방향

Point)이라 한다. 진북을 기준 방향으로 정하면 8점이 정동, 16점이 정남, 24점이 정서, 그리고 32점이 정북이 된다. 1점은 11°15′에 해당하고, 1점을 4등분 하면 2°48′15″가 되며, 이 $\frac{1}{4}$점마다 그림 2-12에서처럼 고유 명칭을 붙여서 표시하는 방법을 점식 방향(點式方向)이라 한다.

동, 서, 남, 북을 4방점(方點; Cardinal points)이라 하며, 방점의 중간 방향인 북동, 북서, 남동, 남서를 4우점(隅點; Intercardinal points)이라 한다. 4방점과 4우점을 주요점(主要點; Principal points)이라 한다. 점식 방향은 도수식 방향보다 정밀하지 못하고 명칭이 복잡하기 때문에 오늘날에는 거의 사용하지 않고 기상학(氣象學)에서 풍향(風向) 등을 표시하는 경우에 사용한다. 그러나 점식 방향은 기준 방향으로부터 측정한 방향을 표시할 필요가 없는 장점이 있다.

4. 방위와 방위각

관측자의 기준선과 관측자 및 물표를 지나는 대권이 이루는 각으로 기준선을 0°로 하여 360°식 또는 점식으로 측정한 것을 방위(方位; Bearing, Br. 또는 B) 한다.

두 지점 사이의 거리가 원거리인 경우에는 두 지점을 잇는 대권 방향이 되나 거리가 가까우면 두 지점을 연결하는 직선 방향이 된다. 측정 기준 방향을 북쪽이나 남쪽으로 정하여 동쪽 또는 서쪽으로 90° 또는 180°식으로 측정하는 물표의 방향을 방위각(方位角; Bearing angle, B)이라 한다. 측정 기준이 되는 접두 부호와 측정 방향에 따르는 접미 부호를 반드시 붙여야 한다.

예를 들면, B N60°E=Br 060°(000°+60°), B N160°W=Br 200°(360°−160°), B S80°E=Br 100°(180°−80°) 등이다. 그러나, Br 260°는 사정에 따라 B N100°W 또는 B S80°W로 표시하기도 한다.

방위각의 기호로는 반드시 B를 사용하지만, 혼돈이나 오인될 우려가 없는 경우에는 방위의 기호로 흔히 Br를 사용하기도 한다. 방위는 기준선에 따라 진방위(眞方位; TB) 자침방위(磁針方位 ;MB), 나침 방위(羅針方位 ;CB) 및 상대방위(相對方位 ;RB)로 구분한다.

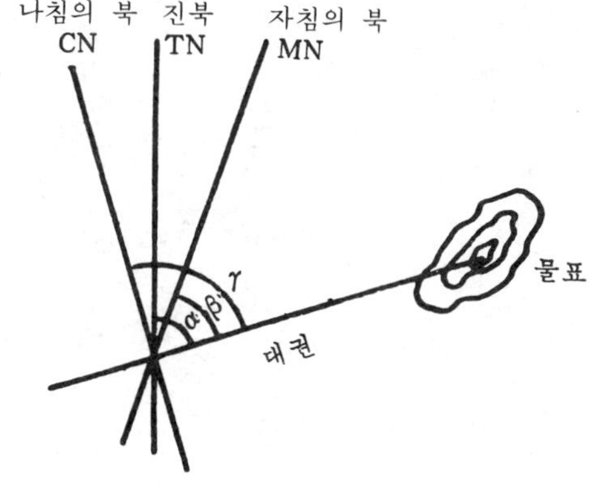

그림 2-13. 방위의 종류

5. 진 방 위

관측자를 지나는 진자오선과 관측자 및 물표를 지나는 대권(근거리인 경우 직선)이 이루는 각으로 360°식으로 측정한 방향을 진방위(眞方位; True bearing, TB)라 한다. 그림 2-13에서 ∠α가 진방위이다.

6. 자침 방위

관측자를 지나는 자기 자오선과 관측자 및 물표를 지나는 대권이 이루는 각으로 360°식으로 측정한 방향을 자침 방위(磁針方位; Magnetic bearing, MB)라 한다. 그림 2-13에서 ∠β가 자침 방위이다.

7. 나침 방위

선박의 나침의(羅針儀)의 남북선(南北線)과 관측자 및 물표를 지나는 대

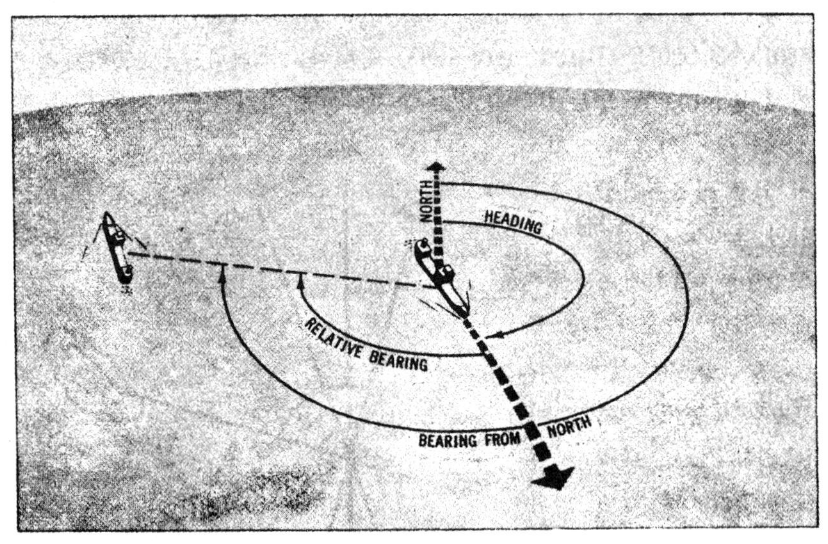

그림 2-14. 상대 방위

권이 이루는 각으로 나침의 북쪽으로부터 360° 식으로 측정한 방향을 나침 방위(羅針 方位; Compass bearing, CB)라 한다. 그림 2-13에서∠γ가 나침 방위이다.

8. 상대 방위

선박의 선수미선과 관측자 및 물표를 지나는 대권이 이루는 각으로 선수 쪽으로부터 360°식으로 측정한 방향을 상대 방위(相對方位; Relative bearing, RB)라 하며, 필요에 따라서는 좌우현 양쪽으로 180°식으로 측정할 때도 있으나, 이 때에는 측정 방향에 따르는 좌우현(左右舷)을 명시하여야 한다.

9. 풍압차 및 유압차

선박이 항해할 때 바람에 밀려서 선수미선과 항적(航跡)이 일치하지 않고 차이를 이루게 되는 각을 풍압차(風壓差; Lee way, LW)라 하고, 해류(海流)나 조류(潮流)의 영향으로 밀려나 함수미선과 항적이 이루게 되는 각을 유압차(流壓差;Tide way)라 한다. 보통이 두 가지를 구분하지 않고 풍압차라 부르기도 한다. 그림 2-15에서 ∠QPR가 풍압차이다.

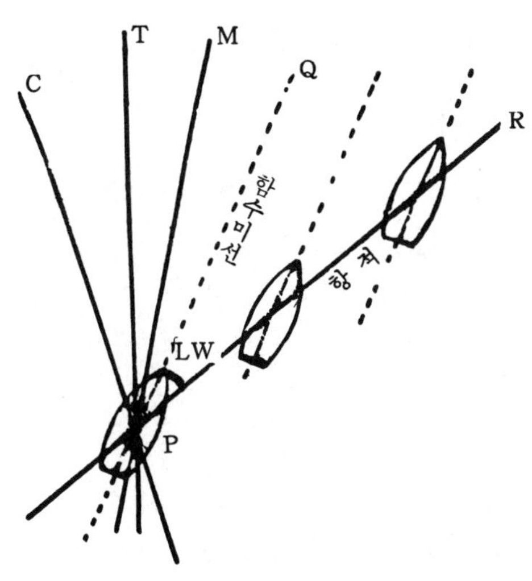

그림 2-15. 침로와 풍압차

10. 침로와 침로각

선박을 진행(進行)시키는 항정선 방향을 침로(針路; Course, Cn or C)라 한다. 보통 북쪽을 기준하여 360°식으로 측정한다. 엄밀한 의미에서 대수적(對水的)인 진행 방향으로 선박을 지나는 자오선과 선수미선이 이루는 각을 말한다.

측정 기준 방향을 북쪽이나 남쪽으로 하여 동쪽 또는 서쪽으로 90°식 또는 180°식으로 측정하는 선박의 진행 방향을 침로각(針路角; Course angle, C)이라 한다. 측정 기준이 되는 방향은 접두 부호를, 그리고 측정 방향에 따르는 접미 부호를 반드시 붙여야 한다.

침로각의 기호로는 반드시 C를 사용하지만 혼돈이나 오인이 될 우려가 없을 때에는 침로의 기호로 흔히 C를 사용한다.

침로는 측정 기준 방향에 따라 진침로(眞針路), 시침로(視針路), 자침로(磁針路), 나침로(羅針路) 등으로 구분하고, 진행 방향에 따라 직행 침로(直行針路), 대지 침로(對地針路), 대수 침로(對水針路) 등으로 구별한다.

11. 진 침 로

선박을 지나는 진자오선과 항적이 이루는 각으로 360°식으로 측정한 방향을 진침로(眞針路; True course, TC)라 한다. 선박이 항행시 외력(풍압과 유압 등)이 없으면 선박은 함수미선 방향으로 진행하여 함수미선과 항적은 일치하게 된다. 그림 2-15에서 ∠TPR가 진침로이다.

12. 시 침 로

선박을 지나는 진자오선과 함수미선이 이루는 각을 시침로(視針路; Apparent course, App. C)라 한다. 따라서 풍압이나 유압이 없을 때에는 시침로와 진침로가 일치하게 된다. 시침로는 외력(풍압과 유압 등)이 있는 경우에 사용되는 용어이고, 그림 2-15에서 ∠TPQ가 시침로이다.

13. 자 침 로

선박을 지나는 자기 자오선과 함수미선이 이루는 각으로 360° 식으로 측정한 방향을 자침로(磁針路; Magnetic course, MC)라 한다. 그림 2-15에서 ∠MPQ가 자침로이다.

14. 나 침 로

선박의 나침의의 남북선과 함수미선이 이루는 각으로 나침의의 북쪽으로부터 360° 식으로 측정한 방향을 나침로(羅針路; Compass course, CC)라 한다. 그림 2-15에서 ∠CPQ가 나침로이다.

15. 침 로 선

해도(海圖)나 위치기입용도(位置記入用圖; Position plotting sheet)에 침로를 표시하기 위하여 기입한 선을 침로선(針路線; Course line)이라고 한다.

16. 직행 침로

선박이 출발지로부터 도착지에 이르는 항정선의 방향을 직행 침로(直行針路; Course made good)라 한다. 선박이 항해할 때 해안선(海岸線), 섬, 암초 또는 기상 상태 등으로 인하여 단일 침로(單一針路)로 목적지까지 도착(到着)하기는 극히 드물고, 두 개 이상의 침로에 의하여 굴절된 침로를 항행하게 된다. 이러한 경우 기준선과 출발지 및 도착지를 지나는 항정선이 이루는 각을 직행 침로라 한다.

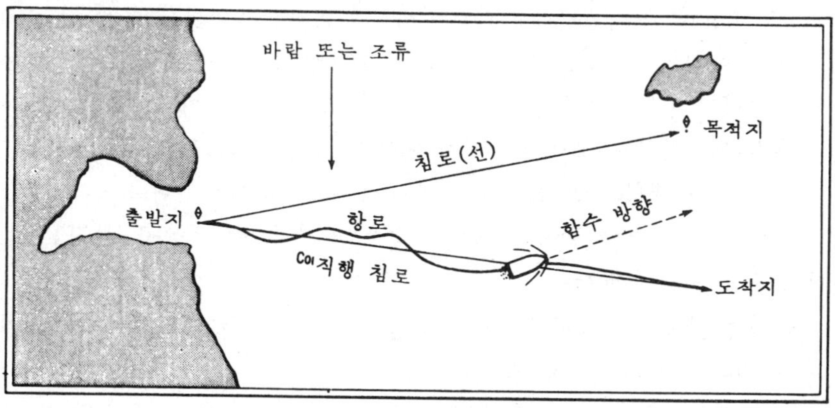

그림 2-16. 침로(선), 항로, 직행 침로 및 함수 방향

직행 침로는 기준선에 따라 직행 진침로, 직행 나침로 및 직행 자침로 등으로 구분한다. 그리고 출발지와 도착지 사이의 항정선의 거리를 직행 항정(直行航程; Distance made good)이라 하고, 항행한 시간으로 계산한 속력을 직행 속력(直行速力; Speed made good)이라 한다.

17. 대지 침로

선박이 항행시 외력(바람 및 해조류)의 영향을 받게 되는데, 실제로 지면에 대하여 진행한 방향을 대지 침로(對地針路; Course over the ground, COG)라 한다. 즉 진침로와 같은 뜻이지만, 선박이 어느 정도 외력을 받고 있는가를 계측(計測)하려는 경우에 사용되는 용어이다. 그리고, 대수 침로(對水針路; Course through the water)와 구분하기 위하여 사용한다.

18. 예상 침로

선박이 지면(地面)에 대하여 진행하게 되는 예상 방향을 예상 침로(豫想針路; Course of advance, COA)라 한다.

19. 항 로

선박이 실제로 지나온 항적 또는 진행하려는 통로(通路)를 항로(航路; Track, TR)라 한다. 선박이 실제로 지나온 항적을 실항로(實航路; Actual Track)라 하며, 이것은 일반적으로 외력의 영향으로 인하여 불규칙한 선을 그리게 된다. 그리고 선박이 항행하려고 할 때에 지나가게 되리라고 예상되는 일련의 대지 침로선을 예정항로(豫定航路; Intended track)라고 하며, 예정항로는 예상대지침로(豫想對地針路)와 같다.

일반적으로 항로라 하면 기준선을 000°로 하여 360°식으로 측정한 예상 침로의 방향을 말한다.

이 예정 항로를 항행하려는 속력을 예상 대지 속력(豫想對地速力; Speed of advance, SOA)이라 한다.

선박이 항행 중 실측 위치(實測位置)를 구하여 앞으로 진행하게 될 대수 침로와 대수 속력으로 항행하는 경우, 선박이 지나가게 되리라고 예상되는 대수항로를 추측 항로(推測航路; Dead reckoning track)라 한다.

이상과 같은 항로를 해도나 위치기입용도에 기입한 선을 항로선(Track line)이라 한다.

항해 계획 단계에서 우선 항로를 선정하고, 이 항로상을 항행하도록 침로를 결정한다.

선박의 항로를 대권(大圈)으로 결정하였을 때 이것을 대권 항로라 한다. 항로는 방향만을 의미하는 용어로 사용하기도 하나, 일반적으로 방향과 더불어 거리의 요소를 포함하고 있는 점이, 방향만을 의미하는 침로와 다른 점이다.

20. 선수 방향

선박의 선수가 순간 순간 가리키는 방위를 선수 방향(船首方向; Heading, Hdg, SH)이라 한다. 즉 시시각각으로 그 방향이 변경되는 선수미선과 기준선이 이루는 각이다.

항행 중 조타수(操舵手)의 조타 불량이나 풍압 등으로 인하여 생기는 선수의 동요 또는 장애물을 피하기 위한 선수 방향은 일시적으로 변하게 되지만 침로는 한 번 정하여지면 일정한 시간 동안은 변화가 없는 것이므로, 이 점에 대하여 침로와 혼동하는 일이 없어야 한다. 또한 정박 중인 선박은 침로는 없으나 선수 방향은 있게 된다.

208 거리에 관한 용어

1. 해리 또는 이

표준 타원체인 지구의 자오선의 곡률원(曲率圓)의 중심에서 각 1′에 해당하는 곡률원 또는 자오선 호의 길이를 해리(海里; Nautical mile, M or mi) 또는 이(浬; Sea mile)라 한다. 그림 2-16에서 P점을 지구 표면의

한 점이라 하고, 이 점에 접하는 곡률원의 중심을 K라고 하면 K점에서 각 1′에 해당하는 곡률원의 호의 길이는 MM′이다.

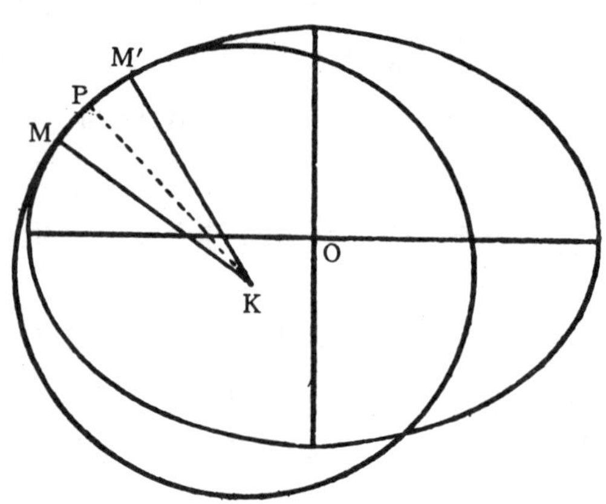

그림 2-17. 해리와 곡률원

이것은 지리 위도 1′에 대한 자오선의 호의 길이이다. 지리 위도 1′에 대한 자오선의 호의 길이는 각 위도(各緯度)에 따라 차이가 있기 때문에 속력이나 거리를 정확하게 측정해야 하는 경우에는 불편한 점이 있다.

그래서, 1929년 국제 수로국(International hydrographic bureau)에서 지리 위도 45°에 있어서의 위도 1′에 대한 자오선의 호의 길이 1,852 m를 1해리로 규정하여 각국에서 이것을 채택하도록 권장하였다. 따라서 이 길이를 국제 해리(國際海里; International nautical mile)라고도 한다.

또한, 이것은 지구의 평균 반지름을 반지름으로 하는 구(球)라고 보았을 경우, 대권의 호 1′의 길이와 가장 근사한 값이 된다. 그러나 어느 지역의 지리 위도 1′의 길이를 그 지역에서 1해리로 사용하더라도 실용상의 지장은 없다. 실용상에 있어서 1해리를 2000 yds로 계산하면 선박의 속력을 구하는 데 매우 편리하다.

2. 지 리 리

지구 중심에서 각 1′에 대한 적도(赤道)의 호의 길이 1,855.4 m를 지리리(地理浬; Geographical mile)라 한다.

3. 육리 또는 이

영국과 미국에서 육상 거리를 측정하는 단위로 1,609.3 m(5280 ft)를 육리 또는 이(陸里 또는 哩; Land mile or statute mile)라 하며, 자연의 어떠한 수치와 무관한 단위이다. 현재 미국에서는 하천(河川)이나 호수(湖水)에서 항해시에 사용한다. 해리와 육리의 환산은 항해표 20표에 수록되어 있다.

4. 항 정

지구상에서 두 지점 사이의 항정선상의 길이 또는 대권상의 호의 길이를 해리로 표시한 것을 항정(航程; Distance, Dist. D)이라 한다.

209 속력에 관한 용어

1. 속 력

선박이 수면상에서 항주(航走)하는 비율(比率), 즉 단위 시간당 항정(航程; Distance per hour)을 속력(速力; Speed, S)이라 한다. 항해학에서 속력은 일반적으로 노트로 표시된다.

2. 노 트

항해학에서 선박의 속력을 표시하는 단위를 노트(Knot, kn, kt)라 하며, 1노트란 1시간에 1해리 항주하는 속도를 말한다. 노트는 거리와 시간의 요소가 포함되어 있기 때문에 시간당 노트(Knots per hour)라 하면 선박의 속력을 나타내는 것이 아니고 가속(加速; Acceleration)을 의미하게 된다

노트(Knot)라는 어원은 수동 측정의(手動測程儀; Hand log)의 측정선의 길이를 표시하기 위하여 붙인 매듭(Knot)에서 유래한 것이다.

3. 대수 속력

선박이 수면상을 지나는 속력을 대수 속력(對水速力; Speed through the

water)이라 한다. 즉 측정의(測程儀)가 지시하는 속력이다.

4. 대지 속력

선박이 항행 중에 외력(바람 또는 해조류 등)의 영향으로 인하여 지면(地面)에 대한 속력은 측정의가 지시하는 속력과 일치하지 않게 되므로, 대수 속력과 구별하기 위하여 선박이 지면에 대하여 실제로 이동한 속력을 대지 속력(對地速力; Speed over the ground)이라 하며, 통상 실속력을 일컫는다.

제 3 장 해 도

301 개 요

해도는 선박이 항해하는 데 있어 바다의 안내자이며, 기원전 수백년부터 희랍(그리이스)에서는 수로서지(水路書誌)와 같이 해도(海圖; Nautical chart)를 사용하였다. 해도와 수로서지를 같이 말할 때에는 수로도지(水路圖誌; Charts and publications)라 한다.

선박이 안전 항해를 하기 위해서 해도는 선위를 확인하는데 필요불가결한 항해 용구이므로, 선박 안전법(船舶安全法), 선원법(船員法) 및 어선·구조 등 특수 규정(漁船構造 等 特殊規程)에 필요한 해도를 꼭 비치하도록 규정하고 있다.

해도는 일반 항해용으로 사용되는 항해용 해도(Navigational chart)와 항해 참고용, 학술, 생산, 자원 개발 등에 이용되는 수로 특수도(水路特殊圖; Miscellaneous charts)로 크게 분류할 수 있다. 우리 나라에서 발간되는 해도는 1978년 3월 수로국(水路局)에서 발행한 수로도지 목록에 전부 수록되어 있다.

보통 해도라 하면 항해용 해도를 뜻하며, 출판 후에는 현재의 상태에 맞도록 그 내용을 정정하여야 하는데, 수로 특수도는 그러할 필요가 없다. 이 장에서는 항해사에게 기초 항해 용구가 되는 항해용 해도의 구조와 제한 및 용도에 관하여 설명하기로 한다.

302 해도의 도법

지구는 거의 구(球)에 가까운 회전 타원체이기 때문에 원통형이나 원추형 물체의 표면을 평면에 투영(投影)하는 것처럼 지구 표면의 일부를 평면 위에 신축(伸縮)되지 않게 투영하기란 사실상 불가능하며, 어떠한 방법을 사용해도 반드시 거리 관계가 일치하지 않고, 면적의 비가 같지 않으며, 모양이 이그러지거나 또는 방향이 실제와 다르게 된다.

그러므로 해도를 사용 목적에 따라 실용상 지장이 없을 정도로 오차를 작게 하여 지구상의 경위도선(經緯度線)을 평면에 표현하는 방법이 중요한데 이러한 수단을 도법(圖法; Map projection)이라 한다. 도법은 지형을 투영하는 면이 평면인가, 원추면인가, 또는 원통면인가에 따라 분류되고, 그 종류는 수십여 종이나 된다.

이 장에서는 점장도법(漸長圖法), 대권도법(大圈圖法), 다원추도법(多圓錐圖法), 램버트 도법, 횡점장도법(橫漸長圖法), 방위등거극도법(方位等距極圖法), 방위등거도법(方位等距圖法) 및 평면도(平面圖) 등에 대하여 설명한다.

303 점장 도법

점장도법(漸長圖法; Mercator projection)은 모든 자오선과 거등권이 직선으로 표시되며, 서로 직교하도록 작성하여 표시하는 방법이다. 항해에 사용되는 해도는 대부분 점장도법에 의하여 제작된 해도이다.
이것은 항정선(航程線)이 직선으로 표시되어 거리와 방위를 쉽게 측정할 수 있고, 위치 기점이 용이하다.

점장도법은 1569년 벨기에 대생인 마케이터(Gerardus Mercator)가 지구의(地球儀)와 평면도를 면밀히 비교하여 항정선을 평면 위에 직선으로 표시하는 방법을 연구하다 이 도법을 창안하였다. 마케이터는 이 도법을 실험에 의하여 고안하였으나, 1599년 캠브리지 대학의 라이트(Edward Wright) 교수가 이론적인 뒷받침을 함으로써 도법의 완성을 보게 되었다.

국제 수로국(I.H.B.)에서도 특별한 것을 제외하고는 이 도법을 사용하여 해도를 작성하도록 규정하고 있다.

304 점장도의 작성법

원통형의 종이를 적도와 접하게 하고, 지축과 평행하게 지구를 둘러싼 후 지구 중심에서 투사한다면 모든 자오선과 거등권은 직교하는 직선으로 나타나고, 지형(地形)이 투사되어서 점장도와 비슷한 해도가 생기게 된다.

그러나 이 방법은 지형을 투사하기는 쉬우나 점장도는 되지 않는다. 그 이유는 지구의 편구성(扁球性)을 나타내지 못하고, 자오선과 거등권이 똑 같은 비율로 확대되지 못하기 때문이다.

점장도는 자오선과 거등권이 같은 방향과 같은 비율로 확대되어야 하고, 각도가 정확하게 표시되어야 하며, 360° 방향으로 축척(Scale)이 같아야 한다. 위도의 간격은 경도의 축척과 일치해야 하고, 축척 비율은 계산을 하여 구해야 한다.

항해표(航海表) 제 5 표에는 점장도를 작성할 수치가 수록되어 있다. 이 수치는 적도에서 위도 L까지의 길이와 적도의 경도 1′의 길이의 비로써

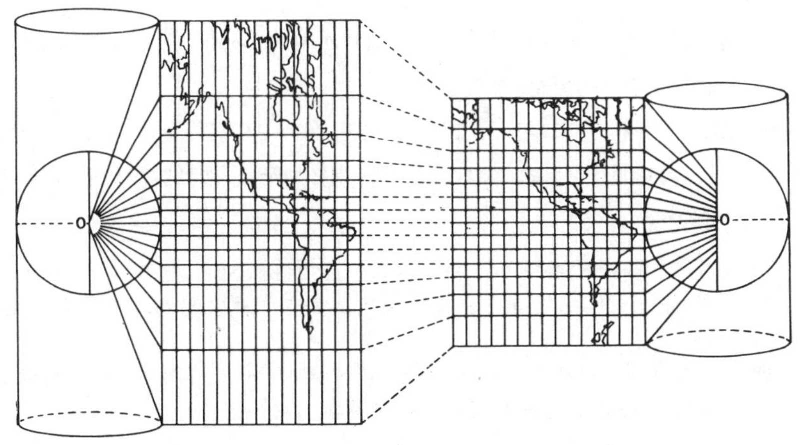

그림 3-1. 점장도(오른쪽)와 중심 투사도(왼쪽)

주어진다. 실제 작도하는 예를 들면, 위도 L_1에서 위도 L_2까지 점장도의 변위의 길이를 구할 때 L_1과 L_2의 점장 위도(Meridional parts, M)의 차(差), 즉 점장 변위(Meridional difference, m)를 구하여 이 값에 도상(圖上)의 경도 1′의 길이를 곱하면 된다. 점장도를 제도할 때 그 경위도선은 다음과 같은 절차로 작도한다.

① 제도하려는 구역(區域)의 최저(最底) 위도선을 하단(북위일 때) 또는 상단(남위일 때)에 그린다.

② 최저 위도선 위에 임의의 길이로 정한 간격의 수선을 그려 자오선으로 정한다.

③ 점장도를 1°마다 점장하려고 하면 우선 매 1°마다 점장 변위를 구해야 한다.

④ 경도 1°에 해당하는 수치에 점장 변위를 곱하고 60으로 나누면 거등권의 간격이 결정된다.

⑤ 자오선상에 거등권의 간격을 표시하고, 자오선과 수직되게 직선을 그으면 위도선이 된다.

⑥ 경위도선이 1° 간격으로 결정되면 그 사이를 60등분 하여 1′의 눈금을 그린다.

이상과 같이 작성한 해도를 1°마다 점장한다고 하며, 30′마다 위도의 간격을 결정한 것을 30′마다 점장한다고 한다.

도적(圖積)이나 축척(縮尺)에 따라 10′, 20′, 30′, 1° 등의 점장을 행하고 있으며, 이렇게 정해진 위도 간격을 점장 구계(漸長區界; Projection interval)라 한다.

예제 북위 33°에서 37°까지 이르는 점장도를 작성하려 한다. 경도 1°의 길이를 12 cm로 하고 1°마다 점장하는 경우, 각 거등권 간격은 얼마로 하여야 하는가?

풀이 항해표 제 5 표에서 각 위도에 대한 점장 위도(M)를 구하고, 점장 변위(m)를 구하여 거등권의 간격을 계산하면 다음과 같다.

위도	M	m	거등권의 간격(cm)
33°	2086.8		
		71.7	$\frac{(12\times71.7)}{60}=14.34$
34°	2158.5		
		72.4	$\frac{(12\times72.4)}{60}=14.48$
35°	2230.9		
		73.4	$\frac{(12\times73.4)}{60}=14.68$
36°	2304.3		
		74.3	$\frac{(12\times74.3)}{60}=14.86$
37°	2378.6		

12 cm
37°N M.2378.6
14.86 cm
36°N M.2304.3
14.68 cm
35°N M.2230.9
14.48 cm
34°N M.2158.5
14.34 cm
33°N M.2086.8
125°E 127°E 129°E

305 점장도의 특성

점장도에서 자오선은 남북 방향으로 평행선이 되고, 거등권은 동서 방향으로 평행선이 되어 서로 직교(直交)한다. 항정선은 직선으로 표시되고 실제의 지형과 도형(圖形)은 적도 부근에서는 비교적 일치하나, 위도가 높아짐에 따라 동서 남북 방향으로 면적이 확대된 닮은꼴이 된다.

그림 3-2는 점장도의 특성을 설명한 것이다. A는 구면상 2개의 원을 실물과 같게 표시한 것으로, 자오선이 직선이 되지 않는다. B는 자오선

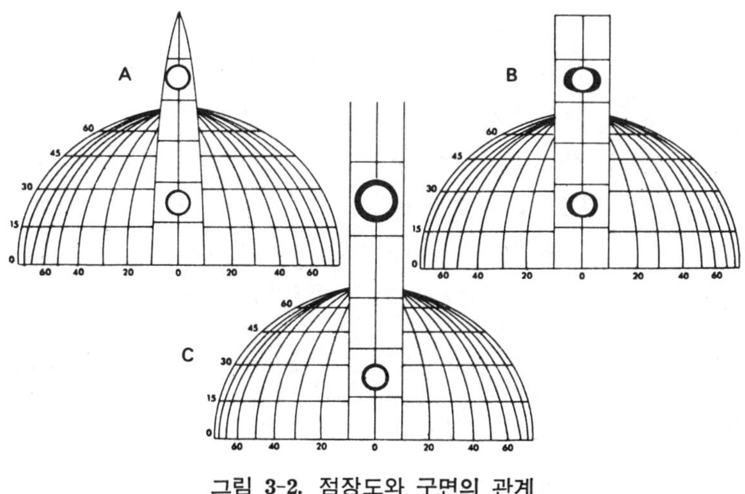

그림 3-2. 점장도와 구면의 관계

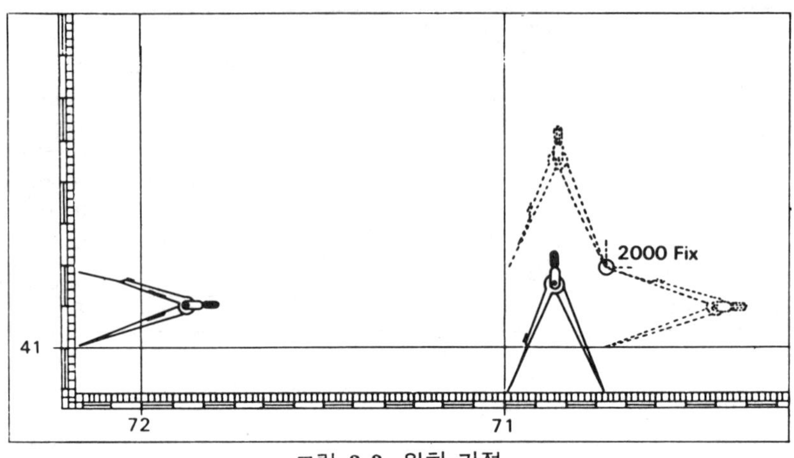

그림 3-3. 위치 기점

과 거등권이 직선이나 2개의 원이 동서 방향으로 확대되어 실물과 틀린다. 그러므로 항해사가 실물을 관찰하고 그것을 해도에서 찾아볼 수 없으므로 항해용으로 사용할 수 없다. C는 자오선과 거등권이 직선이고 2개의 원은 사방으로 똑같이 확대되어 실제의 모양과 닮게 되어 실용상 지장이 없다. 이상에서 설명한 점장도의 특성을 종합하면 다음과 같다.

① 위치는 경위도에 의한 직각좌표로 표시한다.

② 선박의 항로인 항정선이 자오선과 만난 교각(交角)은 침로각이 된다.

③ 해도에 표시된 두 지점 사이의 방위는 비교적 짧은 거리일 경우 두 지점을 연결한 직선이 자오선과 만나는 교각으로 구하게 되고, 이것을 항정선 방위 또는 점장 방위라 한다.

④ 물표의 방위선은 이미 알고 있는 위치에서 물표와 연결한 직선이다.

⑤ 비교적 짧은 거리일 경우 두 지점 사이의 거리는 항정선이 길이를 측정하고, 그 단위는 위도 눈금 몇 분(分)인가를 보면 바로 몇 해리인지를 알게 된다.

⑥ 점장도에서 지극(地極)은 적도로부터 무한대의 거리에 있는 것과 같게 되어 위도가 높은 지역의 해도로는 부적당하여, 위도 70° 이하에서 사용되는 것이 보통이다.

306 점장도에서의 위치, 방향 및 거리

위도와 경도를 알고 있는 선박의 위치는 2개의 분할기(Divider)와 자를 이용하여 점장도에 기점하게 된다.

예를 들면, 2000시의 선위가 L 41°09.′0N, λ 70°44.′0W 이면 그림 3-3에 표시된 것과 같이 디바이다를 사용하여 위도(L 41°09′.4N)를 찾고 왼쪽에서 오른쪽으로 디바이다를 이동시킨다. 다른 디바이다를 사용하여 경도 λ 70°44.′0W를 찾고 아래쪽에서 윗쪽으로 디바이다를 이동시키면 서로 만나는 점이 2000시의 선위가 된다.

육상 물표나 그 밖의 방법으로 선위(船位, 선박의 위치)를 결정했을 때, 경위도로 표시하는 절차는 선위를 기점하는 반대 요령으로 하면 된다. 선위를 기점할 때 주의할 점은, 해도에 선을 긋지 않고 선위에 점을 찍은 후 그 점을 중심으로 조그마한 원을 그려서 선위를 표시한 후 시간을 기입하여야 한다.

점장도와 기입용도(記入用圖; Plotting sheet)에서 방향은 나침도(羅針圖; Compass rose)를 이용하거나 분도기(分度器)를 사용하여 측정한다. 그림 3-4에서 A 점과 B 점에 이르는 침로를 구하려면 두 점을 직

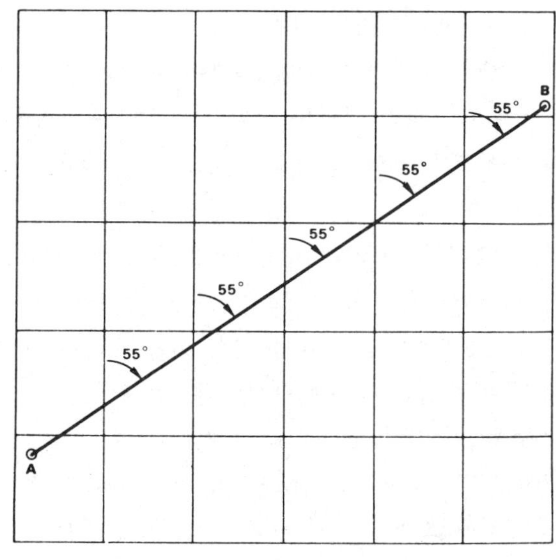

그림 3-4. 점장도의 방향

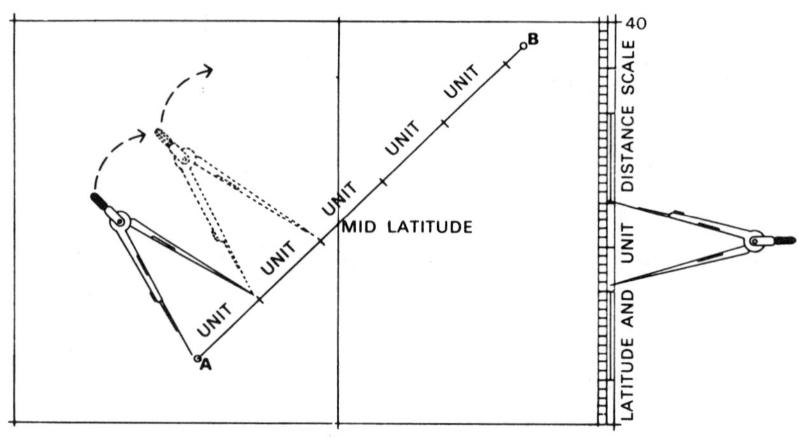

그림 3-5. 항정의 측정 방법

선으로 연결하고 이것을 나침도에 비교하여 방향을 구한다.

평행자나 방위 기점기(Draft machine)로 침로선을 나침도 중심으로 평행 이동시켜 항행하려는 방향의 나침도 눈금과 평행자가 만나는 점의 도수를 읽으면 침로가 된다.

이 때 주의할 점은 방향 설정이 틀리지 않도록 하여야 한다. 반대 방향의 도수를 읽으면 침로는 180°의 차이가 있게 된다.

점장도는 어느 것이나 변위 1°의 거리는 60해리가 되고, 변경 1°의 거리는 위도에 따라 다르다. 그러므로 거리 측정은 위도의 축척을 사용해야 한다.

이 때 같은 해도일지라도 점장 구계의 길이는 서로 다르므로, 거리를 측정하려는 곳의 위도 축척을 사용하는 것이 좋다.

그림 3-5에서 A 점과 B 점의 거리는 디바이다로 두 점의 중간 위도에서 거리 단위를 정하여 측정한다.

항정선이 남북 방향이고 그 길이가 길면 항정선을 몇 등분으로 나누고, 분할된 항정선의 중간 위도에서 거리 단위를 정하여 거리를 측정하면 전체 항정의 오차가 작게 된다. 해도(주로 평면도)에 따라서는 그 해도의 전 구역에서 사용할 수 있도록 거리 측정용 해리(또는 야드) 축척이 기재

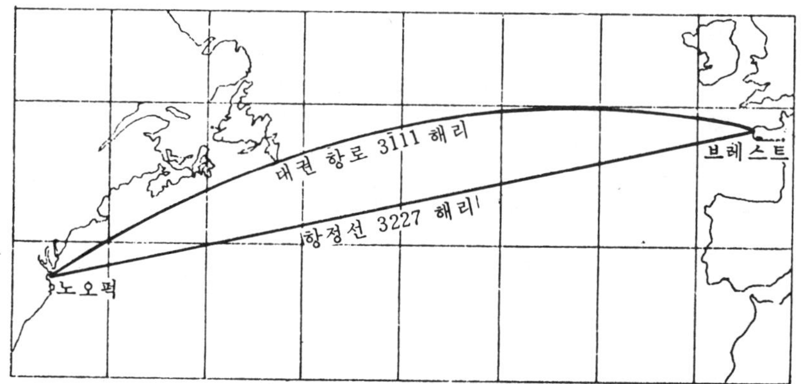

그림 3-6. 점장도에서의 대권과 항정선

되어 있는 것도 있다.

해도에서 방향은 항정선 방향과 대권 방향이 있다고 설명하였다. 점장도에서 항정선은 직선으로 표시되고, 적도와 자오선을 제외한 대권은 곡선으로 표시된다.

이 때 두 점 사이의 거리는 항정선이 짧게 보이나, 실제로는 대권이 최단 거리가 된다.

그림 3 - 6 에서 노포크(Norfolk) 항에 있는 선박이 브레스트(Brest) 항에서 발신하는 전파의 방위를 측정했다면 그 방위는 항정선 방향이 아니고 대권 방향이므로, 항해표 제 1 표를 이용하여 점장도로 개정하여야 한다.

307 대권도법

대권도법(大圈圖法; Gnomonic projection or Great circle projection)은 지구의 중심에 시점(視點)을 두고 지구 표면의 한 점에 접하는 평면에 지형을 투영하는 방법이다. 이 도법은 시점이 지구의 중심이 되므로 심사도법(心射圖法)이라고도 하나, 일반적으로 대권도법이라는 말이 더 많이 사용되고 있다.

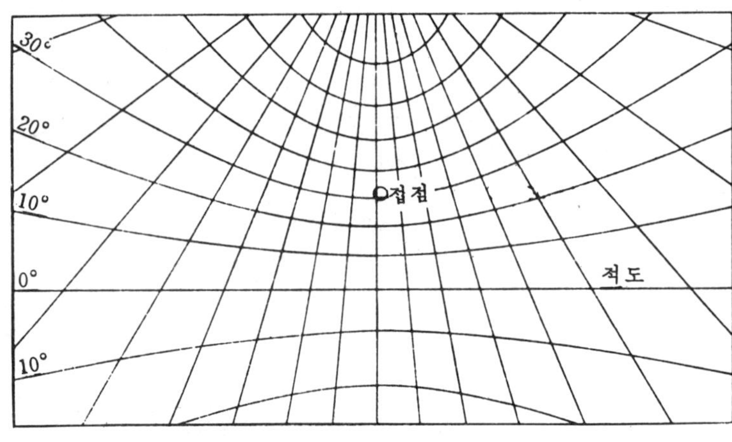

그림 3-7. 대 권 도

이 도법에서 모든 대권은 직선으로 표시되고 자오선은 부채살 모양으로 지극(地極)에 모이는 직선이 된다. 그리고 거등권은 곡선(타원, 쌍곡선, 포물선)으로 표시된다.

지형은 접점(接點; Point of tangency) 근처에서 원형(原形)에 가까우나 거리가 멀어질수록 도형(圖形)이 이그러져서 지형, 방위 및 거리 등이 실제와 큰 차이를 나타낸다. 그리고 접점에서 90° 떨어진 지점은 접점과 평행선이 된다.

그림 3-8에서 대권은 직선이고, 항정선은 곡선으로 표시된다. 그림 3-6과 비교하면 대권과 항정선의 차이를 알 수 있다.

대권도의 특성은 다음과 같다.

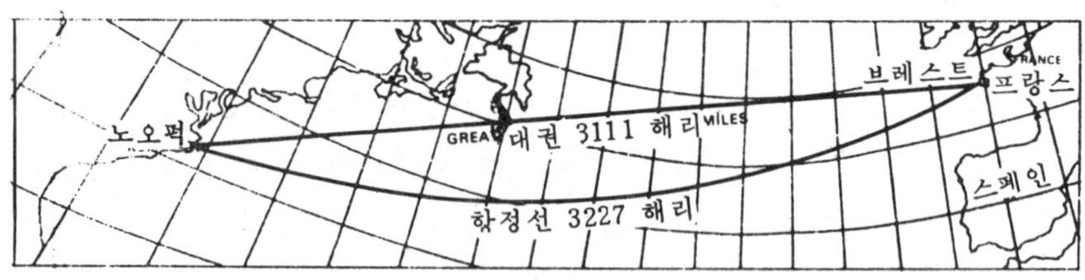

그림 3-8. 대권도에서의 항정선과 대권

① 접점 부근에서 지형이 정확이 표시되나, 접점에서 거리가 멀어질수록 모양이 일그러진다.

② 대권이 직선으로 표시되기 때문에 두 지점의 최단 거리를 구하기가 편리하다.

③ 원양항해(遠洋航海) 계획 수립시에 점장도와 같이 사용하면 편리하다.

④ 무선 방향은 대권 방향이므로 대권도에 무선 방향을 기입하기가 편리하고, 고위도(70° 이상)에서 시각(視覺)으로 측정한 방위 기점이 편리하다.

308 다원추도법

지구의 거등권에 접하는 원추면에 지형을 표현하는 도법을 원추도법(圓錐圖法; Conic projection)이라 한다.

다원추도법(多圓錐圖法; Polyconic projection)은 일정한 간격을 유지하는 거등권에 외접하는 원추를 만들고, 그 원추면에 지형을 투영하여 전개하는 도법이다.

이 도법은 제작이 간단하고 각 거등권 지역에 외접한 원추이므로,

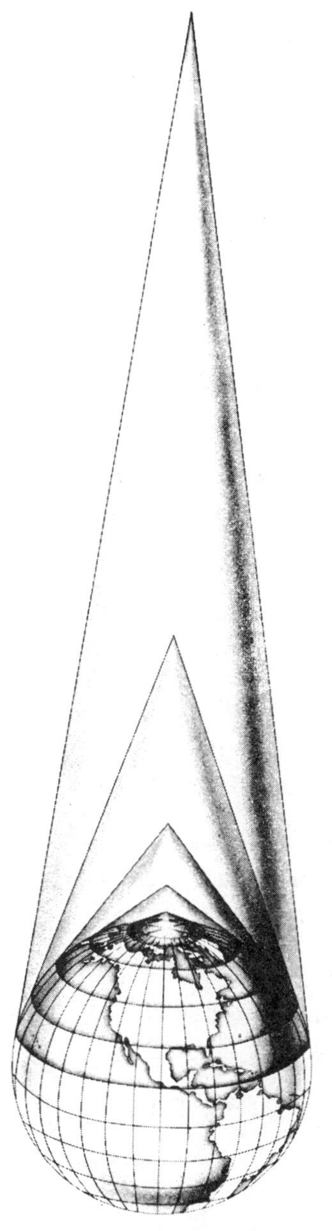

그림 3-9. 다원추도법

축척은 같으나 해도의 가장자리에서 거등권의 간격이 확대된다. 중앙 자오선 부근의 지형은 정확히 표시되고, 중앙 자오선에서 동서로 거리가 멀어질수록 자오선의 거리가 확대되어 볼록형이 된다. 이 도법은 남북으로 길다란 구역을 표현하는 데 유리하며, 지도(地圖) 제작에 많이 이용된다. 그리고 해도로는 거의 사용되지 않으며, 수로 측량에 사용될 뿐이다.

309 램버트 도법

지축과 원추의 꼭지점을 일치되게 하고 해도를 작성하려는 지역(地域)의 남북 기준 거등권을 자르는 원추면에 지형을 표현하는 도법을 램버트 도법(Lambert conformal projection)이라 한다.

이 도법은 점장 도법과 같이 도재 구역(圖載區域)을 계산하여야 하고, 원추 도법과의 차이는 지형의 투영면이 지구면에 접하지 않고 절단하는 점이다. 이 도법에서 기준 거등권 사이의 지형은 축소되고 외부의 지형은 확대된다. 기준 거등권 사이에서 최대 오차는 0.5 % 정도이고 외부에서는 2.5 %이다.

그림 3-10(오른쪽)에서 기준 거등권이 L 30°N 및 L 45°N인 미국 지도와 같은 위도의 점장도를 비교하면, 램버트 도법의 축척 변화는 3 % 이내이고 점장도는 40 % 정도가 된다.

이 도법의 거등권은 모두 동심원의 호가 되고, 자오선은 모두 원추의 정점에 모이는 직선이 된다. 동일한 축척을 사용해도 그 오차는 실용상 거의 지장이 없다. 자오선과 거등권은 직교하고, 두 지점의 직선은 거의 대권과 비슷하여 무선 방위를 기점하기가 편리하다. 제 1 차 세계 대전 중 군용 지도로 많이 사용되었고, 그 후 항공도(航空圖; Aeronautical chart)로 널리 사용되어 왔을 뿐 해도로는 거의 사용되지 않는다.

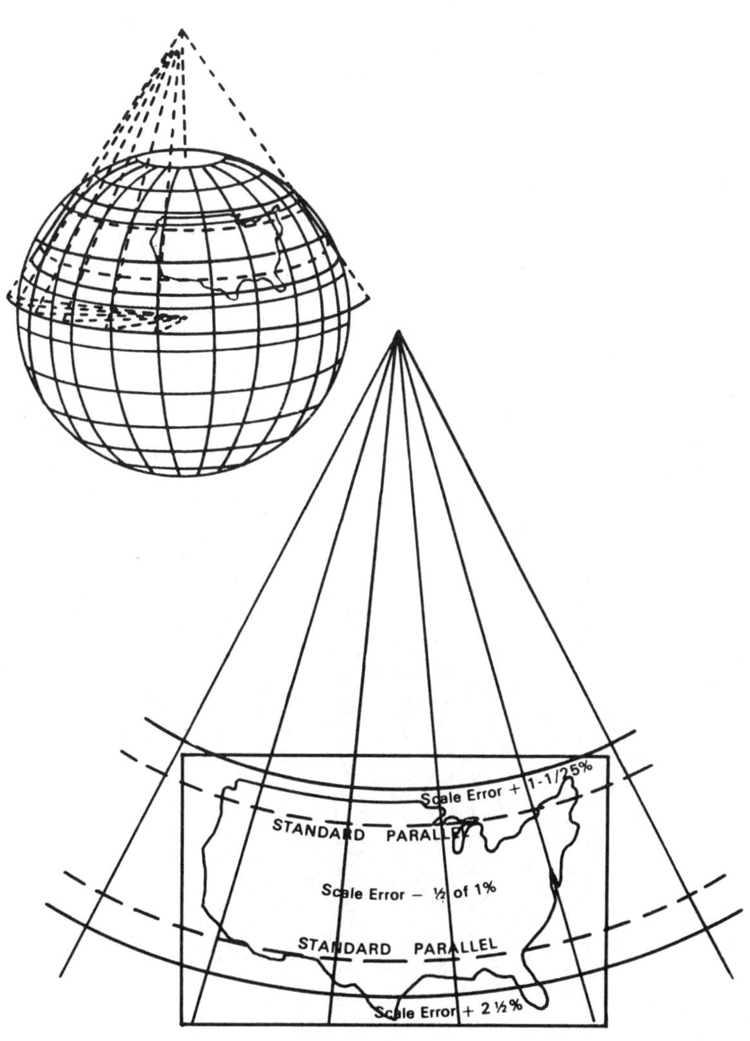
Scale Error + 1-1/25%
STANDARD PARALLEL
Scale Error – ½ of 1%
STANDARD PARALLEL
Scale Error + 2½%

그림 3-10. 램버트 도법

310 횡점장 도법

점장도법은 원통을 적도에 접하게 하여 지형을 투영하나, 원통을 90° 회전하여 중앙 자오선에 접하게 하고 지형을 투영하는 도법을 횡점장 도법(橫漸長圖法; Transverse mercator projection)이라 한다.

이 도법에서는 적도, 중앙 자오선 및 중앙 자오선과 직교하는 자오선만이 직선으로 표시되고, 그 밖의 자오선과 거등권은 곡선으로 표시된다. 이 도법은 점장도와 같은 특성이 있어 중앙 자오선 부근에서는 지형의 의곡이 작고 오차가 작다. 성좌도(星座圖), 극도(極圖) 제작시에 사용되고, 지도를 제작하는 사람들이 이용한다.

경사 점장도(傾斜漸長圖; Oblique mercator projection)는 점장의 일종으로, 지구상의 두 지점을 통과하는 대권에 접하는 원통에 지형을 투영하여 제작하는 방법이다. 이 도법은 주로 항공용으로 사용되고, 자오선과 거등권은 곡선으로 표시된다.

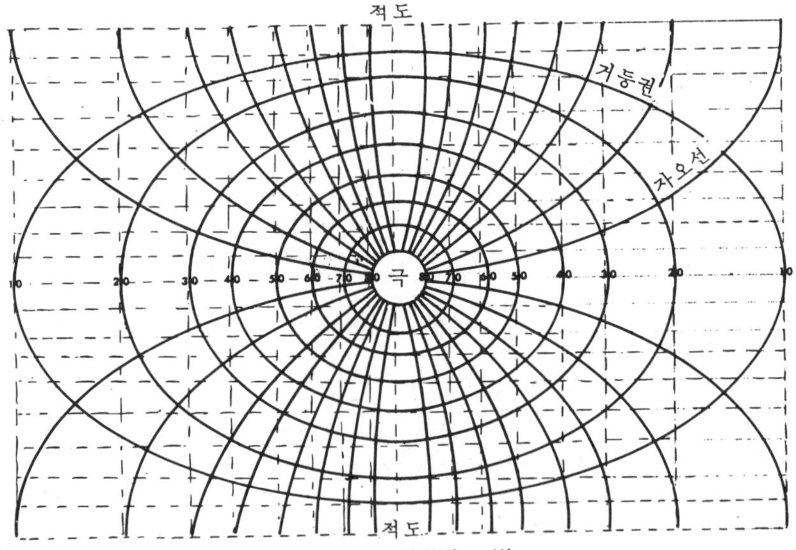

그림 3-11. 횡점장 도법

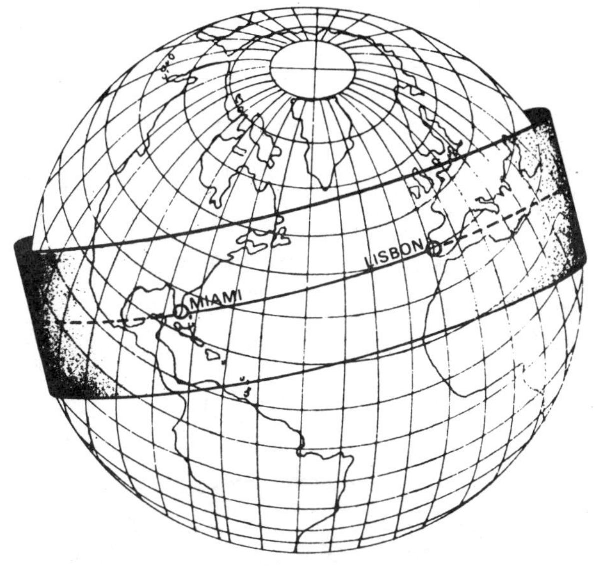

그림 3-12. 경사 점장 도법

311 방위 등거 도법

방위 등거 도법(方位等距圖法; Azimuthal equidistant projection)은 계산에 의하여 제작하는 도법이다. 이 도법은 전략적(戰略的)으로 중요한 위치를 기점으로 하여 지구 표면을 전부 평면에 전개(展開)하여 표현할 수 있다. 지형은 의곡되지만 기점으로부터 물표의 방위와 거리를 비교적 빨리, 정확하게 숙지하도록 되어 있다. 색성표의 항성판(Star base)이 이 도법에 속한다.

방위 등거 도법의 기점을 극(極)으로 정하여 제작하면 방위 등거 극도(方位等距極圖; Polar azimuthal equidistant projection)가 된다. 이 도법은 자오선(子午線)은 극(極)을 중심으로 실제각과 같은 부채살 모양의 직선으로 표현하고 거등권(距等圈)은 극을 중심(中心)으로 하는 동(同) 간격의 동심원(同心圓)으로 표현하는 도법(圖法)이다.

312 평 면 도

지구 표면의 좁은 일부분을 평면으로 간주하여 그리는 방법을 평면도(平面圖; Plan)라 한다. 이것은 도법의 분류에는 포함되지 않는다.

이 도법은 엄밀히 말해서 다소의 오차가 있다. 오차의 양은 해도의 상하단에서, 구역이 넓을수록, 위도가 높을수록 커진다. 그러나 거리와 방위의 오차는 작으므로 실용상 별 지장은 없다.

이 도법은 작도하기가 간단하고, 지표(地表)의 각 점의 위치는 거리와 각도에 의해서 기입하며, 실제 지구 표면에서의 그것과 아주 비슷한 관계

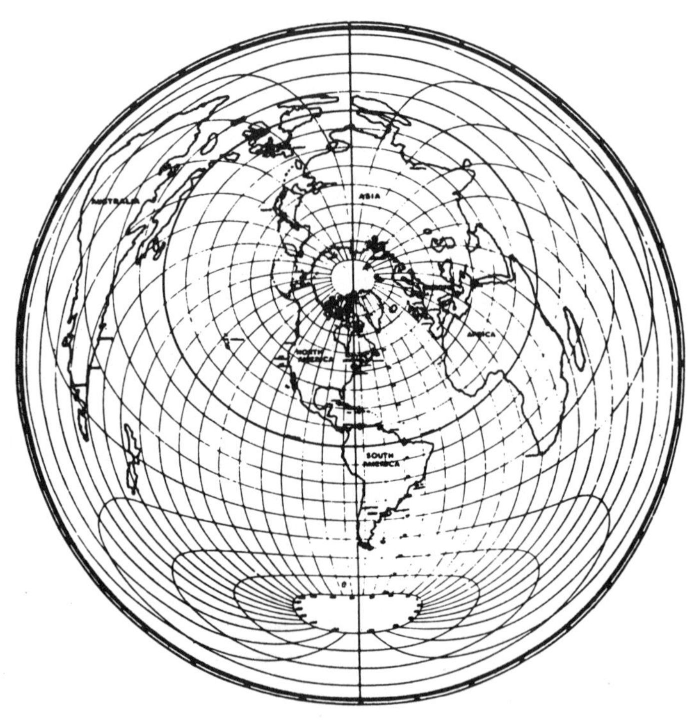

그림 3-13. 방위 등거 도법

를 가지도록 도시할 수 있기 때문에 주로 항박도(港泊圖; Harbour plan)에 많이 이용되고 있다.

평면도를 작성할 때에는 도면의 크기에 따라 위도 1′의 척도(尺度)를 적당히 정하고, 이것에 도재 구역의 중분위도(상하단 위도의 평균)의 여현(Cosine)을 곱하여 경도 1′의 척도로 정한다. 이 경위도의 척도로 둘레의 윤곽선(輪廓線) 위에 경위도 눈금을 긋고 도중(圖中)의 측량 원점(測量原點)을 기준으로 하여 각과 거리에 맞추어 해도를 작성한다.

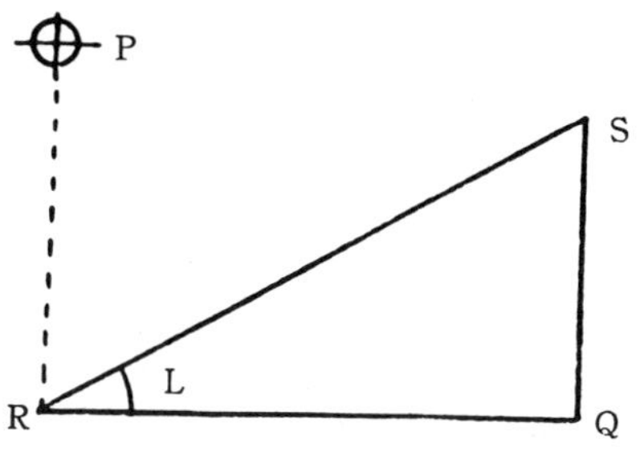

그림 3-14. 평 면 도

평면도에서 두 물표간의 거리와 각은 척도로 측정할 수 있으므로, 경위도 눈금을 그려 놓지 않고 공통인 거리자, 즉 위도자만을 기재하는 수가 있다. 이와 같은 경우에는 다음과 같은 방법으로 경도를 구한다.

그림 3-14에서 P점을 실측점이라 하고 거리자만 주어졌을 때, Q 점의 경위도를 구하려면 우선 P 점을 지나는 자오선을 긋고 Q 점에서 이 자오선에 수선을 내려 교점을 구한다.

PR를 거리자로 재면 P, Q의 위도차가 된다. 다음에 QR와 실측점(P점)의 위도 L을 밑각으로 하는 직각삼각형 QRS를 작도한다. 이 때 RS를 거리자로 측정하면 P,Q의 경도차가 된다.

313 기입용도

기입용도(記入用圖; Plotting sheet)는 해상에서 선위를 기입할 목적으로 항해사가 작성하여 사용하는 보조용 해도를 말한다. 여기에는 해도에

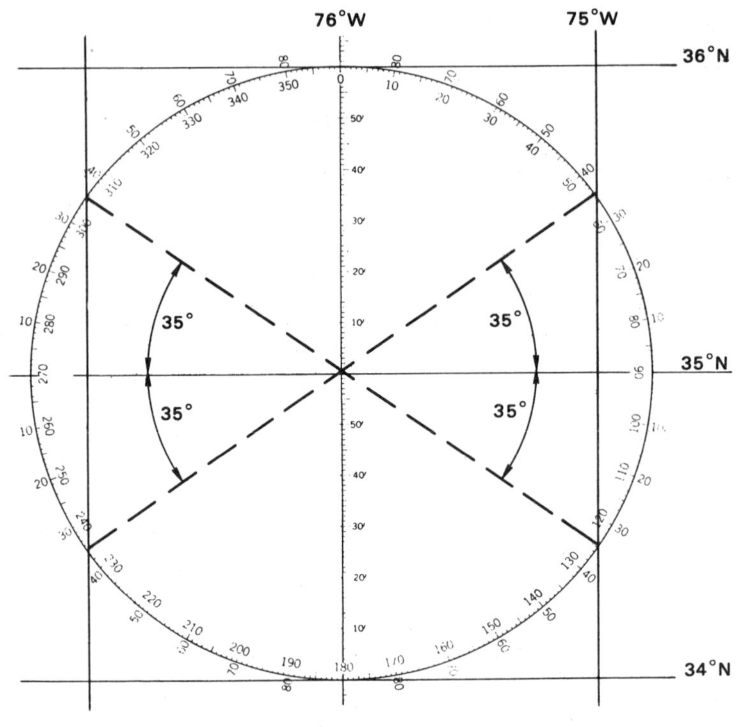

그림 3-15. 기입용도

필요한 자료가 기재되어 있지 않고, 나침도와 위도 또는 나침도와 경도만이 기재되어 있다. 기입용도는 점장도의 일종으로, 주로 천체 관측시 선위 기점용으로 사용한다.

그림 3-15에서 기입용도를 작성하는 방법을 설명하면, 중분위도(中分緯度; Mid latitude)를 L 35°N로 정하여 위도와 경도를 작도할 경우, 우선 나침도의 90과 270을 연결하는 직선을 L 35°N로 정한다. 중분위도에서 상하로 35° 되는 도수를 이용하여 두 개의 점선을 그린다. 나침도 중심의 좌우에 있는 점선의 끝단을 직선으로 연결하면 중분위도와 수직으로 교차되어 자오선이 된다. 이 때 나침도 중심과 자오선과의 거리는 L 35°N에서 경도의 간격이 되고, 나침도의 반지름은 위도 간격이 된다.

나침도의 반지름을 위도 1°의 길이로 정하면 자오선 간격은 경도 1°의 축척(縮尺)이 된다. 그림에서 위도 간격은 60등분이 되어 있으므로, 자오선 간격을 60등분 하려면 나침도 중심에서 동심원을 그리고 동심원이 점선과 만나는 점에서 중분위도에 수선을 그리면 된다.

기입용도가 없을 때에는 변경(DL_0)=변위(P) sec L식을 이용하여 작성한다.

314 해도의 도적과 축척

해도의 내윤곽선(內輪廓線; Neatline)의 가로, 세로의 길이를 해도의 도적(圖積; Size)이라 하고, 해도상에서 두 지점 사이의 길이와 이에 대응하는 두 지점 사이의 실제 거리의 비를 축척(縮尺; Scale)이라 한다.

현재 우리 나라에서 간행되는 해도의 표준 도적(標準圖積)은 전지(全紙 또는 전판해도; Full size)와 1/2지(또는 1/2版海圖; Half size)가 있으나, 지형, 도제 구역, 축척 등에 따라 반드시 일정하지는 않다.

미국에서 간행되는 해도의 표준 도적은 5종류이고, 이들을 적당히 이용하면 축척과 포함 구역에 제약을 받지 않는다. 영국에서 간행되는 표준

표 3-1

국 명	표 준 도 적	규 격
한 국	전 지	106.0 cm×76.0 cm
	$\frac{1}{2}$ 지	76.0 cm×53.0 cm
미 국		50.80 cm × 68.58 cm (20″×27″)
		71.21 cm×101.60 cm (28″×40″)
		86.36 cm×106.68 cm (34″×42″)
		86.36 cm×116.84 cm (34″×46″)
		86.36 cm×132.08 cm (34″×52″)
영 국	점 장 도	96.62 cm×63.50 cm (38″×25″)
	대 권 도	97.54 cm×67.51 cm (38.″4×25.″4)

도적은 대권도와 점장도가 약간 틀리고, 이들의 $\frac{1}{2}$ 되는 것과 그 이상 되는 것이 있다(표 3-1 참조).

표준 도적은 보통 해도의 오른쪽 아래 난 외부에 기재된 해도 번호의 바로 위나 또는 아래에 그 크기가 기재되어 있다.

해도의 축척은 여러 가지 방식이 있으나, 보통 실형 축척(實形縮尺; Natural scale), 수치 축척(數値縮尺; Numerical scale), 도표 축척(圖表縮尺; Graphic scale)을 사용하고 있다. 축척은 보통 1 : 2, 500∼1 : 5, 000, 000 사이이다.

실형 축척은 단순한 비율, 즉 축척 분수(縮尺分數)로 표시하는 방식으로, 해도에 표시한 단위 길이가 지구상에 있어서는 축척의 배수와 같은 거리가 된다.

수치 축척은 "해도에서의 단위 길이(cm 또는 inch)가 실제는 얼마의 거리이다."라고 표시하는 방법이다. 예를 들면, '30해리는 1 cm'라는 축척은 해도에서 1 cm가 실제는 30해리가 된다는 뜻이다.

도표 축척은 도재 구역 외에 해리나 야드 등의 길이를 표시하여, 해도에서 거리를 측정할 수 있도록 하는 방식이다. 모든 해도는 엄밀히 말해서 해도상 두 지점의 축척은 같지 않고 미소한 차이가 있다. 도법에 따라서는 그 축척이 방향에 따라 다르게 되나, 도표 축척을 사용하여 거리를 측정해도 실용상 지장이 없는 해도가 있다.

대부분의 해도는 동·서 양쪽에 위도 축척을 표시해 놓고, 위도 간격 1′을 1해리로 사용할 수 있도록 도표 축척이 되어 있다.

점장도는 위도에 따라 축척이 달라지고 위도 눈금이 다르게 된다. 예를 들면, 적도에서 축척 분수 1/100, 000인 점장도는 위도 60°를 기준으로 하면 1/50, 000이 된다.

그러므로 점장도의 축척을 정할 때에는 해도에 포함된 구역의 중분위도에서 경도의 길이를 기준하여 그 중분위도에 대한 축척을 산출하거나, 또는 해도에 포함된 구역과는 별도로 일련의 해도의 중분위도에 대한 축척을 계산하여 이를 기재하고 반드시 축척과 함께 그 축척의 기준 위도

(基準緯圖)를 점장도에 명시하고 있다.

항해학에서 대축척 해도 또는 소축척 해도라는 말을 많이 한다. 이것은 상대적인 말로서 동일한 도적(圖積) 내에 좁은 지역(地域)을 표시하면 대축척 해도라 하고, 넓은 해역을 표시했으면 소축척 해도라 한다. 예를 들면, 축척 1 : 500,000의 해도는 1 : 150,000보다 소축척이나, 1 : 1,000,000 보다는 대축척 해도이다.

해도를 축척에 의해서 분류하면 표 3-2와 같다.

표 3-2

국 명	종 류	축 척
미 국	Sailing charts	1 : 600,000 이하 소축척
	General charts	1 : 100,000～1 : 600,000
	Coast charts	1 : 50,000～1 : 100,000
	Harbour charts	1 : 2,000～1 : 50,000
	Intercoastal waterway charts	1 : 40,000
	Small craft charts	1 : 80,000 및 그 이상 대축척
영 국	Ocean charts	1 : 5,000,000 이하 소축척
	General charts	1 : 1,000,000～1 : 5,000,000
	Coast charts	1 : 500,000(소) 1 : 200,000 (중) 1 : 100,000(대)
	Port approach	1 : 50,000
	River, channel, Open harbour	1 : 25,000
	Harbour plan	1 : 12,500, 1 : 10,000, 1 : 7,500

315 해도의 종류

해도를 사용 목적에 따라 분류하면, 항해용 해도(Navigational charts), 잡용 해도(雜用海圖; Thin paper charts), 수로 특수도(水路特殊圖; Miscellaneous charts), 로오란 해도(Loran charts), 데카 해도(Decca charts), 오메가 해도(Omega charts) 및 잠정 해도(暫定海圖; Provisional charts)가 있다.

1. 항해용 해도

항해용 해도는 용도별로 보면, 총도(總圖; General charts), 항양도(航洋圖; Sailing charts), 항해도(航海圖; General charts of coast), 해안도(海岸圖; Coast charts), 항박도(港泊圖; Harbour charts) 및 내수도(內水圖; Intercoastal waterway charts)가 있다.

① 총도는 극히 넓은 구역을 그린 해도로서 항해 계획시 편리하고, 점장의 정도는 축척에 따라 다르나, 보통 1 : 4, 000, 000~1 : 5, 000, 000 이다.

② 항양도는 해안에서 원거리에 있는 주요한 외양 등대(外洋燈臺), 수심, 외방부표(外方浮標) 및 원거리에서 보이는 자연적인 육표(陸標) 등을 도시한 해도로서 장기 항해시에 사용된다. 위도는 1°마다 점장되었고, 축척은 1 : 600, 000~1 : 4, 000, 000이다.

③ 항해도는 주로 육표, 등대 및 외방부표가 도시되고, 무선 표지에 의한 방위선과 레이다 및 측심에 의하여 선위를 직접 구할 수 있는 해도로서, 대개 육안(陸岸)을 바라보면서 항해하는 데 사용된다. 위도는 30′마다 점장되었고, 축척은 1 : 100, 000~1 : 600, 000이다.

④ 해안도는 연안 세부까지 도시한 해도로서 연안 항해에 사용된다. 위도는 보통 30′, 20′ 또는 10′마다 점장된 것이 있고, 축척은 1 : 50, 000~1 : 100, 000이다.

⑤ 항박도는 항만, 묘지(錨地) 및 수도 등을 세부 사항까지 상세하게 도시한 평면도이다. 해도 중 어떤 것은 그 해도 내의 일정한 작은 구역을 별도(別圖)로 하여 해도의 여백에 도재(圖截)한 것을 분도(分圖; Sector)라 한다. 이것은 항박도의 일종인데, 항박도의 축척은 1 : 2, 500~1 : 50, 000 이다.

⑥ 내수도는 특별한 지역의 내륙에서 사용할 목적으로 제작한 해도로서 축척은 1 : 40, 000이다.

2. 잡용 해도

잡용 해도는 항해용 해도를 얇은 종이에 인쇄한 것이며, 항만의 개수(改修), 수산업 등 각종 작업의 참고용으로 출판된 것이다. 인쇄 후에 개보(改補)를 행하지 않고 종이도 신축이 심하여 항해용으로는 사용할 수가 없다.

3. 수로 특수도

수로 특수도는 특수한 해도라는 뜻이 아니고 해도와는 전연 다른 내용인 여러 가지 잡도(雜圖)를 말한다.

수로 특수도는 등심선(等深線)을 정밀하게 기재하여 측심 항해에 사용되는 수심도(水深圖; Depth curve charts), 해저 지형(대륙붕, 해구, 해연, 해산) 등을 정밀하게 기재하여 해저 자원의 개발, 조사 및 학술 연구용으로 사용하는 해저 지형도(海底地形圖; Bathymetric charts), 어선의 항행과 조업을 대상으로 한 어업용도(漁業用圖; Fishery charts, 즉 원양 어업용도, 근해 어업용도, 저질도, 어구 정치 개소 일람표 등), 항해에 간접적인 참고가 되는 일반 특수도(一般特殊圖; Miscellaneous charts, 자침 편차도, 수평력도, 지자기 경차도, 기상도, 해류도, 파랑도, 위치기입용도, 조류도, 대권 항법도, 세계 전도, 성좌도, 해도 색인도, 해도도식 도선도(Pilot charts 등)가 있다.

4. 로오란, 데카, 오메가 해도

항해용 해도에 로오란 위치선, 데카 위치선, 오메가 위치선을 각각 색깔로 구별하여 기재한 것을 말한다.

5. 잠정판 해도

정규 해도가 간행되기 이전에 임시 조치로 간행된 해도를 말하며, 해도의 번호 앞에 P라는 기호를 붙여서 구별하고 있다.

316 해도의 기준면

해도에서 수심(水深; Depth)을 결정하거나 지형의 높이를 표시할 때 기준으로 정한 면을 해도의 기준면이라 한다. 국가에 따라 해도의 기준면은 서로 다르지만, 수심과 높이의 측정 단위는 m나 ft(또는 fathom)로 표시한다. 한국 해도는 수심의 기준면(Datum level for sounding)을 인도양 대저 조면(印度洋大低潮面; Indian spring low water)에 해당되는 기본 수준면(또는 略最低低潮面)으로 정한다.

한국 해도의 수심은 기본 수준면으로부터 측정하여 m 단위로 표시하고, 수심이 18 m 미만은 소수점 이하 한 자리를 붙이고, 18 m 이상은 정수값만을 기재한다. 해면이 기본 수준면 이하로 내려가는 일은 극히 드물지만, 기본 수준면이 항상 최저 저조면과 일치하는 것은 아니기 때문에 장소와 시간에 따라 해면이 그보다 더 내려가는 경우도 있다.

기본 수준면을 수심의 기준면으로 정한 것은 항해의 안전을 충분히 고려하였기 때문이다. 항해사는 해도에 기재된 수심이 특별한 경우가 아니면 실제의 수심보다 작다고 생각하여도 무방할 것이다.

한국 해도의 높이의 기준면은 평균 수면(平均水面)을 기준으로 정하여 자연 목표, 등대, 입표 등의 높이를 산출하고, 측정 단위는 m로 표시한다. 평균 수면은 조석(潮夕)이 없다고 가정했을 때의 해면을 말한다. 실제 해면은 끊임없이 변하고 있으므로, 일정 기간(1년 또는 수년간) 관측한 수면의 평균치를 평균 수면으로 정하여도 조석의 승강(昇降)과 비교하면 그 차이는 아주 작다.

간출암(干出岩; 약최저 저조면과 약최고 고조면 사이에 있는 암석으로 조석간만에 따라 수면위의 나타나거나 수중에 잠기는 암석을 말함)은 기본 수준면으로부터 그 높이를 산출한다.

안선(岸線; Coast line)은 해도에서 수륙의 경계선을 말한다. 안선은 약최고 고조면(略最高高潮面; Nealy higher high water spring)에서 수면이 육지와 만나서 이루는 선이 된다.

표 3-3 각국에서 사용하는 기준면

국 명	수 심		높 이	
	기 준 면	단 위	기 준 면	단 위
미 국	평균 저조면(대서양 연안) 평균 저조면(태평양 연안)	ft(또는 fathom)	평균 고조면	ft
영 국	대조의 평균 저조면	ft(또는 fathom)	대조의 평균 고조면	ft
일 본	약최저 저조면(기본 수준면)	m(meter)	평균 수면	m
서 독	대조의 평균 저조면(북해)	m(meter)	평균 수면	m
프랑스	최저 저조면	m(meter)	평균 수면	m

317 해도 도식

해도 도식(海圖圖式; Nautical chart symbols and abbreviations)이란 해도에서 사용되는 기호와 약어를 일람표로 하여 특별히 편집한 것을 말한다. 해도는 모든 사항이 해도 도식으로 표시되어 있으므로 항해사는 이들 기호와 약어를 완전히 이해함으로써 해도를 충분히 활용하게 된다.

한국은 수로국 간행 번호 416호로 간행하고 있으며, 국제 수로국에서는 해도 도식을 기호 및 약어표(List of symbols and abbreviations)라고 하여 간행하고 있다.

이 표는 1953년 제 6차 국제 수로 회의에서 결의하여 국제적으로 통일하여 사용하도록 되어 있으므로, 각국은 해도를 간행할 때 각 항목과 항목 번호에서 규정하고 있는 사항이 같다. 그러므로 항해사는 어느 해도라도 한국 해도 도식과 비교하여 사용할 수 있다.

외국 해도는 국제 수로 회의에서 정한 기호 및 약어의 기준표(Standard list of symbols and abbreviations) 외에 다른 기호와 약어를 기재하기도 하므로, 외국 해도를 사용할 때에는 주의해야 한다.

해도 도식은 A에서 V까지 22개 항목으로 되어 있고, 각 항목은 다시 번호로 세분된다. 번호의 숫자가 명조체이면 국제 수로 회의에 따른 것이고(A-1, K-1), 이탤릭체이면 국제 수로 회의의 결의와 다르거나 아직 결의되지 않는 것이다(*L*-8, *M*-8), 괄호 안의 이탈릭체는 국제 수로 회의 기호 및 약어의 기준표에 항목이 없음을 뜻한다($B-B_c$, $I-I_n$, $M-M_b$).

해도 도식에 사용된 용어 중 이해하기 곤란한 것 몇 가지만을 골라 설명하면 다음과 같다.

① 해만(海灣; Gulf)은 해수가 육지 깊숙이 들어가 있고, 입구가 넓은 수역으로, 해(海; Sea)보다는 작고 만(灣; Bay)보다는 큰 것을 말한다.

② 만(灣; Bay, Cove 또는 Inlet)은 해만과 비슷하나, 크기가 약간 작은 것을 말한다.

③ 포(浦; Core, Sound, Creek 또는 Inlet)는 만보다 작은 것을 말한다.

④ 해협(海狹; Strait, Narrows)은 육지와 육지 사이에 좁고 깊은 수로를 형성하고 있는 곳을 말한다.

⑤ 정박지(碇泊地; Roads, Roadstead)는 단조로운 해안에서 다소 풍랑을 피할 수 있는 묘지이며, 선박이 일시 정박할 수 있는 곳을 말한다. 그리고, 항내(港內)의 일부를 말하는 뜻으로도 사용한다.

⑥ 묘지(錨地; Anchorage)는 수심과 저질이 선박이 정박하기에 적당하고 알맞은 장소를 말한다.

⑦ 버어쓰(Berth)는 선박이 묘박(錨泊)하거나 계류(繫留)할 수 있는 장소를 말한다.

⑧ 피박지(避泊地; Shelter, Refuge)는 항(港) 이외의 만(灣) 같은 곳에서 풍파를 막아 선박이 안전하게 정박할 수 있는 곳이다.

⑨ 항구(港口; Port, Harbour, Haven)는 선박이 바람, 조류, 파도 등을 피할 수 있고 정박하기에 알맞도록 제반 설비를 갖추어 놓은 수역(水域)을 통틀어 일컫는 말이다. Port는 여객(旅客;passenger), 물자, 우편, 등을 이송하는 지역을 포함하며, 선박의 수리 시설, 건선거(Drydock), 부두(Wharf), 잔교(Pier), 안벽(Quay), 창고, 크레인(Crane)등과 보급 시설이 있다.

Harbour는 자연적으로 바람, 조류, 파도 등을 피할 수 있고 묘지

(錨地; Anchorage)가 좋은 장소로서 항구(Port)의 일종이다.

Haven은 Port나 Harbour보다 별로 중요하지 않은 곳을 말한다.

항구를 사용 목적면에서 보면, 군항(Naval base)은 Harbour에 속하고, 상항(商港)은 Port에 속한다.

⑩ 수도(水道; Channel, Passage)는 해협과 비슷하나, 항구(Port)에 출·입항하는 수로를 말한다.

⑪ 피요르드(Fjord)는 빙하(氷河)의 침식으로 인하여 생긴 골짜기에 해수가 침입하여 이루어진 좁은 만을 말한다. 피요르드는 노르웨이에 많다.

⑫ 부두(Wharf)는 선박의 계류와 하역 및 탑재를 위하여 목재, 석재, 철재, 콘크리이트 등으로 만들어진 해안의 구조물과 창고 등을 통틀어 일컫는 말이다.

⑬ 잔교(棧橋; Pier)는 부두와 같은 목적으로 사용되나, 해안으로부터 거의 직각으로 돌출한 형태이고, 창고 시설이 없고 하부를 해수가 통과한다는 것이 부두와 다르다.

⑭ 안벽(岸壁; Quay)은 해안을 따라 축조된 부두를 말하고, 하부에 해수가 유통하지 않는다.

⑮ 돌제(突提; Jetty)는 미국과 영국에서 그 뜻이 좀 다르다. 미국에서는 해안을 따라 이동하는 모래 등이 모여서 사주가 형성되지 않도록 나무, 돌, 콘크리이트 등으로 해안에서 직각으로 돌출되도록 축조한 구조물을 말하며, 영국에서는 부두 및 잔교의 동의어로 사용한다.

⑯ 방파제(防波堤; Breakwater, Mole)는 풍랑이 항구 내에 들어오는 것을 막기 위하여 축조한 제방 모양의 구조물을 말한다.

⑰ 방사제(防砂堤; Groin, Groyne)는 해안의 모래나 흙이 바다로 무너져 들어가는 것을 방지하기 위하여 목재, 석재, 콘크리이트 등으로 축조한 구조물을 말한다.

⑱ 연안(沿岸; Coast)은 해륙(海陸)의 경계를 말할 때, 육지 쪽에 비중을 두어 표현할 경우에 사용하는 말이다.

⑲ 해안(海岸; Shore)은 해륙의 경계를 말할 때, 바다 쪽에 비중을 두

어 표현할 경우에 사용하는 말이다.

⑳ 갑(岬; Cape, Point, Headland, Head)은 바다로 돌출한 육지의 끝부분을 말한다. Cape는 Point보다 Headland는 Head보다 큰 것을 말한다.

㉑ 고각(高角; Promontory)은 바다로 돌출한 고지의 끝부분을 말하며, 그 돌출부가 길지 않은 것을 말한다.

㉒ 스피트(Spit)는 수심이 깊지 않은 해안에 모래나 자갈이 바다 쪽으로 돌출한 것을 말한다. 저질에 따라 Sand spit나 Rock spit라고도 하며, 저질을 알 수 없을 때에는 스피트라고 한다.

㉓ 브러프(Bluff)는 육지의 고지(高地)가 바다나 강 쪽으로 돌출하여 깍아세운 듯한 지형을 말하는데, 수면과 거의 수직이나 낭떠러지에 비하면 그 겉모양이 약간 둥굴다.

㉔ 세암(洗岩; Rock awash)은 저조(低潮)일 때 그 꼭대기가 거의 수면과 같아서 해수에 씻기는 바위를 말한다.

㉕ 암암(暗岩; Sunken rock)은 저조일 때도 수면 위로 나타나지 않는 바위를 말하며, 미국 해도에서는 이텔릭체로 *rock*라 표시한다. 그리고 명조체로 rock라고 표시하면 수상암(水上岩)을 뜻한다.

㉖ 암초(暗礁) 또는 험초(險礁; Dangers)는 항해에 특히 위험한 암암(暗岩)을 말한다.

㉗ 암붕(岩棚; Ledge)은 해안과 평행하거나 수직한 상태로 제방처럼 길게 뻗어 있는 암석을 말한다.

㉘ 여울(Shoal)은 수심이 얕은 장소를 말한다.

㉙ 초(礁; Reef)는 항해에 위험한 암석이나 산호초가 볼록하게 튀어나온 곳을 말한다.

㉚ 뱅크(Bank)는 초(礁)보다 더 깊은 수심에서 주위의 해저보다 볼록한 장소를 말한다.

㉛ 험악지(Foul ground)는 바위나 암초 등이 해저에 산재하여 선박의 항해에 위험한 해역을 말한다.

318 해도의 정밀도

해도의 가치는 정밀도(精密度; Accuracy)에 있다. 해도는 정확성, 정밀성, 선명도, 해도의 지질(紙質)이 중요하지만, 특히 정확성과 정밀성이 중요하다. 해도는 이러한 사항을 충분히 고려하여 간행하나, 간행 후 시일이 경과하면 지형과 수심의 변화가 생기고, 도법(圖法)에 따라 편집 자료의 통일이 되지 않으며, 해도의 지질이 신축됨으로써 생기는 오차 등이 포함되는 것을 유의하여야 한다.

1. 시일의 경과로 생기는 지형, 수심의 변화

해도의 표제에 기입된 측량 연월일로부터 오랜 시일이 경과된 해도는 그 내용이 풍부한 자료와 보고에 의하여 정밀하게 제작된 것이라 해도 지형이나 수심에 자연적, 인위적인 변화가 생겨서 실제와 같지 않은 경우가 있다. 더구나 개측(概測) 또는 약측(略測)된 해도는 측량한 시일이 오래 되면 더욱 신뢰성이 희박하게 된다.

2. 도법에 따라 생기는 오차

이 오차는 실용상 지장이 없을 만큼 작으나, 정밀성이 특별히 요구되는 때에는 전연 도외시할 수 없게 된다. 평면도(항박도)는 중분위도를 기초로 하여 제작되므로, 도재 구역이 넓을수록 또는 높은 위도일수록 중분위도에서 멀어지면 오차가 커지므로, 정밀하게 경위도를 측정할 때나 방위와 거리로 정확한 위치를 기입할 때에는 다소 영향을 미친다.

점장도는 그 축척의 대소에 따라 점장의 정도가 틀리게 되어 점장 구계(漸長區界)에서는 다소 오차를 면할 수 없다. 예를 들면 1° 간격으로 점장한 해도는 점장 구계 안에서 같은 척도(尺度)의 눈금을 긋고 있어 엄밀한 의미에서 보면 점장 구계의 양쪽 끝은 정확한 위도를 나타내지만 다른 곳에서는 약간의 오차가 생긴다. 이 때 북반구에서는 북쪽으로 편위

(偏位)하는 오차가 생기는데, 이것을 북편 오차(Northerly error)라고 한다. 그리고 물표의 방위를 측정하여 점장도에 위치를 기점하는 경우에 방위선을 직선으로 표시하는 것은 대권을 항정선으로 대용하는 것이다.

일반적으로 저위도 지방에서는 오차를 고려하지 않아도 무방하지만 고위도 지방에서는 다소의 오차가 있음을 유의하지 않으면 안 된다.

3. 편집 자료의 불통일로 생기는 오차

측량 원도(測量原圖; Fairchart)와 도적(圖積)이 같은 해도를 간행할 때에는 비교적 문제가 되지 않으나, 서로 다른 측량 원도나 외국판 해도를 편집 자료로 할 때에는 정밀성, 축척 등이 같지 않아 오차가 생기게 된다. 이 때 문제가 되는 사항들은 다음과 같다.

① 경위도; 해도를 구성하는 기호인 경위도는 측정 시기, 관측 방법등이 다르면 차이가 생기고, 특히 경도는 장소에 따라 다르게 되는데, 1′ 이상의 차이를 포함하게 된다.

② 지형; 해도를 제작하는 과정에서 경위도에 차이가 있으면 지역을 접속(接續)시킬 때 무리가 생겨서 오차가 생긴다.

③ 수심; 수심의 기준면이 나라마다 틀리므로, 외국 해도를 사용할때 차이가 생긴다. 선박의 안전상 중요하므로 항해사는 수심기준면을 확인해야 한다.

④ 높이; 높이도 수심과 같이 대부분의 국가들은 기준면을 평균 수면으로 정하고 있으나, 공통된 것이 아니므로 자료가 다르면 해도 제작때 차이가 생긴다.

⑤ 편차; 해도에 기재된 자기 편차(Magnetic variation)는 해도에 따라 측정한 시기가 다르며, 편차의 변화도 연속적이 아니기 때문에 차이가 생긴다.

4. 해도 용지의 신축 때문에 생기는 오차

해도는 정선된 용지를 사용하나 일기, 온도, 습도 등의 영향을 받으면 신축하므로 차이가 생기게 된다. 외국판 해도를 원판으로 하여 해도를 복제(複製)하는 경우, 해도 용지가 신축되어 있으면 인쇄된 해도는 차이가 있게 된다.

319 해도 취급시의 주의 사항

해도를 취급하거나 보관할 때에는 다음 사항에 유의해야 한다.

① 해도를 보관할 때에는 해도대(Chart table)에 똑바로 펴서 넣어야 한다. 그러나, 부득이한 경우에 한하여 반으로 접어서 보관할 수 있다.

② 해도는 번호 순서대로 보관하거나 사용 순서대로 보관하고, 해도의 오른쪽 난외에 해도 번호를 기입하여 사용에 편리하도록 한다.

한국판 해도는 세 자리 숫자로 번호를 표기하고 있으며, 동해는 100 단위, 남해는 200 단위, 서해는 300 단위 숫자로 기입되어 있다.

③ 해도는 한 설합에 20 매 정도를 기준하여 해도대에 보관한다.

④ 해도를 운반할 때에는 말아서 가지고 다녀야 한다.

⑤ 해도 설합 앞면에는 해도의 번호나 구역을 표시한다.

⑥ 해도는 습기나 물에 젖지 않도록 해야 한다.

⑦ 해도에 위치를 기점할 때에는 질이 좋은 연필을 사용하고, 연필 끝은 도끼날같이 깍아서 사용한다.

⑧ 디바이다는 끝이 뾰쪽하게 하여 두고, 지우개도 질이 좋은 것을 사용한다.

⑥ 해도에는 불필요한 선을 긋지 않도록 하며 불필요한 낙서를 금한다.

⑩ 해도에 위치선이나 문자를 기입할 때에는 사용 후 지우개로 잘 지워지도록 글씨를 써야 한다.

⑪ 출·입 항로와 같이, 자주 사용하는 수로의 해도는 투사지(透寫紙; Tracing paper)를 해도 위에 덮고 투사지 위에 위치선 등을 기입하여 사용한다.

⑫ 해도 운반시는 말아서 가지고 다닌다.

320 해도 사용시의 주의 사항

항해사는 자기가 사용할 해도에 대하여 다음과 같은 주의를 해야 한다.

1. 해도 선택시

① 해도는 가장 최근에 간행된 것을 선택한다.

② 해도의 난외에는 소개정(小改正)이 끝난 연월일과 고시 번호(告示番號)가 기재되어 있으며, 해도 판매소에서 행한 개보(改補)에 대해서는 보통 해도 뒷면에 명시되어 있으므로 완전히 개보된 것을 선택한다.

③ 수로 도지 목록을 참조하여 축척이 가장 큰 해도를 사용한다.

④ 외국 연안에서는 필요하면 그 나라의 해도를 사용한다.

⑤ 수심이 조밀하게 기재되어 있거나 등심선이 기재된 것은 정밀하게 측정된 해도이므로, 수심이 정확히 측정된 해도를 택한다.

2. 해도의 표제에 관하여

① 해도의 표제(Title of the chart)를 참조하여 사용 목적에 알맞은 것을 선택한다.

② 해도의 표제에는 해도의 명칭(주 표제라고도 함), 축척, 측량 년도, 자료의 출처, 수심과 높이의 단위, 기준면, 조석에 관한 사항, 기타 참고 사항이 수록되어 있다.

3. 해도의 수심에 관하여

① 해도의 수심을 너무 믿지 말고 충분히 여유가 있는 곳을 항로로 선택한다.

② 해도의 수심은 음향 측심기(Echo sounder 또는 Fathometer)로 선측심(線測深)을 하거나, 측심연(測深鉛; Hand lead)으로 점측심(點測深)한 것이므로, 측심 간격 사이에는 측정이 안 된 암암(暗岩)이 존재할 가능성

이 있다. 실제로 선박이 좌초하여 비로소 발견된 암초도 적지 않다.

③ 한국 연안과 일본 연안에서는 겨울철부터 봄철 사이의 저조시에 해면이 기본 수준면(해도에 기재된 수심의 기준면) 이하로 내려가는 수가 자주 있다.

4. 항 해 시

① 해저의 凹凸이 불규칙한 곳은 피하여 항행한다. 항박도를 제외한 일반 해도는 수심의 숫자가 기록되지 않은 여백은 측심하지 않은 곳이다.

② 해도에서 수심이 고르더라도 수심이 얕고 저질이 암초인 공백지는 특히 조심해야 한다. 산호초가 있는 해저는 짧은 기간에 수심이 변하는 수가 있다.

③ 해협이나 좁은 수로에서 수심이 분명하지 않을 때에는 수심이 깊은 곳이나 중앙을 항행하도록 한다.

④ 해도의 정밀도에 대하여 불안을 느끼는 해역이나, 정밀하게 수심이 측정되지 않은 해역은 측심선을 따라 항로를 결정해야 한다.

⑤ 수심이 조잡하게 기재되어 있더라도 소해(掃海)된 구역을 항해한다.

5. 나침도 편차에 관하여

① 자기 나침의(磁氣羅針儀)로 방위를 측정할 때에는 해도의 나침도에 기재되어 있는 편차를 수정하여야 한다.

② 해도에 2개 이상의 나침도가 있고 편차가 다를 때에는 선위에 가까운 나침도를 이용한다. 2개의 나침도 편차가 커서 중간 지점에서 방위를 측정할 때에는 평균치를 구해야 한다.

③ 신판 해도와 구판 해도의 나침도 편차가 다르면 최신 해도 쪽을 사용한다. 이 때 의심스러우면 자침 편차도를 참조한다.

④ 해도에 기재된 지방 자기에 관한 사항도 참고한다. 주기적 변화나 우발적 변화에 대하여는 특히 주의하고 수로지를 참고한다.

⑤ 자차(自差)를 구할 때에는 자침 편차도에 의해서 되도록이면 정확한

편차를 구한다.

6. 해류와 조류에 관하여

① 해도에 기재된 해류와 조류의 방향 및 속도는 평균 방향과 속도를 나타내므로 조석 시간을 참고해야 한다.

② 어떤 해역은 해류나 조류에 관한 사항이 기재되어 있지 않아도 강한 해조류가 있는 수가 있으므로, 조석표, 조류도, 수로지, 항로지 등의 해조류에 관한 기사를 참고하여야 한다.

7. 선위 측정에 관하여

① 선위를 구하려면 측각 지점(⚠, ⦿ 등의 기호)을 선택한다. ⚠ 기호는 3 각 지점, ⦿ 기호는 정점을 표시한다.

② 등대, 등주, 등표, 입표 등 지상에 고정되어 있는 항로 표지를 택한다.

③ 섬이나 산봉우리의 높이와 명칭이 기재된 것을 택한다.

④ 뚜렷한 암초나 갑(岬)을 택한다.

⑤ 탑, 연통, 큰 나무, 바위, 건물 등을 택한다.

8. 경계선에 관하여

해도에서 어느 일정한 수심보다 얕은 구역에 들어가면 위험하다고 생각될 때 표시하는 등심선(等深線)을 경계선(警戒線; Warning line)이라고 한다.

① 항박도를 제외한 일반 해도는 10 m(5 fathom)의 등심선을 말하고, 해저가 복잡하고 암초가 많은 해역이면 20 m의 등심선을 경계선으로 설정하는 것이 통례이다.

② 해도에서 주위의 수심보다 얕고, 특히 점선으로 표시된 구역은 위험구역으로 간주하여 피해야 한다.

③ 경계선은 알기 쉽도록 색연필로 해도에 표시한다.

9. 지도선에 관하여

협수도나 위험한 암초 등의 부근을 항행할 때 이를 피하기 위하여 중시선(重視線; Transit line)이나 방위선으로 안전한 항로를 표시하는 것을 지도선(指導線; Leading line)이라 한다. 도등, 도표 등으로 지도선을 대신하기도 한다.

321 항로 고시

항로 고시(航路告示; Notice to mariners)는 해도를 간행한 후 수로, 연안, 항구 등의 상황이 자연적 또는 인위적으로 변화되는 것을 항해 관계자들(선박 포함)에게 주지시켜 항해의 안전을 도모함은 물론, 경계 운항(警戒運航)을 돕고 아울러 해도나 수로 서지를 정정하게 할 목적으로 수로국에서 발행하는 정기 간행물을 말한다. 일반적으로 항로 고시는 인쇄물을 말하고, 평시나 전시에 관계 없이 각국에서 발행하고 있다. 항로 고시는 항해사에게는 지극히 중요한 자료이다(그림 3-16 참조).

항로 고시의 내용은 원칙적으로 항해 안전에 관계가 있는 사항을 내용으로 하는데, 그 내용은 다음과 같다.

① 암초, 침선, 표류물 등의 해상 위험물
② 항로 표지의 신설, 개축, 폐지, 일시적 고장
③ 항로에서 목표가 되는 뚜렷한 육상 물표의 변화
④ 항만 수축 공사 등으로 인한 해안선 수심, 해상과 육상 설비의 변화
⑤ 해저 전선, 가공선, 장애물 등의 폐지와 설치 작업으로 인한 제한
⑥ 함정의 사격 훈련이나 해상 작업 등으로 인한 일반 선박의 제한
⑦ 항만, 수로의 단속에 관한 항행이나 정박의 제한
⑧ 해조류의 새로운 관측 결과에 관한 사항
⑨ 해사 법규에 관한 사항

⑩ 수로 도지의 신간(新刊), 개판(改版), 폐판(廢版), 기재 사항의 개정

⑪ 기타 항해 관계자들에게 주지시킬 필요가 있는 사항들이다.

항로 고시 방법은 인쇄물(항로 고시) 고시, 방송 고시, 무선 고시 등이 있다. 한국은 국문판과 영문판 항로 고시를 매달 3회(1일, 10일, 20일)씩 정기적으로 간행하여 무료로 배부한다. 국내는 군관계(육해공군 및 미군), 일반 선박, 관계 관공서, 학교, 회사 등에 발송하고, 국외는 국제 수로국, 미국, 일본 등 한국 연안을 항해하는 외국 선박에 발송한다.

1960년 11월 15일 제3종 우편물인가
매월3회 (1일, 10일, 20일) 발행
서울특별시 중구 충무로 4가 126번지
우편번호 100 — □□

항 로 고 시

제 9 호

제 I 부 108항 — 119항
제 II 부 (16) — (20)
서기1980년4월1일 발행

1. 항행자는 항로고시를 수령하였을 때는 속히 관계해도 및 서지를 개보 하여야 한다.
   항로고시 항수 다음에 (T) 로 표시한것은 일시관계, (P) 로 표시한것은 예고를 말하는 것이며 이들은 각각 연필로 기입 하든가 또는 그것을 절취하여 적당한 장소에 붙힌다.
2. 항로고시 각 항수앞에 ★표가 있는것은 그 자료가 처음으로 고시된 것을 표시하며 각 항수뒤에 ※표를 부기한 것은 그 항의 자료가 이전에 (T) 및 (P) 로 고시된 것을 표시한다.
3. 방위는 진방위 (0° 부터360°) 를 사용한다. 단, 등광의 명호 방위는 해상에서 등광을 향하여 측정한 것이다.
4. 위치는 최대축척의 관계해도에서 구하고, 방위, 거리 또는 경위도로 나타내며, 경위도에 "개위" 라고 부기한것은 대략 위치를 말한것이며 해도상의 위치를 찾는데 도움을 주는것이다.
5. 시각은 한국표준시각 (G. M.T. +9h) 을 사용하며, 4단위 숫자로 표시한다.
6. 별지에 의하여 개보를 요할 때에는 지류난의 서지번호 앞에 +표를 붙힌다.
7. 해도란의 해도번호 다음에 있는 괄호내의 숫자는 해도에 관계되는 소개정의 년도 및 전 항수를 표시한 것이다.

발행처 대한민국수로국

그림 3-16. 항로 고시 표지

방송 고시는 연안 항해 중인 소형 선박과 어선에게 급히 통보해야 하고, 중대한 긴급 사항(태풍 내습)에 대하여는 방송 기관에서 전담하여 실시하고 있다.

무선 고시는 함정(군함)과 일반 선박을 구분하며, 함정에는 해군 당국에서, 일반 선박은 각 해안 무선국, 해양 경찰대 본국, 국립 수산 진흥청 무선국에서 수시로 우리 말과 영어로 무전 및 방송을 실시한다.

표 3-4 방송고시

방송국명	호출부호	주파수 (kHz)	방송 시간
한국 방송 공사(KBS)			
제 1 방송국	HLKA	711	수시
제 2 〃	HLSA	603	〃
속초 〃	HLCS	1,170	08:55~09:00 15:30~16:00 17:00~17:05
강릉 〃	HLKR	864	15:30~16:00
삼척 〃	HLCI	1,116	12:30~12:55
포항 〃	HLCP	1,035	05:05~05:45 08:55~09:00
부산 〃	HLKB	891	08:55~09:00
마산 〃	HLKD	936	08:55~09:00 17:00~17:05
여수 〃	HLCY	630	08:55~09:00
제주 〃	HLKS	936	08:50~08:55
목포 〃	HLKN	1,467	13:30
전주 〃	HLKF	567	12:30~12:55 15:30~16:00
문화 방송국(MBC)			
문화방송국	HLKV	900	수시

표 3-5 무선고시

무선국명	호출부호	출력 (kW)	전파형식	주파수 (kHz)	방송 시간
인천 지방 해안국	HLC	3	A_2	500	수시 (국문 및 영문)
군산 〃	HLN	0.5			
여수 〃	HLY	1.5			
목포 〃	HLM	3			
부산 〃	HLP	1			
울릉 〃	HLU	1			
강릉 〃	HLK	0.5			
국립 수산 진흥원 무선국	HMC	0.4 0.3	A_1	주간 : 6,411 야간 : 4,346	수시

항로 고시에 관한 주의 사항은 다음과 같다.

① 무선 고시나 방송 고시 등만으로는 상세한 내용을 알 수 없으므로, 가능한 한 빨리 항로 고시(인쇄물)를 입수하도록 노력한다.

② 항로 고시를 수령했을 때에는 즉시 관계 도지(圖誌)를 개보(改補)한다. 항로 고시를 개보하는 순서는 항해와 관계 있는 것부터 순서대로 실시하고, 시간적 여유가 없을 때에는 함장(선장)이나 항해사(장)에게 먼저 회람한다.

③ 외국에서는 당사국의 항로 고시를 참조한다.

④ 항로 고시는 일정한 기간 보존하여야 한다.

322 해도의 개보

해도는 항상 최근의 상태와 일치해야 하고, 간행 후 새로운 자료를 입수할 때마다 이를 수정해야 하는데, 이러한 절차를 해도의 개보(改補; Correction of the charts)라 한다.

해도의 개보는 발행 기관에서 행하는 개보와 사용자가 행하는 개보로 나눌 수 있다.

발행 기관의 개보는 개판(改版; New edition), 재판(再版; Reprint), 보도(補圖 또는 補刻; Supplement)가 있고, 사용자가 개보하는 것을 소개정(小改正; Small correction)이라 한다.

1. 수로국에서 하는 개보

① 개판은 새로운 자료에 의하여 내용의 개정(改訂), 포함 구역과 도적(圖積), 축척 등의 변경을 위해서 해도의 원판(原版)을 새로 만드는 것을 말한다. 개판 해도를 간행하면 종전의 해도는 폐기시키고 그 사실을 고시한다. 개판인 경우에는 해도 번호와 표제는 종전과 같고, 간행 연월일만 바뀐다.

표제와 번호가 바뀌면 신간(新刊; New edition)이라 한다.

② 재판은 수요가 많은 해도를 계속해서 인쇄하면 원판이 마멸되는 수가 있으므로, 원판과 같은 새로운 해도의 원판을 만드는 것을 말한다. 재판시 그 내용은 바뀌지 않으나 필요한 경우 항해에 직접 관계가 없는 사항을 현재의 상황에 맞도록 교정할 수 있으나, 이를 항로 고시에 고시하지는 않는다.

③ 보도(또는 보각)는 항해에 직접 관계가 적은 사항은 항로 고시에 고시하지 않고 해도의 원판을 직접 개보하는 것을 말한다.

2. 사용자가 하는 개보

해도를 신간(新刊) 또는 개판 후 항로 고시에 통보되는 사항을 해도 사용자가 직접 개보하는 것을 소개정이라 한다. 이 때 수로국은 항로 고시와 동시에 해도의 원판을 개보한다.

소개정을 완료한 해도는 해도의 왼쪽 아래 외곽선(外廓線; Border) 외부에 항로 고시의 항수를 약기하고, 소개정을 거듭할 때마다 차례차례 오른쪽으로 그 항수를 기록한다. 연도(年度)는 해가 바뀔 때마다 1회만 기록한다(그림 3-17 참조).

소개정의 주요 내용은 항로 고시에서 항해에 관한 사항이다. 그리고 소개정 방법은 수기(手記), 보정도(補正圖), 부도(附圖)로써 한다.

수기로 하는 개보는 항로 고시의 기사에 의하여 먼저 연필로 정정하고

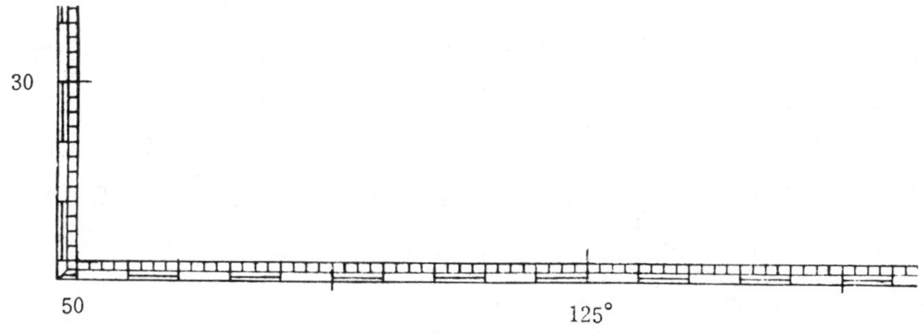

그림 3-17. 소 개 정

그 위에 붉은색 잉크로 기입한다. 해도에서 불필요한 부분은 칼로 긁어 낸다. 개보할 때 주의할 사항은 다음과 같다.

① 문자나 기호는 해도 도식에 따라 정확 명료하게 기입하고, 도면을 더럽히지 않도록 미리 충분한 준비를 한다.

② 오자(誤字)가 생기지 않도록 주의하고, 붉은색 잉크만을 사용한다.

③ 도면에 이미 도재(圖載)된 내용이 있는 곳은 그 부분을 지워버릴 것인가의 여부를 판단하고, 필요시에는 적당한 곳에 이기(移記)한다.

④ 개정 기사는 가능하면 관계 장소의 여백에 기입하고, 항로나 표지 등 중요한 장소는 피해야 한다. 부득이한 경우에는 외곽선 밖의 가장 가까운 곳을 택하여 기입한다.

⑤ 개정 기사는 간결하고 알기 쉽게, 그리고 소축척 해도는 요점만 기록한다.

⑥ 개정 기사는 위도와 평행하게 기입하는 것이 원칙이나, 부득이한 경우 둥글게 기입하여도 된다.

⑦ 해도 도식에 기호가 명시되지 않은 지물(地物)은 ⊙ 또는 ○표를 하고 그 옆에 명칭을 기입한다.

⑧ 암초, 침선 등에 표지로써 설치된 부표를 기입할 때에는 암초를 삭제하지 않고 항로나 외해(外海) 쪽에 기입한다. 입표는 가능하면 △표를 정확한 위치에 기입하고, 암초 등의 기호와 중복되는 경우는 "B_n"인 약자를 그 기호 옆에 기입한다.

⑨ 수심을 표시하는 숫자는 정수 부분의 중앙이 수심의 위치에 기록되게 한다.

보정도에 의한 개보는 지형, 안선(岸線), 광범위한 수심의 변화, 개보할 사항이 좁은 구역에 밀집한 경우 항로 고시에 첨부되는 보정도(補正圖)를 잘라내어 해도의 해당 장소에 풀로 붙이는 것을 말한다. 이 때 주의할 사항은 다음과 같다.

① 보정도와 해도를 면밀히 비교하여 개보 내용을 파악하고, 지질의 신축성 여부를 조사하는 등 내용을 충분히 검토한다.

② 개보할 부분 이외의 불필요한 것은 표를 하고 개정할 부분만 알맞게 오려 낸다. 단 분도 전체의 보정도는 외곽선(外廓線)을 절단한다.

③ 보정도는 해당 부분에 일치하도록 붙여야 하므로 신축성을 고려하여 풀을 칠하고, 보정도가 크거나 신축도가 다를 때에는 몇 개로 나누어 붙이는 수도 있다. 풀은 될 수 있으면 해도면에 엷게 칠하고 보정도를 붙이는 것이 좋다.

부도(附圖)에 의한 개보(改補)는 고시 내용이 복잡하거나 내용을 고시할 수 없는 것을 항로 고시에 첨부된 부도로 개정하는 것을 말한다. 이때 부도를 해당 부분에 바르게 포개어 놓고 개정 부분에 표를 한 다음 수기(手記)로 개보한다.

기타 사항으로 항로 고시의 항수 다음에 붙여진 T자 기호는 일시 관계를, P자 기호는 예고 고시를 뜻하는데, 이런 고시를 개보할 때에는 연필로 기입하든가 고시 내용을 오려서 적당한 여백에 붙여 둔다. 그리고 해도의 외곽선 밖의 소개정난에는 기입하지 않는다.

323 해도의 외곽선

해도의 외곽선(外廓線; Border)은 그 축척에 따라 결정되는 것이 보통이고, 그 종류는 일반 외곽선(Plan border)과 축척 외곽선(Scale border)이 있다.

일반 외곽선은 축척이 1 : 50,000보다 더 큰 대축척 해도에 사용하고, 축척 외곽선은 소축척도에 사용한다. 일반적으로 대축척도는 외곽선 밖에 도표 축척이 표시되는데, 좌측 또는 우측에 야드 축척이, 상측에 해리와 육리 축척이 표시된다.

축척 외곽선으로 된 해도나 구식 해도는 편리한 위치에 도표 축척이 표시되며, 지면이 허락하는 대로 해리, 야드, 미터의 순으로 축척을 표시한다.

일반 외곽선

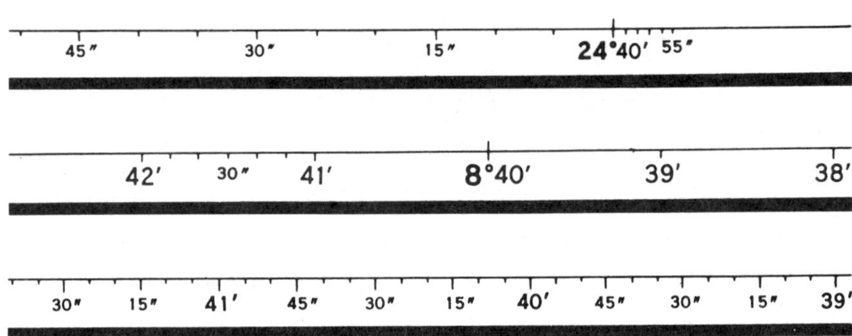

축척 외곽선

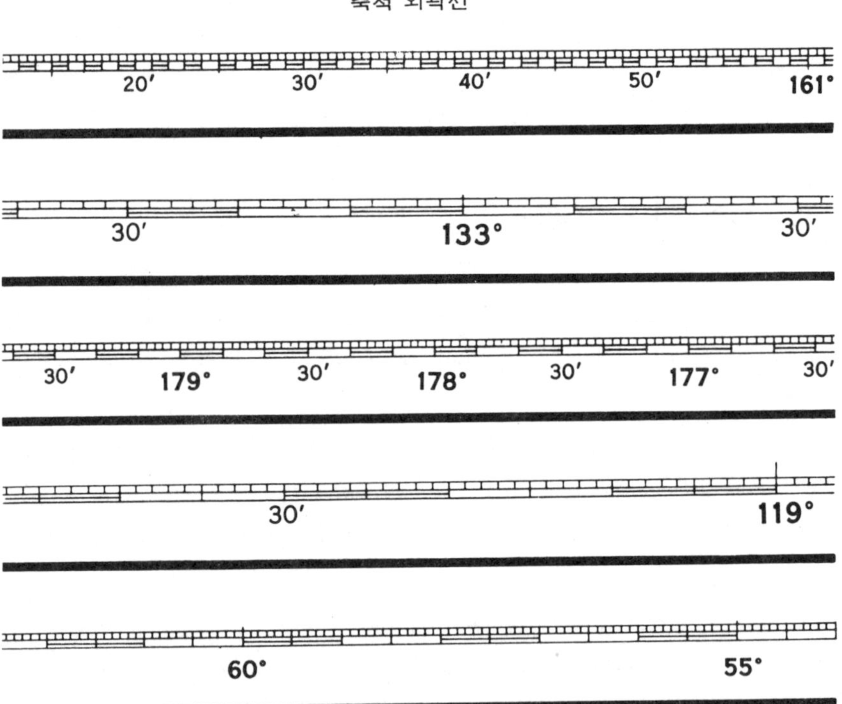

그림 3-18. 외 곽 선

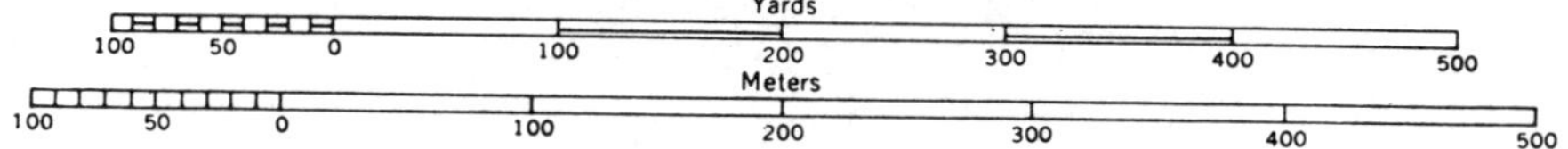

For use on charts of scale 1:5,000 or larger
Yards
100 50 0 100 200 300 400 500
Meters
100 50 0 100 200 300 400 500
For use on charts of scale 1:5,001 to 10,000
Yards
100 0 500 1000
Meters
100 0 500 1000

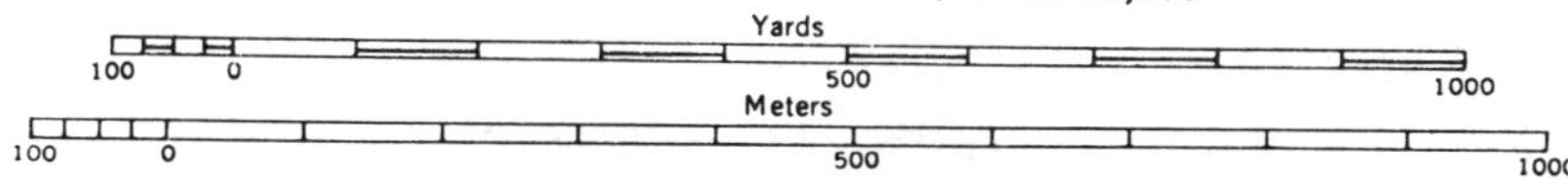

그림 3-19. 도표 축척

제 4 장 수로 서지

401 개 요

수로국에서 간행하는 해도 이외의 모든 간행물을 통틀어 수로 서지(水路書誌; Hydrographic publications)라 한다. 모든 수로서는 서지 번호(書誌番號; Published number)를 붙여서 정리하기 편리하게 한다. 수로 서지는 수로지(水路誌; Sailing diretions 또는 Coast pilots)와 수로 특수 서지(水路特殊書誌; Miscellaneous publications)로 구분된다(한국판 수로 서지 표 4-1).

402 수 로 지

수로지는 안선(岸線), 항구, 위험물, 항로 표지, 바람, 해상(海象), 항구의 접근로, 제한 수역, 항구 시설, 통신 체제, 도선사의 지원, 그리고 해도에 기재할 수 없는 사항들이 상세하게 수록된 수로의 지도 및 안내서이다.

수로지는 미지의 해역에 처음 항해하는 자를 위해 그 해역에 대하여 상세한 예비 지식을 제공하여 주기 때문에 해도에 버금가는 중요한 간행물이다. 해도를 육도에 비유한다면, 수로지는 상세한 관광 안내서이므로 처음 항해하는 해역의 수로지를 미리 숙독하여 필요한 사항을 연구해 두는 것이 좋다.

수로지의 내용은 총기(總記), 항로기(航路記), 연안기(沿岸記), 항만(港灣) 기사, 대경도(對景圖) 등으로 구분된다. 한국판 수로지는 동해안(제 1 권), 남해안(제 2 권), 서해안(제 3 권) 수로지가 있으며, 외국 해역을 항해할 때에는 미국판 수로지(총 69권)를 참고해야 한다.

1. 총　기

수로지의 총기 내용은 전반적인 일반 기사인데, 기재 순서는 다음과 같다.

① 일반 지리, 국경, 인문 등의 개요, 연안의 일반 사항

② 주요 항만

③ 기상, 해상(조석, 조류, 해류, 해빙)

④ 교통, 통신, 무역

⑤ 보급

⑥ 도선 업무(導船業務, 즉 導船區域, 導船艇, 導船士의 요청 등)

⑦ 항로 표지

⑧ 무선 전신국

⑨ 해난 구조에 관한 사항

⑩ 자기(偏差, 傾差, 水平力, 偏差의 年差, 地方磁氣 등)

⑪ 검역과 각종 규정 등이다.

표 4-1 수포서지

서지 번호	서　지　명
1	한국 연안 수로지 제 1 권 (동해안)
2	한국 연안 수로지 제 2 권 (남해안)
3	한국 연안 수로지 제 3 권 (서해안)
51	대양 항로지
52	근해 항로지
91	국제 신호서
904	수로 도지 목록
905	거리표
905-1	속력 환산표
1101	수로 기술 연보
1201-1	조석표 제 1 권
1201-2	조석표 제 2 권
1251	등대표 제 1 권
1261A	태평양 해역 위험 구역 일람표
1301	계산 고도 방위각표 총 8 권
1302	천측력
1302-1	천측력(57개 항성)
1303	태양 방위각표
1304	천측 계산표 총 3 권
1402	한국 해양 지리

2. 항 로 기

수로지의 항로기는 중요한 항구를 기점으로 하여 각 지점에 이르는 중요한 항로에

관한 기사이다.

항로의 개요와 항해할 때의 주의 사항(기상, 해류, 조류, 위험한 암초, 각종 목표에 관한 사항)이 기재되어 있다.

3. 연 안 기

수로지의 연안기는 연안에 관한 상세한 내용을 기술한 기사이며, 기재 항목은 다음과 같다.

① 산봉우리, 그 밖의 목표
② 섬(크기, 높이, 모양, 수목, 담수, 묘박지 등)
③ 갑(岬)
④ 위험한 장소, 수심이 얕은 곳
⑤ 항로 표지
⑥ 해안 구조 기관의 소재지와 그 설비
⑦ 상륙 장소
⑧ 항만, 묘지, 박지(泊地)
⑨ 하천(河川)
⑩ 해저 전선
⑪ 자기(磁氣)
⑫ 기상, 조석(潮夕), 조류, 해류
⑬ 도선 업무(導船業務)
⑭ 침로법(針路法), 레이다 항법 등이다.

4. 항만 기사

수로지의 항만 기사는 연안기 중에서 항만과 묘지에 대해서 기술한 것으로, 기재 내용은 다음과 같다.

① 항만의 일반 형세
② 기상, 조석, 결빙(結氷), 유빙(流氷), 묘지의 상황
③ 출입항에 관한 사항

④ 예인(曳引)

⑤ 계류(繫留), 상륙(上陸), 하역 설비, 선박의 건조, 수리, 선가(船架)의 설비, 중요한 공장

⑥ 보급, 교통, 통신, 무역, 위생과 검역, 선원에 대한 설비

⑦ 해난 구조 설비

⑧ 도선 업무

⑨ 항측(港測)과 기타 주의 사항

⑩ 해사(海事) 관계 관공서 등이다.

5. 대 경 도

대경도(對景圖)는 대양에서 육지에 접근할 때 나타나는 모양을 기술한 것으로, 기재 내용은 다음과 같다.

① 대양에서 육안(陸岸)으로 접근할 때의 초인 목표(初認目標)

② 중요한 항만, 해협의 입구를 식별하는 목표

③ 좁은 수로에 있어서 선(함)수미선 목표

④ 식별이 곤란하나 중요한 목표물 등이다.

403 수로 특수 서지

수로 특수 서지는 항해사에게 필요하거나 참고가 되는 것으로, 가장 많이 사용되는 것은 항로지(航路誌), 등대표, 조석표, 항해표, 천측력(天測歷), 천측 계산표(天測計算表), 거리표(距離表), 수로 연보(水路年報), 수로 도지 목록(水路圖誌目錄), 항로 고시, 해도 도식, 국제 신호서 등이다.

1. 항 로 지

항로지는 기상, 해류 등 항로의 일반 개항뿐만 아니라, 구체적으로 표준 항로를 설명한 것이다. 항로를 선정할 때 반드시 참고할 필요가 있으

며, 한국 수로국에서 간행한 것은 근해 항로지(近海航路誌; Coastwise passage)와 대양 항로지(大洋航路誌; Ocean going passage)가 있다. 전자는 근해 구역 항로 선정에 참고가 되고, 후자는 대양 항로 선정에 필요한 사항이 기재되어 있다.

2. 등 대 표

등대표(燈臺表; List of lights)는 등광, 음향에 의한 항로 표지, 형상, 채색에 의한 항로 표지, 전파에 의한 항로표, 방송국의 제원, 관계 법규가 수록되어 있다. 등대표는 해도나 수로지에 누락된 항로 표지의 내용까지 상세히 수록되어 있다(표 4 - 2 참조). 등대표 제 1 권에는 한국연안, 제 2 권에는 일본연안, 제 3 권에는 중국및 동남아 연안의 항로표지가 수록되었다

3. 조 석 표

조석표(潮夕表; Tide table)는 임의의 장소에서 임의의 시간에 조석과 조류에 관한 사항을 구할 수 있는 서지이다. 한국판 조석표는 제 1 권, 제 2 권이 있다. 제 1 권에는 한국 연안의 항만과 표준항에 대한 조시(潮時), 조고(潮高) 및 조류의 최강류시(最强流時)에 관한 사항이 기재되어 있고, 매년 9월에 간행한다. 제 2 권에는 일본 연안, 태평양 및 인도양 연안의 조시, 조고, 개정수 및 비조화 상수 조신에 관한 사항을 구할 수 있도록 내용이 기재되어 있다.

4. 항 해 표

항해표(航海表; Navigational table)는 항해시 필요한 각종 계산을 쉽게 하도록 만든 표를 말한다. 항해표는 대개 수로국에서 발간하나, 사설 기관에서 발간하기도 한다. 한국 해양대학 해사 도서 출판사에서 발행한 항해표는 'American practical navigator'의 제표(諸表)를 바탕으로 하여 간행한 서지이다.

표 4-2 등대표의 예

번 호 No.	명 칭 Name	위치 Position 북위 Lat. N. ° ′ 동경 Long. E. ° ′	등 질 Characteristic	등 고 (m) Elevation	광달거리 (M) Range 지리적 Geographical	광학적 Luminous T= 0.85	명목적 Nominal	구조 높이 (m) Structure Height	기 사 Remarks
1011	감 래 표 제 2 호 등부표	35 04.7 129 00.3	**Gp. Fl. R.** (2) 6sec 4.5 초를 격하여 1.5 초 간에 2 섬		8	3	2	홍 원 통 형 상 부 4 각 노 형 철 조	
1012	감 래 표 제 4 호 등부표	35 04.9 129 00.3	**Fl. R.** 3 sec		8	3	2	홍 원 동 형 상 부 4 각 노 형 철 조	
1013 F4354	서 도 등 대	몰운말북동방의 산정 (79) 남방 약 1.5km 35 01.5 128 58.5	**Fl.** 6 sec	106	26	7	5	백 원 형 콘크리이트 조 9.2	
1014 F4352	가 덕 도 등 대 (무 신 호) Gadeog Do	가덕도남단동두말상 34 59.2 128 49.9	**Gp. Fl** (4) 15 sec 7.5 초를 격하여 7.5 초 간에 4 섬	72	22	18	12	백 8 각 형 연 와 조 9.1	명호 223°-137° AIR SIREN 매 55 초에 1 회 취명(취명 5 초, 정명 50 초)

5. 천 측 력

천측력(天測歷; Nautical almanac)은 천문 항법 전용의 서지로서 원양 항해(遠洋航海)시 선위 결정의 계산 때 쓰이며, 일출(日出) 및 일몰(日沒), 월출(月出) 및 월몰(月沒) 박명시 천체의 현황이 수록되어 있다. 천측력은 매년 9월에 다음해 것이 간행된다.

6. 천측 계산표

천측 계산표(天測計算表)는 태양 방위각표(太陽方位角表; Azimuths of the sun and other celestial bodies of declination 0° to 23°), 계산 고도 방위각표(計算高度方位角表; The table of computed altitude and azimuth), 천측 계산표(天測計算表; Sight reduction tables for Marine navigation) 등이 대표적인 것이다.

태양 방위각표는 적위가 23° 이하인 천체와 태양의 적위, 관측자의 위도 및 시시(視時; Apparent time)에 의하여 태양과 천체의 진방위를 구하고 나침의의 자차(自差)를 계산하는 데 사용하는 표이다.

계산 고도 방위각표는 항해용 천체의 적위와 자오선각 및 관측자의 위도를 이용하여 관측한 천체의 계산 고도와 방위각을 구하는 표이다. 천측 계산표는 계산 고도 방위각표와 대체(代替)할 목적으로 간행한 것이다. 계산고도 방위각표와의 차이는 자오선각 대신 지방 시각을 사용한다.

7. 거 리 표

거리표(距離表; Distance tables)는 한국 근해, 태평양 제도 및 각국의 중요한 항만간의 거리를 수록한 서지이다.

8. 수로기술연보

수로기술연보(水路技術年報; Hydrographic technical reports)는 수로 및 해양에 관하여 당국에서 조사, 연구, 보고 및 기타 자료를 기재한 것으로, 일반인이 이용할 수 있도록 종합하여 발표하는 수로국의 정기 간행물이며 비매품이다.

9. 수로 도지 목록

수로 도지 목록(水路圖誌目錄; Index catalog of navigational charts and publication)은 수로국에서 간행한 수로 도지의 총 목록이 수록된 서지이다. 항해사가 필요한 도지를 찾으려면 이것을 이용한다. 현재 1978년판이 간행되었다.

404 수로 서지의 개보

수로 서지도 해도와 마찬가지로 항로 고시에 의하여 개보한다. 매년 간행하는 서지는 개보할 사항이 생기지 않으나, 수로지, 등대표, 수로 특수 서지 등은 항로 고시에 의한 개보를 하게 된다.

수로지는 관계된 곳에 고시인쇄지(告示印刷紙, 즉 書紙改補用別紙)로 오려서 붙이든가 수기(手記)로 개보한다.

등대표는 항로 고시에 첨부된 등대표 개보용 별지를 오려서 붙이거나 수기로 개보한다.

수로 특수 서지도 수로지나 등대표와 같은 요령으로 개보하며, 수로 도지 목록은 도지의 신간(新刊), 개판(改版), 폐판(廢版) 등이 있을 때마다 현황에 맞도록 정정하여 둔다.

405 수로 자료의 통보

수로 도지의 개보, 항해의 안전, 해상의 보안을 위하여 수로국에서는 항해사들로부터 경험한 사실이나 관측한 사항들을 모두 수집하여 현용 도지를 개선하고, 방송 및 항로 고시를 통하여 국내외의 모든 선박에 알림으로써 항해의 안전을 꾀하고 있고, 긴급한 사항이면 무전으로 통보한다.

표 4-3 수로도지 판매소

지 구 별	상 호	주 소	전 화
서 울	한국 해양개발(주)	서울시 중구 충무로 5가 20-27	(29-0046)
부 산	한국 해양개발사	부산시 중구 남포동 1가 21	(22-3869)
인 천	인천 선구상회	경기도 인천시 항동 1가 2	(7-0416)
인천분점	동양 선구점	경기도 인천시 항동 1가 7	(3-3169)
군 산	대창 선구상사	전북 군산시 장미동 9	(2270)
목 포	합자회사 세운공사	전남 목포시 항동 6	(2-3478)
여 수	성광 철물점	전남 여수시 교동 554	(3751)
마 산	마산 해도판매소	경남 마산시 중앙동 1가 12-11	(2-2443)
포 항	동신 해운사	경북 포항시 항구동 58-19	(3481)
묵 호	임하락 선박대서소	강원도 묵호읍 발한리 1의 1	(317)
속 초	남양 선구상사	강원도 속초시 청학동 482	(2353)
제 주	제주 수산업협동조합 내 제주 해도판매소	제주도 제주시 건입동 1316	(4253)
울 산	삼원사	경남 울산시 성남동 219	(4358)
충 무	충무 남양상사	경남 충무시 항남동 111-3	(2506)
삼 천 포	오성상회	경남 삼천포시 서동 311-21	(2137)
장 승 포	김해상회	경남 거제군 장승포읍 시장 283	(469)

현재 한국 수로국에서는 '수로 자료용'(水路資料用) 우편엽서를 수로국 각 출장소에 비치하고 있다. 항해사들은 현용 수로 도지를 개보해야 할 사항과 항해 및 정박에 참고가 되는 사항에 관하여 모든 자료를 통보하여야 하고, 함정(군함)에서는 지휘 계통을 통하여 보고하여야 한다.

수로 도지의 구입은 각 판매소(표 4-3)에서 하고, 해군은 정보참모부 수로과에서 일괄 구매하여 함정에 배부한다. 함정은 보급창에 필요한 수로 도지를 청구하여 수령한다.

수로 자료의 통보할 사항이 있을 때에는 다음과 같은 주의가 필요하다.

① 암초나 장애물과 같이 보안상 주요한 것은, 그 위치를 해도에 기재되어 있는 뚜렷한 물표의 방위나 2개 이상의 물표 협각을 기입해야 하고, 부가하여 경위도를 표시한다.

② 위치는 수평 협각법(水平狹角法)으로 측정한 것을 표시하는 것이 좋고, 방위와 거리로 표시할 때에는 진방위로 표시하여야 한다. 가능하면

가까운 거리에 있는 2개 이상의 목표를 선정하고, 그 중 가까운 거리에 있는 목표의 방위와 거리로써 위치를 나타낸다.

③ 수심은 기본 수준면을 기준으로 한 수치를 기록해야 하나, 그렇게 할 수 없으면 측심한 연월일과 시각을 명시하여야 한다.

④ 기사는 자기의 경험과 보고 들은 사항 중 신뢰성이 있는 것은 모두 기입하고 그 출처를 밝혀 두어야 한다.

⑤ 수로 자료를 통보할 때에는 해당되는 수로 도지의 서지 번호와 쪽수(Pages)를 부기한다.

406 항해 자료의 통보

항해 자료도 수로 자료와 같이 항해사들이 항해 중 경험한 사실이나, 항로, 속력, 기상, 해류, 해빙(海氷), 목표물, 무선 통신, 폭풍, 안개, 항만의 사항 등에 관한 사항을 기록하여 통보하도록 요청하고 있다.

항해 자료에 기입할 사항과 주의할 점은 다음과 같다.

① 항로의 선정, 실제 항해한 항로에서 변침한 위치, 일자, 시각, 침로, 항정, 경과에 대한 개요 및 소견 등

② 기관의 속력과 실제 속력

③ 해상에서 관측한 기상 상황

④ 항해 중 관측한 해류, 표류물, 해수조(海獸鳥), 유빙(流氷) 등 해류 조사에 참고가 되는 사항

⑤ 무선 통신의 시보 신호, 기상 통보 및 방향 탐지에 관하여 참고되는 사항

⑥ 항로 부근에서 목표에 관하여 경험한 사항

⑦ 항해 중 조우한 폭풍과 안개에 관한 상세한 상황

⑧ 출입한 항만의 형세, 정박한 위치의 묘지(錨地) 사항, 해상 및 육상의 설비, 도선 업무에 관한 사항, 기타 경험 및 조사한 사항 중 참고가 되는 사항 등이며, 이러한 모든 내용은 통보할 필요가 있다.

航海表
거 리
DISTANCE
TECHNICAL REPORTS
천 측 계 산 표
제
SIGHT RED
TIDE
제 2 권
제 1 권
서지 제1251호
Pub. No. 1251
등 대 표
제 1 권
LIST OF LIGHTS
VOLUME 1
1978년 4월 간행
April 1978
NAUTICAL ALMANAC

그림 4-1. 각종 수로 서지

제 5 장 항로 표지

501 개　　요

항로 표지(航路標識; Aids to navigation)는 등광(燈光), 형상(形象), 채색(彩色), 음향(音響), 전파(電波) 등의 수단에 의하여 선박의 항행을 보조하기 위한 시설을 말한다.

항로 표지는 항해사가 대양에서 연안에 접근할 때 육안(陸岸)에 접근하고 있다는 사실을 알리고, 연안 항해시에는 항해 위험물을 미리 알려 줄 뿐 아니라 해도상의 표지가 되어 선박이 안전 항해를 할 수 있도록 한다. 해안에 따라서는 육상에 뚜렷한 목표가 없고, 야간 항해시 육상의 자연적인 목표만으로 선위를 측정하기가 곤란한 경우, 특히 출·입 항로와 같이 선박의 교통량이 많은 해역에는 항로 표지를 설치하여야 한다.

항로 표지법(航路標識法) 시행령 제 1 조에는 항로 표지를 야간 표지(夜間標識), 주간 표지(晝間標識), 음향 표지(音響標識), 무선 표지(無線標識)로 구분한다.

502 야간 표지

야간 표지(또는 夜標)는 등광에 의하여 그 위치를 나타내고, 주로 야간의 목표가 되는 항로 표지를 말한다. 이것은 주간 표지로도 이용된다.

야표를 구조에 의해서 분류하면, 등대(燈臺), 등탑(燈塔), 등주(燈柱), 등선(燈船), 등입표(燈立標 또는 燈標), 등부표(燈浮標) 등이 있다. 사용 목적에 따라 분류하면 도등(導燈), 부등(副燈), 가등(假燈), 임시등(臨時燈) 등이 있다.

1. 구조별 야간 표지

① 등대(燈臺; Lighthouse)는 특정한 위치를 표시하기 위하여 바다 쪽으로 돌출한 육지, 항만 입구, 섬 위에 설치하여 항해사에게 경고를 하고 수로를 안내하는 역할을 한다.

등대는 야표의 대표적인 것으로 주요 목적은 해상에 불빛을 멀리까지 비추어 주는 데 있고, 육지 초인 표지(陸地初認標識) 및 연안 항로의 표지가 된다. 육지 초인 표지가 되는 등대는 광달거리도 멀리까지 비추고, 무신호(霧信號), 무선 표지(無線標識) 등 여러 가지 부대 시설을 갖추고 있으며, 대부분 흰색 도장을 한다.

연안 표지가 되는 등대는 규모가 작기 때문에 다른 불빛과 혼동하지 않도록 등질(燈質)을 다르게 하고 있다. 항내(港內)의 등대는 대부분이 방파제 등대이고, 주위 환경과 뚜렷이 구분되도록 그 색깔을 도장한다. 등대의 성능은 등대표에 기재되어 있다.

② 등주(燈柱; Staff lights)는 나무나 간단한 철물로 기둥을 세워 그 꼭대기에 등기(燈器)를 단 것으로, 광달거리가 짧아 보통 항구의 방파제 등에 설치되어 있다. 현재는 등대로 대치되어 그 수가 아주 적다.

③ 등선(燈船; Lightships)은 등대와 같은 목적으로 사용되는 야표이다. 무신호와 무선 표지 등의 시설이 되어 있고, 등대를 설치할 수 없거나 곤란한 장소에 한하여 등대 대용으로 등선을 비치한다. 등선의 색깔은 대부분 흰색과 뚜렷이 나타나는 색깔로 도장된다. 등선이 야표의 임무를 수행하지 않을 때에는 국제 충돌 예방 법규에 상응하는 등화를 게양한다.

④ 등탑(燈塔; Light towers)은 등선 대용으로 최근에 설치되기 시작한 야표이다. 등탑의 성능은 등선과 비슷하고, 수심이 20 m 정도 되는 해상에까지 설치가 가능하다. 등탑의 외부 색깔은 등선과 비슷하다.

그림 5-1의 등탑은 뉴우욕항 입구 수심이 21.5 m나 되는 곳에 있는 것이며, 등광의 밝기는 600,000~6,000,000 촉광이나 된다.

⑤ 등입표(燈立標; Light beacons)는 항로, 위험한 암초, 항행이 금지

되는 구역 등에 설치하여 선박의 좌초(坐礁)나 좌주(坐洲)를 방지하고 항로를 안내하기 위하여 설치되는 것이다. 등입표는 그 규모나 광력(光力)이 충분하여 선위를 결정할 때 이용할 수도 있으며, 등부표에 비하여 영구적이다.

⑥ 등부표(燈浮標; Light buoys)는 부표의 일종이다. 해저의 일정한 장소에 닻과 묘쇄(錨鎖)로 연결하여 해면에 떠 있게 한 구조물로서 등광을

그림 5-1. 등선과 등탑

발하는 것이다. 일반적으로, 등부표는 암초, 장애물, 등심선의 변화 등을 표시하고, 항로의 폭이나 항로의 변침점 등을 명시하는 역할을 하여 수로를 안내하고 안전 항해를 하도록 한다.

등부표는 광력(광달거리 3～7 해리 정도)이 약하고 수심의 2～2.5배 되는 묘쇄에 연결되어 있으므로, 파도나 조류의 영향을 받아 끊임없이 일정한 선회 반지름을 중심으로 움직이고 있다. 그러므로 등부표를 이용하여 선위를 결정할 때에는 충분한 주의가 필요하다.

항만 내부와 같이 파도나 조류의 영향을 적게 받는 곳에 설치된 등부표는 조석을 고려하여 수심의 1.2～1.5배 정도로 묘쇄 길이를 정하고 있어, 이동하는 양이 비교적 적다.

등부표는 파도가 부딛치면 잘 흔들려서 등질이 변하므로, 관측자의 시야에는 등질이 변한 것처럼 보인다. 선박과 충돌하여 소등(消燈)되는 일이 많고, 강한 파도나 조류 때문에 등부표의 위치가 변경되는 수가 있으므로, 항해시에는 언제나 등부표에 대해서는 충분한 주의를 해야 한다.

2. 사용 목적별 야간 표지

① 도등(導燈; Leading lights 또는 Range lights)은 통항(通航)이 어려운 협수도, 운하, 좁은 항만의 입구, 항구 등에서 항로를 지시하기 위하여 항로의 연장선상의 육지에 높고 낮은 2개의 표지(또는 등화)를 앞뒤로 설치한 것을 말한다. 도등의 중시선(重視線)은 안전 항로를 표시하므로, 중시선을 따라 항행하면 선박은 안전할 수 있다.

② 부등(副燈; Auxiliary lights)은 등입표나 등부표를 설치할 수 없

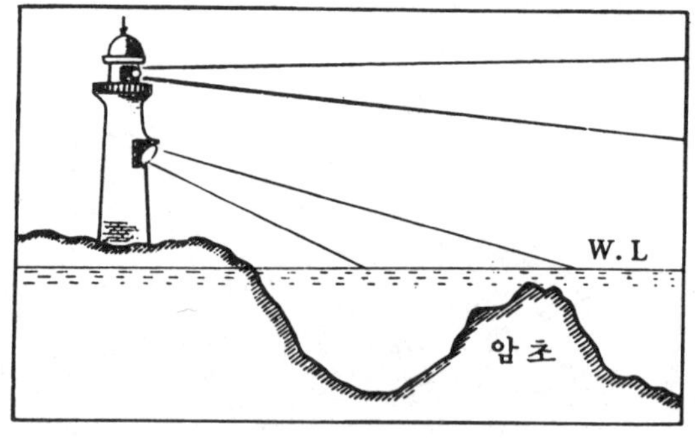

그림 5-2. 부 등

는 위험한 장소의 암초나 사주(砂洲)에서 가까운 곳에 등대가 있을 때 그 등대로부터 강력한 빛을 투사하여 위험물을 표시해 주는 등화를 말한다. 이것은 일반 등화의 명호(明弧) 중 분호(分弧)에 해당하며, 보통 빨간색으로 표시한다. 부등은 주간 표지로 이용할 수 없으며, 간접적인 방법이라는 결점이 있다.

③ 가등(假燈; Temporary lights)은 등대를 개축할 때 임시 조치로 가설되는 것으로, 구조도 간단하고 성능도 미약하다. 등부표로 가등을 일시적으로 설치했을 때에는 Temp.라는 약기호로 표시한다.

④ 임시등(臨時燈; Occasional lights)은 선박의 출입이 많지 않은 항만이나 하구(河口) 등에 출입항 선박이 있을 때나, 어로기에 임시로 점등되는 등대를 말한다.

503 야표의 광원과 렌즈

야표의 광원(光源)은 일반적으로 등기(燈器; Light apparatus)를 말하고, 현재 사용되는 종류는 전등, 백열 전등, 네온(Neon)등, 아세틸렌가스(Accetylene gas)등, 그리고 석유 백열등이 있다.

광원의 불빛을 일정한 방향으로 집중시키고 광도(光度)를 높이기 위한 수단으로 사용되는 것을 렌즈라 한다. 렌즈는 그 구조에 따라 부동 렌즈(Fixed dioptric lens)와 섬광 렌즈(Flashing lens)의 두 종류로 구분된다.

현재 대부분의 야표는 전등을 사용하고 있으며, 등대용 전구는 2000 W, 1000 W, 750 W, 200 W 및 100 W 형이 있고, 전구는 점광원(點光源)이 되도록 만들어져 있다.

아세틸렌가스등은 광력은 약하나 비교적 안정된 광도를 나타내고, 부동렌즈와 섬광 렌즈를 병용하므로 등질을 섬광으로 할 수 있다. 아세틸렌가스등은 현재 전기를 이용할 수 없는 곳에서 사용되고 있으나, 화학 작용을 일으키는 결점이 있다.

석유 백열등은 등유(燈油)를 연료로 하여 이것을 가열함으로써 생기는 유증기(油蒸氣)를 연소시켜 빛을 내도록 하는 등이다. 석유 백열등은 등기가 고장났을 때 비상용으로 사용하기 위하여 준비하고 있다.

부동 렌즈는 등입표, 등부표 등에 많이 사용되고, 광원의 성질이 부동등이거나 섬광등에 관계 없이 이용할 수 있다.

섬광 렌즈는 반사경을 이용하여 광원에서 나오는 빛을 전부 렌즈의 한 부분에 집중적으로 발사하도록 만든 것이다. 렌즈에 회전 장치를 붙이면 섬광이 사방으로 비추게 된다.

504 야표의 광도와 등급

광도란 등기의 렌즈 외면에서 측정한 칸델라(Candela, cd.) 수 또는 이에 상당하는 칸델라 수로서 표시한다. 1 칸델라의 밝기는 백금의 응고점에 있는 흑체 1 m^2의 평평한 표면의 수직 방향 광도의 60 만분의 1의 광도를 말한다. 1 칸델라는 0.9933 촉광에 해당한다.

등급(燈級)은 등기에 사용하는 렌즈의 크기를 표시하는 것이며, 광도를 표시하는 것은 아니다. 등급은 렌즈의 촛점 거리와 높이에 의해서 구분된다. 일반적으로 등급은 세계 각국이 공통이고 외양에서 연안으로 접근하는 선박이 육지 초인 표지(陸地初認標識)로 이용하는 야표는 충분한 광도와 광달거리가 필요하므로 1, 2, 3 등을 쓰고 있으며, 특히 안개가 많은 해역에서는 1, 2 등을 쓴다.

그러나 등기는 표 5-1과 관계 없이 렌즈의 지름이 90 cm, 60 cm, 40 cm인 것이 있고, 어느 것은 렌즈가 전혀 없는 것도 있다.

그 밖의 등급은 상황에 따라 적당히 선정한다.

표 5-1

등 급		촛점거리 (cm)	높이 (cm)	내 경 (cm)
1 등		92	259	184
2 등		70	211.7	140
3등	(대)	50	157.6	100
	(소)	37.5	125	75
4 등		25	72.2	50
5 등		18.75	54.1	37.5
6 등		15	43.3	30
등외		15미만	26.4이하	30

505 야표의 등질

야표의 등광과 일반 등화의 식별을 쉽게 하고, 부근에 있는 다른 야표와 혼동되는 것을 피할 목적으로 정한 등광의 발사 상태를 등질(燈質; character of lights)이라 한다. 그리고 넓은 의미의 등질은 등질의 주기(週期)와 등색(燈色)을 포함하여 말한다.

1. 부 동 광

부동광(不動光; Fixed; F.)은 일정한 광도를 유지하고 암간(暗間)이 없는 것을 말한다. 빛의 색깔이 흰색이면 부동 백광, 붉은색이면 부동 홍광이라 한다. 부동등이 일정한 방향으로 강력한 빛을 비추어 도등(導燈)의 역할을 하는 것을 방향등(方向燈)이라 한다.

2. 섬 광

섬광(閃光; Flashing; Fl)은 한 개의 빛을 일정한 간격으로 비추고 암간(暗間)이 명간(明間)보다 언제나 긴 것을 말한다. 빛의 색깔이 붉은색이면 섬홍광이라 한다.

3. 군 섬 광

군섬광(群閃光;Group flashing;Gp. Fl.)은 섬광의 일종으로 일정주기 동안 2회 또는 그 이상의 섬광을 발하며 암간의 합이 명간의 합보다 언제나 긴 것을 말한다. 빛의 색깔이 녹색이면 군섬록광이라 한다.

4. 급 섬 광

급섬광(急閃光; Quick flashing; Qk. Fl.)은 섬광의 일종이며, 1분 동안에 60회 이상 섬광을 비추는 것을 말한다. 빛의 색깔이 흰색이면 급섬백광이라 한다.

종별	예시		
	호칭	약기	도해
부동광 Fixed	부동백광	F.W.	
섬광 Flashing	섬홍광 매 10 초에 1 섬광	Fl.R. 10 sec	10 sec
군섬광 Group flashing	군섬록광 매 15 초에 3 섬광	Gp.Fl.G (3). 15 sec	15 sec
급섬광 Quick flashing	급섬백광	Qk. Fl.W.	
단속급섬광 Interrupted quick flashing	단속급섬홍광 매 10 초에 1 급섬광	I.Qk.Fl.R. 10 sec	10 sec
명암광 Occulting	명암록광 매 10 초에 1 광	Occ.G. 10 sec	10 sec
군명암광 Group occulting	군명암백광 매 15 초에 2 광	Gp.Occ. W(2). 15 sec	15 sec

모르스 부호광 Morse code	모르스부호홍광 매 10초에 A부호광	Mo. R. (A) 10 sec	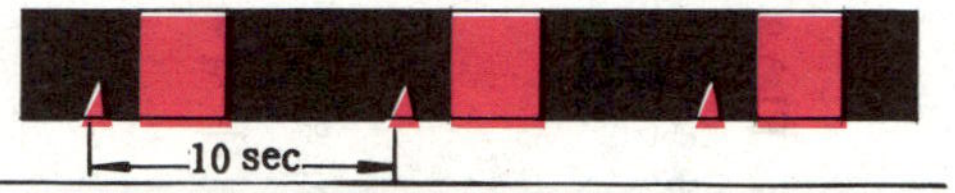 10 sec
연성 부동섬광 Fixed and flashing	연성부동섬록광 매 10초에 1섬광	F.Fl.G. 10 sec	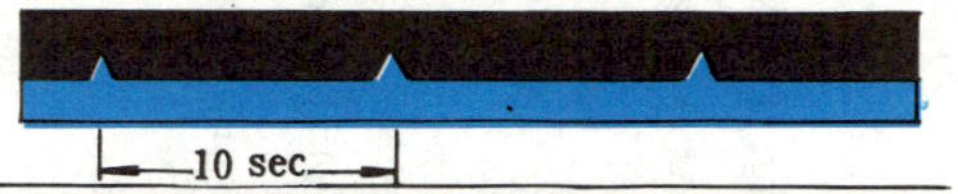 10 sec
연성 부동 군섬광 Fixed and group flashing	연성부동군섬백광 매 15초에 2섬광	F. Go. Fl. W (2) 15 sec	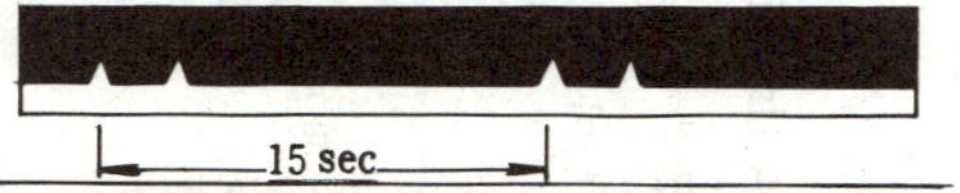 15 sec
연성 부동 명암광 Fixed and occulting	연성부동명암홍광 매 10초에 1광	F. Occ. R. 10 sec	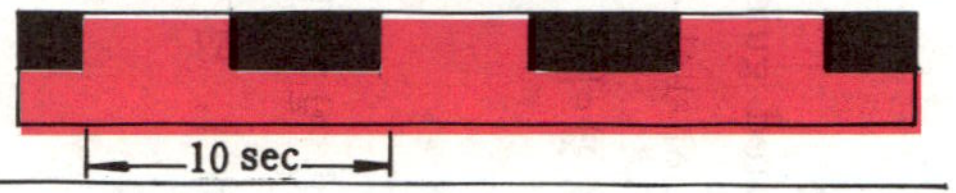 10 sec
호 광 Alterrating	녹 백 호 광 매 10초에 2광	Alt. W.G. 10 sec	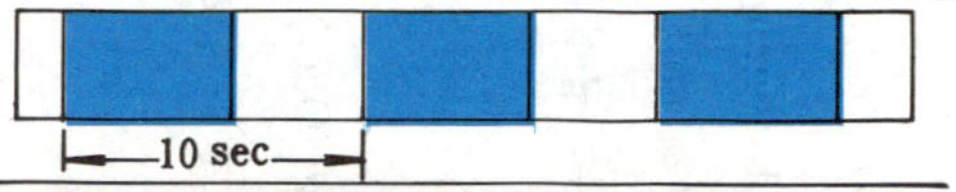 10 sec
섬 호 광 Alternating flashing	섬 홍 백 호 광 매 10초에 2섬광	Alt. Fl.W.R. 10 sec	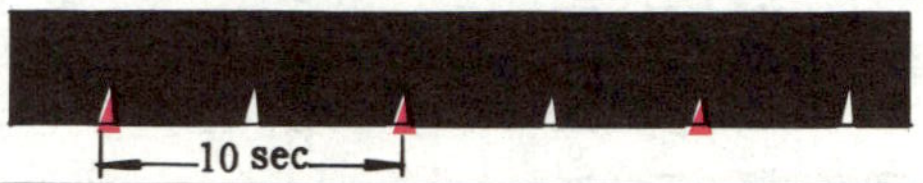 10 sec
군, 섬 호 광 Alternating group flashing	군섬록 백호광 매 15초에 3섬광	Alt. Gp. Fl. W. (3) G. 15 sec	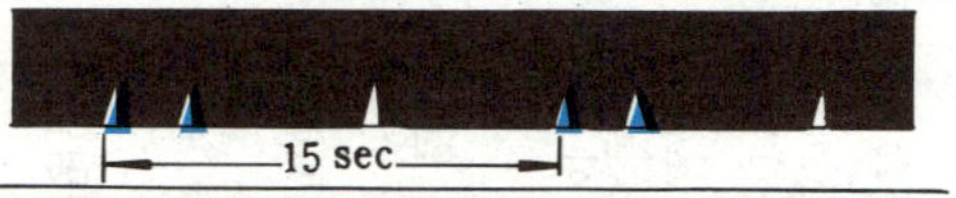 15 sec
명 암 호 광 Alternating occulting	명 암 홍록호광 매 10초마다 2광	Alt. Occ. R.G. 10 sec	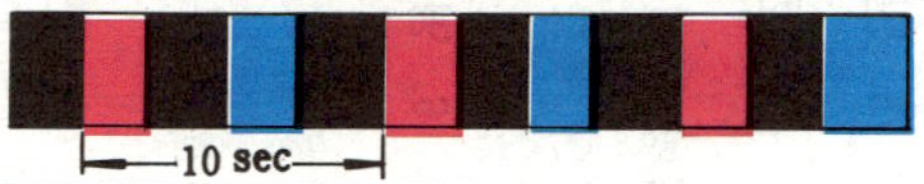 10 sec

그림 5-3. 등 질

5. 단속 급섬광

단속 급섬광(斷續急閃光;Interrupted guick flashing; I. Qk. Fl.)은 군섬광의 일종이며, 1분 동안에 60회 이상의 군섬광을 비추는 것을 말한다. 빛의 색깔이 붉은색이면 단속 급섬홍광이라 한다.

6. 명 암 광

명암광(明暗光; Occulting; Occ.)은 일정한 광도를 가진 빛이 일정한 간격을 두고 한 번씩 꺼지는 것을 말하며, 명간이 암간보다 길거나 같다.

7. 군명암광

군명암광(群明暗光; Group occulting; Gp., Occ.)은 명암광의 일종으로, 일정한 광도를 가진 빛이 일정한 간격을 두고 2회 또는 그 이상의꺼지는데, 명간이 암간보다 길거나 같다.

8. 모르스 부호광

모르스 부호광(Morse code; Mo)은 모르스 부호의 신호와 동일한 빛을 나타내는 것을 말한다.

9. 연성 부동 섬광

연성 부동 섬광(連成不動閃光; Fixed and flashing; F. Fl.)은 부동광을 발하는 것에 보다 강한 광도의 섬광을 같이 발하는 것이다.

10. 연성 부동 군섬광

연성 부동 군섬광(連成不動群閃光; Fixed and group flashing; F. Gp. Fl.)은 부동광을 발하는 것에 보다 강한 광도의 군섬광을 같이 발하는 것이다.

11. 연성 부동 명암광

연성 부동 명암광(連成不動明暗光; Fixed and occultion; F. Occ.)은 부동광을 발하는 것에 보다 강한 광도의 명암광을 같이 발하는 것이다.

12. 호 광

호광(互光; Alternating; Alt.)은 두 가지 빛(통상 紅白 또는 綠白)을 번갈아 발하며, 암간이 없다.

13. 섬 호 광

섬호광(閃互光; Alternating flashing; Alt. Fl.)은 섬광의 일종으로, 두 가지 빛을 번갈아 비추는 것이다.

14. 군섬호광

군섬호광(群閃互光; Alternating group flashing;Alt. Gp. Fl.)은 군섬광의 일종으로, 두 가지 빛을 엇갈리게 비추는 것이다.

15. 명암호광

명암호광(明暗互光; Alternating occulting; Alt., Occ.)은 명암광의 일종으로, 두 가지 빛을 번갈아 나타내는 것이다.

일반적으로 야표의 등질을 말할 때 등(燈)자를 추가하여 부른다. 예를 들면, 부동광은 부동광등(Fixed lights), 섬광은 섬광등(Flashing lights) 등으로 부른다.

506 등질의 주기, 등색, 등고 및 점등 시간

야표의 식별을 용이하게 하기 위하여 여러 가지 등질을 정하였으나, 그것만으로는 불충분하기 때문에 등질의 주기, 등색, 등고 및 점등 시간을 서로 다르게 하고 있다.

1. 등질의 주기

등질이 몇 초 동안에 반복되는가를 정확히 규정한 시간을 주기(週期; Period)라 한다.

섬광은 최초로 시작되는 시각으로부터 다음 섬광이 시작되는 시각까지의 시간을 말하고, 명암, 호광, 군섬광 등은 같은 위상(位相)에 포함되는 변화의 전체를 표시하는 데 필요한 시간을 말한다. 예를 들면 섬광의 주기를 정할 때, 섬광 숫자만큼 렌즈를 조립하여 만든 렌즈대를 주기에 해당하는 시간에 1회전 시키거나, 또는 부동 렌즈를 사용하여 광원을 등질에 맞추어 주기의 시간에 명멸시키는 방법을 쓰고 있다.

육지 초인 및 연안 표지용 야표는 대부분 전자의 방법을 쓰고, 유도(誘導) 및 항만 야표는 후자의 방법을 쓰고 있다.

2. 등 색

등색(燈色; Colour of lights)은 보통 백색(白色; White), 적색(赤色; Red), 녹색(綠色; Green)의 3색을 주로 사용하고 있다. 그러나 도등 같은 경우에는 오렌지(Orange)색을 사용하기도 한다.

등색 중 유색(有色)은 백광에 비하여 대기를 통과할 때 광도가 현저히 감퇴되며, 평균 투과 계수는 표 5-2와 같다.

표 5-2

광 원	적색	녹색
전 구	0.22	0.20
아세틸렌 불꽃	0.25	0.18

3. 등 고

등대표 및 해도에 표시된 등고(燈高; Height of lights)는 평균 수면에서 등화의 중심까지의 높이로 표시하고 있다. 그러나 등선은 수면으로부터의 높이이고, 등부표는 일반적으로 높이가 거의 일정하므로 등대표나 해도에는 등고를 표시하지 않는다.

4. 점등 시간

야표의 점등 시간(點燈時間)은 특정한 것을 제외하고 원칙적으로 일몰시부터 다음날 일출시까지 점등한다. 그러나 무인 등대를 포함한 등부표 등은 항시 점등되어 있는 것이 많으며, 유인(有人) 등대라 할지라도 천후에 따라 점등 시간을 연장하는 수가 있다.

등질, 주기, 등색에 관하여 항해사가 주의해야 할 사항은 다음과 같다.

① 등질의 주기 및 섬광과 명암광의 존속 시간은 정밀하게 조종하고 있으나 오차가 있을 때가 있다. 특히 등표, 등부표 및 무인 등대는 가끔 고시된 내용과 약간의 차이가 있다.

항해사는 등대를 발견하면 그 등대의 실광(實光)을 초인한 시각과 방위를 측정하고 초시계로 등질의 주기를 측정한 후 해도와 비교하여 오인(誤認)하지 않도록 해야 한다.

② 섬광은 먼 거리에서 보는 경우 연무(煙霧)가 있으면 실제보다 짧게 보이므로, 기상 조건을 참작하여 오인하지 않도록 한다.

③ 섬광은 쾌청한 밤에 근거리에서 보면 연한 연속광으로 나타날 때가 있어 계속 보이는 수가 있다.

④ 안개, 눈보라, 대기의 상황 등에 따라 백색광이 적색으로 보이는 수가 있다.

⑤ 유색광은 먼 거리에서 보면 백색처럼 보이는 수가 있다.

⑥ 이색 등광(異色燈光)의 한계선 양쪽에는 등색이 분명하지 않은 부분이 있다. 따라서 분호가 있는 야표는 등색만으로 그치지 말고 반드시 등광의 방위를 확인하지 않으면 안 된다.

507 광달거리

야표의 광달거리는 야표가 등광에 의하여 그 위치를 정확히 항해사에게 표시할 수 있는 광원(光源)으로부터의 거리를 말한다.

항해사는 야표의 위치를 확인하고 천기 상태를 고려하여 야표를 관측한 가시거리로써 선위를 결정하는 것이 매우 필요하다. 이 때 항해사가 여러 가지 조건을 고려하여 결정한 것을 계산 가시거리(計算可視距離; Computed visibility)라 한다.

경험이 부족한 항해사는 계산 가시거리와 기상학적 가시거리(氣象學的 可視距離; Meteorological visibility)를 혼동하는 수가 있다. 기상학적 가시거리는 관측자가 위치한 천기 상태에서 육안(肉眼)으로 주간에 물체를 볼 수 있는 거리를 말하는데, 천기의 상태에 따라 그 거리가 달라지게 된다.

광달거리와 관계가 되는 것은, 기상학적 가시거리 이외에 수평거리(水平距離), 광학적 광달거리(光學的 光達距離), 명목적 광달거리(名目的 光達距離), 지리적 광달거리(地理的 光達距離), 해도상의 광달거리, 계산 광달거리, 계산 가시거리가 있다. 등대표에는 광학적 광달거리, 명목적 광달거리, 지리적 광달거리가 수록되어 있다.

1. 수평거리

수평거리(水平距離; Horizon distance)는 해상에서 관측자로부터 수평선까지 시선(視線)을 따라 측정한 거리이고, 관측자의 안고(眼高)가 높아지면 수평거리도 증가한다. 그런데 실제 지구의 둘레에는 대기가 있고 그 밀도는 지구 표면에 가까와질수록 커지므로, 관측자의 눈에 들어오는 광선은 직진하지 않고 도중에서 조금씩 굴절하여 곡선 경로로 들어오는데, 이것을 지상 기차(地上氣差; Terrestrial refrection)라 한다.

수평거리는 수온과 기온의 차가 심할 때 이들의 온도차에 의하여 변동된다. 수온이 낮고 기온이 높은 경우에는 수평거리는 증가하고, 수온이 기온보다 높을때에는 수평거리는 감소한다. 이들 변화량은 대략 수온(t_w)과 기온(t_a)의 차에 비례하는데, 그 비례 상수(K)는 0.′20～0.′37이라는 것이 밝혀져 있다. 즉 시달거리의 변화량(corr)은 수온을 t_w(°C), 기온을 t_a(°C)라고 할 때 $corr=K(t_a-t_w)$의 관계가 있다. 이 때 K의 평균치를

0.′28로 취하면 corr=0.′28(t_a-t_w)가 된다.

표 5-3 **수평거리 환산표**

높이 (ft)	거리 (m)	높이 (ft)	거리 (m)	높이 (ft)	거리 (m)	높이 (ft)	거리 (m)	높이 (ft)	거리 (m)
1	1.1	16	4.6	31	6.4	46	7.8	105	11.7
2	1.6	17	4.7	32	6.5	47	7.8	110	12.0
3	2.0	18	4.9	33	6.6	48	7.9	115	12.3
4	2.3	19	5.0	34	6.7	49	8.0	120	12.5
5	2.6	20	5.1	35	6.8	50	8.1	125	12.8
6	2.8	21	5.2	36	6.9	55	8.5	130	13.0
7	3.0	22	5.4	37	7.0	60	8.9	135	13.3
8	3.2	23	5.5	38	7.1	65	9.2	140	13.5
9	3.4	24	5.6	39	7.1	70	9.6	145	13.8
10	3.6	25	5.7	40	7.2	75	9.9	150	14.0
11	3.8	26	5.8	41	7.3	80	10.2	160	14.5
12	4.0	27	5.9	42	7.4	85	10.5	170	14.9
13	4.1	28	6.1	43	7.5	90	10.9	180	15.3
14	4.3	29	6.2	44	7.6	95	11.2	190	15.8
15	4.4	30	6.3	45	7.7	100	11.4	200	16.2

2. 광학적 광달거리

광학적 광달거리(光學的 光達距離; Luminous range)는 광도, 한계 가시조도(限界可視照度; 0.67해리, 칸델라), 국제 가시도 규정에 의한 전파계수(傳播係數; 0.85)로부터 산출한 거리이며, 이것은 등광의 높이, 관측자의 안고 및 지구의 만곡 등에 의하여 변동된다. 광학적 광달거리는 원칙적으로 쾌청암야(快晴暗夜)에 등광을 볼 수 있는 거리이며, 시정이 24해리일 때의 대기 상태를 기준으로 하고 있다.

광원의 광도 I(칸델라), 광달거리 d(해리), 한계 가시조도 E(해리, 칸델라), 국제 가시 규정의 전파계수 T 사이에는 서로 상관 관계가 있으며, 다음 식으로 광달거리를 계산한다.

$$I=\frac{Ed^2}{T^d}$$

표 5-4 국제 가시도 규정에 의한 시정표

규정 번호	시정(km)	시정(NM)	전파계수	천 기(天氣)
0	0.05 미만	0.027 미만		극농무(極濃霧; Dense fog)
1	0.05～0.2	0.027～0.108		농무(濃霧; Thick fog)
2	0.2～0.5	0.108～0.27		무(霧; Moderate fog)
3	0.5～1	0.27～0.54		경무(輕霧; Light fog)
4	1～2	0.54～1.1	0.007～0.027	박무(薄霧; Thin fog)
5	2～4	1.1～2.2	0.027～0.16	아지랑이(霞; Haze)
6	4～10	2.2～5.4	0.16～0.48	엷은 아지랑이(薄霞; Light haze)
7	10～20	5.4～11	0.48～0.70	청(晴; Clear)
8	20～50	11～27	0.70～0.87	쾌청(快晴; Very clear)
9	50 이상	27 이상	0.87 이상	극쾌청(極快晴; Exceptionally clear)

3. 명목적 광달거리

명목적 광달거리(名目的 光達距離; Noninal range)는 광학적 광달거리의 일종으로, 전파계수가 0.74일 때를 기준하여 산출한 것으로, 국제수로 기구(I.H.O.)의 기술 결의에 따라 채용한 거리이다.

예제 해상에서 선박이 위치한 장소의 천기 상태가 박무(薄霧; Thin fog, 즉 국제 가시도 규정의 규정 번호 ④)라는 기상 방송을 청취하였다. 등대표에 표시된 등대의 명목상 광달거리가 15해리(NM)였을 때 광학적 광달거리를 구하라.

풀이 명목적 광달거리 15해리(NM)를 그림 5-4의 가로축에서 찾고 세로축을 따라 위로 올라가면 규정 번호 ④가 있는 곳에서 곡선과 만나게 된다. 곡선과 만나는 점에서 가로로 이동하여 광학적 광달거리의 눈금을 보면 1.6해리와 2.8해리인 것을 알 수 있다. 이 거리는 천기 상태를 고려한 것이므로, 기상학적 가시거리가 된다.

명목적 가시거리가 15해리인 점에서 아래로 수선을 내려 환산 광도(換算光度) 눈금과 만나는 점이 개략적인 광원의 광도인 50,000칸델라를 구할 수 있다.

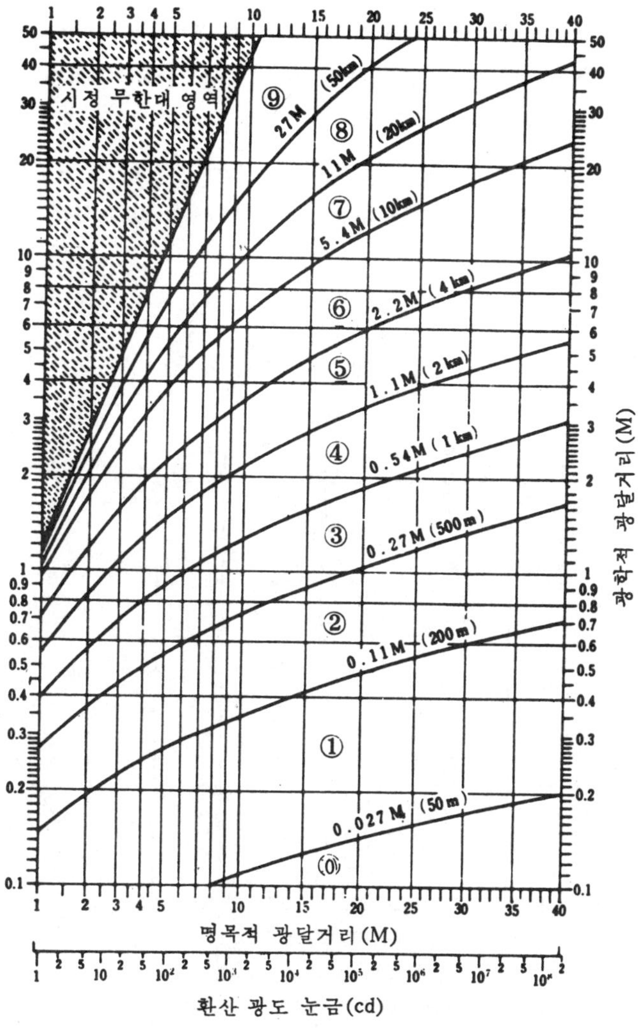

그림 5-4. 명목적 광달거리와 광학적 광달거리 환산 도표

4. 지리적 광달거리

지리적 광달거리(地理的 光達距離; Geographic range)는 대기의 영향을 받지 않는 상태에서 등대의 빛이 해면상에 있는 관측자의 눈까지 도달

하는 거리로서 수평거리와 비슷하다. 이 때 관측자의 안고(眼高)가 평균 해면상 5 m(또는 15 ft)일 때의 지리적 광달거리를 해도상의 광달거리(1973년 이후 출판한 해도)라 한다. 등대표에 기재된 지리적 광달거리는 해도상의 광달거리이다.

지리적 광달거리는 그 거리를 d(해리), 등기의 높이를 H(미터)라고 하면 $d=2.074\sqrt{H}$식으로, 또는 등기의 높이를 H(ft)라고 하면 $d=1.144\sqrt{H}$

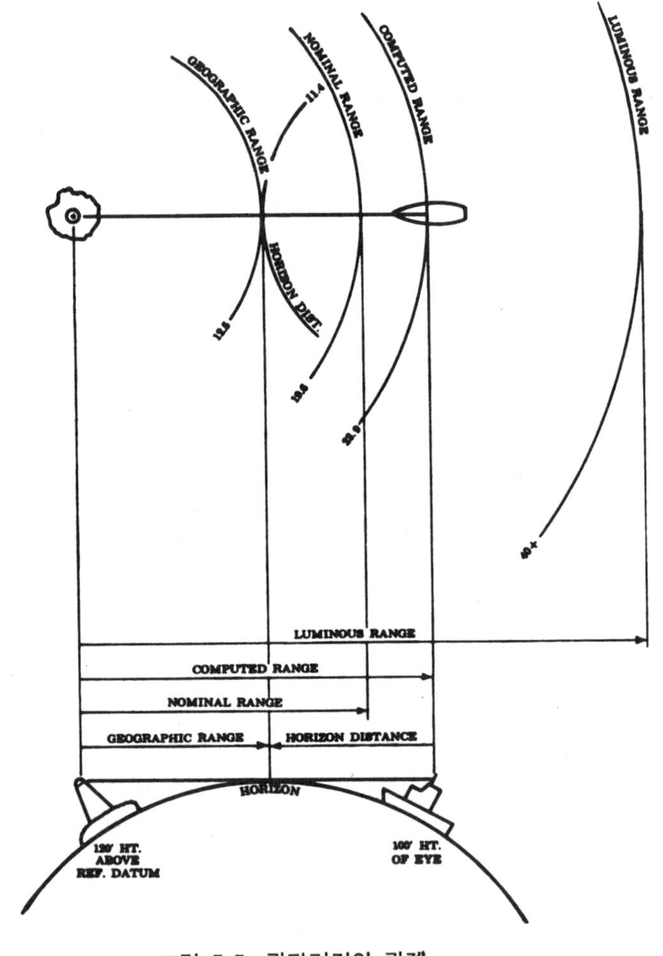

그림 5-5. 광달거리의 관계

식으로 산출한다. 그러므로, 해도상의 광달거리는 다음과 같은 식으로 산출한다.

$$d=2.074(\sqrt{H}+\sqrt{5}) \text{ 또는 } d'=1.144(\sqrt{H}+\sqrt{15})$$

(주의; 등대표와 해도에 기재된 등고는 평균수면으로부터의 높이이고 광달거리는는 평균 고도면으로부터 5m(또는 15ft)되는 위치에 있는 관측자를 기준으로 계산되어 있다.)

5. 계산 광달거리

계산 광달거리(計算光達距離; Computed range)는 야표의 광력이 충분하고 대기 상태가 아주 양호한 상태에서 등고(燈高), 관측자의 안고(眼高) 및 지구의 만곡을 고려하여 계산한 거리로서 다음 식으로 산출한다.

$d=2.074(\sqrt{H}+\sqrt{h})$ (단, H, h는 m 단위)

$d=1.144(\sqrt{H}+\sqrt{h})$ (단, H, h는 ft 단위)

6. 계산 가시거리

계산 가시거리(計算可視距離; Computed visibility)는 항해사가 등광을 관측할 당시의 대기 상태, 광원의 강도, 등고, 관측자의 안고, 지구의 만곡 등을 고려하여 빛이 최대로 도달할 수 있는 거리이다. 이 거리는 언제나 계산 광달거리 및 광학적 광달거리보다 짧다.

그림 5-5는 지금까지 설명한 각종 광달거리의 관계를 설명한 것으로, 등대의 등고 120 ft, 안고(眼高) 100 ft인 경우이다.

항해사가 등대의 불빛을 관측하게 될 때 계산 가시거리를 결정하는 과정은 해상에서 선위를 확인할 때 매우 중요하다.

등대의 등고가 100 ft이고 관측자의 안고가 50 ft일 때 각종 거리를 산출하는 절차를 설명하면, 우선 등대표에서 등대의 명목적 광달거리를 구한다.

첫째, 등고 100 ft에 해당하는 지리적 광달거리를 표 5-3을 이용하거나, $d=1.144\sqrt{H}$식을 이용하여 11.4해리를 구한다(그림 5-6 a).

둘째, 같은 요령으로 안고 50 ft에 대한 수평거리 8.7해리를 구한다.

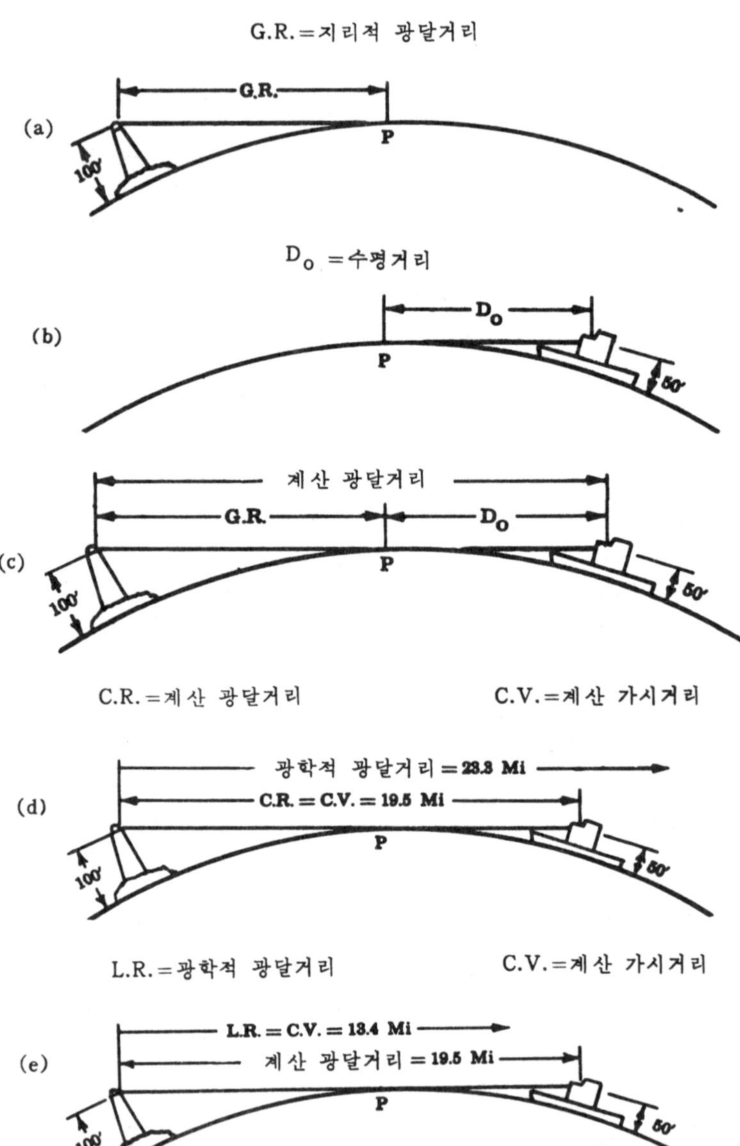

림그 5-6. 광달거리의 도해

세째, 등고의 지리적 광달거리와 안고의 수평거리를 합하여 계산 광달거리 19.5해리를 구한다(그림 5-6 c).

네째, 천기 상태에 해당하는 광학적 광달거리와 계산 광달거리를 비교하여 계산 가시거리를 결정한다. 이 때 광학적 광달거리가 계산 광달거리보다 길고 시정이 좋으면 계산 가시거리는 계산 광달거리와 같게 된다(그림 5-6 d).

만일 광학적 광달거리가 계산 광달거리보다 짧으면 관측자의 안고에 관계 없이 광학적 광달거리에 도달할 때까지 접근해야만 등대의 불빛을 관측하게 된다. 그러므로 이 때 계산 가시거리는 광학적 광달거리와 같게 된다(그림 5-6 e).

따라서 등대표와 해도에는 광학적 광달거리와 계산 광달거리중 작은것을 기재하고 있다.

야표의 광달거리에 관한 주의 사항은 다음과 같다.

① 등고가 높다고 반드시 광달거리가 긴 것은 아니다. 광력이 약한 등광의 광달거리는 광학적 광달거리를 기재하기 때문에 같은 등고라도 광력이 큰 것이 광달거리도 길다.

② 광력이 약한 등광은 광달거리가 불규칙한 수가 많다. 천기 관계로 광달 거리권의 안쪽에 들어가도 등광이 안 보이는 경우가 있으며, 반대로 광달 거리권의 밖에서도 보이는 수가 있다.

③ 시계가 불량할 때에는 광달거리가 현저히 감소한다. 안개, 비, 눈이 올 때에는 빛의 흡수 또는 난반사 때문에 광달거리가 감소하고 심하면 광달거리가 20해리인 것이 몇 백미터 밖에서도 안 보이는 일이 있다. 짙은 안개가 끼어 있을 때에는 난반사 때문에 빛이 흩어져서 가까운 거리에서도 그 위치를 잘 분간하지 못하는 수가 있으며, 경무(輕霧; Light fog)만 끼어도 광력이 약한 등광은 잘 안 보이는 수가 있다.

④ 비가 내린 뒤의 암야나 대기가 청명한 암야에는 등대표와 해도에 기재되어 있는 광달거리보다 현저히 길어지는 수가 있다.

⑤ 일출 직전에는 빛의 굴절 현상 때문에 광달거리가 길어지는 수가

있다.

⑥ 등고가 높은 등광은 구름에 가려 안 보이는 수가 있다.

⑦ 겨울철에는 등기에 얼음이 붙어서 광달거리가 감소하는 수가 있으므로, 특히 무인 등대인 경우에는 주의해야 한다.

⑧ 대기가 청명한 암야에는 대개 광망(光芒)을 먼저 발견하고 다음에 실광(實光)을 보게 된다. 일반적으로 광력이 큰 등대의 광망은 광달거리권보다 먼 거리에서 보인다. 등대에 가까와졌는 데도 실광이 안 보인다고 광달 거리권 밖에 있는 것으로 속단하는 것은 위험하다. 그 이유는 자기 선박의 근처는 시계가 좋아도 등대 부근에는 구름, 안개가 끼었거나 또는 눈이 내려서 광달거리가 현저히 감소하는 일이 있기 때문이다.

⑨ 지리적 광달거리는 수온과 기온의 차이에 따라 변화한다.

508 야표의 명호와 분호

명호(明弧; Illuminated arc)란 야표에서 빛이 해면을 비추는 부분을 말하고, 분호(分弧; Sector)란 명호의 일부분으로 유색광(有色光 보통은 赤色光)을 비추는 부분을 말한다.

등대는 반드시 주위를 전부 비출 필요가 없으므로 육지 쪽의 일부를 차단하는 것이 대부분이고, 분호는 명호의 어떤 방위에 암초나 암암 등이 있는 경우 위험 구역을 명시하기 위하여 표시하게 된다. 명호와 분호는 선박에서 관측자를 기준하여 야표를 바라보는 방위로 표시한다.

명호에 관한 주의 사항은 다음과 같다.

① 명호와 암호(暗弧)의 확실한 한계가 없으며, 특히 근거리에서 볼 때에는 암초의 한계선 부근에 다소의 여광이 있게 되는 것을 고려하여야 한다.

② 명호의 방위 내에서도 부근의 육지나 갑(岬) 등으로 등광이 가리워지는 곳도 있으며, 해도 및 등대표에 그 한계가 기재되어 있어도 야표로부터 거리에 따라 근거리에서는 등광이 보이지 않으나, 원거리에서는 등광이 장애물을 넘어서 보이는 수가 있음을 고려하여야 한다.

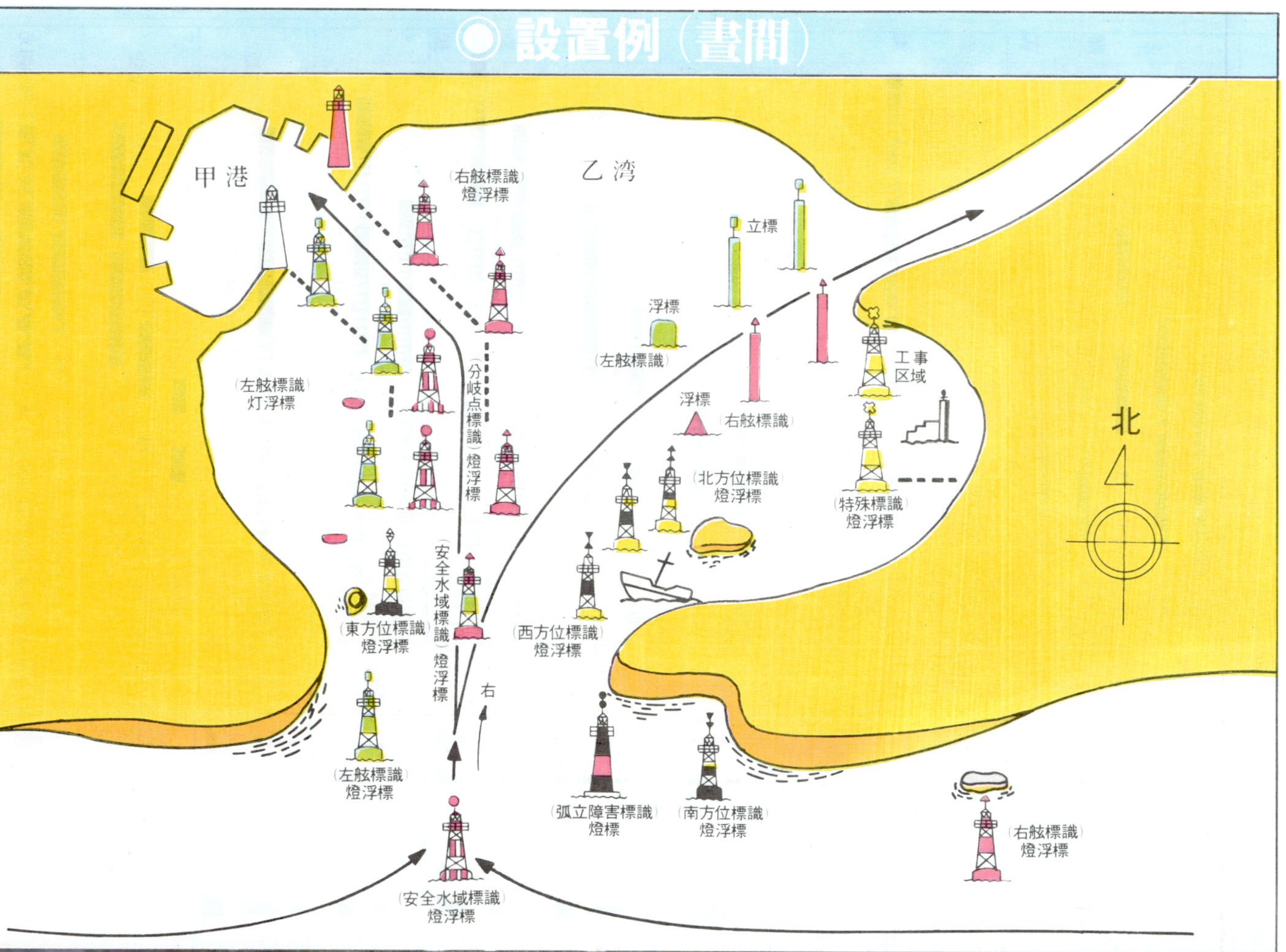

● 設置例（晝間）
甲港
乙湾
（右舷標識）燈浮標
立標
浮標
（左舷標識）
（左舷標識）灯浮標
（分岐点標識）燈浮標
浮標
（右舷標識）
工事区域
北
（北方位標識）燈浮標
（特殊標識）燈浮標
（安全水域標識）燈浮標
（東方位標識）燈浮標
（西方位標識）燈浮標
右
（左舷標識）燈浮標
（弧立障害標識）燈標
（南方位標識）燈浮標
（右舷標識）燈浮標
（安全水域標識）燈浮標

◎ 設置例(夜間)

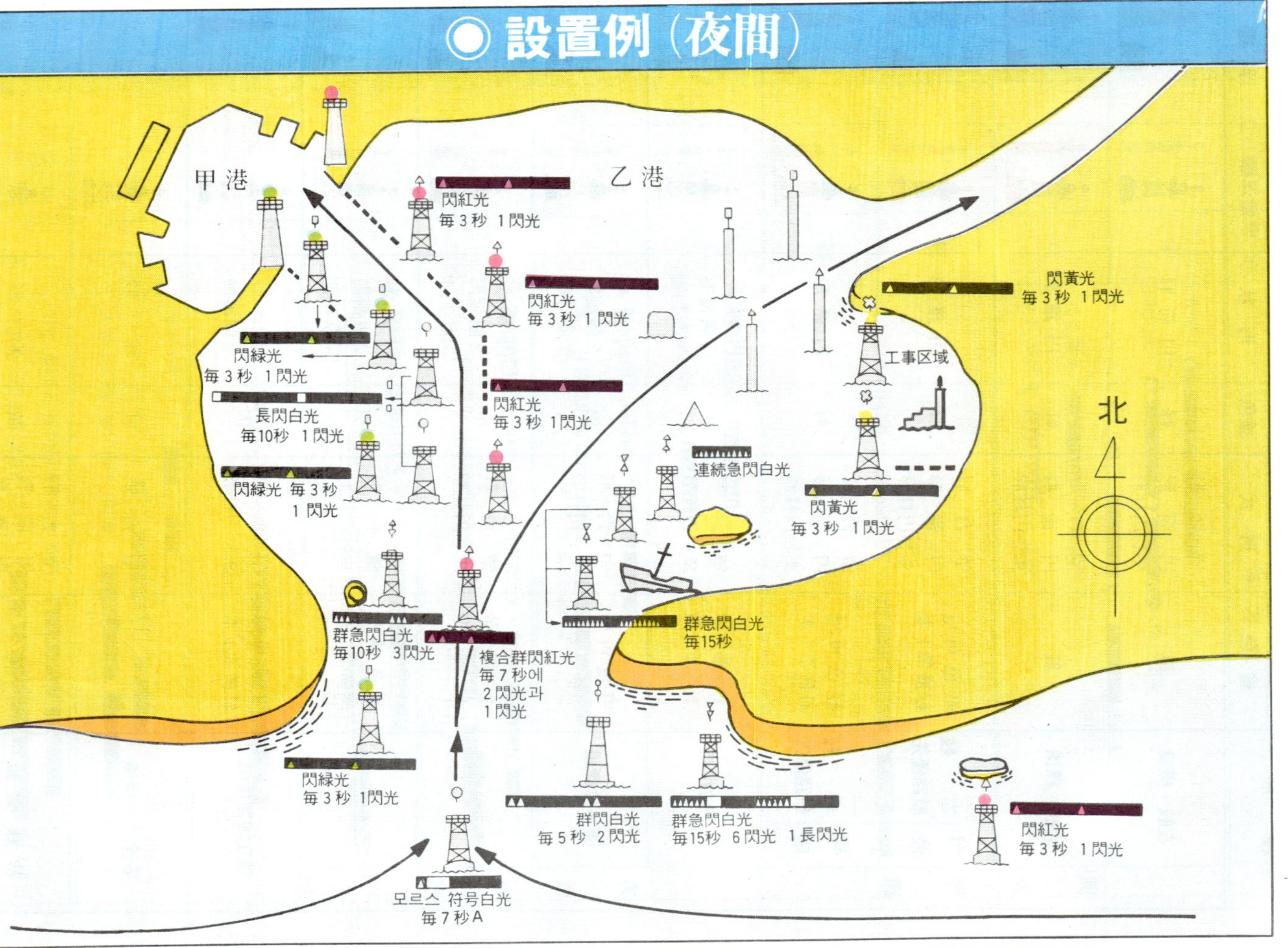

甲 港
乙 港
閃紅光
每 3 秒 1 閃光
閃紅光
每 3 秒 1 閃光
閃紅光
每 3 秒 1 閃光
閃黃光
每 3 秒 1 閃光
工事区域
北
閃緑光
每 3 秒 1 閃光
長閃白光
每10秒 1 閃光
閃緑光 每 3 秒
1 閃光
連続急閃白光
閃黃光
每 3 秒 1 閃光
群急閃白光
每10秒 3閃光
複合群閃紅光
每 7 秒에
2 閃光과
1 閃光
群急閃白光
每15秒
閃緑光
每 3 秒 1閃光
群閃白光
每 5 秒 2 閃光
群急閃白光
每15秒 6 閃光 1 長閃光
閃紅光
每 3 秒 1 閃光
모르스 符号白光
每 7 秒 A

509 주간 표지(주표)

주간 표지(晝間標識, 이하 주표라 한다.)는 형상과 색으로써 그 위치를 표시하고, 주간에 선위를 결정하기 위한 목표로 이용되는 항로 표지를 말한다. 주표는 등기(燈器)가 설치되어 있지 않고 암초, 암암, 침선 등의 위험물을 표시하여 항로를 안내하는 역할을 한다.

주표에는 입표(立標), 부표(浮標), 육표(陸標), 도표(導標)가 있다.

1. 입 표

입표(立標; Day beacons)는 암초, 초(礁) 및 노출암(露出岩)등의 위치를 표시하기 위하여 설치된 경계표시(警戒標示)이고, 설치 장소에 따라 그 크기와 설계가 틀리게 된다. 해상에 설치되는 입표는 파도와 풍압에 견딜 수 있도록 설치되어야 하며 암초나 위험물을 피하기 위하여 이용되는 입표를 피험표(避險標; Clearing marks)라 한다.

수로 측면에 설치되는 입표는 색채로 그 위치를 표시하고, 바다로부터 수로의 수원을 향하여 들어갈 때 왼쪽 입표는 녹색, 오른쪽 입표는 적색으로 표시한다. 입표는 수원으로부터 바다 쪽으로, 흑색은 기수 번호, 적색은 우수 번호를 부여한다(새로운 해상 부품식 참조).

2. 부 표

부표(浮標; Buoys)는 항해사에게 위험물, 장애물 및 수심의 변화를 경고하고 수로를 안내하여 안전 항해를 하도록 하는 역할을 한다.

부표의 번호 부여 방법과 색채는 입표와 같고, 부표의 형태는 원주 부표(圓柱浮標; Spar buoys), 방추 부표(紡錘浮標; Nun buoys), 원추 부표(圓錐浮標; Conic buoys), 원통 부표(圓筒浮標; Can buoys) 등이 있다.

부표는 종(Bell), 징(Gong), 경적(Whistle), 등기 및 반사기(反射器; Reflector)를 달아 여러 가지 목적으로 사용한다.

3. 육 표

육표(陸標; Land marks)는 암초나 사주(砂洲) 등에 입표를 설치하기가 곤란한 경우에 육상의 특정한 위치를 표하기 위하여 설치하는 것으로, 등광을 발하지 않는 것을 말한다. 육표는 선박을 지도하고 항로의 안전을 꾀하며, 주간에만 이용된다. 야간에 이용할 수 있도록 육표에 등기를 설치한 것을 등주(燈柱)라 한다. 최근에는 육표에 레이다 반사기를 설치한 것이 많다.

4. 도 표

도표(導標; Leading marks or Range marks)는 통항이 어려운 수도(水道)나 만구(灣口) 등의 항로를 지시하기 위하여 항로의 연장선을 따라 앞뒤로 2개의 구조물을 높고 낮게 설치한 것을 말한다. 도표는 선박을 인도하는 역할을 하며, 등기(燈器)를 설치하여 빛을 발하면 도등(導燈) 이 된다.

입표와 부표에 관하여 주의할 점은 다음과 같다.

① 입표와 부표 중 규정된 색채나 형상을 따르지 않은 것이 있다.

② 하천이나 해협에 있어서 좌현 입표(또는 부표), 우현 입표(또는 부표)라고 하는 것은 하구(河口) 및 해구(海口)에서 수원(水源)을 향하여 항해하는 선박의 좌현, 우현을 의미한다.

③ 하천에서 수원을 향하여 선박이 항행할 때 좌현 입표(또는 부표)의 오른쪽, 우현 입표(또는 부표)의 왼쪽은 항행의 안전 해역이 된다.

④ 주(洲)및 초(礁)는 수원에 가까운 쪽을 상단(上端)이라 하고, 먼 쪽을 하단(下端)이라 한다.

⑤ 입표(또는 부표)는 좌현에 기수 번호, 우현에 우수 번호를 부여하고, 수원에서 하구로 갈수록 숫자가 커진다.

⑥ 등입표, 등부표 및 일부 등대도 그 설치 장소에 따라 입표(또는 부표)의 규정과 같은 색채를 칠한다.

⑦ 수로 중앙 부표는 안전한 항로의 중앙을 의미한다.

510 음향 표지(무신호)

음향 표지(音響標識 또는 霧信號; Fog signal)는 안개, 눈, 비 등으로 육지나 등광이 보이지 않을 때 음향을 발하여 항로 표지의 위치를 알리고 항행 선박에게 주의를 환기시키는 것을 말한다.

음향 표지는 항로 표지(등대, 등선 등)에 부설되어 있으며, 음향을 발하는 장치를 무신호기(霧信號機)라고 한다. 음향 표지는 음향이 전달되는 경로에 따라 에어 사이렌(Air siren), 다이아폰(Diaphone), 다이아프램 혼(Diaphragm horn), 리드 혼(Reed horn), 취명(吹鳴), 종(鍾), 징(Gong), 무포(霧砲), 폭발음(爆發音) 등의 공중신호(空中信號; Air sound signal)와 수중무종(水中霧鍾; Submarine fog Bell), 수중종(水中鍾) 등의 수중음신호(水中音信號; Submarine sound signal)가 있다.

현재 한국에서는 90% 정도가 사이렌을 사용하고 있다.

1. 에어 사이렌(Air siren)

압축 공기나 증기를 이용하여 음향을 발하는 것으로, 2개의 원판이나 원통에 같은 크기의 구멍을 같은 숫자로 뚫고 포개어 놓은 것인데, 그 중 하나는 고정시키고 다른 것은 회전시키면서 압축 공기를 분출시켜 연속음이 나오게 하는 장치이다.

전동기를 이용하여 원판을 회전시키는 장치를 한 것을 모우터 사이렌이라 한다.

2. 다이아폰

다이아폰(Diaphone)은 피스톤(piston)의 중심축에 수직으로 작은 구멍을 뚫고 피스톤을 왕복시켜 공기를 분출시키면 공기의 압력차로 인하여 소리를 내는 장치이다.

다이아폰의 소리는 에어 사이렌에 비하여 맑은 음향을 낸다. 다이아폰이 높고 낮은 두 가지 음향을 발하는 것을 Tow tone이라 한다.

3. 다이아프렘 혼

다이아프렘 혼(Diaphragm horn)은 전기 자력(電氣磁力), 압축 공기 또는 증기에 의해서 발음판(發音板)을 진동시킴으로써 소리를 내는 장치이다.

다이아프렘 혼의 음향 신호와 함께 무선 신호를 시간적으로 정확히 일치시켜 발사하면, 전파와 음파의 도달 시간차를 이용하여 그 신호소로부터의 거리를 측정할 수 있다.

4. 리드 혼

리드 혼(Reed horn)은 압축 공기를 이용하여 강철 피리가 음향을 발하도록 한 장치이다.

5. 취　　명

취명(吹鳴; Whistle)은 압축 공기나 증기를 원통형의 작은 출구를 통하여 분출시켜서 음향을 발하는 장치이다.

6. 종과 징

종(鍾; Bell)과 징(Gong)은 인력(人力), 추, 압축 가스 또는 전기를 이용하여 음향을 발하는 장치이다. 추를 이용한 종(또는 징)은 시계(視界)가 나빠도 해상이 잔잔하면 음향을 발하지 않는 결점이 있다.

7. 무포와 폭발음

포(砲)를 발사하여 음향을 발하는 것을 무포(霧砲)라 하고, 폭발음(爆

發音)은 화약을 폭발시켜 음향을 발생하게 하는 것이다.

무포나 폭발음은 주로 위급한 경우에 사용하여 그 위치를 알리게 한다.

8. 수중무종

수중무종(水中霧鍾; Submarine fog bell)은 압축 공기 또는 전기를 이용하여 등대 또는 등선 부근의 해수 중에 있는 종을 울리게 하는 발음 장치를 말한다.

9. 수중종

수중종(水中鍾; Submarine bell)은 파도에 의하여 종을 울리게 하는 발음 장치를 말한다. 수중무종이나 수중종은 선박에 장치한 음향 수신 장치가 있어야 한다.

음향 표지에 관한 주의 사항은 다음과 같다.

① 무신호는 안개, 눈 또는 시계가 나쁠 때에만 행하나, 해상에는 이미 안개가 발생했어도 무신호소에서 알지 못했을 때 신호를 행하지 않을 수가 있고, 그러한 사실을 알고난 후에도 상당한 시간이 지난 후에 신호를 발하게 된다.

② 무신호의 음향과 음달거리는 대기의 상황, 지형 및 청취자의 위치에 따라 틀려지므로, 단지 신호의 강약만으로 원근(遠近)을 판단해서는 안 된다.

③ 무중 항해시는 선내(船內)를 정숙히 하여 무신호 청취에 노력하고, 레이다의 활용과 측심(測深)을 하여 안전 항해에 만전을 기해야 한다.

511 무신호에 의한 선위 추정 방법

오늘날과 같이, 대부분의 선박이 레이다를 설치하고 있고, 전파 항해 계기가 발달한 현 시점에서 무신호에 의하여 선위를 추정하는 경우는 별로 없지만, 무신호에 의하여 선위를 결정하게 될 때에는 다음과 같은 순서에 따르는 것이 좋다.

① 등대표를 이용하여 추정 신호소의 음향 신호 성능을 파악한다.

② 선박의 속력을 가능한 한 감속하거나 정지하며, 통풍 전동기를 최소한으로 제한하여 선내의 정숙을 기한다.

③ 안개의 층이 높게 또는 낮게 깔려 있는지, 또는 국부적인 것인지를 충분히 관찰한다.

④ 나침의를 이용하여 풍향을 측정하고 풍속을 정확히 관측한다.

⑤ 무신호소의 방향과 눈이나 안개의 흐르는 방향을 관측한다.

⑥ 자기 선박의 무중 신호를 정지하고 다른 선박의 무중 신호와 무신호를 청취한다. 이 때 고음과 저음의 연성무적(連成霧笛)은 청취하기가 곤란하므로 주의해야 한다.

⑦ 수심을 측정하고, 저질(底質)을 확인하며, 해수의 빛깔을 관찰한다.

⑧ 무신호의 방위를 해도에서 검토하고 측심한 수심과 비교하여 선위를 추정한다. 이 때 수심이 너무 깊어서 측심이 곤란하면 침로를 육지 쪽으로 변침하고, 무신호의 방향 변화를 고려하여 선위를 추정한다.

무신호를 이용하여 선위를 추정할 때 주의할 사항은 자선의 추정 위치가 무신호소의 음달거리 내에 있는지 또는 무신호를 보내고 있는지를 검토한다. 무신호의 음향이 뚜렷하게 크게 들리거나 방위 변화가 심하여 구분할 수 없을 때에는 기관을 정지하고 수심을 측정한다. 반대로 무신호의 음향이 너무 작을 때에는 무신호 방향으로 변침하여 관측하는 것이 좋다.

취명 부표나 타종 부표는 해면이 잔잔한 경우, 자선의 항적에 의한 발산파(發散波; Divergent wave) 때문에 갑자기 음향이 들리는 일이 있으므로 주의해야 한다.

그리고 음향의 강약은 거리에 비례하지 않는다는 것을 염두에 두고, 무신호에 의하여 결정한 선위는 정확성이 결여되었다는 것을 유의해야 한다.

512 무선 표지(전파 표지)

무선 표지(無線標識 또는 電波標識; Radio navigational aids)는 전파의 직진성(直進性), 등속성(等速性), 반사성(反射性)의 특성을 응용하여 선박이나 항공기의 지표가 되어 항해의 안전을 기하는 것을 말한다.

무선 표지는 다른 항로 표지에 비하여 천후의 영향을 받지 않고 넓은 지역을 포함하므로, 선위를 쉽게 결정할 수 있다.

무선 표지의 종류는 무선 방위 신호소(無線方位信號所), 쌍곡선 항법 표지국(雙曲線航法標識局)이 있으며, 다음과 같이 분류할 수 있다.

- 무선 방위 신호소
  - 무선 방향 탐지국
  - 무선 표지국
    - 무지향성식 무선 표지국
    - 지향식 무선 표지국
    - 회전식 무선 표지국
    - 측거국
    - 코오스 비이컨
    - 레이 마아크
    - 레이콘
    - 토오킹 비이컨
    - 소다비젼
    - 소오란
    - 레이다 반사기
- 쌍곡선 항법 표지국
  - 로오란(Loran)국
  - 지이(Gee)국
  - 데카(Decca)국
  - 로락(Lorac)국
  - 래이디스트(Raydist)국
  - 컨소울(Console)국
  - 소파(Sofar)국
  - 오메가(Omega)국
  - 항해용 위성국

1. 무선 방향 탐지국

무선 방향 탐지국(無線方向探知局; Radio direction finding station, RDF., 또는 Radio gonio station, R.G.)은 선박에서 발사한 전파의 방위를 무선 방위 측정기에 의해서 측정하여 그 결과를 해당 선박에 통보하는 임무를 수행한다.

무선 방향 탐지국은 무선 방향 탐지기(無線方向探知機; Radio direction fnder, R.D.F.)가 없는 선박에서도 이용할 수 있고, 선박에서 측정하는 것보다 정확한 방위를 측정할 수 있으나, 선박에서는 필요할 때마다 탐지국에 의뢰해야 하는 불편한 점이 있다.

2. 무선 표지국

무선 표지국(無線標識局; Radio beacon station, R.Bn.)은 선박이 방위를 측정할 수 있도록 전파를 발사하는 곳이며, 매일 정해진 시간, 시계(視界)가 나쁠 때, 선박의 요청이 있을 때 전파를 발사한다.

① 무지향성식 무선 표지국(無指向性式 無線標識局; Cicular radio beacon station, R.C.)은 선박에서 무선 방향 탐지기를 사용하여 방위를 측정할 수 있도록 중파대의 무지향성 전파를 발사하는 곳으로, 방위 측정 장비가 없으면 이용할 수 없다.

② 회전식 무선 표지국(回轉式 無線標識局; Rotating radio beacon station, R.W.)은 선박이 수신기를 사용하여 방위를 측정할 수 있도록 중파대, 단파대 또는 초고주파대의 지향성 전파를 회전시키면서 발사하는 곳이다.

방위의 기점(基點)을 통과하는 순간에 특정한 부호를 발사하면 선박에서는 초시계(Stop watch)로 관측자를 통과할 때까지의 시간을 측정하여 방위를 구하게 된다.

선박에서는 보통 라디오만 있으면 되므로, 소형선박이 많이 이용한다.

③ 지향성 무선표지국(指向式 無線標識局; Driectional radio beacon

station, R. D.)은 육상국에서는 지향성 안테나를 통해 방위에 따라 다른 부호로 변조된 전파를 발사하여 선박에서는 변조신호만 듣고 대략적인 방위를 알 수 있도록 하는 곳이다.

④ 측거국(測距局; Distance finding station)은 전파와 음파를 동시에 발사하는 곳으로, 선박에서 수신 전파를 이용하여 방위를 측정하고, 전파와 음파의 도달 시간차를 초시계로 측정하여 관측자까지의 거리를 측정하게 된다.

$D=1.8t$ (D는 국에서 관측자까지의 해리 단위의 거리, t는 전파와 음파의 도달 시간차를 초단위로 측정한 것.)

⑤ 코오스 비이컨(Course beacon)은 협수도(狹水道)나 항만(港灣)에서 선박의 유도를 목적으로 초고주파대의 지향성 전파를 발사하는 곳이다.

코오스 비이컨은 2개의 안테나 사이에 반사판을 끼우고 한쪽 안테나는 V(…—)자 신호를, 다른 쪽 안테나는 B(—…)자 신호를 발사하면 2개의 안테나 사이에서는 강한 장음(—)이 수신된다. 선박이 협수도나 항만을 항행할 때, 수신기에서 신호음이 커지고 잡음이 들리는 방향을 향하여 조선(操船)하면 된다.

코오스 비이컨은 주로 레이다를 장비하지 않은 소형 선박을 위한 표지이나, 레이다가 고장났을 때 또는 레이다로 탐지할 수 없는 암초가 많은 해역에서 이용하게 된다.

⑥ 레이 마아크(Ray mark)는 육안(陸岸) 또는 일정한 지점에서 선박용 레이다에 수신 가능하도록 지향성 요동 전파를 계속적으로 발사하는 것이다.

레이 마아크에서 발사하는 전파는 레이다 수신기 영상에 발사점으로부터 한 줄의 방위선이 1°~3°의 폭으로 표시되어 방위를 알 수 있게 되어 있어 편리하고 신뢰성이 높다.

⑦ 레이콘(Radar beacon: Racon)은 전파를 수신하여 다시 송신하는 트랜스폰더(Trans-phonder)로 구성되어 있어 선박의 레이다에서 전파를 받을 때에만 응답 신호를 보내는 것이다.

레이콘에서 보내는 신호는 레이다의 평면 위치 표시기(Plan position indicator, PPI)에 부호로써 그 국의 위치를 표시해 주나 시간지연과 증폭으로 인한 거리연장 및 영상확대 현상을 나타낸다.

⑧ 토오킹 비이컨(Talking beacon)은 펄스(pulse)폭을 변조하여 음향 신호(003, 006과 같이 세 자리 숫자로 매 3°마다)를 방송하므로, 수신기에 수신되는 숫자가 바로 국으로부터 진방위가 된다.

가장 강하게 들리는 방위 신호가 국으로부터 진방위가 되며, 숫자와 숫자 사이에는 국명이 방송되므로 식별이 용이하다. 이 방식은 간단하고 정확하게 자기 선박의 방위를 알 수 있다.

⑨ 소다비젼(shodarvision, shore based radar television)은 주요한 항만이나 항로 등 선박의 교통량이 많은 해역의 육안(陸岸)에 레이다를 설치하고, 부표(浮標) 등 항로 표지의 위치를 감시함과 동시에 항만 시설, 지형, 통항하는 선박의 모든 상항을 레이다로 포착하여 그 영상 또는 그 영상을 보정(補正)한 것을 텔레비젼 방송을 하며, 필요한 경우에는 선박에 대한 지시도 영상으로 나타내어 항행에 안전을 꾀하는 것을 말한다.

선박은 간단히 개조한 수상기만 있으면 시계가 아주 나쁜 상황에서도 안전하게 항행할 수 있으며, 레이다가 없는 선박도 이용할 수 있다. 레이다와 달리 다른 선박의 움직이는 모양을 직접 눈으로 볼 수 있으므로 조선(함)하기가 쉽다.

레이다보다 뚜렷한 영상을 볼 수 있어 자기 선박에 접근한 물체도 알 수 있고, 또 정확한 해안의 지형을 알 수 있다.

항법에 관한 주의 사항은 문자로 표시해 주고, 항로 표지에 이상이 있으면 보정(補正)하여 방송하므로, 해도와 정확하게 비교할 수 있다.

시계(視界)에 관계 없이 계획대로 선박 운항이 가능하여 항만 출입의 제한이 해제될 수 있고, 하역(荷役) 계획이 쉬워지며, 선박의 운항비(運航費)가 절략되는 등의 장점이 있다.

⑩ 소오란(Shoran, Short range navigation)은 육상에 위치한 2개의 레

이콘(Racon)으로 아주 정확한 선박의 위치를 결정해 주는 것을 말한다.

⑪ 레이다 반사기(Radar reflector, Ra. ref.)는 레이다에서 발사되는 전파의 반사 능률을 높여 주기 위하여 경금속으로 된 반사판(反射板)을 조립하여 부표나 입표 등에 부설한 것을 말한다. 부표에 레이다 반사기를 부설하면 그 부표의 레이다 탐지 거리가 1.5배 정도 증가한다.

3. 로 오 란

로오란(LORAN, Long range navigation)은 육상에 설치된 두 송신소를 한 쌍의 국으로 하여 전파(pulse 파)의 도달 시간차를 측정하여 위치선을 결정하는 전파 항법의 장비이다.

한 쌍의 송신국 중 하나는 주국(主局)이라 하고, 다른 하나는 종국(縱局)이라 하며, 로오란 A형, C형, D형이 있다.

로오란 A형은 현재 사용되지 않고 있으며, 로오란 C형은 A형을 개발한 것이고, D형이 가장 개발된 것이다.

A형은 중단파대 주파수(1.8～2.0 MHz)를, C형과 D형은 장파대 주파수(90～110 kHz)를 사용한다. 이용 범위는 주간에는 600～750해리, 야간에는 1200～1400해리까지 가능하다.

4. 지 이 국

지이(Gee)는 로오란과 비슷한 전파 항법 장비이며, 영국에서 발명하였다. 지이는 항공기에서 주로 사용하며, 초단파대 주파수(20～80 MHz)를 사용하고, 이용 범위는 400해리까지 가능하다.

5. 데 카 국

데카(Decca)는 영국의 민간 회사에서 개발한 장비이며, 로오란과 비슷한 장비이다. 한 개의 주국과 적(赤; Red), 녹(綠; Green), 자(紫; Purple)의 3개 종국으로 이루어지고, 지속파의 위상차를 측정하여 선박의 위치를 결정한다. 데카는 장파대 주파수(70~130 kHz)를 사용하고, 이용 범위는 250해리까지 가능하다.

6. 로 락 국

로락(Lorac, Long range accuracy)은 데카와 비슷한 장비이나, 중앙국(Central station)과 부국(副局; Side station)이 한 쌍이 되고 제2부국(second side station)이 설치되어 지속파의 위상을 비교함으로써 정확한 거리를 측정하여 위치선을 결정한다.

로락은 중단파대 주파수(1700~2500 kHz)를 사용하고, 이용 범위는 주간에는 100~150해리, 야간에는 75~100해리까지 가능하다.

7. 래이디스트국

래이디스트(Raydist)는 로락과 기본 원리는 같은 장비이다. 송신 장비를 선박에 설치할 수 있는 점이 다르고, 중단파대 주파수(1600~2500 kHz)를 사용한다. 이용 범위는 최대 250해리까지 가능하다.

8. 콘소올국

콘소올(Consol)은 육상에서 5~6 km 이내의 거리에 직선으로 3개의 송신국을 설치하여 260~320 kHz의 지속파를 발사하고, 선박에서는 수신되는 지속파의 위상차를 측정하여 위치선을 결정하는 전파 항법의 장비이다. 이용 범위는 주간에 1000~1200해리까지 가능하다.

9. 소 파 국

해수에서는 일정한 수심까지 음파의 속도가 감소되며 그 이하에서는 음파의 속도가 증가한다. 소파(Sofar, Sound fixing and ranging)는 임계 수심에서 음파의 전달 속도를 이용하여 선박의 위치선을 결정하는 장치이다.

음원을 대양의 해수 중에 설치한 것을 소파라 하고, 음원을 연안에 설치한 것을 소파와 구분하기 위하여 역순의 문자로 배열한 라포스(Rafos)

라고 한다.

10. 오메가국

오메가(Omega)는 데카와 비슷한 쌍곡선 항법의 일종으로, 초장파대 주파수(10～14 kHz)의 지속파를 송신국에서 발사하면 그 위상차를 측정하여 선박의 위치선을 결정하는 장비이다.

이용 범위는 5000～7000 해리까지 가능하며, 8개 송신국으로 전세계 어느 곳에서나 위치 결정이 가능하다.

11. 항해용 위성국

항해용 위성(航海用衛星)을 이용하는 위성 항법은 미 해군에서 개발한 쌍곡선 항법의 일종으로, 네브세트(NAVSAT) 또는 엔 엔 에스 에스(N.N.S.S., The navy navigation satellite system)라 한다. 이 항법은 지상에서 발사한 인공 위성(人工衛星)이 지축을 기준하여 남북 궤도를 운행하면

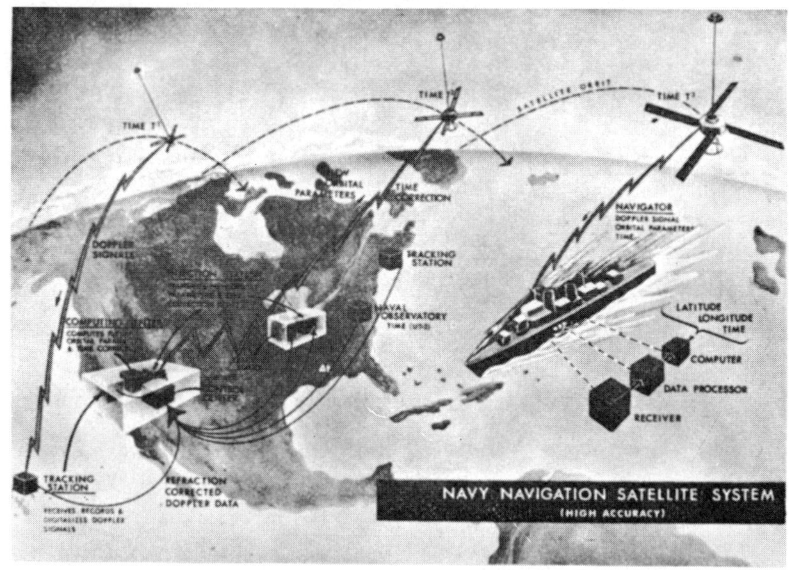

그림 5-7. N.N.S.S.의 구성 부분

서 400 MHz와 150 MHz의 전파를 발사한다.

인공 위성이 관측자 위치에 다가오거나 지나갈 때 발신 전파의 주파수는 도플러 효과 때문에 변화되고, 이 때 도플러 변화량(Doppuler shift)을 측정하고 전자 계산기로 모든 자료를 처리하여 관측자의 위치를 결정한다.

위성 항법은 오메가 항법과 같이, 지구상의 어느 곳에서나 선박의 위치 결정이 가능하다. 그러나 적도 지방에서는 최소 2시간 정도 기다려야 위치 결정이 가능하므로 그 동안은 추측 항해를 해야 하는 것이 결점이다.

제 6 장 항 해 계 기

601 개 요

항해 계기(航海計器; Navigational instrument)란 행해사가 선위를 결정하고 안전 항행을 하는 데 필요한 모든 기구와 장비를 말한다.

항해 계기는 항로 표지, 전파 항해 계기 등 그 종류도 다양하고 여러 가지이나, 이 장에서는 방향에 관한 계기, 속력과 거리에 관한 계기, 수심에 관한 계기, 기점에 관한 계기, 기상에 관한 계기 및 기타 계기로 나누어 설명한다.

602 방향에 관한 계기

1. 나 침 의

나침의(羅針儀; Compass)는 방위 측정용 계기로서, 자기 나침의(磁氣羅針儀)와 전륜 나침의(轉輪羅針儀)가 있다.

자기 나침의는 지구의 지자기에 의하여 방향이 결정되는 계기이고, 전륜 나침의는 지축(地軸)에 일치하려는 자이로스코우프(Gyroscope)의 원리를 이용하여 방향이 결정되는 계기이다.

2. 전륜 나침의 복시기

전륜 나침의의 방향과 같은 방향을 표시하도록 전기적으로 장치된 계기이다. 전륜 나침의 복시기(轉輪羅針儀復視器; Gyrocompass repeater)의 모양은 자기 나침의와 비슷하나, 선박 내 어느 곳에나 설치할 수 있는 점이 자기 나침의와 다르다.

3. 방 위 환

방위환(方位環; Azimuth circle)은 전륜 나침의 복시기나 자기 나침의의 나분(羅盆; Compass bowl) 위에 올려 놓고 천체나 물표의 방위와 방위각을 측정하는 계기이다. 재료는 비자성체(Nonmagnetic)의 경금속으로 만든다.

그림 6-1에서 보는 바와 같이, 방위환의 지름(Diameter) 위에 한 쌍의 조준판(Sighting vane)이 붙어 있다. 한쪽은 들여다 보는 판(Peep vane)이고 다른 쪽은 수직으로 철사가 설치되어 있다. 철사의 뒷편에는 흑경(Black mirror)이 붙어 있어 항성의 빛을 반사하게 되어 있으므로 천체 방위를 측정할 수 있다. 방위환의 내부 끝단에는 철사가 설치된 곳에서 반시계 방향으로 0°에서 360°까지 도수가 표시되어 상대 방위를 측정할 수 있도록 되어 있다.

조준판의 조준선과 직각되는 곳에 다른 관측 장치가 있으며, 한쪽은 프리즘, 다른 쪽은 오목거울이 붙어 있어 이것으로 태양의 방위를 측정한다.

방위환(Azimuth circle)은 천체의 방위와 물표의 방위를 측정할 수 있도록 되어 있다. 그러나 프리즘과 오목거울이 없어 태양의 방위를 측정

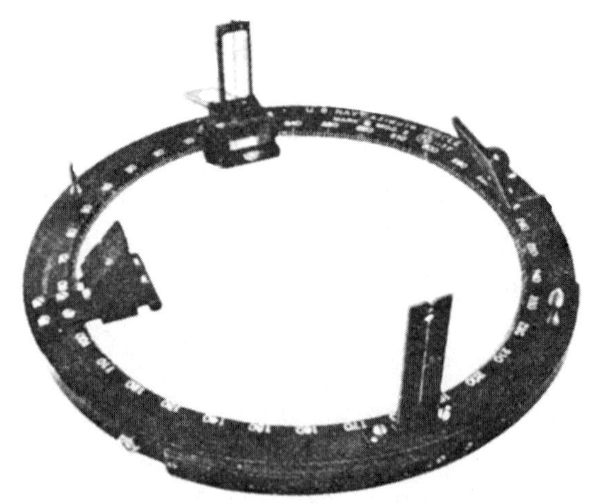

그림 6-1. 방 위 환

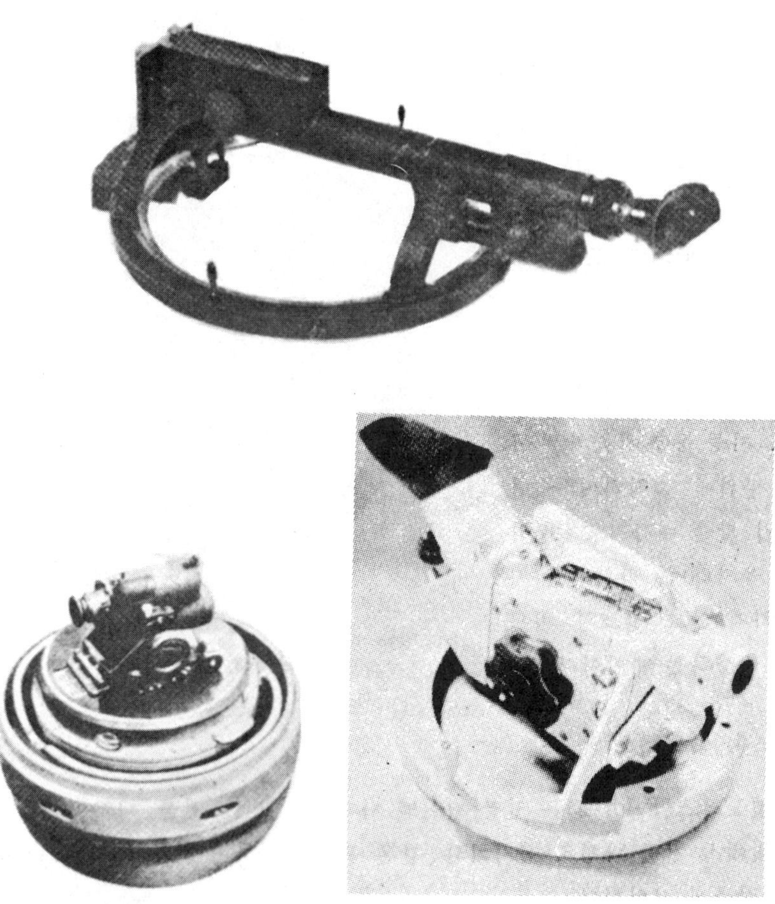

그림 6-2. 망원 시준의와 자동 동조 시준의(아래 오른쪽)

하기가 어려운 것도 방위환(Bearing circle)이라 한다.

4. 시 준 의

시준의(視準儀 또는 方位環; Alidade)는 방위환과 같은 용도로 사용되는 계기이다. 조준판 대신 망원경이 붙어 있는 망원 시준의(Telescopic alidade)와 자동 동조 시준의(自動同調視準儀; Self synchronous alidade)

가 있다.

망원 시준의는 원거리 물표의 방위 측정이 용이하고, 자동 동조 시준의는 전륜 나침의 복시기 위에 설치되어 있어 전륜 나침의에 의하여 구동됨으로써 선박이 계속 동요하여도 방위 측정이 용이하여 정확한 방위를 측정할 수 있다. 자동 동조 시준의는 어느 방위에 고정하여 주면 다시 맞출 때까지 그 방위를 유지하며, 방위환을 사용하지 않고 물표의 방위를 측정하는 계기이다.

그림 6-3. 펠로러스

5. 펠로러스

펠로러스(Pelorus)는 일명 벙어리 나침의라 한다. 전륜 나침의가 없는 선박에서 전륜 나침의 복시기와 같은 용도로 사용되며, 시계(視界)가 좋은 장소에 설치한다.

펠로러스로 물표의 방위를 측정하는 요령은 펠로러스의 나침판(Compass card)의 0°를 선수미선에 일치시켜 고정한다. 방위환의 조준판과 비슷한 조준판(펠로러스 나침판의 중앙에 고정되어 선회시킬 수 있도록 되어 있다.)을 사용하여 물표의 방위를 측정한다.

물표의 방위를 측정하는 순간 나침의의 선수 방향이 몇 도인가를 기록하고, 여기에 물표를 측정한 방위를 가감하면 나침의의 방위가 된다.

이 때 자차(自差)와 편차(偏差)를 가감하면 진방위를 구할 수 있으므로 미리 계산해 두면 편리하다.

603 속력과 거리에 관한 계기

1. 측 정 의

측정의(測程儀; Log)는 선박의 속력과 항정을 측정하는 계기이다. 측정의는 예인식 측정의(曳引式測程儀), 압력식 측정의(壓力式測程儀) 및 전자식 측정의(電磁式測程儀) 등으로 분류된다.

2. 예인식 측정의

예인식 측정의(曳引式測程儀; Taffrail log)는 회전자(Rotator), 측정선(測程線; Log line), 지시기(指示器; Resister), 공통(空筒; Shell) 및 조속기(Governer) 등으로 구성되어 있다.

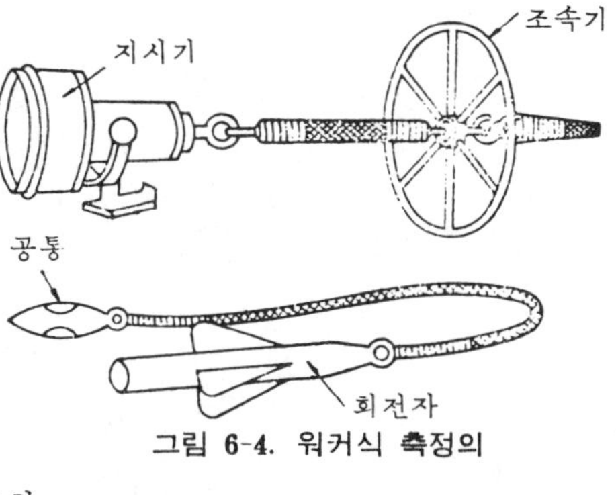

그림 6-4. 워커식 측정의

이것을 선미에 매달아 예인하면 회전자의 회전 속도에 따라 지시기에 선박의 속력이 표시되도록 한 계기로서, 현재는 거의 사용되지 않는다.

대표적인 것으로는 워커식 측정의(Walker's patent log)가 있다.

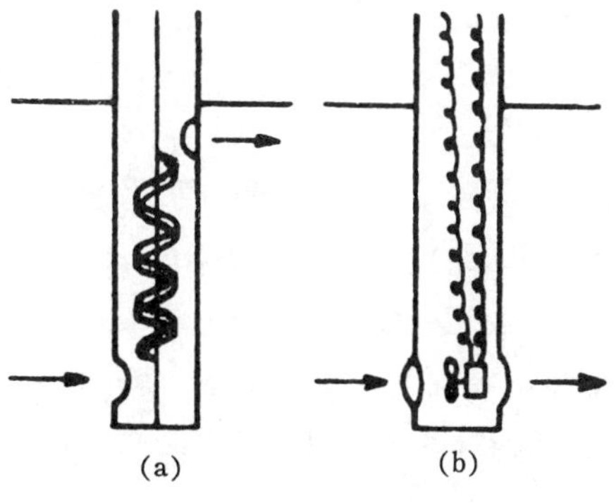

그림 6-5. 호브스(a)와 커니키프(b) 측정의

3. 압력식 측정의

압력식 측정의(壓力式測程儀;

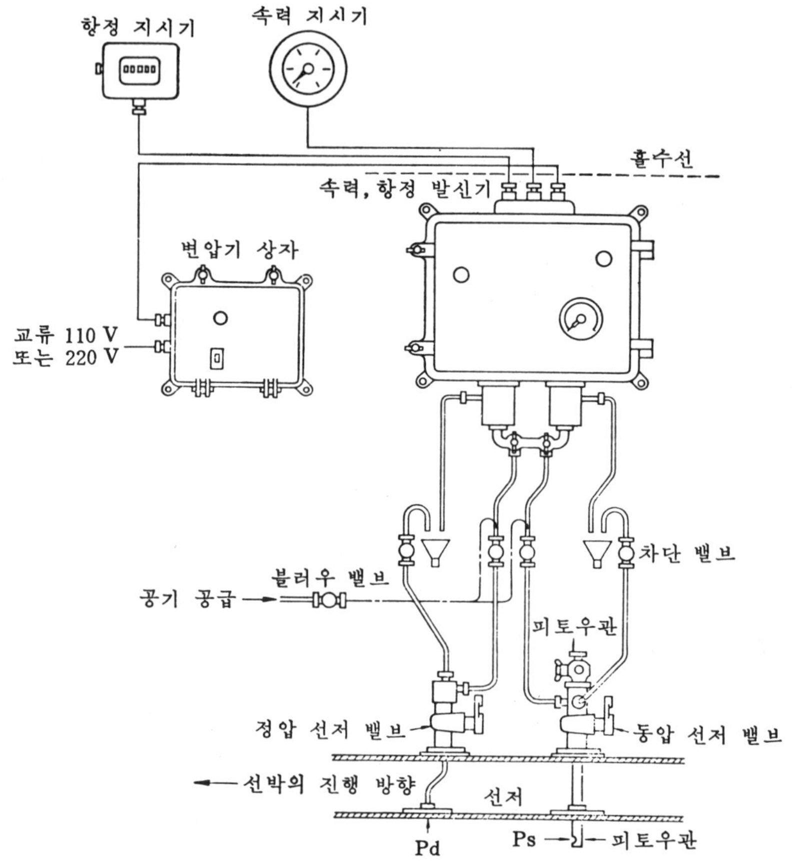

그림 6-6. 압력식 측정의의 구성

Pressure log)는 선박이 항주할 때 함수에서 받는 물의 압력이 속도에 비례하는 원리를 적용하여 속력과 항정을 측정하는 계기이다.

압력식 측정의는 여러 가지 종류가 있으나, 많이 사용되는 것은 피토스태틱 측정의(Pitot static log)와 임펠러형 측정의(Impeller type log)이다.

(1) 임펠러형 측정의

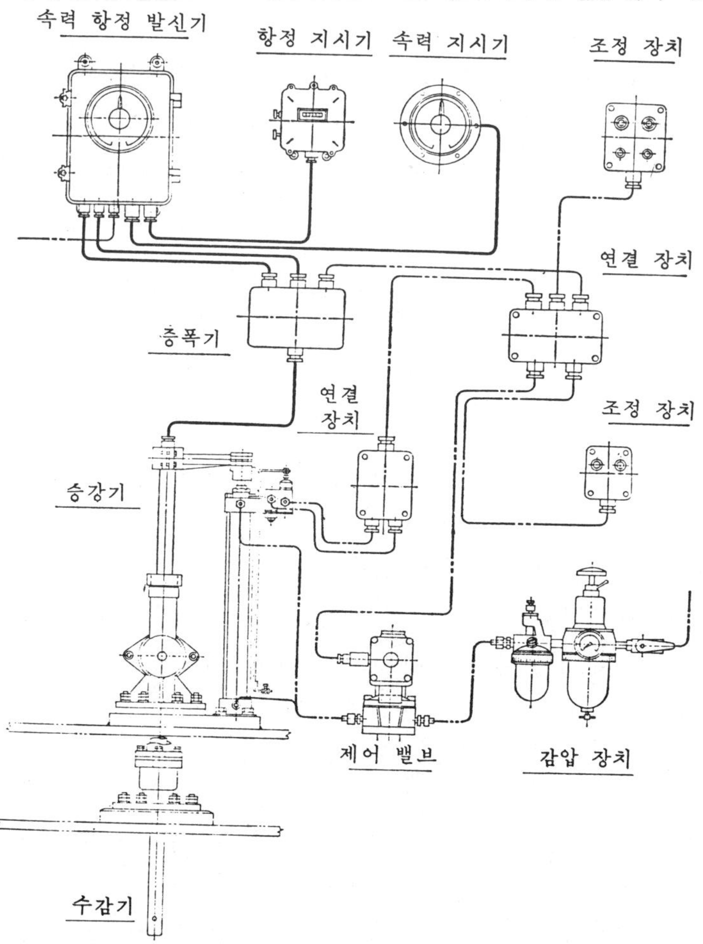

그림 6-7. 전자 측정의의 구성

임펠러형 측정의(Impeller type log)는 선저(船底)에 설치된 원통(그림 6-5 참조) 중심에 임펠러를 장치하고 선박이 항주하면 해수가 통과하는 압력에 의하여 임펠러가 회전하도록 하여 속력과 항정을 측정하는 계기이다.

임펠러형 측정의에는 호브스 측정의(Forbes)와 커니키프(Chernikief)가 있다. 이 측정의는 정비 유지가 어려운 것이 단점이다.

(2) 피토트 스태틱 측정의

피토트 스태틱 측정의(Pitot static log)는 베르누이(Bernoulli) 정리에서 실험에 의하여 발견된 피토트(Pitot) 원리를 이용하여 만든 계기이다.

그림 6-6에서 정압 선저 밸브에서는 정압력(靜壓力; Static pressure)을 받게 되고, 동압 선저 밸브에서는 동압력(動壓力; Dynamic pressure)을 받게 된다.

그러므로 선박의 속력이 변하면 정압력과 동압력의 차는 달라지게 되고, 이 차를 기계적 및 전기적 장치를 이용하여 속력과 항정을 표시하게 한다. 피토트 스태틱 측정의는 속력이 2노트 이하일 때에는 측정치가 불확실한 결점이 있다.

해군에서 사용하고 있는 측정의에는 피토미터 측정의(Pitometer log)와 벤딕스 수중 측정의(Bendix underwater log)가 있다.

4. 전자 측정의

전자 측정의(電磁測程儀; Electro magnetic log, EM log)는 패러데이(Faraday)의 전자 유도의 법칙(자장 내를 운동하는 도체에는 그 속도에 비례하는 기전력이 생긴다.)을 이용하여 속력과 항정을 측정하는 계기이다.

전자 측정의(그림 6-8 참조), 자장(磁場; Magnetic field) 방향, 기전력(起電力; Induced voltage) 방향 및 운동(Movement)의 방향이 서로 직각 관계가 되도록 하여 수감기(受感器; Sensing device)를 선저 30 cm 정도 돌출하게 장치하고 속력에 비례하는 전압력을 측정하는 것이다.

전자 측정의는 최대 속력 40노트까지 측정 가능하고, 선박이 후진할 때에도 속력 측정이 가능하다. 속력에 대한 오차는 ±0.2노트 이하이며, 항정에 대한 오차는 1% 이하이다.

5. 기관 회전 계수기

기관 회전 계수기(機關回轉計數器; Engine revolution counters, RPM

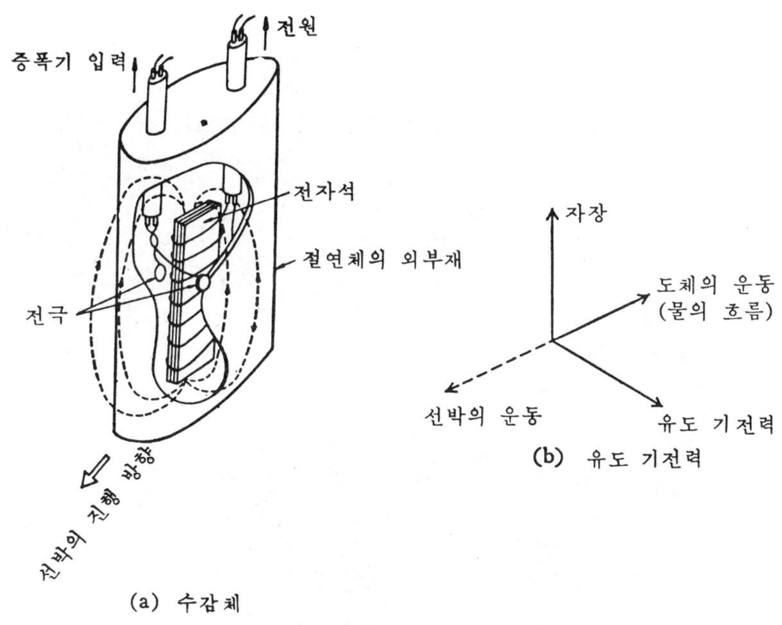

그림 6-8. 전자 측정의의 원리

counters)는 기관의 추진축의 회전수에 따라 선박의 속력과 항정을 표시하는 계기이다.

선박을 건조하거나 정기 수리가 끝난 상태에서 선박의 속력을 측정할 경우, 추진기의 회전수(r.p.m.)에 따른 속력을 그림표로 작성하여 선(함)교에 비치하면 항행 중 여러 가지로 도움이 된다.

기관 회전 계수기에 의한 선박의 속력은 다른 측정의를 사용할 수 없을 때 추측 항법적 자화기(D.R.T.), 전륜 나침의 및 기타 계산기에 입력으로 들어간다. 그러므로 기관 회전 계수기에 의한 선박의 속력을 수동으로 다른 장비에 주입할 때에는 흘수(draft), 선저의 오손 상태 및 해상 상태를 고려하여 속력을 결정해야 한다.

6. 측 거 의

측거의(測距儀; Stadimeter)는 높이를 알고 있는 물표까지의 거리를 측

그림 6-9. 측거의

정하는 계기이다. 측거의는 물표의 거리가 200~10,000 yds 사이에 있고, 물체의 높이가 50~200 ft 사이인 물표의 거리를 측정할 수 있으나, 그 이상의 거리는 축척 원리를 적용하여 결정할 수 있다.

측거의에는 피스크형(Fisk type)과 브랜든형(Brandon type)이 있다. 피스크형 측거의(그림 6-9 아래쪽)는 직각사각형 형태이고, 브랜든형 측거의는 부채꼴 형태이다.

604 측심에 관한 계기

1. 측심연

측심연(測深鉛; Lead)은 길다란 줄의 끝에 연추(鉛錘, 납덩어리)를 달고 연추로부터 매 6 ft(1 Fathom)마다 표지를 붙여서 수심을 측정하는 도구이다.

연추의 무게가 7∼14 파운드(Lbs)인 것(Hand lead)은 길이가 150 ft이고, 무게가 30∼100 파운드인 것(Deep sea lead)은 길이가 600 ft 또는 그 이상이다. 연추의 밑부분에는 둥그런 구멍을 파서 동물성 기름(또는 구리스)을 채우도록 만들어져 있으며, 측심을 할 때 그 곳에 기름을 발라 해저(海底)의 저질(底質)을 묻힐수(채취) 있어 그 저질을 알 수 있다.

측심연 줄의 길이 표시 방법은 표 6-1과 같고, 필요시(주로 많이 이용되는 부분)에는 ft 단위까지 표시하기도 한다.

표 6-1

수 심 (Fathom)	표 시
1	가죽줄 1개
2	가죽줄 2개
3	가죽줄 3개
5	백색 천
7	적색 천
10	구멍 뚫린 가죽
13	가죽줄 3개
15	백색 천
17	적색 천
20	매듭 2개인 줄
25	매듭 1개인 줄
30	매듭 3개인 줄
35	매듭 1개인 줄
40	매듭 4개인 줄

2. 음향 측심기

음향 측심기(音響測深器; Echo sounder)는 수중에서 발생한 음파가 해저(海底)에 부딛치고 되돌아오는 반사 음파의 시간을 측정하여 수심을 측정하는 계기이며, 보통 패담미터(Fathometer)라고 한다.

음파의 수중 속도는 온도, 밀도, 압력 등에 따라 다르지만, 일반적으로 수심＝음속×$\frac{1}{2}$ 시간의 관계가 있고, 음속의 평균치를 4800 ft/sec로 보고 수심을 측정하면 선박이 항행하는 데는 별로 지장이 없다.

수중에서 발신한 음이 1초 만에 되돌아왔다면 그 장소의 수심은 2400 ft가 된다.

음향 측심기는 가청 음파 및 초음파를 사용하는 2가지 종류가 있고, 주요 구성품은 송신기(Transmitter), 수신기(Receiver), 수심 지시기(Depth indicator)로 구분된다.

가청 음파를 사용하는 측심기는 선저에 장치한 진동판의 진동에 의하여

그림 6-10. **AN/UQN-1** 측심기

음파를 발생하고, 되돌아오는 음파는 마이크로폰(Microphone)으로 수신하여 수심 지시기에 불빛이나 그래프로 나타내어 수심을 표시한다. 초음파를 사용하는 측심기는 크리스탈(Crystal)을 이용하여 전기적으로 음파를 발생시키는 것이 가청음 측심기와 다르다.

음향 측심기 중 불빛으로 수심을 표시하는 것은 최대 600 ft까지이고, 그래프로 수심을 표시하는 것은 36000 ft(6000 Fathom)까지 측심이 가능하다.

605 기점 기구

항해사가 사용하는 기구 중 연필, 지우개, 삼각자, 디바이다(Divider),

컴퍼스(Drawing compass), 평행자(Parallel rulers)는 필수적인 것이다. 연필은 질이 좋고 연한 것을 사용하여야 하며, 기입한 내용을 지울 때에도 질이 좋은 지우개를 사용하여 해도가 훼손되는 일이 없도록 해야 한다.

디바이다는 해도에서 거리를 측정하는 데 사용하며, 컴퍼스는 거리원을 그리는 기구이다. 컴퍼스는 한쪽이 연필심, 다른 쪽은 뾰족한 송곳으로 되어 있으나, 디바이다는 연필심이 붙어 있지 않은 것이 컴퍼스와 다르다.

평행자는 해도에서 방향을 측정하는 데 사용하는 기구(그림 6-11)이며, 직선을 평행 이동시키거나 나침도(Compass rose)에서 방위를 확인하여 위치선을 그리는 데 편리하다.

1. 기 점 기

기점기(記點器; Plotters)는 평행자보다 편리하고 신속하게 위치선과 위치를 기점할 수 있는 기구이다.

램버트도와 같이, 나침도가 없는 지도에서는 평행자만으로는 방위 기점이 불가능하나 기점기로는 가능하다. 기점기는 여러 가지 종류가 있으나, 마아크 Ⅱ 기점기(MK Ⅱ Plotter)와 호이 위치 기점기(Hoey position plotter, 그림 6-12의 아래쪽)가 많이 사용된다.

2. 만능 제도기

만능 제도기(Uuivesal drafting machine)는 해군에서 많이 사용하는 기

그림 6-11. 평 행 자

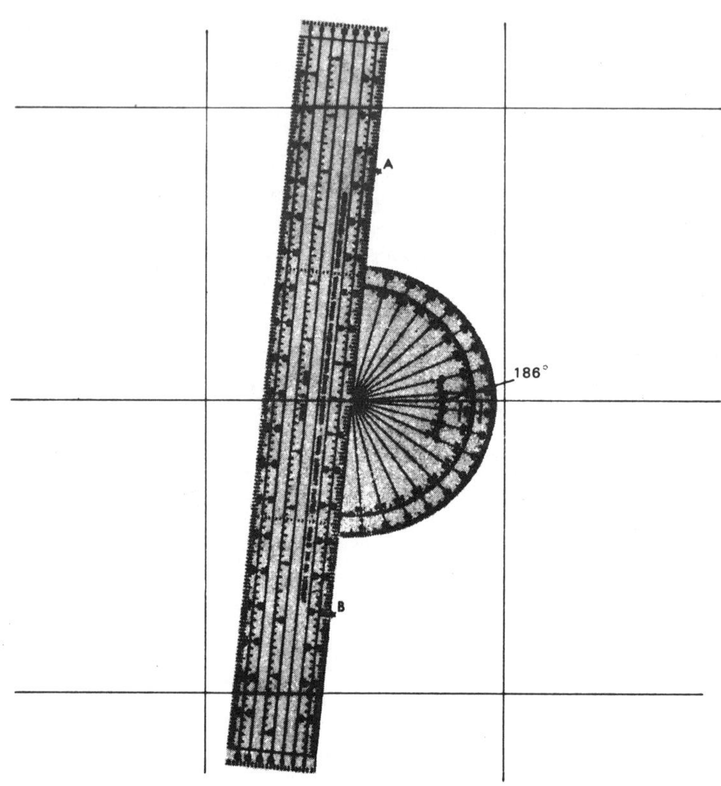

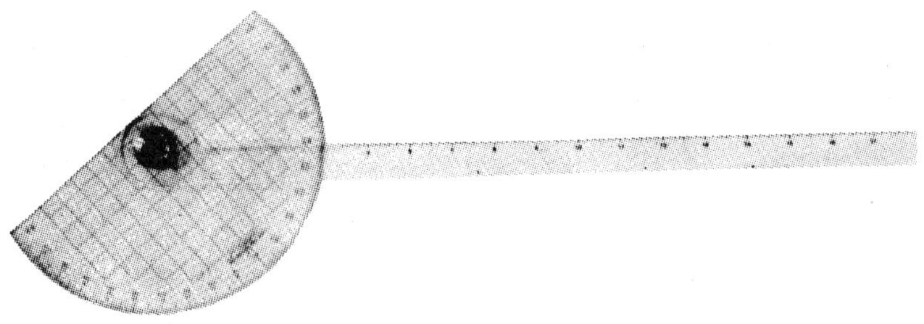

그림 6-12. 기점기(위쪽 MK Ⅱ형, 아래쪽 Hoey 형)

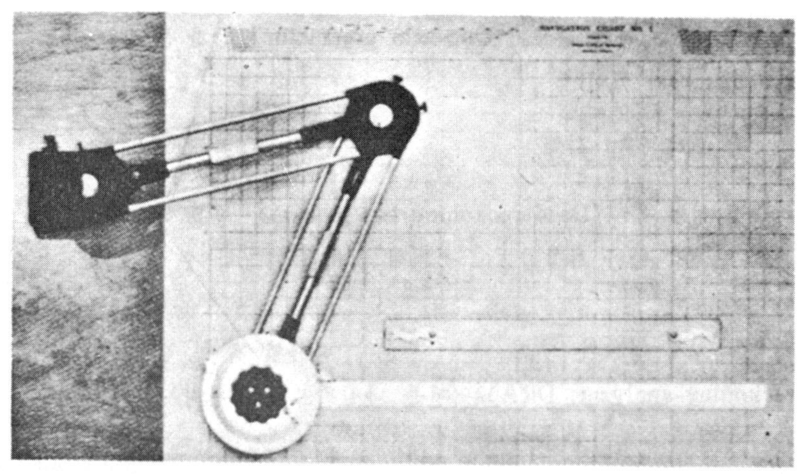

그림 6-13. 만능 제도기

점 기구이다. 이것은 해도대 한쪽에 고정시켜 놓고 평행 운동 장치에 의하여 이동시킬 수 있는 분도기이다. 분도기에 달려 있는 자(尺)는 여러 가지 축척으로 되어 있어 해도에서 방향과 거리를 측정하기가 매우 편리하다.

3. 분 도 기

분도기(分度器; Protractors)는 각도를 측정하는 기구이며, 분도기의 원

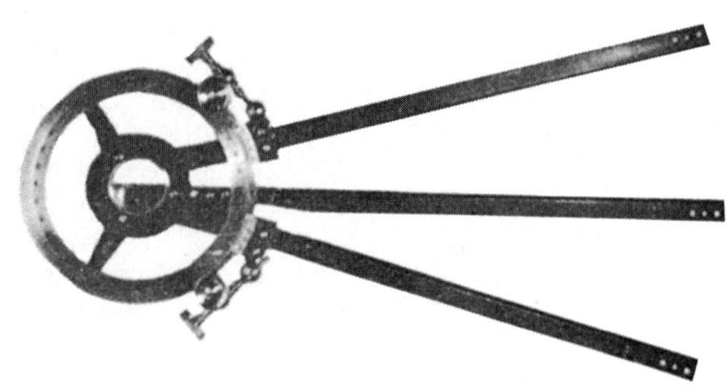

그림 6-14. 삼간 분도기

리를 이용하여 방위를 측정한 세 물표의 협각으로써 정확한 위치를 결정한다.

분도기에는 일간 분도기(One arm protractor), 삼간 분도기(Three arm protractor)가 있다.

4. 추측 항법 장치

추측 항법 장치(Dead reckoning equipment)는 전륜 나침의와 측정의로부터 입력을 받아 자동적으로 선박의 위치를 기점할 수 있도록 하는 기계이다.

추측 항법 장치의 주요 구성 부분의 하나인 추측 항적 분해기(Dead reckoning analyzer, DRA)는 전륜 나침의로부터 선박의 침로를, 측정의

그림 6-15. 추측 항적 분해기(MK 9 Mod. 0)

그림 6-16. 자동 항적 추적 자화기(Mark NC-2. Mod 2)

로부터는 선박의 속력의 입력을 받아 선위를 경위도(經緯度)로 표시한다. 그리고 이것을 보통 추측 항적 분해 지시기(Dead reckoning analyzer indicator, DRAI)라고 한다.

추측 항적 자화기(Dead reckoning tracer; DRT)는 추측 항적 분해기로부터 침로와 속력의 입력을 받아 수면상을 이동한 선박의 항적을 그림으로 나타내는 기계이다.

자동 항적 추적 자화기(MK NC-2. Mod 2)와 같은 개량된 추측 항법 장치는 레이다와 소나(Sonar)에서 입력을 받아 2개 이상의 물표에 대한 방위와 거리를 기점할 수 있게 되어 있어 대잠전을 수행하는 함정에 있어 필요한 장비이다.

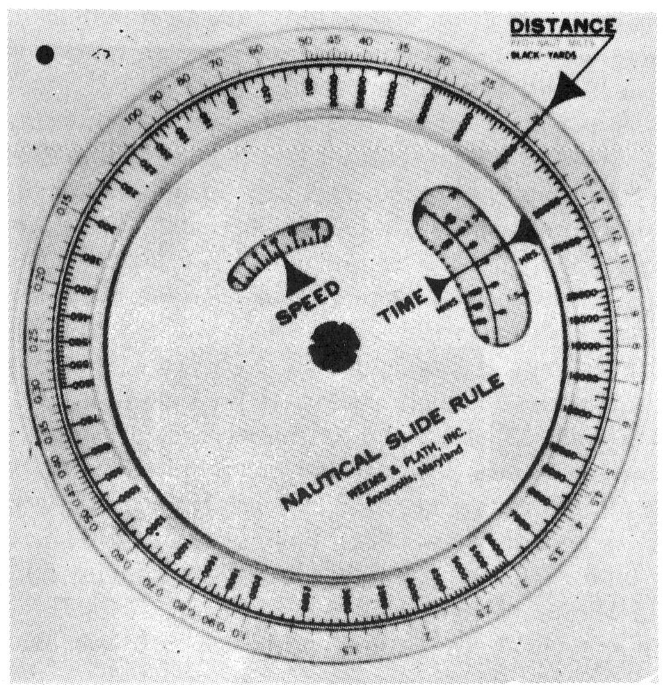

그림 6-17. 항해 계산척

5. 항해 계산척

항해 계산척(Nautical slide rule)은 선박의 속력, 항정, 항해 시간 중 두 가지 요소로써 한 가지 요소를 빨리 구할 수 있도록 만든 기구이다.

항해 계산척에서 항정은 야드(yds)와 해리로, 시간은 시(時)와 분(分) 단위로, 속력은 노트로 표시되어 있다.

속력(Speed, S) 시간(Time, T), 항정(Distance, D)은 $D=S\times T$의 관계가 있으므로, 이를 이용하여 필요한 요소를 구하게 된다.

예를 들어 설명하면, 그림 6-17에서 항정이 40,000 yds(20 해리)이고 속력이 10 노트였다면 항해에 필요한 시간을 구하는 순서는, 맨 먼저 외부의 항정 표시가 있는 곳에 40,000 yds가 일치하도록 하여 고정시키고, 내부의 판을 회전시켜서 속력 표시가 있는 점을 10노트 되는 점에 일치시킨 후 시간난을 보면 120분(2시간)이 필요한 것을 알 수 있다.

항해사가 항해 계산척을 사용하지 않고 선박의 항행 거리와 시간을 알고 속력을 빨리 구하는 것을 3분법(Three minute rule)이라 한다.

예를 들어 설명하면, 선박이 항행한 거리가 3분간에 1500 yds였다면, 이 선박의 속력을 구하려면 3분 동안에 1500 yds를 항행하였으므로, 한 시간에는 30,000(1500×60/3) 야드가 되어 속력은 약 15(30,000÷2000) 노트가 된다.

이 관계를 검토하면,

3분간 항해한 항정 D(야드)=선박의 속력 S(노트)×100의 관계가 있다.

그러므로 선박이 3분 동안 600야드를 항행했다면 그 당시의 속력은 600÷100=6으로서 6노트가 된다는 것을 알 수 있다. 이 3분법은 협수로나 연안 항해시에 선박의 속력을 측정하는 데 편리하게 이용된다.

항해사가 선박의 속력을 알고 있을 때,

6분 동안 항해한 항정(해리)=선박의 속력(노트)×$\frac{1}{10}$의 관계가 있는데, 이것을 6분법(Six minute rule)이라 한다.

이 6분법과 3분법은 추측 항법에서 많이 사용된다.

606 기상 관측 기구

1. 기 압 계

기압계(氣壓計; Barometer)는 대기의 압력, 즉 기상 요소를 측정하는 계기이며, 천기를 예측해 주는 역할을 한다.

기압계에는 수은 기압계(Mercurial barometer)와 무액 기압계(Aneroid barometer)가 있다. 수은 기압계는 한쪽이 밀폐된 유리관에 수은을 넣고 거꾸로 세워 놓으면 수은이 대기의 압력에 따라 상하로 움직이는 것을 관측하여 기압을 측정하는 것이다. 무액 기압계는 공기를 뽑아낸 원통의 상부가 외부의 기압 변화에 따라 팽창하고 수축하는 것을 기계적 장치를 이용하여 기압을 표시하도록 한 것이다.

배로그래프(Barograph)는 일정한 기간에 기압의 변화 상태를 기록해주는 장치를 말하는데, 기압은 인치(inch)와 밀리바아(millibar)로 표시하고, 표준 대기압은 29.92 인치(1013 밀리바아)이다.

2. 온 도 계

온도를 측정하는 계기로서 화씨(Farenheit scale) 온도계와 섭씨(Centigrade scale) 온도계의 2종류가 있다. 화씨 온도와 섭씨 온도값은 다음 식으로 환산한다.

$$F° = 9/5C° + 32°$$

$$C° = 5/9(F° - 32)$$

온도계에는 건구 온도계(Dry bulb thermometer)와 습구 온도계(Wet bulb thermometer)가 있으며, 이 두 가지 온도계가 같이 설치된 것을 사이크로미터(Psycrometer)라 한다.

건구 온도계와 습구 온도계는 물의 기화율, 즉 관계 습도와 노점(露點; Dew point)을 용이하게 결정할 수 있도록 한다. 이 목적에 사용되는 것이 항해표 제 15～17 표에 있다.

3. 풍 력 계

풍력계(風力計; Anemometer)는 풍력, 즉 풍속과 풍향의 상대 방위를 측정하는 계기로서 시속 몇 해리인가를 표시한다.

풍속은 선박의 운동에 따르는 가풍으로 표시되므로, 그래프나 표를 이용하여 환산해야 한다.

607 그 밖의 기구

1. 쌍 안 경

쌍안경(Binoculars)은 항해사가 육안(肉眼)으로 잘 보이지 않는 항로 표지를 잘 보이게 하는 기구이다.

쌍안경은 광학 기구이므로 세밀한 주의를 하여야 한다. 함정에서 사용하는 쌍안경은 7×50이 표준형이고, 소형 선박에서는 6×30을 많이 사용하고 있다. 7×50에서 7은 쌍안경의 확대율이고, 50은 목표물을 대하는 렌즈의 지름이 50 mm라는 뜻이다.

2. 손 전 등

손전등(Flash light)은 박명(薄明)시에 시계(時計)나 육분의(六分儀)를 관찰하고, 필요할 때 함(선)교에서 사용되는 기구이다.

3. 초시계

초시계(Stop watch) 또는 비교 시계(Comparing watch)는 야표의 등광주기를 측정하거나, 그리니치 평시(Greenwich mean time; GMT)를 지방시와 비교하는 데 사용되는 시계이다.

4. 시 진 의

시진의(時辰儀; Chronometer)는 시계의 일종이며, 기계적인 조성체로는 가장 정밀한 시간을 표시하는 시계이다.

5. 대형 망원경과 스파이경

대형 망원경(Ship's telescope)은 함정에서 기류 신호 및 기타의 신호를 보기 위한 기구이며, 확대율은 32배까지 가능하다.

스파이경(Spyglass)은 길다란 망원경으로 당직사관용과 조타사용이 있으며, 확대율은 16배까지이다.

제 7 장 조석과 유조

701 조석의 원인

해면(海面)의 수직 승강 운동을 조석(潮汐; Tide)이라 하며, 조석이 생기는 원인은 주로 달의 인력 때문이다. 조석에는 정도의 차이는 있으나 태양의 인력 영향도 약간 받는다. 달이 태양보다 작지만 조석에 크게 영향을 미치는 이유는 지구에서 가까이 있기 때문이다.

지구가 태양의 주위를 공전하면서 자전하는 원심력과 달의 인력은 지구 표면의 해수를, 달과 지구의 중심(重心)이 일치하는 직선상으로 부풀어오르게 하고, 이 직선에서 경도차가 90° 되는 방향으로는 상대적으로 낮아지게 된다(그림 7-1).

그림 7-1. 인력으로 인한 조석

달은 약 한 달에 1회의 주기로 지구 둘레를 공전하고, 지구는 하루에 한 번 자전하기 때문에 달은 약 24시간 50분만에 지구 둘레를 한 바퀴 돌게 된다. 그러므로 어느 해상의 한 지점을 기준하여 해면의 승강 상태를 관찰하면 하루에 2회씩 높아졌다 낮아졌다 할 것이다. 이 때 지구가 구형(球形)이고 해수가 동일한 두께로 지구 표면을 둘러싸고 있다면, 조석의 현상은 규칙적이고 일정한 시간 간격으로 해면이 승강하게 될 것이다. 그러나 불규칙한 대륙(大陸)의 분포와 해저의 형태 등으로 인하여 지역에 따라 조석이 다르고, 한 장소에서도 해면의 높이가 서로 다르게 된다.

또한 풍우(風雨), 기압, 기온 등의 기상 변화는 해면의 승강을 일으키는 원인이 된다. 바람이 해안으로 향하여 불 때에는 상승하고, 바람의 방향이 반대가 되면 하강한다. 기압의 영향은 고기압이면 해면은 하강, 저기압이면 상승시킨다. 해수의 온도가 높으면 해면은 상승하고, 낮으면 하강하게 된다.

702 조석 해설

1. 고조와 저조

조석으로 인하여 해면(海面)이 가장 높아진 상태를 고조(高潮; High water, 보통 滿潮 또는 밀물)라 하고, 가장 낮아진 상태를 저조(低潮; Low water, 보통 干潮 또는 썰물)라 한다.

고조가 되는 시각을 고조시(高潮時; High water time), 저조가 되는 시각을 저조시(低潮時; Low water time)라 하고, 고조 및 저조가 되는 시각을 조시(潮時)라 한다.

2. 창조와 낙조

저조에서 고조까지의 사이, 즉 해면이 높아지고 있는 상태를 창조(漲潮; Flood tide)라 한다. 반대로 고조에서 저조까지의 사이, 즉 해면이 낮아지고 있는 상태를 낙조(落潮; Ebb tide)라 한다.

3. 정 조

조석의 변화는 고조에서 저조로 또는 저조에서 고조로 변화되는 중간쯤에서 빠르고, 고조시 및 저조시 부근에서는 느려지다가 고조 및 저조가 되었을 때 순간적으로 해면의 승강이 중단된다고 생각할 수 있는데, 이 상태를 정조(停潮; Stand of tide)라 한다.

4. 조 차

연이어 일어난 고조와 저조 때의 해면의 높이의 차를 조차(潮差; Tidal

range 또는 Range of tide)라 하고, 오랜 기간 측정한 조차의 평균치를 평균 조차(平均潮差; Mean range)라 한다.

5. 고조 간격과 저조 간격

만일 해수의 점성(粘性), 타성(惰性) 및 해수의 운동에 따른 해저와의 마찰 등이 없다면 조석의 원인에서 설명한 바와 같이, 해수는 달의 직하의 지구 표면과 지구의 중심에 대하여 대칭(對稱)의 지점에 가장 많이 모여서 고조 상태가 되고, 그 직각대의 대권상에 가장 적게 모여서 저조 상태가 될 것이다.

그러나 실제는 그렇지 않고 달이 관측자의 자오선을 통과한 후 얼마 동안의 시간이 경과한 후 고조 상태가 된다.

달이 관측자의 자오선을 통과한 시각부터 고조시가 될 때까지의 시간을 고조 간격(高潮間隔; High water interval, H.W.I.)이라 하고, 저조시가 될 때까지의 시간을 저조 간격(低潮間隔; Low water interval, L.W.I.)이라 한다. 고조 간격과 저조 간격을 총칭하여 월조 간격(月潮間隔; Lunitidal interval)이라 한다.

오랜 기간에 걸쳐 고조 간격 및 저조 간격을 평균한 것을 평균 고조 간격(平均高潮間隔; Mean high water interval, M.H.W.I.) 및 평균 저조 간격(平均低潮間隔; Mean low water interval, M.L.W.I.)이라 하고, 주요한 장소에 대한 것은 해도의 표제 기사(標題記事)에 기재되어 있다. 또 삭(朔; New moon)과 망(望; Full moon)에서의 고조 간격의 평균치를 삭망 고조 간격(朔望高潮間隔; High water full and change, H.W.F. & C) 또는 조후시(潮候時; Vulgar establishment)라 한다.

6. 월령(月令 또는 潮令; Age of moon)

합삭(合朔; 지구와 태양을 연결한 직선상에 달이 있게 되는 경우)으로부터 경과한 시간을 1일 단위로 하여 나타낸 수이며, 한 주기는 29.6일을 넘지 않는다.

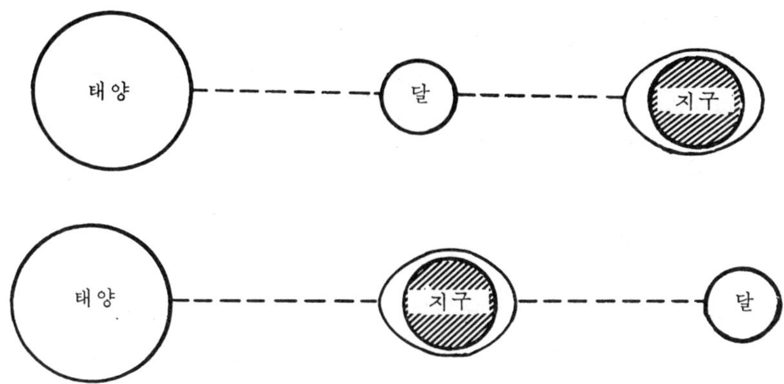

그림 7-2. 대조시의 달과 지구, 태양의 위치

7. 대조(大潮; Spring tide)와 소조(小潮; Neap tide)

조차 및 월조 간격은 날마다 다르나, 이들의 변화가 날짜에 따라 불규한 것이 아니고 달의위상(位相; Phase) 또는 월령에 따라서 어느 일정한 값을 중심으로 거의 주기적인 변화를 보이고 있다.

조차는 삭 및 망 1～2일 후에 극대가 되고, 상현(上弦; First quarter) 및 하현(下弦; Last quarter) 1～2일 후에 극소가 된다. 조차가 극대가 되었을 때를 대조(大潮)라 하고, 이 때 조차의 평균을 대조차(大潮差; Spring range)라 한다. 또 조차가 극소가 되었을 때를 소조(小潮)라 하고, 이 때 조차의 평균을 소조차(小潮差; Neap range)라 한다.

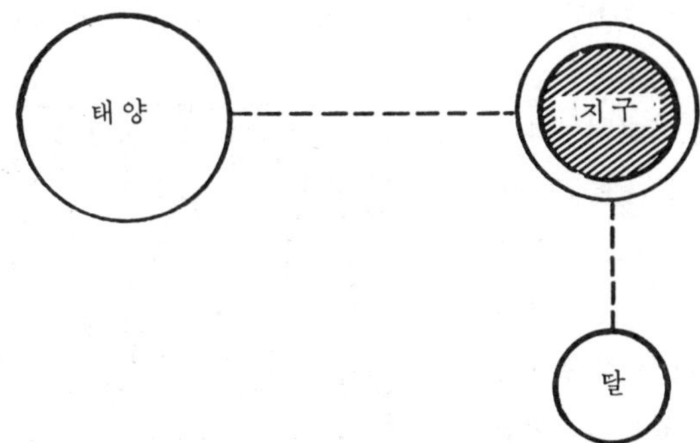

그림 7-3. 소조시의 달과 지구, 태양의 위치

월조 간격은 대조 및 소조에 있어서는 평균치와 거의 같으나, 대조에서 소조로 됨에 따라 짧아지고, 중간에서 한 번 극소가 되었다가 차차 길어져서 소조에 이르러서 거의 평균치에 되돌아가며, 또한 소조와 대조 사이에서도 같은 현상이 일어난다.

8. 대조승과 소조승

대조가 될 때의 고조의 평균 조고를 대조승(大潮升; Spring rise, Sp. R.), 소조가 될 때의 저조의 평균 조고를 소조승(小潮升; Neap rise, Np. R.)이라 한다. 이들은 모두 기본 수준면(基本水準面)으로부터의 높이이고, 해도의 표제 기사에 기입된다.

9. 일조 부등

잇따른 고조 및 저조는 같은 날일지라도 반드시 같은 높이가 아니고 또한 같은 월조 간격으로 일어나지도 않는다. 이와 같이 차이가 있게 되는 것을 일조 부등(日潮不等; Diurnal inequality)이라 한다. 연달아 일어나는 2회의 고조 중에서 높은 쪽을 고고조(高高潮; Higher high water), 낮은 쪽을 저고조(低高潮; Lower high water)라 하고, 2회의 저조 중에서 낮은 쪽을 저저조(低低潮; Lower low water), 높은 쪽을 고저조(高低潮; Higher low water)라 한다.

일조 부등은 달과 태양이 적도면과 이루는 각에 따라 커지는데, 일조 부등이 심하면 저고조와 고저조가 거의 소멸하여 하루에 1회의 고조와 저조가 생기는 일이 있다. 이것을 1일 일회조(一回潮; Single day tide)라 하고, 하루에 2회의 고조와 저조가 있는 경우를 1일 이회조(二回潮; Double

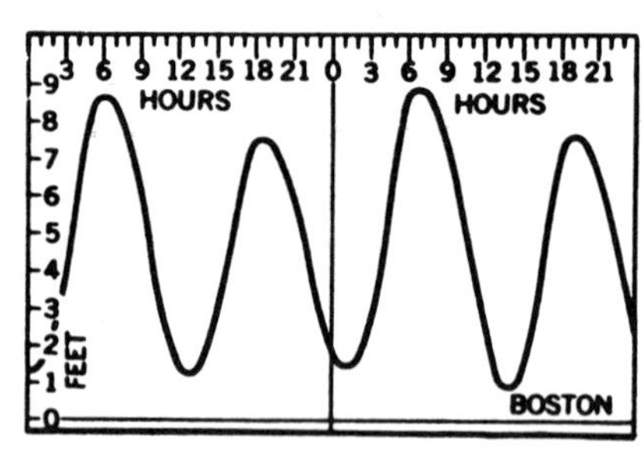

그림 7-4. 반일 주조

day tide)라 하며, 일회조와 이회조의 중간 형태를 혼합주조(混合週潮; Mixed tide)라 한다.

그리고 약 1일을 주기(週期)로 하는 조석을 일주조(日週潮; Diurnal tide)라 하고, 약 1/2일을 주기로 하는 조석을 반일 주조(半日週潮; Semidiurnal tide)라고 한다.

일조 부등이 특히 심한 지방이면 해도의 표제 기사(標題記事)에 분점조(分點潮)와 회귀조(回歸潮)에 관한 것을 포함하여 일조 부등에 관한 설명을 기재하고 있다.

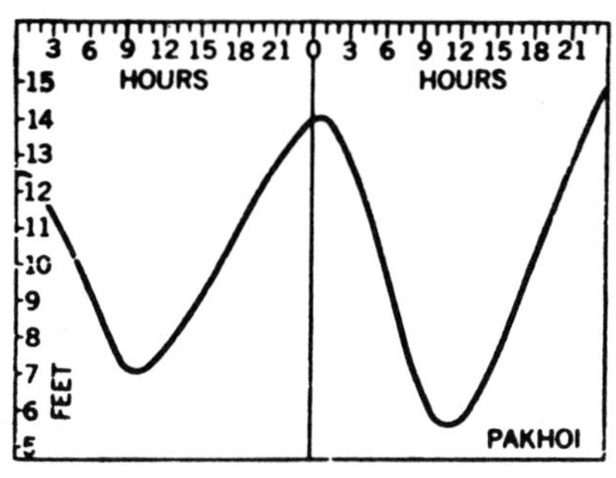

그림 7-5. 일주조

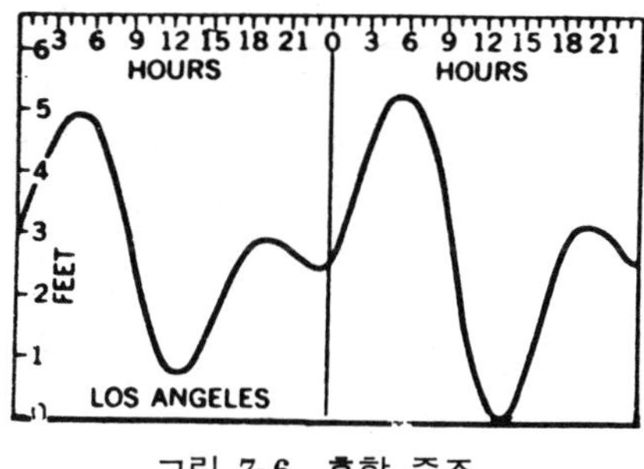

그림 7-6. 혼합 주조

10. 분 점 조

달이 적도 부근에서 공전하고 있을 때, 즉 춘분점(春分點)과 추분점(秋分點)의 부근에 있을 때의 조석 형태를 분점조(分點潮; Equinoctial tide)라 한다. 이 때는 일반적으로 일조 부등이 적고 하루에 2회의 승강이 규칙적으로 일어난다.

11. 회 귀 조

달이 적도 부근에서 많이 떨어져 공전하고 있을 때, 즉 하지점(夏至點)과 동지점(冬至點)의 부근에 있을 때에는 회귀조(回歸潮; Tropic tide)라 한다. 이 때는 일조 부등이 가장 크게 된다.

12. 조석의 분조와 조화 상수

앞에서 설명한 바와 같이, 조석의 조차 및 월조 간격은 날에 따라 변화할 뿐만 아니라 일조 부등이 있기 때문에 1일 중에 일어나는 고조 및 저조 사이에 있어서도 복잡한 변화가 있다. 이것은 조석을 일으키는 천체, 즉 달 및 태양이 궤도를 달리하고 궤도면이 지구의 적도면과 일치하지 않은 것, 또한 운행의 속도도 다르기 때문에 지구에 대한 거리 또는 관계 위치가 항상 변화하기 때문이다.

조석은 이와 같이 불균등한 운행을 하는 두 천체에 기인하는 것이나, 이와 같이 생각하여 분석하지 않고 적도상을 지구로부터 일정한 거리로써 각각 고유의 속도를 유지하면서 운행하는 무수한 가상 천체에 의하여 일어나는 규칙적인 조석이 서로 합하여 이루어졌다고 생각할 수 있다. 이 개개의 조석을 분조(分潮; Tidal constituent)라 한다.

분조는 각 지역의 조석을 실측치로부터 계산하여 구하는 것인데, 각 분조의 조차의 1/2을 반조차(半潮差; Semi-range)라 하며, 그 가상 천체가 정중(正中)한 후 그 분조가 고조로 될 때까지의 시간을 각도로 표시한 것을 지각(遲角; Phase lag)이라 한다.

각 분조의 반조차 및 지각을 조화 상수(調和常數; Harmonic constant)라 한다.

각 지역의 조석 실측치에서 조화 상수를 구하는 것을 조화 분석(調和分析; Harmonic analysis)이라고 한다. 보통 기상(氣象) 조석은 불규칙하나, 기상의 일주 변화, 연변화 등의 주기적 변화에 기인하는 조석은 비교적 규칙적이기 때문에 이것들은 분조 속에 포함시켜 취급하며, 또한 분조간의 상호 작용 및 해수의 마찰에 기인하는 복합조와 배조 등까지도 천체에 의한 조석과 똑같이 분조 속에 포함해서 취급한다.

이 복합조나 배조는 주로 얕은 해면에서 발생하는데, 이것을 천해 분조라고 한다.

이와 같이 많은 분조 속에서 일반적으로 조차가 큰 중요한 것은 다음의

표 7-1

기호	명 칭	1시간의 각속도	주 기	조화 상수 기호	
		각 도	평 시	반조차	지 각
M_2	태음 반일 주조	28.°9841042	12.^{h}4206012	H_m	k_m
S_2	태양 반일 주조	30.°0000000	12.^{h}0000000	H_s	k_s
O_1	태음 일주조	13.°9430356	25.^{h}8193417	H_o	k_o
K_1	일월 합성일 주조	15.°0410686	23.^{h}9344697	H'	k'

4개 분조(分潮)이다.

조화 상수를 실측지에서 구할 수 있으면 임의시에 있어서의 조고는 그 시에 있어서의 각 분조의 조고의 총화로써 구할 수 있다. 따라서 그 장소의 미래의 조석을 추산할 수 있다.

조화 상수와 평균 고조 간격 대조차 등의 통계적인 상수 사이에는 거의 일정한 관계가 있다. 조석표에 기재한 이들의 상수는 다음 식에 의해서 계산되어 있다.

평균 고조 간격＝km/29시

평균 저조 간격＝km/29시＋6시 12분

일주조가 큰 지방에 관한 상수 및 일부 하천에 관한 상수 k_1, O_1 또는 천해 분조를 가미한 것은 따로 기재되어 있다.

13. 평균 수면과 수심의 기준면

조석이 없다고 가정하였을 때의 해면을 평균 수면(平均水面; Mean sea level, 또는 평균 해면)이라고 한다. 평균 수면은 1년의 주기를 가지고 천천히 승강한다. 이것은 탁월풍, 기압 등의 기상 변화 및 수온, 해수 밀도 등의 변화에 원인이 있다.

한국 및 일본 연안에 있어서 겨울과 봄은 여름과 가을의 기압보다 높기 때문에 일반적으로 평균 수면은 겨울과 봄에 얕고 여름과 가을에 높다. 이것은 기압 배치 여하에 따르므로, 장소에 따라 그 승강의 크기 및 시기는 다르다.

수심의 기준면은 평균 수면 아래의 $H_m+H_s+H'+H_0$ 되는 수면이며, H_m, H_s, H', H_0는 각각 조석의 조화 분석으로 구한 태음 반일 주조(太陰半日週潮; M_2), 태양 반일 주조(太陽半日週潮; S_2), 태음 일주조(太陰日週潮; O_1), 일월 합성일 주조(日月合成日週潮; K_1)의 반조차(半潮差)를 나타낸 것이다.

수심, 높이 등의 기준면과 조승(潮升), 조차(潮差)의 관계를 표시하면 그림 7-7과 같다.

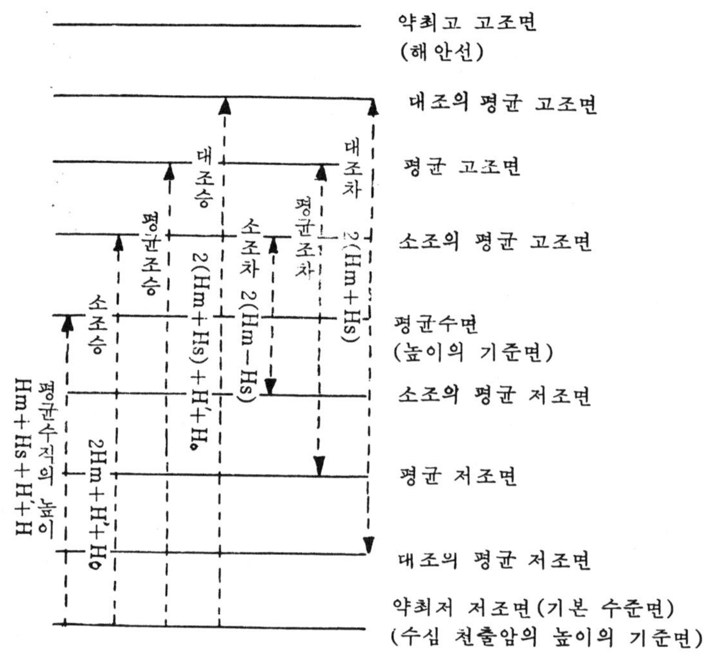

그림 7-7. 조석에 의한 각종 수면

14. 부 진 동

자루처럼 생긴 만(灣) 등에서 조석 이외에 해면이 짧은 주기로 승강할 때가 있다. 이 주기가 짧은 것은 수분으로부터 긴 것은 수시간이나 되며, 승강은 수센티미터(cm)이지만 때로는 50~100 cm까지 달하는 것도 있다.

주기는 만의 특징에 따라 정해지지만, 승강은 날짜와 기상 및 해면 상태에 따라 다르다.

만구(灣口)가 좁고 외해에 면한 곳은 현저한 승강을 하며, 승강은 만의 안쪽에서 크고 만구에서는 작은 것이 보통이다. 이와 같은 승강을 부진동(不振動; Secondary undulation or seiche)이라 한다. 부진동은 해만뿐만 아니라 호수에도 있으며, 조석표에 기재한 조고에는 이것이 포함되어 있지 않다.

15. 조　신

어느 지역의 조석이나 조류의 특징을 조신(潮信; Tidal information)이라 한다. 조신은 보통 조석표에 기재되지만, 항박도에는 그 항만에 관한 조신이 기재되어 있다.

16. 비조화 상수

조석에 나타난 상수 가운데 평균 고조 간격, 평균 저조 간격, 대조승, 소조승, 평균 수면 등을 비조화 상수(非調和常數)라 한다.

17. 조석표의 정밀도(潮汐表의 精密度; Accuracy of predictions)

조시와 조고표의 정밀도는 실제의 조시와 조고를 조석표에 기재된 것과 비교한 차이를 말한다.

조석표에 기재된 조시와 조고는 1～수년간의 실측 자료에서 구한 조석의 조화 상수를 가지고 전자 계산기에 의하여 계산한 것이며, 보통 상태의 조석을 표시한 것이다.

이상기상에 의한 영향 또는 부진동 등은 포함시키지 않으므로, 조시는 대략 20～30분 정도 실제와 차이가 있고, 승강이 매우 작을 때나 일조부 등으로 인하여 하루에 1회조에 가까우며, 연달은 고조와 저조의 차가 작을 경우에는 1시간 이상의 차이가 있을 때도 있다. 이러한 경우에는 작은 기상 변화에 의해서 조석은 큰 변화를 하므로, 정확히 추산하는 것은 오히려 불가능하다.

조고는 보통 상태에서 0.3 m 이내이고, 이상기상 등의 경우에는 현저한 차이를 일으킬 때가 있다.

703 조석의 추산

조석표를 사용하여 임의의 시간과 장소에서 조석을 추산한다. 한국판 조석표는 제 1 권과 제 2 권이 있고, 매년 9월에 다음 연도판을 발행한다.

조석표 제 1 권에는 한국 연안의 표준항과 주요 항만의 조석 및 협수로의 조류 예보치와 기타 항만에 대한 개정수 및 비조화 상수, 조석 해설 등이 수록되어 있다.

조석표 제 2 권에는 태평양 및 인도양 연안의 주요 항만의 조석 및 조류의 예보치, 기타 장소에 대한 개정수 및 비조화 상수 등을 수록하였다.

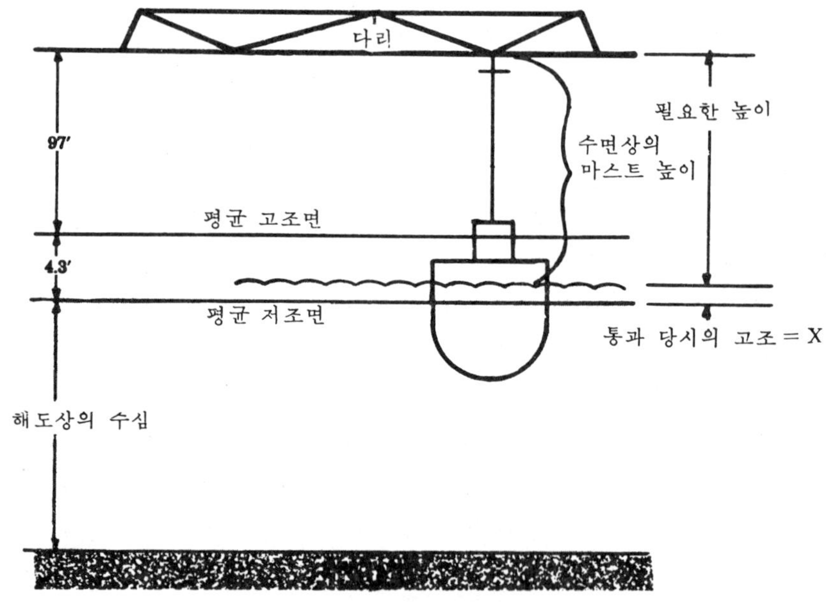

그림 7-8. 다리 밑을 통과시 허용 조석의 결정

조석표를 이용하여 조시와 조고를 구하는 목적은 항행 해역의 수심과 외력을 예측하여 안전 항해를 하기 위한 것이지만, 그림 7-8에서 알 수 있는 것과 같이 다리 밑을 통과할 때 필요하게 된다.

1. 조석표에 의한 조시 및 조고 산출

조석표 제 1 권에 수록된 항구의 조시와 조고는 표를 보고 구할 수 있으나, 조석표 제 1 권에 수록되지 않은 항구의 조시와 조고는 조석표에 수록된 표(표 7-2)를 이용하여 구한다.

표 7-2

지 명 Place	표준시 S.T.	표준항 Standard Port	개정수 조시차 Diff.		개정수 조고비 Ratio	평균고조간격 M.H.W.I.		평균저조간격 M.L.W.I.	대조승 SP. R.	소조승 NP.R.	평균해면 M.S.L.
			h	m		h	m	h m	m	m	m
부 산※	9hE	부 산	0	00	1.00	8	04	…	1.2	0.8	0.6
영 도	〃	〃	−0	05	1.00	8	00	…	1.2	0.9	0.6
가 덕 도	〃	〃	+0	15	1.44	8	17	…	1.8	1.2	1.0
진 해	〃	진 해	0	00	1.00	8	21	…	2.0	1.4	1.0
마 산	〃	부 산	+0	15	1.56	8	19	…	1.9	1.4	1.0
운 풍 포	〃	〃	+0	15	1.70	8	17	…	2.1	1.5	1.1
견 내 량	〃	〃	+0	25	1.75	8	29	…	2.2	1.5	1.2
원 문 포	〃	〃	+0	25	1.75	8	25	…	2.2	1.5	1.2
가 조 도	〃	〃	+0	10	1.70	8	14	…	2.1	1.5	1.1
옥 포	〃	〃	+0	15	1.39	8	20	…	1.8	1.3	1.0
송 진 포	〃	〃	+0	15	1.41	8	21	…	2.0	1.4	1.1
구 조 라	〃	〃	+0	15	1.41	8	22	…	1.9	1.4	1.1
성 포	〃	〃	+0	25	1.56	8	30	…	2.1	1.5	1.1
용 초 도	〃	〃	+0	25	1.90	8	32	…	2.6	1.9	1.4
장 승 포	〃	〃	+0	10	1.40	8	18	…	1.8	1.3	1.0
지 세 포	〃	여 수	−0	45	0.58	8	13	…	1.9	1.4	1.0
제 구 리	〃	〃	−0	35	0.73	8	27	…	2.4	1.7	1.3
죽 림 포	〃	〃	−0	30	0.79	8	29	…	2.6	1.9	1.4
충 무	〃	충 무	0	00	1.00	8	34	…	2.6	1.8	1.4
고 성 만	〃	여 수	−0	15	0.88	8	41	…	2.9	2.1	1.6
욕 지 도	〃	〃	−0	20	0.83	8	37	…	2.7	2.0	1.5
사 량 도	〃	〃	−0	20	0.87	8	35	…	2.9	2.1	1.6
삼천포※	〃	〃	−0	20	0.89	8	35	…	3.0	2.2	1.6
진주만※	〃	〃	+0	10	1.04	9	04	…	3.4	2.5	1.9
미 조 만	〃	〃	−0	25	0.88	8	31	…	2.9	2.1	1.6
평 산 리	〃	〃	−0	20	1.01	8	35	…	3.3	2.3	1.8
노량리※	〃	〃	−0	05	1.04	8	52	…	3.4	2.4	1.9
광 양 만	〃	〃	0	00	1.08	8	54	…	3.5	2.5	1.9

사포리	〃	〃	−0	05	1.06	8	48	…	3.5	2.6	1.9
여 수	〃	〃	0	00	1.00	8	55	…	3.3	2.3	1.8
삼일항	〃	〃	−0	10	1.05	8	47	…	3.5	2.5	1.9
여자만	〃	여 수	+0	20	1.10	9	15	…	3.6	2.6	2.0
나로열도	〃	〃	+0	05	1.03	8	58	…	3.5	2.5	1.9
덕 동	〃	〃	+1	10	1.13	10	02	…	3.9	2.9	2.2
약 산	〃	〃	+1	00	1.04	9	49	…	3.6	2.6	2.0
화태리	〃	〃	−0	05	0.98	8	49	…	3.3	2.3	1.8
금당도	〃	〃	+0	45	1.09	9	35	…	3.7	2.7	2.1
평일도	〃	〃	+0	50	0.98	9	44	…	3.3	2.5	1.9
거문도※	〃	〃	+0	15	0.90	9	10	…	3.1	2.3	1.8
선죽도	〃	〃	+0	35	0.94	9	31	…	3.2	2.3	1.8
나로항	〃	〃	+0	15	1.06	9	11	…	3.5	2.6	1.9
거금수도	〃	〃	+0	35	1.10	9	29	…	3.7	2.7	2.1
녹 동	〃	〃	+0	45	1.10	9	37	…	3.7	2.8	2.1
마도수도	〃	〃	+1	00	1.16	9	50	…	3.9	2.7	2.2
장직로	〃	〃	+0	50	0.89	9	43	…	3.1	2.2	1.7
청산도	〃	〃	+1	05	0.91	9	58	…	3.2	2.4	1.8
완 도	〃	〃	+1	05	1.03	9	56	…	3.5	2.6	2.0
소 안※	〃	〃	+1	20	0.98	10	12	…	3.4	2.5	1.9
상추자도	〃	제 주	+0	25	1.18	10	57	…	2.9	2.2	1.7
제주항	〃	〃	0	00	1.00	10	31	…	2.4	1.8	1.4
우도수도	〃	〃	−1	05	0.96	9	27	…	2.3	1.7	1.4
성산포	〃	〃	−1	05	1.02	9	26	…	2.4	1.7	1.4
서귀포	〃	〃	−1	10	1.09	9	21	…	2.6	2.0	1.5
화 순	〃	〃	−0	40	1.11	9	48	…	2.7	2.0	1.6
한 림	〃	〃	+0	20	1.05	10	48	…	2.4	1.8	1.3
죽 도	〃	〃	0	00	1.04	10	29	…	2.6	2.0	1.5

한국 연안에는 동해에 7개, 남해에 5개, 서해에 5개의 표준항이 있고, 표준항 이외의 항구는 조석의 개정수를 이용하여 조시와 조고를 구한다. 조석의 개정수 중 조시차는 표준항의 당일의 조시에 대수적으로 가산하므로서 그 지점의 조시의 개략치를 그 지점의 표준시로 구하기 위한 개정수이고, 조고비는 표준항의 당일의 조고에 곱하므로서 그 지점의 조고의 개략치를 구하기 위한 개정수이다. 조고를 보다 정확히 계산하려면 다음 식을 이용한다.

$$\left[\begin{matrix}\text{표준항의} \\ \text{조 고}\end{matrix} - \begin{matrix}\text{표준항의 평균} \\ \text{수(해)면의 높이}\end{matrix}\right] \times \text{조고비} + \left[\begin{matrix}\text{그 지점 수심의 기준면부터} \\ \text{평균 수(해)면까지의 높이}\end{matrix}\right]$$

예제 1980년 7월 17일의 마산항의 고조시와 조고를 구하라.

풀이 마산항의 표준항은 부산이고 조시차는 (+) 0^h15^m, 조고비는 1.56이다. 17일의 부산의 고조시 및 조고는 11^h26^m, 116 cm, 23^h41^m, 125 cm이다.

그러므로

A: 서로 연달은 고저조시의 차 **표 7-3 임의시의 고조를 구하는 표** B: 저조시로부터의 시간

B h / A m	0				1				2				3			
h m	0	15	30	45	0	15	30	45	0	15	30	45	0	15	30	45
4 0	0.00	0.01	0.04	0.08	0.15	0.22	0.31	0.40	0.50	0.60	0.69	0.78	0.85	0.92	0.96	0.99
10	0.00	0.01	0.04	0.08	0.14	0.21	0.29	0.38	0.47	0.56	0.65	0.74	0.82	0.89	0.94	0.98
20	0.00	0.01	0.03	0.07	0.13	0.19	0.27	0.35	0.44	0.53	0.62	0.71	0.78	0.85	0.91	0.96
30	0.00	00.1	0.03	0.07	0.12	0.18	0.25	0.33	0.41	0.50	0.59	0.67	0.75	0.82	0.88	0.93
40	0.00	0.01	0.03	0.06	0.11	0.17	0.23	0.31	0.39	0.47	0.56	0.64	0.72	0.79	0.85	0.91
50	0.00	0.01	0.03	0.06	0.10	0.16	0.22	0.29	0.37	0.45	0.53	0.61	0.69	0.76	0.82	0.88
5 0	0.00	0.01	0.02	0.05	0.10	0.15	0.21	0.27	0.35	0.42	0.50	0.58	0.65	0.73	0.79	0.85
10	0.00	0.01	0.02	0.05	0.09	0.14	0.19	0.26	0.33	0.40	0.47	0.55	0.63	0.70	0.76	0.83
20	0.00	0.01	0.02	0.05	0.08	0.13	0.18	0.24	0.31	0.38	0.45	0.52	0.60	0.67	0.74	0.80
30	0.00	0.01	0.02	0.05	0.08	0.12	0.17	0.23	0.29	0.36	0.43	0.50	0.57	0.64	0.71	0.77
40	0.00	0.00	0.02	0.04	0.07	0.12	0.16	0.22	0.28	0.34	0.41	0.48	0.55	0.61	0.68	0.74
50	0.00	0.00	0.02	0.04	0.07	0.11	0.15	0.21	0.26	0.32	0.39	0.46	0.52	0.59	0.65	0.72
6 0	0.00	0.00	0.02	0.04	0.07	0.10	0.15	0.20	0.25	0.31	0.37	0.43	0.50	0.57	0.63	0.69
10	0.00	0.00	0.02	0.04	0.06	0.10	0.14	0.19	0.24	0.29	0.35	0.42	0.48	0.54	0.61	0.67
20	0.00	0.00	0.02	0.03	0.06	0.09	0.13	0.18	0.23	0.28	0.34	0.40	0.46	0.52	0.58	0.64
30	0.00	0.00	0.01	0.03	0.06	0.09	0.13	0.17	0.22	0.27	0.32	0.38	0.44	0.50	0.56	0.62
40	0.00	0.00	0.01	0.03	0.05	0.08	0.12	0.16	0.21	0.26	0.31	0.36	0.42	0.48	0.54	0.60
50	0.00	0.00	0.01	0.03	0.05	0.08	0.11	0.15	0.20	0.24	0.30	0.35	0.40	0.46	0.52	0.58
7 0	0.00	0.00	0.01	0.03	0.05	0.08	0.11	0.15	0.19	0.23	0.28	0.33	0.39	0.44	0.50	0.56
10	0.00	0.00	0.01	0.03	0.05	0.07	0.10	0.14	0.18	0.22	0.27	0.32	0.37	0.43	0.48	0.54
20	0.00	0.00	0.01	0.03	0.05	0.07	0.10	0.13	0.17	0.21	0.26	0.31	0.36	0.41	0.46	0.52
30	0.00	0.00	0.01	0.02	0.04	0.07	0.10	0.13	0.17	0.21	0.25	0.30	0.35	0.40	0.45	0.50
40	0.00	0.00	0.01	0.02	0.04	0.06	0.09	0.12	0.16	0.20	0.24	0.29	0.33	0.38	0.43	0.48
50	0.00	0.00	0.01	0.02	0.04	0.06	0.09	0.12	0.15	0.19	0.23	0.27	0.32	0.37	0.42	0.47
8 0	0.00	0.00	0.01	0.02	0.04	0.06	0.08	0.11	0.15	0.18	0.22	0.26	0.31	0.35	0.40	0.45

B h / A m	4				5				6				7				8
	0	15	30	45	0	15	30	45	0	15	30	45	0	15	30	45	0
h m																	
4 0	1.00																
10	1.00																
20	0.99	1.00															
30	0.97	0.99	1.00														
40	0.95	0.98	1.00														
50	0.93	0.96	0.99	1.00													
5 0	0.90	0.95	0.98	0.99	1.00												
10	0.88	0.92	0.96	0.98	1.00												
20	0.85	0.90	0.94	0.97	0.99	1.00											
30	0.83	0.88	0.92	0.95	0.98	0.99	1.00										
40	0.80	0.85	0.90	0.94	0.97	0.99	1.00										
50	0.78	0.83	0.88	0.92	0.95	0.98	0.99	1.00									
6 0	0.75	0.80	0.85	0.90	0.93	0.96	0.98	1.00	1.00								
10	0.73	0.78	0.83	0.88	0.91	0.95	0.97	0.99	1.00								
20	0.70	0.76	0.81	0.85	0.89	0.93	0.96	0.98	0.99	1.00							
30	0.68	0.73	0.78	0.83	0.87	0.91	0.94	0.97	0.99	1.00	1.00						
40	0.65	0.71	0.76	0.81	0.85	0.89	0.93	0.95	0.98	0.99	1.00						
50	0.63	0.69	0.74	0.79	0.83	0.87	0.91	0.94	0.96	0.98	0.99	1.00					
7 0	0.61	0.67	0.72	0.77	0.81	0.85	0.89	0.92	0.95	0.97	0.99	1.00	1.00				
10	0.59	0.64	0.70	0.74	0.79	0.83	0.87	0.91	0.94	0.96	0.98	0.99	1.00				
20	0.57	0.62	0.67	0.72	0.77	0.81	0.85	0.89	0.92	0.95	0.97	0.98	0.99	1.00			
30	0.55	0.60	0.65	0.70	0.75	0.79	0.83	0.87	0.90	0.93	0.96	0.98	0.99	1.00	1.00		
40	0.53	0.58	0.63	0.68	0.73	0.77	0.82	0.85	0.89	0.92	0.94	0.97	0.98	0.99	1.00		
50	0.52	0.57	0.62	0.66	0.71	0.75	0.80	0.84	0.87	0.90	0.93	0.95	0.97	0.99	1.00	1.00	
8 0	0.05	0.55	0.60	0.65	0.69	0.74	0.78	0.82	0.85	0.89	0.92	0.94	0.96	0.98	0.99	1.00	1.00

부산

7 월			
일	시	각	조고
	h	m	cm
17	05	10	67
	11	26	116
	17	33	72
	23	41	125

고조시는 $11^h26^m+15^m=11^h41^m$

$23^h41^m+15^m=23^h56^m$

조고는 (116 cm−60 cm)×1.56+100 cm=187 cm

(125 cm−60 cm)×1.56+100 cm=201 cm

2. 조석표에 의한 임의시의 산출

조석표의 임의시의 조고를 구하는 표(표 8-3)를 사용하여 서로 연달은 고저조의 조시의 차를 알고 그 중간의 임의시에 있어서의 조고의 개략치를 다음과 같은 방법으로 구한다.

① 요구된 항구에 대한 그 날의 조시를 조석표에서 구한다.

② 주어진 시각의 전후에 연이어 일어나는 고저조의 조시차를 A(표 7-3의 A)라 하고 이를 구한다.

③ 주어진 시각에서 저조시까지의 시간을 B(표 7-3의 B)로 하여 표치를 구한다.

④ 고저조의 높이의 차에 ③에서 구한 표치를 곱하여 저조면에서의 높이를 구한다.

⑤ 저조의 높이에 ④에서 구한 저조면에서의 높이를 더하여 임의시의 조고를 구한다.

서로 연달아 일어나는 고저조시의 차가 8시간 이상이 되는 경우가 있을 때에는 A 및 B를 1/2로 하여 표치를 구하면 된다. 이 경우에는 오차가 상당히 크다.

예제 1. 인천항에 있어서의 1월 9일 12^h00^m의 조고를 구하라.

풀이 1.

1 월			
	시	각	조고
	h	m	cm
9	03	08	140
	09	22	686
	15	14	137
	21	35	728

소요시 전의 고조: 09^h22^m
소요시 후의 저조: 15^h14^m

고저조시의 차(A): 5^h52^m

소 요 시: 12^h00^m
저 조 시: 15^h14^m

조 시 차(B): 3^h14^m
표 치: 0.581

고 조 의 높 이: 686 cm
저 조 의 높 이: 137 cm(−

고저조 높이의 차: 549 cm
표 치: 0.581 (×

저조면에서의 높이: 318.97 cm
저 조 의 높 이: 137 cm(+

소 요 시 의 조 고: 455.97 cm

예제 **2.** 부산항에 있어서의 2월 6일 20^h00^m의 조고를 구하라.

풀이 **2.**

2 월			
	시	각	조고
	h	m	cm
	04	54	12
6	11	21	107
	17	05	9
	23	39	94

소요시 전의 저조: 17^h05^m 고 조 의 높 이:94 cm
소요시 후의 고조: 23^h39^m 저 조 의 높 이: 9 cm (−

고저조시의 차(A): 6^h34^m 고저조 높이의 차: 85 cm
표 치: 0.588 (×

소 요 시: 20^h00^m
저 조 시: 23^h39^m 저조면에서의 높이:49.98 cm
조 시 차(B): 3^h39^m 저 조 의 높이: 9 cm (+
표 치: 0.588 소 요 시 의 조 고:58.98 cm

예제 **3.** 울릉도(저동)항에 있어서의 9월 3일 12^h00^m의 조고를 구하라.

풀이 **3.**

9 월			
	시	각	조고
	h	m	cm
	02	37	22
3	08	36	29
	16	43	11

소요시 전의 고조: 08^h36^m 고 조 의 높 이:29 cm
소요시 후의 저조: 16^h43^m 저 조 의 높 이:11 cm (−

고저조시의 차(A): $8^h\ 7^m$ 고저조 높이의 차:18 cm
1/2: $4^h\ 4^m$ 표 치: 0.626 (×
소 요 시: 12^h00^m
저 조 시: 16^h43^m 저조면에서의 높이:11.27 cm
조 시 차(B): 4^h43^m 저 조 의 높 이:11 cm (+
1/2: 2^h22^m 소 요 시 의 조 고:22.27 cm
표 치: 0.626

3. 조석표를 사용하지 않을 때의 조시의 약산법

월령과 평균 고조 간격을 이용하면 조시를 약산할 수 있는데, 그 방법은 다음과 같이 한다.

① 월령과 달의 평균 지차(平均遲差) 50분을 곱하고 60으로 나누어 대략 달이 자오선을 통과하는 오후의 시각을 구한다. (또는 월령에 0.8을 곱하여도 된다.)

② 해도에서 구한 평균 고조 간격을 더하면 대략 오후의 고조시가 된다.

③ 이 때 달의 자오선 통과 시각에 평균 고조 간격을 더한 시각이 다음날이 되는 경우에는 월령에서 1을 감하고 ①, ②의 순서로 고조시를 구한다.

④ 오후의 고조시에서 12시간 25분을 감하면 오전의 고조시가 되며, 고조시에 6시간 12분을 더하거나 감하면 저조시가 된다.

예제 1월 22일(월령 4일)에 부산항에서의 고조시는 대략 몇 시 몇 분인가? 단, 부산항의 평균 고조 간격은 8시간 4분이다.

풀이 $4\times50\div60=3^h.3=3^h18^m$…………정오부터 달이 자오선을 통과할 때까지 걸린 시간(정중시의 오후 시각)

$15^h18^m+8^h04^m=23^h22^m$…………오후의 고조시

$23^h22^m-12^h25^m=10^h57^m$…………오전의 고조시

704 유조의 요소

해면의 수직 승강 운동을 조석이라 하며, 해수의 수평 운동을 모두 합해서 유조(流潮; Current)라 한다. 해수의 수평 운동은 주로 조석과 풍우(風雨)에 의해서 발생하고, 이것은 대양 항해시나 연안 항해시 선박이 항로에서 이탈하게 하는 작용을 한다. 그러므로 항해사는 유조에 대한 주의를 하지 않으면 안전 항해를 기대할 수 없게 된다.

유조를 달리 설명하면, 선박이 항주할 때 항로에서 선박을 이탈하게 하는 모든 힘이라고 할 수 있다. 유조 중 대양 해류와 조류가 대표적인 것이며, 그 요소는 다음과 같다.

① 대양 해류(大洋海流; Ocean current)

② 조류(潮流; Tidal current)

③ 바람

④ 격랑(激浪)

⑤ 조타(操舵)의 불량

⑥ 나침의(羅針儀) 오차

⑦ 기관 회전 계수기의 오차

⑧ 측정의(測程儀; Log) 오차

⑨ 선저(船底)의 오손

⑩ 선수미의 전후 경사(Trim)

705 대양 해류

지구상의 70 % 이상이 해수로 둘러싸인 대양이지만, 바다에서 대양 해류가 생기게 하는 힘이 무엇인지는 오늘날 그 실마리를 조금씩 풀어가고 있고, 그 전까지는 불가사의한 것으로 생각하였다.

대양은 평형 상태로 있지 않고 불균형 상태로 계속 움직이고 있다. 그 원인은 조석에서 설명한 것과 같다. 해수는 계속해서 대기의 영향으로 지

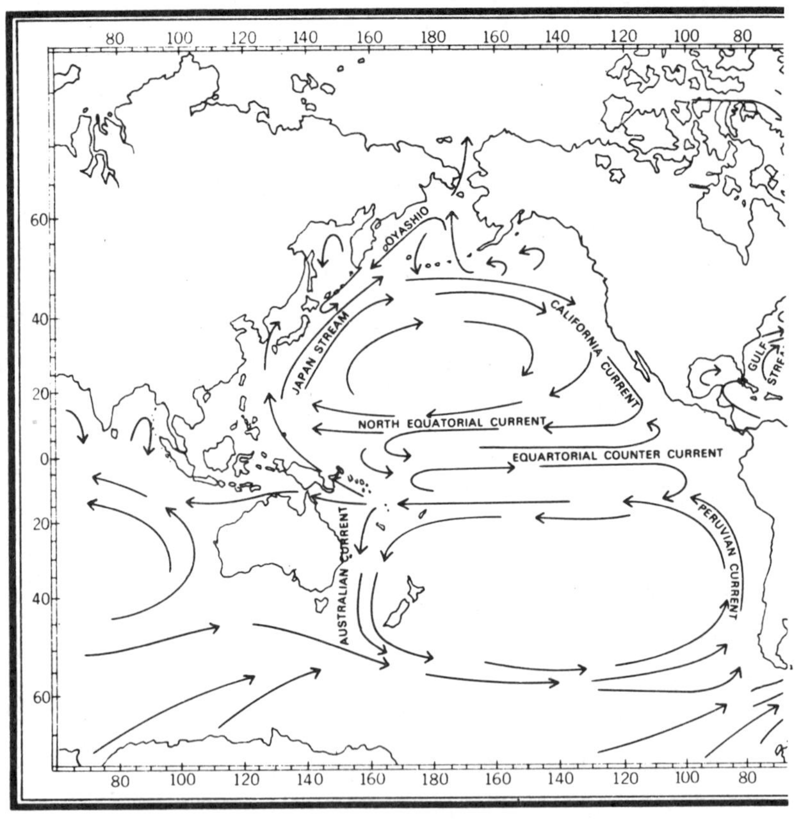

그림 7-9. 대양 해류

역에 따라 가열되기도 하고 냉각되기도 하며, 바람에 의하여 밀려 가기도 한다. 그리고 비가 내리거나 증발로 인하여 해수의 비중은 커지기도 하고 작아지기도 한다.

이러한 복합적인 원인으로 인하여 해면과 심해 사이, 해수의 밀도가 큰 지역과 작은 지역 사이, 기온이 높은 지역과 낮은 지역 사이에는 해류가 형성된다. 일단 해류가 형성되면 지구의 자전으로 인한 영향을 받아 해류권을 이루는데, 이것을 대양 해류(大洋海流; Ocean current)라 한다(그림 7-9, 7-10)

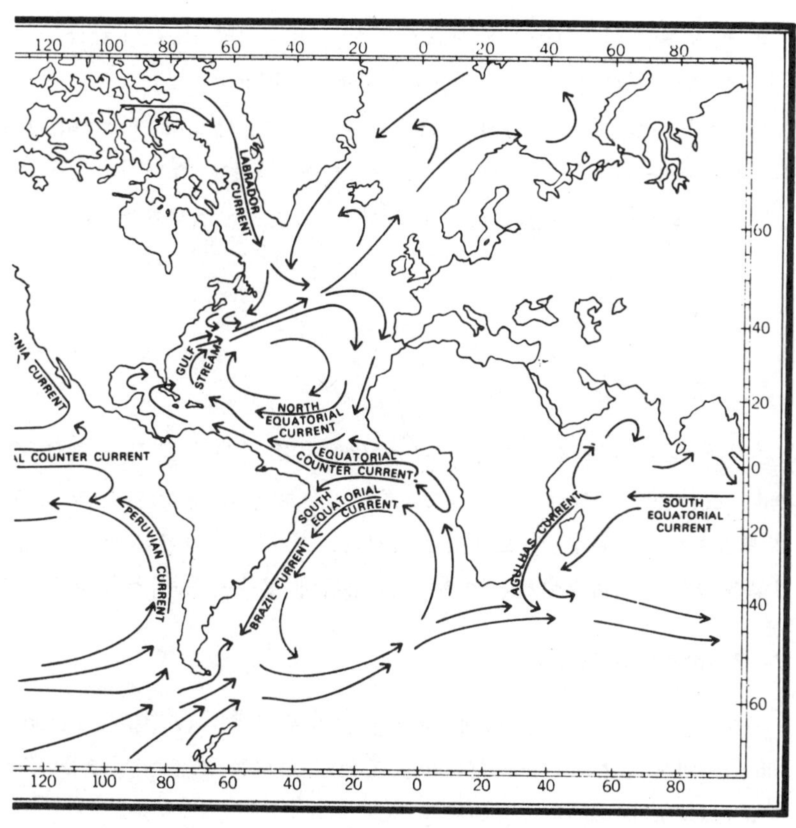

그림 7-10. 대양 해류

대양 해류는 한 마디로 말해서 바다에서 흐르는 강물이라고 할 수 있다. 북반구에서는 시계 방향으로, 남반구에서는 반시계 방향으로 흐르게 된다.

태평양의 대양 해류는 크게 나누어, 북적도 해류(North equatorial current; 난류), 남적도 해류(South equatorial current; 난류), 적도 역류(Equatorial counter current; 난류), 일본 해류(Japan stream; 난류), 오야시오 해류(Oyashio current; 한류), 캘리포니아 해류(Califorina current; 한류), 오스트렐리아 해류(Australia current; 난류), 프리비안 해류(Peruvian or Humboldt current; 한류)가 있다.

대서양의 대양 해류는 크게 나누어 북적도 해류, 남적도 해류, 적도 역류 및 멕시코만 해류(Gulf stream; 난류), 래브라도 해류(Labrdor current; 한류), 브라질 해류(Brazil current; 난류)가 있다.

인도양의 대양 해류는 남적도 해류와 아굴라스(Agulhas current; 난류)가 있다. 대양 해류는 그 유속이 해역에 따라 다르나 현재까지 관측된 것은 최대 7노트나 되는 것도 있으며, 같은 방향으로 계속해서 흐른다.

706 조류 해설

1. 조 류

조석에 의하여 생기는 해수의 주기적인 수평 방향의 유동을 조류(潮流; Tidal current)라 한다. 조류는 그 흘러가는 방향을 유향(流向)이라 하고, 그 속도인 유속(流速)은 노트로 표시한다. 조류는 지형이나 해저의 상태에 영향을 받으며, 대양에서는 약하지만 만이나 협수도 등에서는 강하다.

2. 창조류와 낙조류

창조 때 유속이 가장 강하게 흐르는 조류를 창조류(漲潮流; Flood current)라 하며, 낙조 때 유속이 가장 강하게 흐르는 조류를 낙조류(落潮流; Ebb current)라 한다.

그러나 유향이 시간의 경과에 따라 바뀌게 되는 경우에 있어서는 저조시에서 고조시까지 흐르는 조류를 창조류라 하고, 고조시에서 저조시까지 흐르는 조류를 낙조류라 한다. 이상과 같이 창조류와 낙조류를 혼동하는 경우가 있게 되므로, 고저조시에 전류하는 경우 이외에는 사용하지 않는 것이 보통이다.

3. 게 류

조류가 넓은 바다에서는 시시각각으로 유향, 유속이 변하고 주기적으로 원상태로 돌아가는 것이 보통이지만, 수도 등에서는 그 방향이 직선적이고 한 방향으로 유속이 최강이 되다가 점점 약해져서 흐름이 정지하고 다시 방향이 바뀌면서 유속이 증가하게 되어 최강이 된다. 이러한 주기를 계속할 때 유향이 바뀌는 과정을 전류(轉流; Turn of tidal current)라 하고, 조류의 흐름이 정지된 상태를 게류(憩流; Slack water)라 한다.

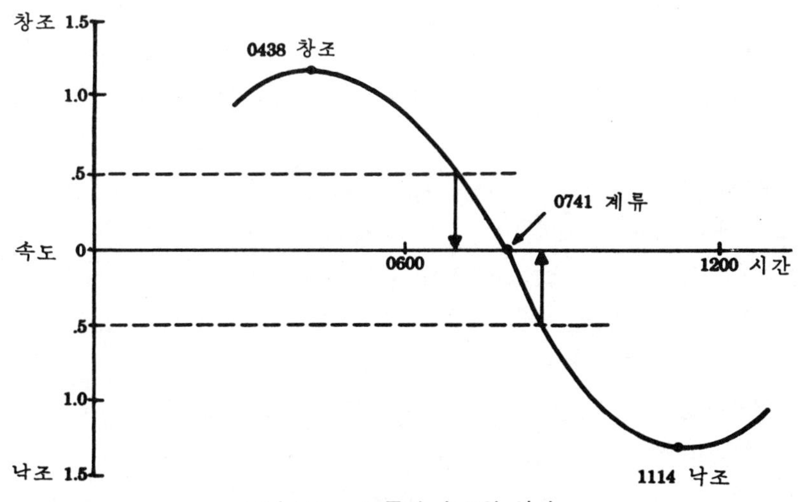

그림 7-11. 조류의 속도와 시간

4. 와 류

조류가 빠른 협수도 같은 곳에서 일어나는 조류의 상태를 와류(渦流; Eddy current)라 하고, 특히 강력한 것을 소용돌이(Whirlpool)라 한다.

이러한 현상이 생기는 장소는 해도에 기재되어 있다.

5. 급 조

해저에 기복이 있으며 조류가 암초 등의 위치를 지날 때 해면에 파상형을 나타나게 하는데, 이것을 급조(急潮; Over hall)라 하고, 특히 심한 것을 격조(激潮; Tidal race)라 한다.

6. 반 류

조류가 해안선과 평행하게 흐르는 경우 해안선의 돌출부의 뒷부분 같은 곳에서 주류(主流)와 반대 방향의 흐름이 생기는 것을 반류(反流; Counter current)라 한다. 이러한 현상은 해류에서도 나타난다.

7. 조 랑

지구상의 각지에 있어서의 조석을 관찰해 보면, 근접한 장소의 고조시는 한쪽에서 다른 쪽으로 차차 늦어지며, 조차는 장소에 따라 차차 변화하는 것을 알 수 있다. 즉 조석은 하나의 파동이라고 볼 수 있고, 이것이 바다에서 진행하는 동안 어느 지점에 낭정(浪頂)이 도착하면 고조시가 되고, 낭곡(浪谷)이 도착하면 저조시가 된다. 이러한 조석의 낭파(浪波)를 조랑(潮浪; Tidal wave)이라 한다.

조석은 대양에서 발달하여 조랑이 되어 각처에 전파된다. 조랑의 전파 상황은 해륙(海陸)의 분포, 해만의 심천(深淺), 광협 등에 따라 변화되고, 이러한 현상을 보기 쉽게 만든 도표를 등조시도(等潮時圖)라 한다.

조랑의 진행 속도는 심도가 증대되면 크게 되고, 조차에 비하여 수심이 얕은 곳에서는 고조는 저조보다 속도가 빠르게 된다. 극단의 경우에 조랑의 전면은 급경사가 되며, 후면은 완만한 경사가 되어 전면이 폭포처럼 부서지는 것같이 되는데, 이것을 해일(Tidal bore)이라 한다.

표 7-4 임의시의 유속을 구하는 표

A \ B h	m	0				1				2				3				4
h	m	0	15	30	45	0	15	30	45	0	15	30	45	0	15	30	45	0
1	0	0.00	0.38	0.71	0.92	1.00												
	10	0.00	0.33	0.62	0.85	0.97												
	20	0.00	0.29	0.56	0.77	0.92	1.00											
	30	0.00	0.26	0.50	0.71	0.87	0.97	1.00										
	40	0.00	0.23	0.45	0.65	0.81	0.92	0.99										
	50	0.00	0.21	0.42	0.60	0.76	0.88	0.96	1.00									
2	0	0.00	0.20	0.38	0.56	0.71	0.83	0.92	0.98	1.00								
	10	0.00	0.18	0.35	0.52	0.66	0.79	0.89	0.95	0.99								
	20	0.00	0.17	0.33	0.48	0.62	0.75	0.85	0.92	0.97	1.00							
	30	0.00	0.16	0.31	0.45	0.59	0.71	0.81	0.89	0.95	0.99	1.00						
	40	0.00	0.15	0.29	0.43	0.56	0.67	0.77	0.86	0.92	0.97	1.00						
	50	0.00	0.14	0.27	0.40	0.53	0.64	0.74	0.82	0.90	0.95	0.98	1.00					
3	0	0.00	0.13	0.26	0.38	0.50	0.61	0.71	0.79	0.87	0.92	0.97	0.99	1.00				
	10	0.00	0.12	0.25	0.36	0.48	0.58	0.68	0.76	0.84	0.90	0.95	0.98	1.00				
	20	0.00	0.12	0.23	0.35	0.45	0.56	0.56	0.73	0.81	0.87	0.92	0.96	0.99	1.00			
	30	0.00	0.11	0.22	0.33	0.43	0.53	0.62	0.71	0.78	0.85	0.90	0.94	0.97	0.99	1.00		
	40	0.00	0.11	0.21	0.32	0.42	0.51	0.60	0.68	0.76	0.82	0.88	0.92	0.96	0.98	1.00		
	50	0.00	0.10	0.20	0.30	0.40	0.49	0.58	0.66	0.73	0.80	0.85	0.90	0.94	0.97	0.99	1.00	
4	0	0.00	0.10	0.20	0.29	0.38	0.47	0.56	0.63	0.71	0.77	0.83	0.88	0.92	0.96	0.98	1.00	1.00

707 조류의 추산

1. 조석표를 이용한 임의시의 유속 산출

조석표에는 조류가 표시되어 있고, 임의시의 유속을 구하는 표(표 7-4)를 이용하여 유속을 구한다. 연달은 전류시와 최강시의 차, 최강 유속을 알고 임의시의 유속을 구하는 방법은 다음과 같다.

소요시의 전후에 있어서 전류시와 최강시의 차를 A라 하고, 전류시에서 소요시까지의 시간을 B로 하여 표치를 구한다. 이것을 최강 유속에 곱하면 소요시에 있어서의 유속을 구하게 된다.

예제 여수 해만에 있어서의 3월 6일 08^h00^m 및 18^h00^m의 유속을 구하라.

+: 북북 서류
−: 남남 동류

3			월.		
	전류시		최강		
	h	m	h	m	km
	00	14	03	22	−2.0
6	06	43	09	43	+1.3
	12	30	15	40	−1.9
	19	08	22	03	+1.3

① 08^h00^m의 유속

직전의 전류시: 06^h43^m
직후의 최강시: 09^h43^m

조 시 차(A): 3^h00^m
소 요 시: 08^h00^m
전 류 시: 06^h43^m

조 시 차(B): 1^h17^m
최 강 유 속: +1.3km
표 치: 0.62(×

소요시의 유속: + 0.8km

② 18^h00^m 의 유속

직전의 전류시: 15^h40^m
직후의 최강시: 19^h08^m

조 시 차(A): 3^h28^m
소 요 시: 18^h00^m
전 류 시: 19^h08^m

조 시 차(B): 1^h08^m
최 강 유 속: −1.9km
표 치: 0.49(×

소요시의 유속: −0.9km

2. 풍속에 의한 유속

표 7-5

풍 속(km)	10	20	30	40	50
평균 유속(km)	0.2	0.3	0.4	0.5	0.6

항해사는 조류를 추산할 때 언제나 유속의 예측치는 오차가 포함되어 있다는 것을 고려하여야 한다. 강의 하구에서 강물에 의한 유속과 풍속으로 인한 유속을 생각하여야 하는데, 표 7-4는 해상에서 풍속에 따라 선박이 받게 되는 영향을 표시한 것이다.

3. 조류 도표

조류 도표(潮流圖表; Tidal current diagram)는 두 항구간의 항로에 따른 조류와 조석의 평균 상태를 도시한 것으로, 조류의 영향을 쉽게 추산할 수 있도록 하는 표이다.

인천항~백령도간 조류 도표를 사용하여 조류 도표 사용법을 설명한다.

① 그림 7-12는 인천항~백령도간 조류 도표로서, 서수도를 경유하여 백령도에 이르는 항로의 조류 및 조석의 평균 상태를 표시한 것이다. 실제 조류와 조석은 도시된 것과 현저한 차이가 있을 때도 있다.

② 시간은 인천항의 고조시로부터 측정하여 고조 후는 +, 고조 전은 − 기호이고, 출항 당일의 고조시는 조석표에서 구한다. 고조시 대신 동경 135°의 자오선을 태음이 통과해서부터의 시간에 의해서도 구할 수 있다.

③ 도표에 사용한 시간은 태음시로서 그 1시간은 평시의 1시간 2분에 해당하나, 실용상에 있어서는 평시로 간주하여도 무방하다.

④ 조류의 유향은 화살표로 표시하고, 도표에 기입된 숫자는 유속을 노트로 표시한 것이다.

⑤ 도표 내의 구역은 주야, 월령 및 계절에 따라 조류가 같지 않고, 전류시는 최대 1시간 정도의 차이가 있게 된다. 유속은 대조기(大潮期)는 50% 정도 강하고, 소조기는 50% 정도 약하며, 그 밖의 기간은 20~30% 정도의 차이가 있다.

⑥ 도표에 기재된 고저 조시는 평균치이고, 주야(晝夜), 월령(月令), 계절(季節)에 따라 최대 1시간 정도 차이가 있다.

⑦ 속도선은 항행 선박의 속력에 따라 만나게 되는 조류 및 조석을 구하는 데 사용하며, 선박의 속력과 같은 속도선을 평행 이동시켜 출항지의 출발 시간에 맞춘다. 서항(西航)은 인천항을 출발할 때이고, 동항(東航)은 백령도를 출발할 때 사용하는 속도선이다.

예제 1. 인천항을 고조시에 출발하여 속력 8노트로 항행할 때 백령도까지 도착할 때 만나게 될 조류를 구하라.

풀이 그림 7-12의 아래쪽 인천항 고조시에 속도선 8노트를 평행 이동하여 직

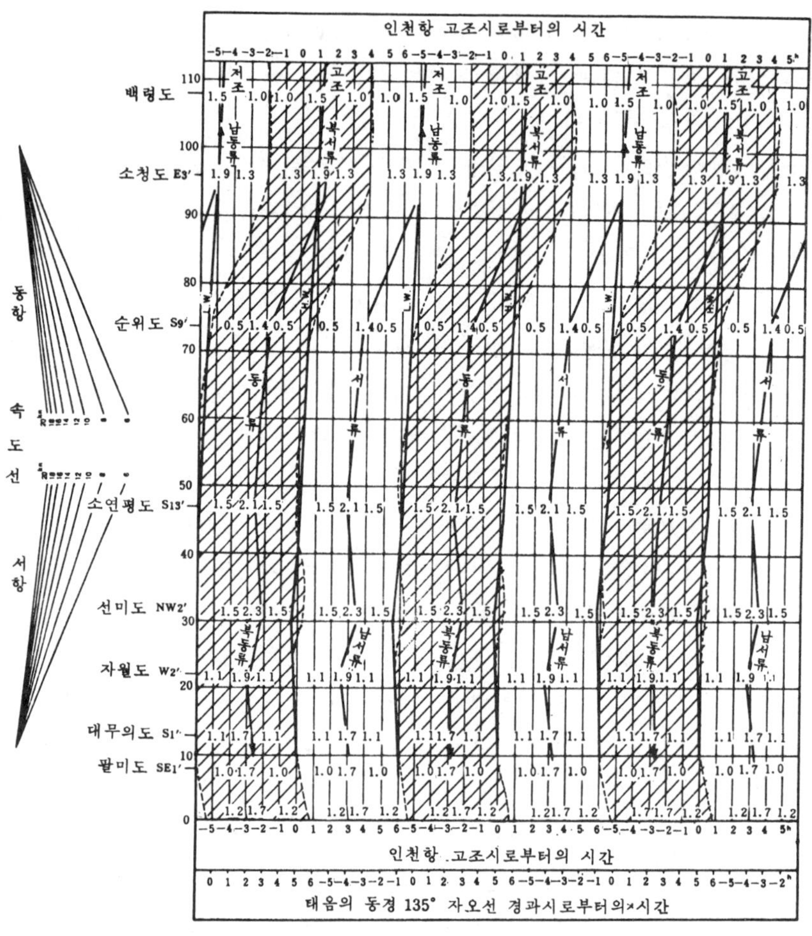

그림 7-12. 인천항~백령도간 조류 도표

선을 그린다. 이 직선은 선미도(善尾島)까지 남서류(즉 順流)를 받고, 그 후 편서류(偏西流)를 받다가 소연평도 남쪽에서 순위도 남쪽 부근까지 편동류를 받게 되고, 소청도 동쪽에 들어서면서부터 순류(順流)를 받아 백령도에는 인천항의 고조 후 약 2시(이 시간은 백령도의 고조 후 1시간과 같음.)에 도착한다.

제 8 장 자기 나침의

801 개 요

자기 나침의(磁氣羅針儀; Magnetic compass)는 지구 자장(Geomagnetic field)의 방향을 측정하여 방위를 구하는 가장 오래 된 항해 계기로서 그 기원은 알 수 없으나, 11세기경부터 바이킹족이 사용한 것으로 알려지고 있다.

자기 나침의는 지표에 대해서 항상 일정한 방향을 가리키므로, 선박의 침로를 알거나 또는 시계 내에 있는 물표의 방위를 측정하여 선위를 결정하는 데 필요한 항해 계기로서 가장 중요하고도 기본적인 계기이다.

자기 나침의의 지북 원리는 나침판(Compass card)에 자침을 붙이고 축침(Pivot)으로 수평이 되게 지지하여, 수평면상에서 어느 방향으로도 자유롭게 회전할 수 있도록 하면 자침은 지구의 자장에 일치하려는 성질을 가지므로, 항상 지구 자기 방향을 가리키게 된다.

지구 자장에 있어서 자력 방향은 남북이 되어 자침은 남북을 가리키는 역할을 한다.

자기 나침의 자침으로 쓰이는 자철광(Fe_3O_4)은 철분이나 철편을 끌어당기는 성질이 있고, 자철광에 다른 철물을 마찰하면 그 철물도 같은 성질을 가지게 된다. 이와 같은 특수한 성질을 자기(Magnetism)라고 하며, 자기를 가지고 있는 물체를 자석(Magnet)이라고 한다. 자석이 자기 작용을 특히 강하게 나타내는 부분은 그 양끝 부근이며, 이것을 자극(Magnetic pole)이라 하고, 자극은 북극과 남극 두 가지가 있다.

① 북극 : '적극', '+극', '양자극' 또는 'N'이라고 하며, 지구상에서 자석이 거의 남북 방향에 일치되었을 때 북쪽을 지시하는 극이다.

② 남극 : '청극', '−극', '음자극' 또는 'S'라고 하며, 지구상에서 자석이 거의 남북 방향에 일치되었을 때 남쪽을 지시하는 극이다.

802 자기 나침의의 종류

자기 나침의는 가장 오래 된 항해 계기로서 해군에서 사용하는 나침의

그림 8-1. 7.5″ 나침의

그림 8-2. 5″ 나침의

그림 8-3. 3″ 나침의

는 7.″5, 5″, 3″의 크기가 있고, 형태는 표준형(Standard), 잠망경형(Periscope), 구형(Spherical) 등이 있다. 이러한 자기 나침의는 종류가 다양하여 그 분류 방법도 나분(羅盆; Compass bowl)의 형태, 나침의대(羅針儀臺; Binnacle)의 형태, 나침의의 사용 목적 등에 따라 구분된다.

나분의 형태에 의해서 분류하면, 나분 내에 공기가 충만되어 있는 건식 나침의(乾式羅針儀; Dry compass)와 나분 내에 액체가 충만되어 있는 액체식 나침의(液體式羅針儀; Liquid compass)가 있다.

나침의대의 형태에 의해서 분류하면, 선체에 직접 설치하는 Stand type compass, 책상이나 탁상에 설치하는 Table type compass, 이동하거나 휴대할 수 있는 Portable type compass가 있다.

나침의의 사용 목적에 따라 분류하면, 천체와 물표의 방위를 측정하기 위한 표준 나침의(標準羅針儀; Standard compass), 조타 목적으로 사용하는 조타(操舵) 나침의(Steering compass), 단정에서 사용하는 단정 나침의(Boat compass)가 있다.

잠망경형 나침의(Periscopic compass)는 방위와 조타의 두 가지 목적으로 사용할 수 있으며, 조타실 상부 갑판에 설치되어 있다. 이 나침의의 장점은 조타실에 있는 철물과 전자 장비에서 유도되는 자력의 영향을 받지 않고, 방위 측정 목적과 조타용으로도 사용되는 점이다.

구형(球形) 나침의는 축침(軸針)이 구(球)의 내부에 설치되어

그림 8-4. 구형 나침의

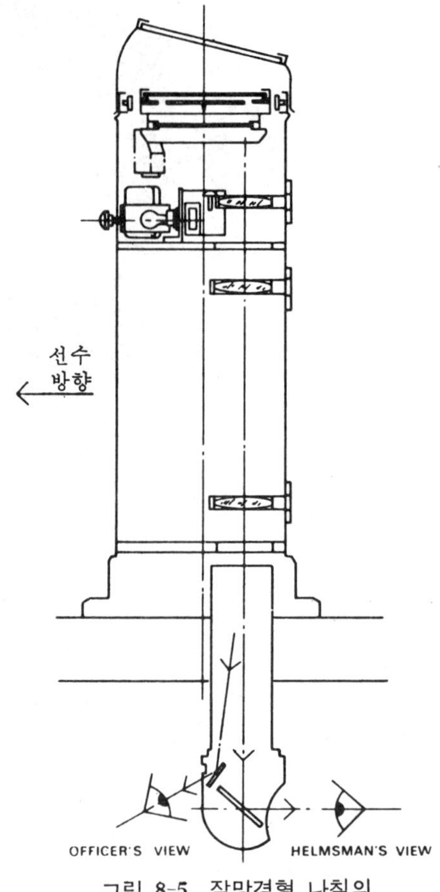

그림 8-5. 잠망경형 나침의

있고, 나침판은 선체가 심하게 동요하더라도 안전성이 매우 높다. 투명한 구형 돔(Dome)은 나침판이 확대되어 보이게 하고, 충격 방지 장치가 되어 있어서 진동과 충격이 심한 황천시에도 고속정에 알맞게 되어 있는 나침의이다.

803 자기 나침의의 구조

자기 나침의는 나분(Compass bowl)과 나침의대(Binnacle)로 구성되어

있다. 나분 안에는 자침, 나침판, 나침의 액체, 부실, 팽창기, 축모, 축침이 있고, 나분은 Gimbal ring(Cardan ring)으로 지지되어 나침의대와 연결된다. 나침의대는 조명등, 경사계, 나침의대 덮개 등으로 이루어진다.

1. 나 침 판

나침판(Compass card)의 재질은 알루미늄, 운모(雲母) 또는 황동판이며, 윗면에는 000°~360°의 방위 눈금이 인쇄되어 있다. 중앙에는 부실(浮室; Float)이 있고, 그 하부에는 오목하게 되어 있어 축모(軸帽; Cap)가 축침(軸針; Pivot)에 받치도록 되어 있다.

나침판의 직경은 나분의 내경보다 작게(비율 3 : 4) 만들어 선체가 선회할 때 수반각(隨伴角)이 생기지 않게 하며, 나침의의 크기는 나침판의 직경을 말한다(그림 8-6의 B).

2. 자 침

자침(磁針; Magnetic needle 또는 Compass needle)은 부실 밑에 있는 원통에 몇 개의 자석이 한 묶음으로 되어 들어 있거나, 큰 자석 한 개가 나침판의 남북선과 평행되게 놓여 있는 것을 말한다.

자침에 사용되는 자석은 강자성 재료(强磁性材料)인 K.S. 강, N.K.S.

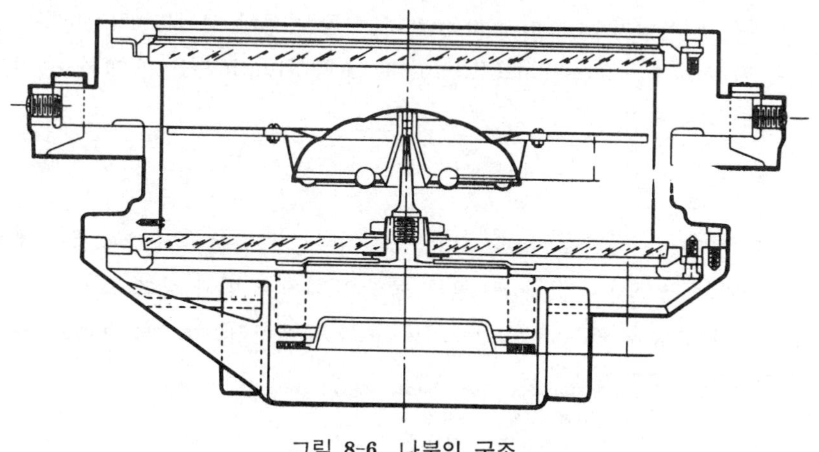

그림 8-6. 나분의 구조

강, M.K.강 등의 자석강이어야 한다(그림 8-6의 A).

3. 나 분

나분(羅盆; Compass bowl)의 재질은 반자성체인 놋쇠로 되어 있고, 윗부분은 유리로 밀폐시켜 내부가 보일 수 있게 되어 있다. 내부 중앙에는 축침(Pivot)이 있고, 축침은 Directional system(나침판, 자침, 축침 베어링 등 영구 자석 부분)을 지지하고 있다. 내부 공간은 액체로 채워져 있으며, 하반부에는 팽창기가 달려 있다.

나분은 Gimbal ring에 의하여 나침의대에 고정되어 있고, 상반부 내부에는 선수 방위를 표시하기 위하여 기선(基線; Lubber's line)이 그려져 있다(그림 8-6의 C).

4. 나침의 액

나침의 액은 알코올과 증류수를 배합(비율 35 : 65)한 것이거나, Versol이라는 특수 기름이다. 이것은 점성(粘性)이 작고 열팽창 계수(熱膨脹係數)가 작아야 하며, 빙점도 낮아야 한다. 그렇지 않으면 각 진동 주기와 수반각이 커지며, 온도 변화 시에는 유리 덮개를 파손시키거나 기포가 생기는 경우도 있다.

나침의 액은 Directional system의 무게를 가볍게 하여 축침이 받는 압력을 작게 하고, Directional system의 요동(Hunting)을 방지하는 역할을 한다(그림 8-6의 D).

5. 부 실

부실(浮室; Float 또는 Air filled chamber)은 나침판 중앙에 있는 것으로, 공기가 충만되어 있다. 부실의 역할은 나침의 액과 같고, Directional system의 중량을 97～98 % 감소시켜 축침 베어링(Pivot bearing)의 마찰

※ K.S. 강 : 담금질한 자석강(Quanch hardening maget steel)
M.K. 강 : Fe-Ni-Al계인 합금 자석강
N.K.S. 강 : Fe-Ni-Ti계인 합금 자석강

을 작게 하고 지북 작용을 원활하게 한다(그림 8-6의 E).

6. 팽 창 기

팽창기(膨脹器; Expansion bellow)는 나분의 하반부에 붙어 있고, 나침의 액의 온도 변화에 따른 수축 및 팽창으로 인하여 일어나는 영향을 자동적으로 조절하는 역할을 한다. 부가적으로 팽창기에 납으로 된 추를 달아서 나분 하부의 무게를 증가시킴으로써 선박이 동요할 때에도 나분이 수평 상태를 유지하게 한다.

팽창기가 없으면 나침의 액이 팽창과 수축할 때 유리를 파손하거나 기포가 생겨서 나침판의 방위 눈금을 읽기가 곤란하게 된다(그림 8-6의 F).

A: 선수미 'B' 자석용 Tray	E: Heeling magnet	I: E-link
B: 정횡 'C' 자석용 Tray	F: Flinders bar space	J: 7″ 연철구
C: 나침의대 덮개	G: Flinders bar	K: 9″ 연철구
D: 수정용 자석	H: Heeling adjuster	L: 원통 상한차 수정기

그림 8-7. 나침의대와 자차 수정 용구

7. 축 모

축모(軸帽; Cap)는 나침판 중심 축상에 있고, 그 무게의 지점(支點)인 축모의 재질은 알루미늄이며, 중앙에 사파이어(Sapphire)가 들어 있어서 마멸을 방지하도록 되어 있다.

8. 축 침

축침(軸針; Pivot)의 재질은 황동으로 만들고, 뾰족한 끝은 백금과 이리듐(Iridium)으로 된 합금이다. 뾰족한 끝은 축모의 사파이어에 닿도록 삽입되어 있다.

9. 짐 발 링

짐발 링(Gimbal ring 또는 Cardan ring)은 선박이 어느 정도 동요하여도 나분을 수평 상태로 유지하도록 하는 역할을 하며, 나분과 나침의대를 연결하여 주는 것을 말한다.

10. 나침의대

나침의대(羅針儀臺; Binnacle)의 재질은 놋쇠 또는 나무로서 비자성체이며, 나분을 지지해 준다. 나침의대에는 자차 수정 용구가 들어 있고, 나침판을 아래쪽에서 비추는 조명등 및 광도 조절기 외에 선박의 횡요(横搖; Rolling)를 표시하는 경사계(傾斜計; Clinometer)가 붙어 있다.

11. 나침의대의 덮개

나침의대의 덮개(Binnacle cover)는 야간이나 날씨가 불량할 때 사용하는 덮개로서, 창과 문이 있어 평상시에도 그냥 씌어두고 사용할 수 있게 되어 있다.

야간에 덮개를 하는 것은 나침판을 조명하고 있는 전등 때문에 선(함)교가 밝아져서 견시(見視)가 전방을 관찰하는 데 방해가 되지 않도록 하는 역할을 한다.

12. 자차 수정 용구

선체는 철로 되어 있어 자화되기 때문에 선체도 자성을 띠게 되고 지자기와 같이 자기 나침의에 영향을 미친다.

선체의 자성이 자기 나침의에 미치는 영향을 수정하는 데 사용되는 용구를 자차 수정 용구(磁差修正用具; Corrector)라 한다. 자차 수정은 공창이나 선박 수리소에서 전문적인 사람이 실시하므로, 여기서는 자차 수정 용구의 목적과 그 방법은 생략하고 명칭만 열거한다.

① 수정용 자석(Compensating magnet) : 선수미 'B' 자석과 정횡 'C' 자석

② 연철구(Soft iron sphere 또는 Quadrantal sphere)

③ 수정 철봉(修正鐵棒; Flinders bar)

④ 경선 자석(傾船磁石; Heeling magnet)

⑤ 원통 상한차 수정기(圓筒象限差修正器; Cylindrical quardrantal sphere)

⑥ E-link

13. 액체식 나침의와 건식 나침의의 비교

오늘날 건식 나침의는 거의 사용되지 않는다. 액체식과 건식 나침의의 차이는 나침의 액, 부실, 팽창기 등이 없고, 성능 차이는 표 8-1과 같다.

표 8-1 액체식 나침의와 건식 나침의의 성능

구 분	액체식 나침의	건식 나침의
선체의 동요에 대한 나침판의 안정도	안정함.	불안정함. 방진 장치가 꼭 필요하며, 동요가 심할 때 나침판이 선회하는 수도 있음.
감 도	비교적 둔함.	과민함.
지북력	크게 할 수 있음. (큰 자침을 사용하여 지북력을 크게 해도 액체의 제동으로 나침판의 주기를 조정할 수 있음.)	크게 할 수 없음. (자침이 크면 축보와 축침의 손상이 심하고 나침판의 주기가 과속하여짐.)

축모, 축침의 손상	비교적 작고 늦음.	크고 빠름.
나침판과 나분의 상대적 크기	수반(隨伴) 운동을 피하기 위하여 나분의 크기에 비하여 비교적 작은 나침판을 사용함.	비교적 큰 나침판을 사용함.
나분의 고장	기포가 생기거나 변색될 우려가 있으며, 고장시에는 자체 수리가 곤란하므로, 예비 나분이 꼭 필요함.	축침이 손상되기 쉬우나 나침판, 축모, 축침의 예비품만 있으면 간단하게 자체 수리할 수 있음.

804 나침의 취급시의 주의 사항

1. 표준 나침의의 주의 사항

표준 나침의(Standard compass)는 선박에 설치한 모든 나침의의 기준이 되므로, 성능이 좋고 자차 수정 장치가 완비되어 있어야 한다. 나침의의 성능을 충분히 발휘하려면 다음과 같은 사항을 고려하여 설치해야 한다.

① 동요나 진동이 가장 작은 선체 중앙 부근의 선수미선상에 설치한다.

② 방위 측정이 용이하고 시계(視界)가 차단되지 않는 곳에 설치한다.

③ 철물이나 전기 기계, 전선 등 자기의 영향을 미치는 물체로부터 멀리 떨어진 장소에 설치한다.

④ 나분의 높이는 설치 장소의 갑판면에서 42″~49″ 높이를 유지해야 한다.

2. 조타 나침의

조타 나침의(Steering compass)는 조타수가 지시된 선수 방위(침로)를 유지할 때 사용된다. 표준 나침의와 같이 자차 수정 장치는 필요하지 않으나, 어느 정도 자차 수정이 된 것이 좋다. 전륜 나침의를 사용하여 침로를 유지할 때에도 매 시간마다 조타 나침의와 비교하여 조타 나침의의 오차를 확인하고 항박 일지에 기입해야 한다.

항박 일지에 침로를 기록할 때 표준 나침의의 침로는 psc(per standard compass)의 부호를 붙이고, 조타 나침의의 침로는 p stg c(per steering compass)의 부호를 붙여서 구분한다.

3. 나분에 관한 주의 사항

① 나분은 조심스럽게 취급하고 충격을 피해야 한다.

② 나분에 기포가 생긴 경우, 유리 덥개(Glass cover)를 제거하지 말고 나분 측면에 있는 주액구가 위쪽으로 가도록 나분을 경사시켜 놓고, 기포가 주액구 부분에 왔을 때 마개를 열고 나침의 액을 보충한다.

③ 나침의 액은 주사기를 사용하여 천천히 주입시킨다.

④ 나침의 액을 주입할 때에는 온도가 15°C 전후일 때 실시한다.

⑤ 축모(Cap)와 축침(Pivot)의 마멸 여부를 때때로 검사하고, 이를 행할 때에는 선박을 조용히 선회시키다가 정지시켰을 때, 정지하는 순간 나침판의 선회가 정지되거나 또는 작은 자석을 이용하여 나침판을 좌우로 약 11°～13°를 편향시킨 후 복귀한 점을 비교하여 양 복귀점의 각도가 0.5° 미만이면 이상이 없다.

⑥ 예비 나침판을 보관할 때에는 동극(同極)을 상접(相接)시켜서 자력이 소멸되는 일이 없도록 한다.

⑦ 액체식 나침의의 유리 덥개는 기포가 유입되는 수가 있으므로, 절대로 개방하지 말아야 한다.

⑧ 여름철 또는 열대 지방에서는 나침판의 에나멜이 변색되거나 액체가 팽창하여 유리 덥개를 파손시키는 경우가 있으므로, 나분을 햇볕에 장시간 노출시키지 말아야 한다.

⑨ 한랭 지방을 항해할 때에는 조명등을 24시간 점등하여 나분의 온도가 내려가지 않도록 한다.

4. 자차 수정 용구에 관한 주의 사항

자차 수정 용구는 충격을 받으면 자력이 변하므로, 취급에 조심해야 하며, 수정용 자석은 같은 극을 상접시키는 일이 없도록 한다.

연철구, 수정 철봉 및 수정용 자석의 상접도 피해야 하며, 연철구가 자화되었을 때에는 수리소에 의뢰하여 자성(磁性)을 제거해야 한다.

5. 자차 수정 장치에 관한 주의 사항

자기 나침의의 자차 수정이 끝나면 수정 장치를 고정시켜 움직이지 않도록 하고, 다음 수정시까지 수정 용구가 분실되지 않도록 한다.

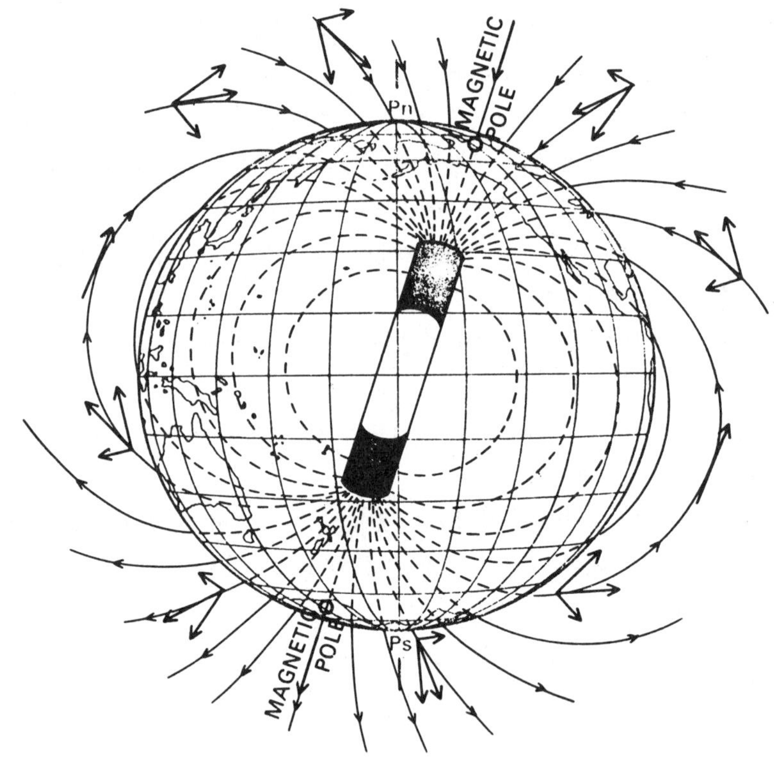

그림 8-8. 지구 자장

805 지구 자장

자석의 자기 작용이 미치는 영역을 자장이라 하며, 지구 표면은 전부 천연 자장으로 되어 있다. 이 천연 자장을 지구 자장이라 하며, 이러한 현상은 지구가 하나의 거대한 자성체이기 때문이다.

이 지구 자기(地球磁氣)의 두 극(極)을 지자극(地磁極; Geomagnetic pole)이라고 하는데, 실제로는 지구 위에서의 위치 관계 때문에 북반구에 있는 지자극을 지자기 북극(North magnetic pole), 남반구에 있는 지자극을 지자기 남극(South magnetic pole)이라고 한다.

지자극은 자기 나침의가 지향력(指向力)을 잃는 지점이라고 할 수 있으며, 북반구에 있는 지자극은 위도 74°N, 경도 101°W인 지점 부근에 있고, 남반구에 있는 지자극은 위도 68°S, 경도 144°E인 지점 부근에 있으나 확실한 지점은 알 수 없으며, 조금씩 이동하고 있는 것이 확실하다.

남북 자극은 지구 중심에서 서로 대칭되는 위치에 있지 않으며, 이들의 평균 위치는 지축과 약 11.5°의 경사를 이루고, 장경 50마일 이내의 타원 궤도에서 매일 일정하게 변화하고 있다.

1. 영년 변화

지자기의 변화는 동일한 장소에 있어서도 오랜 기간에 걸쳐서 천천히 변화한다. 이 변화는 아주 작지만 태양과 밀접한 관계를 가지고 있고, 대개 주기적이며, 그 주기는 대략 수백년 정도로 생각된다. 이것을 영년 변화(永年變化; Secular change)라 한다.

1540년부터 1920년까지 런던에서 관측된 결과에 의하면, 자력선의 방향은 각 반지름 5°～6°인 원추를 그리면서 움직이고 있으며, 1회전 하는데 약 480년쯤 걸리는 것으로 생각되고 있다.

이 영년 변화의 1년간의 변화량은 해도에 게재되어 있는 나침도(羅針圖; Compass rose)에 편차량과 함께 표시되어 있다.

2. 연 변 화

1년을 주기로 하는 지자기, 즉 편차의 변화를 연변화(年變化; Annual change)라고 하며, 그 양은 아주 작으나 남북 양반구에서 동시에 반대 방향으로 일어나고 있다.

북반구에서는 4월부터 8월까지 편동 편차(偏東偏差)가 증가하고 편서 편차가 감소하며, 8월께 최대 편동 편차가 된다.

8월에서 다음해 3월까지는 편서 편차가 증가하고 편동편차가 감소하며, 춘분경에 편서 편차가 최대로 된다.

3. 일 변 화

1일을 주기로 하는 변화를 일변화(日變化; Daily change)라 하며, 주기적 변화 중 가장 크다. 북반구에서는 오전 중에는 편서 편차가 커지고, 오후에는 편동편차가 커진다. 남반구에서는 북반구와 정반대이며, 밤에는 거의 편차가 없다.

이 변화의 진폭은 계절에 따라 다르며, 여름에 최대이고 겨울에 최소가 된다. 또한 위도에 따라서도 다르며, 적도 부근에서 최소이고 그 양은 약 3′～4′이나, 위도가 높아짐에 따라 커진다.

Amundsen(1872～1928)의 관측에 의하면, 위도 70°N 이북의 북극권 내에서는 편차의 일변화가 7°에 달한 일이 있으며, 극지방에서는 더욱 심할 것으로 생각된다. 일반적으로 선박이 항해하는 해역은 저위도 지방이므로 크게 문제가 되지는 않는다.

4. 자기 폭풍

지자기의 폭발적이고 급격한 변동을 자기 폭풍(磁氣暴風; Magnetic storm)이라 한다. 짧은 것은 몇 시간 동안, 긴 것은 며칠 동안이나 계속되며, 무선 통신에는 치명적인 영향을 미치지만, 일반적으로 항해에 미치는 영향은 무시할 수 있을 정도로 작다.

5. 지방 자기

영년 변화, 연변화, 일변화 및 자기 폭풍의 변화는 주기적인 것인데 비하여, 지방에 따라서는 강한 자장이 있어서 이 지역 내에 들어가면 자침의 변화가 심해지는 수가 있다. 이것을 지방 자기(地方磁氣; Magnetic anomalies 또는 Local disturbance)라 하며, 항해시에 주의해야 한다. 이러한 지역은 수로지나 해도에 기재되어 있는데, 우리 나라 남해안의 청산도 부근은 지방 자기가 있는 해역이다.

806 지구 자기의 3요소

지구 자장 내에서, 자침의 중심(重心)을 가는 실로 매어 그림 8-9와 같이 달아 놓으면 자침은 지구 자장의 방향, 즉 지구 자력의 방향을 가리키면서 정지하게 된다.

이 때 자침은 지구 자력의 영향을 받아 수평을 이루게 되지 않고 약간 경사진 상태가 되는데, 이러한 현상에 의하여 생기는 편차, 복각 및 수평 자력을 지자기의 3요소라 한다.

1. 편각 또는 편차

그림 8-9와 같이, 자침을 매달아 놓으면 자침의 중심(重心)을 지나는

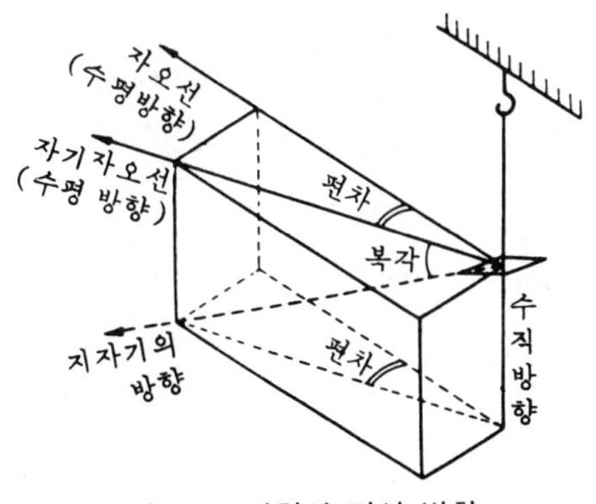

그림 8-9. 자침의 지시 방향

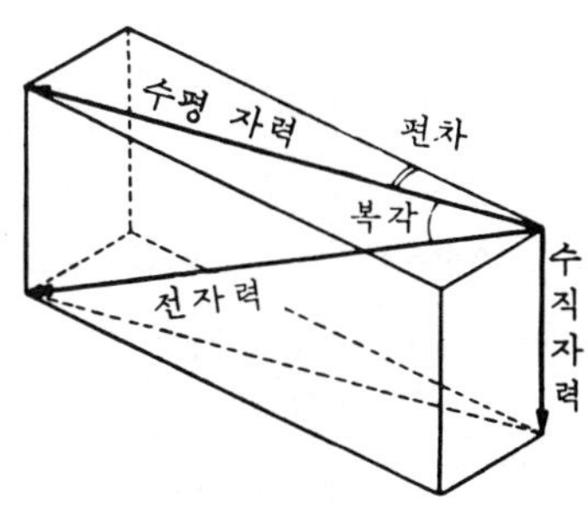

그림 8-10. 지자기의 3 요소

진자오선과 자기자오선(磁氣子午線)과의 차이, 즉 자침의 남북선이 수평면에서 이루는 각을 편각(偏角; Declination) 또는 편차(偏差; Variation)라 한다.

이 때 편차는 진자오선, 즉 진북을 기준하여 동쪽으로 생길 수도 있고 서쪽으로 생길 수도 있다.

진북을 기준하여 자침의 남북선이 동쪽을 가리키면 편동(偏東)되었다 하고 편동 편차(Easterly variation)라 하며, 자침의 남북선이 서쪽을 가리키면 편서되었다 하고 편서 편차(Westerly variation)라 한다.

편동 편차는 +, 편서 편차는 -의 각으로 표시한다.

2. 복각 또는 경차

그림 8-2와 같이, 매달아 놓은 자침의 남북선의 방향(지자기 방향)은 자침의 중심을 지나는 수평면에 대하여 수평이 되지 않고, 일반적으로 북반구에서는 자침의 N극이 수평면 하방으로, 남반구에서는 상방으로 경사를 이룬다. 이 때 자침의 방향(지자기의 방향)이 수평면과 이루는 각을 복각(伏角; Dip) 또는 경차(傾差; Inclination)라 한다.

복각은 자침의 N극이 수평면보다 아래쪽이면 +, 수평면보다 위쪽이면 -의 각으로 표시한다.

3. 수평 자력

지구 자장의 강도, 즉 전자력(全磁力)은 수평 방향과 수직 방향으로 나누어 생각하면 편리하다. 전자력의 수평 방향 자력을 수평 자력(水平磁力; Horizontal force) 또는 수평 분력(Horizontal component)이라 한다.

전자력의 수직 방향 자력을 수직 자력(Vertical force) 또는 수직 분력(Vertical component)이라 한다.

지자기의 3요소와 수직 및 전자력 사이에는 다음과 같은 관계가 있다.

$$\text{전자력} = \sqrt{(\text{수평 자력})^2 + (\text{수직 자력})^2}$$

수평 자력＝(전자력)×cos(복각)

수직 자력＝(전자력)×sin(복각)

tan(복각)＝(수직 자력)÷(수평 자력)

807 자　차

자기 나침의가 나무나 비자성체로 건조된 선박에 설치되어 있다면 자침은 자북을 가리키고, 이 나침으로 측정한 방위는 자기 자오선을 기준한 방위가 된다. 그러나 철 또는 강철로 건조된 선박에 설치된 자기 나침의는 선체에 유도된 자성의 영향을 받아 나침판의 남북선이 자기 자오선과 일치하지 않고 차이가 생기게 되는데, 이 때 나침판의 남북선과 자기 자오선이 이루는 차를 자차(自差)라 한다.

편차는 지구 자기에 의하여 생기고, 자차는 선체 자기에 의하여 생긴다는 점이 서로 다르나, 양자는 같은 방법으로 부르며 자차도 편차와 같이 동(E) 자차, 서(W) 자차로 표시한다.

자기 나침의에 자차가 있어서 나침의의 북쪽이 자기 자오선의 동쪽을 가리키면 그 자차를 동(E) 자차라 하고, 서쪽을 가리키면 서(W) 자차라 한다.

편차는 해도에서 용이하게 구할 수 있으나, 자차는 선박마다 다르고 동일 선박이라 할지라도 위도에 따라 달라지며, 선수 방향에 따라 다르게 되어 자차를 알아 내기는 그렇게 쉽지 않다.

이러한 자차의 원인이 되는 것은 선체를 구성하는 철 또는 강철 등으로 인한 자성체의 자기로서 선체의 영구 자기, 선체 내의 수직 연철의 감응 자기, 선체 내의 수평 연철의 감응 자기, Gaussin차 등 네 가지 종류로 나누어 생각할 수 있다.

1. 선체 영구 자차

선박은 건조시 조선대(造船臺) 위에서 일정한 방향의 지구 자력선 중에

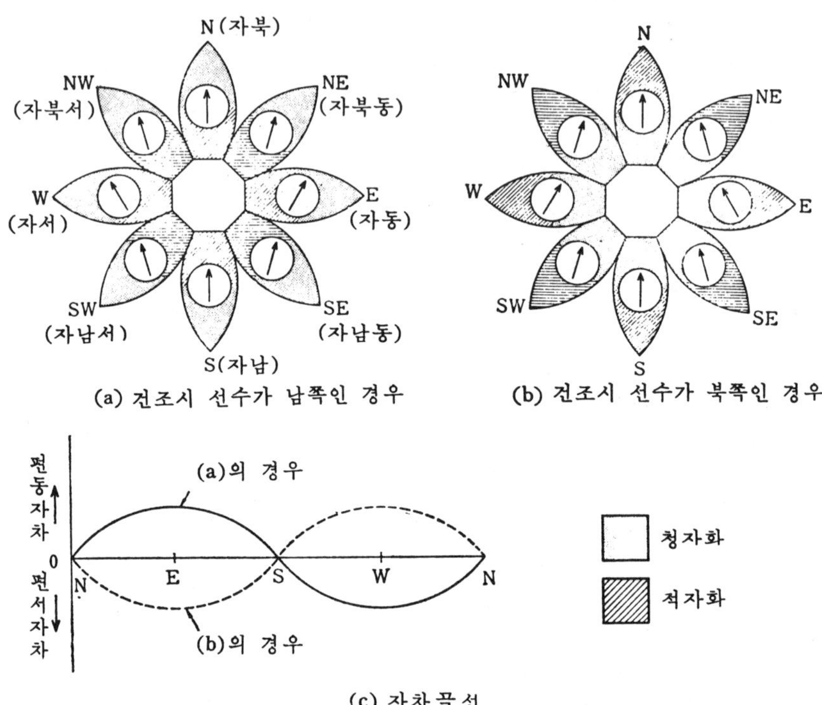

(a) 건조시 선수가 남쪽인 경우

(b) 건조시 선수가 북쪽인 경우

(c) 자차곡선

그림 8-11. 건조 당시 선체의 방향이 남과 북일 때의 자차

서 계속 그 철제, 강재(鋼材)에 충격을 받고 가열되므로 진수할 때에는 선박 전체가 큰 영구 자석이 되어 버린다. 이 때 선박은 건조 당시의 선수 방위에 따라 달라진다.

그림 8-11의 (a)는 선수 방향이 남쪽인 경우이고, (b)는 북쪽인 경우의 자화 현상이다. 이러한 선체의 영구 자기는 진수 후 선수 방위가 변하더라도 거의 변하지 않고 그 상태를 지속하게 되므로 자차를 생기게 한다.

2. 선체 수직 연철의 감응 자기

마스트(Mast), 연돌, 통풍관 등 선체의 수직 연철은 그림 8-12와 같이 지자기의 수직 자력으로 감응 자기가 생긴다. 북반구에서는 하방(下方)에 적극(+극), 상방에 청극(－극)이 생기며, 자기 나침의의 적극을 청극이 끌어서 자차가 생기게 한다.

3. 선체 수평 연철의 감응 자기

선수미선과 평행한 수평 연철은 그림 8-14와 같이, 지자기의 수평 자력으로 그 북부는 적극(+극), 남부는 청극(−극)으로 자화되어 자기 나침의에 자차를 생기게 하고, 선수미선과 정횡인 수평 연철은 그림 8-15와 같이 자차를 생기게 한다.

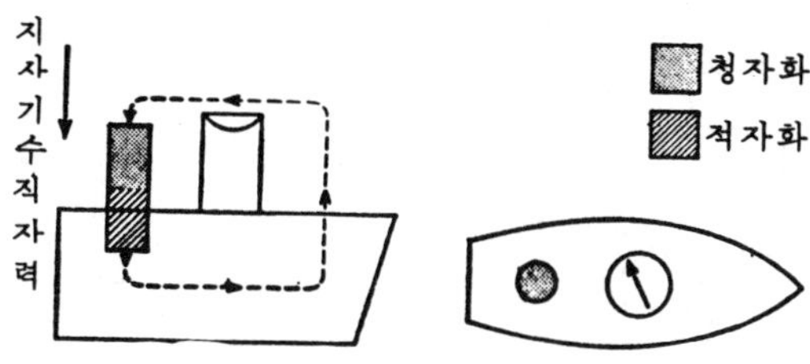

그림 8-12. 북반구에서의 수직 연철의 감응 자기

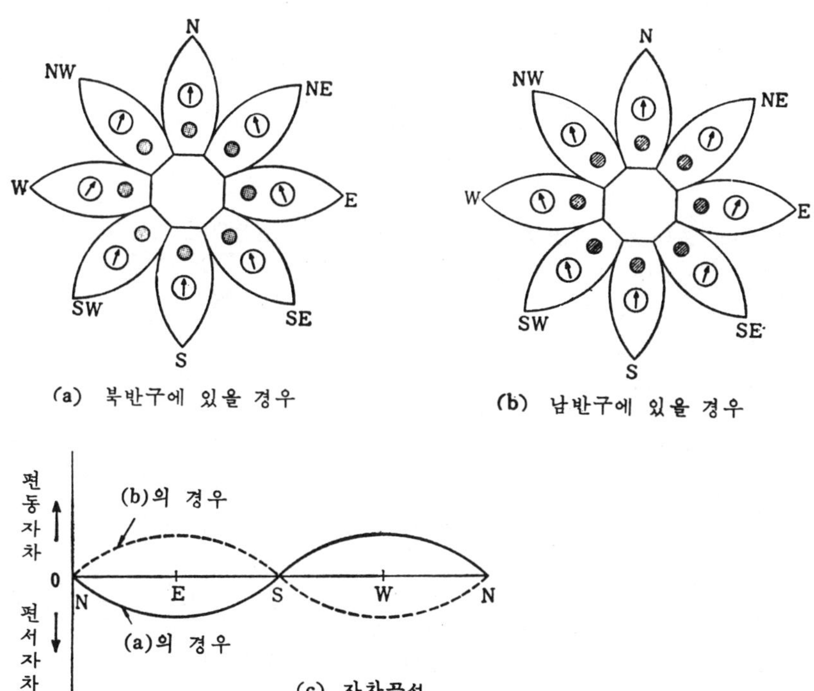

그림 8-13. 수직 연철의 감응 자기에 의한 지차

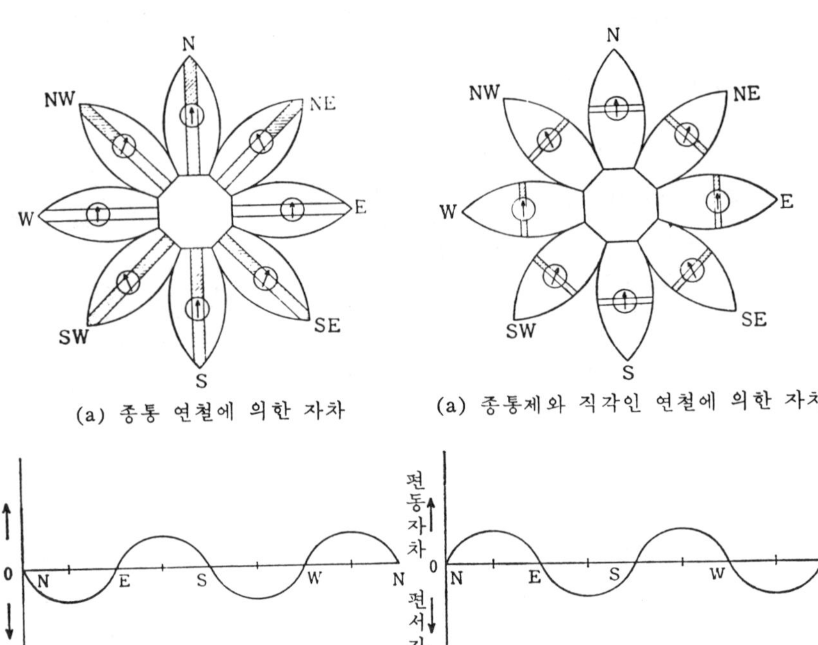

그림 8-14. 종통 연철 감응 자기에 의한 자차

그림 8-15. 종통제와 직각인 연철의 감응 자기에 의한 자차

4. Gaussin 差

선체의 구성 재료 중 강철과 연철을 구분하여 영구 자기와 감응 자기로 구분하여 생각하였다. 선체 구성 재료 중에는 강철과 연철의 중간적 성질을 가진 것도 있으며, 이것은 연철보다는 감응 자기가 커서 어느 기간 동안 그 잔류 자기가 자차의 원인이 된다. 이것을 Gaussin 差(Gaussin error)라 한다.

Gaussin 差가 가장 많이 나타나는 때는 며칠간 일정한 침로로 항행한 후 90° 변침한 경우이며, 그 오차는 대략 5° 이내이다. 변침 후 4~5분이 지나면 Gaussin 差는 무시할 수 있을 정도로 적어지므로, 방위 측정 시에는 이를 고려하는 것이 좋다.

808 자차 계수와 실용 공식

자차를 그 원인별로 분석하여, 각각 최대치의 계수(係數)를 결정한 것을 자차 계수라 한다.

1. 계 수 A

각 선수 방향에 대하여 항상 일정한 값의 자차로 나타나는 것이며, 불변차(不變差; Constant deviation)라 한다. 계수 A가 생기는 원인은,

① 나침의의 기차(器差), ② 측정상의 오차, ③ 편차의 부정확, ④ 나침의 부근의 비대칭적인 수평 연철의 영향 등이다.

나침의 제작 때 재료를 엄선하고 검사를 철저히 하여 정확히 취부한 후 자차 측정 때 정밀을 기하면 계수 A는 무시할 수 있을 정도로 작아진다. 이것은 보통 1° 이상 되는 일은 극히 드물다.

2. 계 수 B

선체 영구 자기와 수직 연철의 감응 자기로 인하여 생기는 자차 중 선수미 방향으로 작용하는 것을 말한다. 자침의 북단을 선수 방향으로 끄는 것을 +B, 선미 방향으로 끄는 것을 −B로 한다.

3. 계 수 C

선체 영구 자기와 수직 연철의 감응 자기로 인하여 생기는 자차 중 정횡 방향으로 작용하는 것을 말한다. 자침의 북단을 우현 쪽으로 끄는 것을 +C, 좌현 쪽으로 끄는 것을 −C로 한다.

4. 계 수 D

선체 수평 연철의 감응 자기에 의하여 생기는 상한차를 말한다. 정횡 방향의 수평 연철에 의하여 생기는 것을 +D, 함수미 방향의 수평 연철에

의하여 생기는 것을 $-$D로 한다.

5. 계 수 E

선체 수평 연철 중 선수미선과 평행하지 않고 정횡으로도 되지 않는 수평 연철의 감응 자기로 인하여 생기는 자차이다. 좌현 선수 쪽에서 우현 선미 쪽으로 놓인 수평 연철의 감응 자기로 인하여 생기는 것을 +E, 우현 선수 쪽에서 좌현 선미 쪽으로 놓인 수평 연철의 감응 자기로 인하여 생기는 것을 $-$E로 한다.

우선 선수 방향 8개의 자차를 측정하고, 그 결과에 다음 식을 이용하면 계수를 구할 수 있다. 자차 계수를 알면 임의의 선수에 대한 자차를 정확하게 산출할 수 있다.

선수 방향	자 차	선수 방향	자 차
N	δ_N	S	δ_S
NE	δ_{NE}	SW	δ_{SW}
E	δ_E	W	δ_W
SE	δ_{SE}	NW	δ_{NW}

$$A=\frac{\delta_N+\delta_E+\delta_S+\delta_W}{4}$$

$$B=\frac{\delta_E-\delta_W}{2}$$

$$C=\frac{\delta_N-\delta_S}{2}$$

$$D=\frac{(\delta_{NE}+\delta_{SW})-(\delta_{NW}+\delta_{SE})}{4}$$

$$E=\frac{(\delta_N+\delta_S)-(\delta_E+\delta_W)}{4}$$

6. 실용 공식

1, 2, 3, 4, 5 항에서 설명한 각종 자기는 자차의 원인이 된다. 임의의 자기 나침의의 선수 방위에 대한 자차 δ의 변화는 계수와 관계가 있다. 자기 나침의 침로가 θ일 때의 자차를 δ_θ라 하면 계수 A, B, C, D, E와는 다음

과 같은 일정한 관계가 있다.

$$\delta_e = A + B\sin\theta + C\cos\theta + D\sin 2\theta + E\cos 2\theta$$

이것을 자차의 실용 공식이라 하며, δ_e, θ 및 계수는 도수로 표시할 수 있다.

809 자기 나침의의 오차와 개정

자기 나침의의 오차에는 자체 오차(誤差, 즉 器差)와 자기의 변화에 의한 방위 오차가 있다.

실제 자기 나침의를 사용할 때 자체 오차(기차)는 무시할 정도로 작으므로, 일반적으로 오차라 하면 방위 오차를 뜻한다.

자체 오차의 요소에는 ① 나침판의 눈금 오차, ② 기선(Lubber's line) 오차, ③ 나침판과 자침이 평행하지 않기 때문에 생기는 오차, ④ 축침 마찰로 인한 오차, ⑤ 나분과 눈금의 오차, ⑥ Shadow pin의 경사에 의한 오차 등이고, 방위 오차에는 편차, 자차, 지방 자기 등이 있다.

편차는 지역과 시간에 따라 다르게 된다. 해도마다 나침도와 자침도가 표시되어 있어 편차를 바로 알 수 있다. 해도가 없는 대양에서 편차를 알 수 있도록 표시한 것을 편차도(미해군 수로국 발행, 해도 번호 1706)가 있다. 편차도 외에도 지구 자력의 수평 분력 강도를 표시한 해도, 복각이 표시된 해도 등을 총칭하여 자기 해도(Magnetic chart)라 한다.

자기 해도는 항해 계획을 할 때 사용하며, 대양에서 자침(磁針) 방위를 진방위로 환산하거나 진방위를 자침 방위로 환산할 때 유용하게 쓰인다.

1. 침로 및 방위 개정

나침로(나침 방위) 또는 자침로(자침 방위)를 진침로(진방위)로 고치는 것을 침로(針路)의 개정(改正; Correcting) 또는 방위 개정(方位改正)이라 한다.

나침로(나침 방위)와 자침로(자침 방위)의 차가 자차이고, 자침로(자침

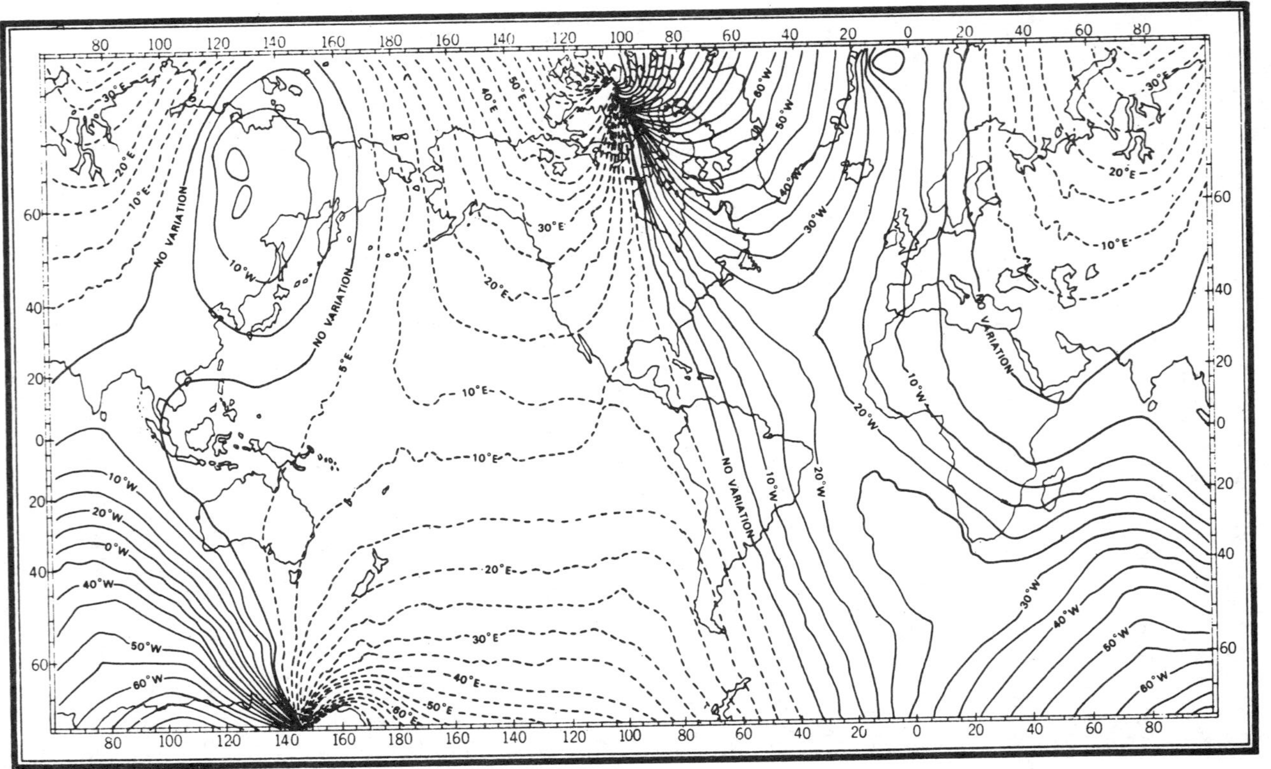
NO VARIATION
10°W
20°W
30°W
40°W
50°W
60°W
0°W
5°E
10°E
20°E
30°E
40°E
50°E
60°E

그림 8-16. 자기 편차도

방위)와 진침로(진방위)의 차가 편차이므로, 침로(방위) 개정을 할 때에는 나침로(나침 방위)에 자차를 가감하여 자침로(자침 방위)를 구하고, 자침로(자침 방위)에 편차를 가감하여 진침로(진방위)를 구한다.

이 때 자차와 편차가 편동이면 나침로(나침 방위) 및 자침로(자침 방위)에 자차 및 편차를 더하여 자침로(자침 방위) 및 진침로(진방위)로 개정하고, 편서이면 감하여 자침로(자침 방위) 및 진침로(진방위)로 개정

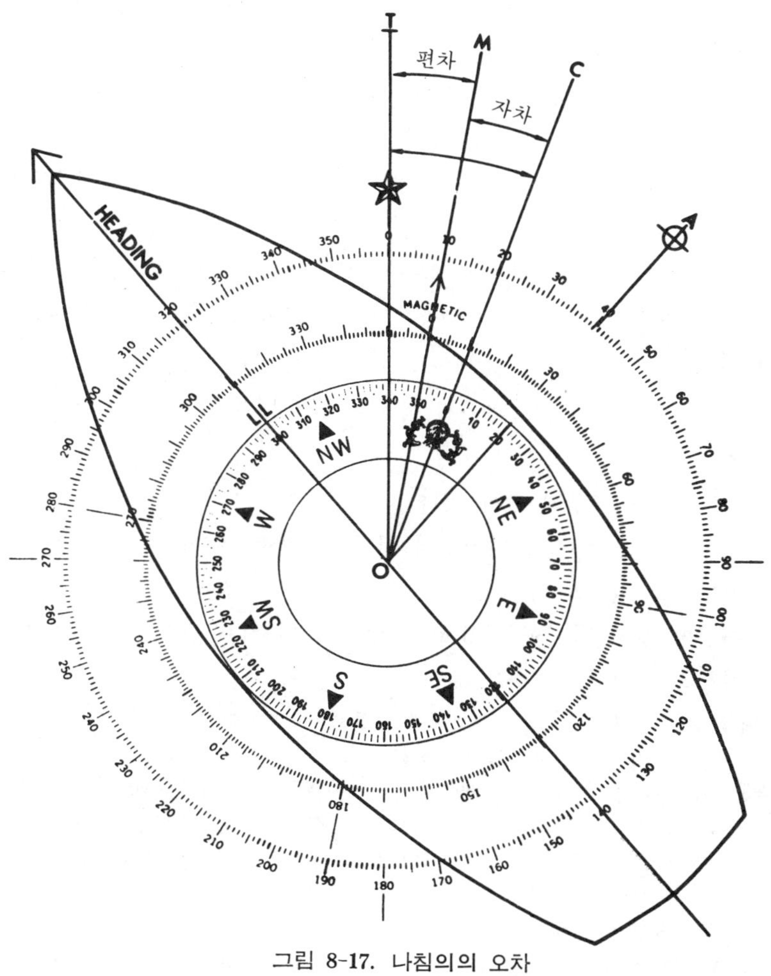

그림 8-17. 나침의의 오차

한다.

또 진침로(진방위)를 자침로(자침 방위)나 나침로(나침 방위)로 개정하는 것을 침로(방위)의 반개정(Uncorrecting)이라 하는데, 반개정할 때에는 개정할 때와 정반대로 하면 된다.

2. 침로의 개정

침로의 개정에 대한 이해를 돕기 위해서 그림 8-17을 참조하자. 그림에서 OC는 나침로이고, OM은 자침로이며, OT는 진침로이다. 표준 자기 나침의의 나침판과 동심인 바깥쪽 두 원은 자기 나침도와 진방위 나침도이므로, 자침로와 진침로를 표시한다.

관측자는 0점에 있고 자침로는 진침로의 오른쪽(동쪽) 10°에 있으므로, 이 지방의 편차는 10° E이다. 따라서 자침로 0°에 10°를 더하면 진침로는 10°가 된다. 나침로는 자침로의 오른쪽(동쪽) 10°에 있으므로, 이 당시 함수 방향의 자차는 10°E이다. 따라서 나침로 0°에 10°를 더하면 자침로는 10°가 된다.

나침의의 오차는 자차와 편차의 대수적 합계가 되므로 오차(CE)=20°E가 된다.

침로의 개정은 다음과 같이 한다.

① 자차가 편동(E)이면 나침로에 더하고, 편서(W)이면 나침로에서 감하여 자침로로 한다.

② 편차가 편동(E)이면 자침로에 더하고, 편서(W)이면 자침로에서 감하여 진침로로 한다.

예제 1. 선박의 침로가 표준 나침의의 나침로 347°이고 자차는 4°W, 편차는 12°E일 때 자침로와 진침로를 구하라.

풀이

나침로(CC)	347°	자 차(D)	4°W	나침로(CC)	347°
자 차(D)	4°W	편 차(V)	12°E	오 차(CE)	8°E
자침로(MC)	343°	오 차(CE)	8°E	진침로(TC)	355°
편 차(V)	12°E				
진침로(TC)	355°				

예제 2. 선박의 침로가 009° psc(Per standard compass, 표준 나침의)이고 자

차는 2°W, 편차는 19°W일 때 자침로와 진침로를 구하라.

풀이 나침로(CC) 009° 자 차(D) 2°W 나침로(CC) 009°
자 차(D) 2°W 편 차(V) 19°W 오 차(CE) 21°W
자침로(MC) 007° 오 차(CE) 21°W 진침로(TC) 348°
편 차(V) 19°W
진침로(TC) 348°

3. 침로의 반개정

진침로를 나침로로 반개정하려 할 때에는 개정하는 경우와 정반대로 하면 된다. 침로의 반개정은 다음과 같이 한다.

① 편차가 편동(E)이면 진침로에서 감하고, 편서(W)이면 진침로에 더하여 자침로로 한다.

② 자차가 편동(E)이면 자침로에서 감하고, 편서(W)이면 자침로에 더하여 나침로로 한다.

예제 1. 해도에 기재된 진침로가 221°이다. 편차가 9°E이고 자차가 2°W일 때의 자침로와 나침로를 구하라.

풀이 진침로(TC) 221° 자침로(MC) 212°
편 차(V) 9°E 자 차(D) 2°W
자침로(MC) 212° 나침로(CC) 214°

4. 방위의 개정

방위의 개정은 주로 연안 항해 때 물표의 나침 방위를 측정하고 이를 자침 방위나 진방위로 개정하여 해도에서 선위를 개정할 때 하게 되는데, 이 개정 및 반개정의 방법은 침로의 경우와 같다.

그러나 연안 항해시 물표의 나침 방위를 측정하여 선위를 결정할 때 가급적 빨리 자침 방위나 진방위로 개정해야 하므로, 일반적으로 계산에 의하지 않고 해도에 기재되어 있는 나침도를 이용하게 된다.

침로의 개정이나 반개정도 방위의 개정 및 반개정과 같은 방법으로 할 수 있다.

5. 나침 방위를 자침 방위 또는 진방위로 개정하는 법

① 나침 방위(나침로)를 자침 방위(또는 자침로)로 개정하려고 할 때에는 해도에 있는 나침도의 자침 방위 눈금(나침도의 안쪽에 있는 눈금)을 이용하여 나침 방위(또는 나침로)에 해당하는 눈금에다 자차를 가감하여 구한다.

진방위(또는 진침로)로 개정하려고 할 때에는 나침도의 진방위 눈금(나침도의 바깥쪽 눈금)에 자침 방위(또는 자침로)에 해당하는 눈금에다 오차를 가감한다.

② 자차가 편동이면 그 자차만큼 나침로에 해당하는 눈금에다 더하고, 편서이면 그 자차만큼 감하여 자침 방위(또는 자침로)를 구한다.

③ 자침의 오차(CE)가 편동이면 그 오차만큼 더하고, 편서이면 오차만큼 감하여 진방위(또는 진침로)를 구한다.

진방위(진침로) 또는 자침 방위(자침로)를 나침 방위(나침로)로 개정하려고 할 때에는 위와 정반대로 하면 된다.

지금까지 설명한 침로와 방위의 개정 및 반개정 절차를 기억하려면 다음과 같은 문장을 기억하면 좋다.

개정할 때에는 먼저 나침로(나침 방위)에서 시작, 자차를 가감하여 자침로(자침 방위)를 구하고, 자침로에 편차를 가감하여 진침로(진방위)를 구한다. 이 때 사용한 단어 Compass, Deviation, Magnetic, Variation 및 True의 머릿문자를 이용하여 아래 문장을 만든다.

Can dead man vote twice?

W←—+—→E

C–D–M–V–T

즉 침로 또는 방위를 개정할 때에는 자차와 편차가 편동(E)이면 +, 편서이며 –임을 의미한다. 화실표 머리는 개정과 반개정의 순서만을 표시하고 실제와는 관계가 없다.

810 자차의 측정법

선박에 설치된 자기 나침의는 자차 수정을 해야 하며, 적당한 시기마다 자차 수정을 실시해야 한다.

특히 자차가 변화되었는가를 때때로 조사할 필요가 있게 되며, 그러기 위해서는 자차의 값을 측정하여야 하므로, 자차 측정은 자차 수정과 같이 자기 나침의를 사용할 경우에 가장 필요한 것이다.

1. 자차의 측정 준비

① 자기 나침의의 기차(器差)가 있는지 조사한다.

② 자기 나침의가 정확히 설치되어 있어야 한다. 만약 표준 나침의와 조타용 나침의가 있을 때에는 이들이 정확하게 일치되어 있는가를 확인한다.

③ 자차를 기입할 표를 준비한다.

④ 해도에서 가장 최근의 편차를 조사한다.

⑤ 필요한 해도와 항해표를 준비한다.

⑥ 선박이 선회하기에 충분한 해역인지는 물론, 수심과 위험물에 대하여도 조사한다.

⑦ 해도나 수로지 등에서 지방 자기가 있는지를 조사하고, 지방 자기가 있을 때에는 자차 측정을 하지 않는다.

⑧ 방위환, 방위경 등 방위 측정 용구의 정도(精度)를 조사한다.

2. 자차 측정시의 주의 사항

① 선박 내에 있는 모든 철물류는 항해 상태로 두고, 자기 나침의 주위에 철물류가 있어서도 안 되며, 자차 측정 중 철물을 이동시켜도 안 된다.

② 선체는 수평 상태를 유지한다.

③ 선체의 진동을 작게 하고 선회권을 작게 하기 위하여 침로를 유지할

수 있는 최소의 속력을 유지한다.

④ 방위환과 방위경으로 물표의 방위를 정확히 측정한다.

⑤ 측정 때에는 신중하고 정확하게 나침판의 눈금을 1/4 도(度) 단위까지 읽어야 한다.

⑥ 선회는 좌우현 양쪽으로 각각 행하며, 그 측정치의 평균치를 취한다.

⑦ Gaussin 차(差)를 없애기 위하여 변침 후 약 5 분 정도 경과한 후 측정을 한다.

⑧ 정기 수리 후 시운전 때 자차 측정을 할 경우에 가장 진동이 많은 속력으로 2∼3 회 선회하여 반영구 자차(半永久磁差)를 최소로 줄인다.

⑨ 측정치는 표에 기입하고 자차표에는 측정 연월일, 측정 장소, 측정 방법 및 측정자의 성명 등을 기입하여야 한다.

3. 자차의 측정법

자차 측정법은 선수 방위(당시의 침로)에 대하여 자차를 측정하는 경우와 각 선수 방위에 대하여 계획적으로 자차를 전부 측정하는 방법이 있는데, 그 방법은 다음과 같다.

① 천체 방위에 의한 방법
② 전륜 나침의와 비교하는 방법
③ 상호 방위법
④ 물표의 자침 방위에 의한 방법
⑤ 원표(遠標) 방위에 의한 방법

4. 천체 방위에 의한 방법

선위와 측정 시각이 정확하고 편차가 확실한 해상에서 지방 자기가 없는 상태이면 천체의 방위를 측정하여 자차 측정을 하면 정확한 자차를 구할 수 있다.

천체 방위에 의한 방법으로, 자차 측정시에는 주로 태양과 북극성을 많이 이용한다. 천체의 방위각을 계산하는 방법에는 ① 태양 출몰 방위법, ② 시진 방위법(時辰方位法), ③ 고도 방위법(高度方位法), ④ 극성 방위법(極星方位法) 등이 있다.

태양 출몰시 그 방위를 측정하는 방법은 간단하고 정확도가 좋은 자차 측정이 된다. 이 때 태양의 중심은 수평면상에 있을 때라야 하나, 기차(氣差) 때문에 실제보다 위에 있어 보이므로 태양의 아래쪽이 약 태양의 시반경(視半徑)만큼 수평선보다 위에 있을 때가 정확한 출몰시가 된다.

항해 중 될 수 있는 한 이러한 기회를 이용하면 짧은 시간에 자차 측정을 할 수 있지만, 각 선수 방위에 대한 자차는 구하지 못한다. 모든 선수 방향에 대하여 자차 측정을 하려면 야간이나 태양 출몰시 등을 이용할 수 없으므로, 오전이나 오후에 태양을 이용해야 한다.

이 경우 시각에 대한 방위각을 미리 계산하여 구하고, 그림 8-18과 같은 도표를 만들어 두면 편리하며, 만일 오차가 있어도 쉽게 알 수 있다. 태양의 진방위가 시간에 따라 계산되면 이것에 편차를 가감하여 자침 방위를 구하고, 자침 방위와 시각을 도표에 기입한다.

예제 자기 나침의로 0855 시에 태양의 방위를 측정하였더니 127°였다. 이 때 태양의 자침 방위가 125°이면 자차는 얼마인가?

풀이 자차(D) = 127° (CC) − 125° (MC) = 2° ∴ D = 2° W

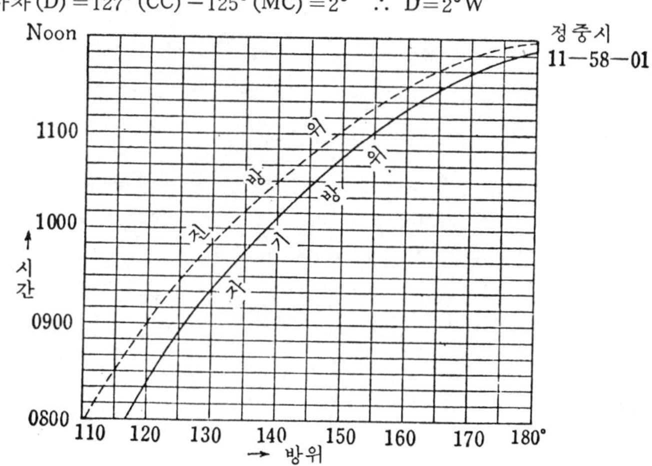

그림 8-18. 태양의 방위각 도표(편서 편차 6°)

5. 전륜 나침의와 비교하는 방법

정확한 오차를 알고 있는 전륜 나침의와 자기 나침의를 비교하여 자차를 구하는 방법이다.

즉 자차를 측정할 나침의로 각 선수 방위에 대하여 침로를 유지하고 항해하면서 그 때의 전륜 나침의가 가리키는 선수 방위에 편차를 가감하여 나침의의 침로를 구하고 양 침로를 비교하여 자차를 구한다.

예제 선박의 전륜 나침의 침로가 214°이고 자기 나침의 침로가 201°일 때, 전륜 나침의의 오차가 1°W 이고 편차가 5°E 이면 자기 나침의의 자차는 얼마인가?

풀이

GC 214°		TC 213°		MC 208°		D=7°E
GE 1°W		V 5°E		CC 201°		
TC 213°		MC 208°				

6. 상호 방위법

천체의 방위를 이용할 수 없거나, 적당한 원거리 물표를 발견할 수 없는 경우에 사용하는 방법으로, 지방 자기가 없는 해역에서 선박이 잘 보이는 육상에 자기 나침의를 설치하여 두고 선박과 육상에서 동시에 방위를 측정 비교하여 자차를 구하는 방법이다.

선박과 육상에서 측정한 방위 중 선박에서 측정한 방위는 편차와 자차가 포함되고, 육상에서 측정한 방위는 편차만 포함되어 있으므로 서로 비교하여 자차를 구한다.

예제 자침로 000°로 항해하는 선박에서 측정한 육상의 방위는 240°이고 동시에 육상에서 측정한 선박의 방위는 049°였다. 이 때의 자차를 구하라.

풀이 육상에서 측정한 방위의 역방위 = 049° + 180° = 229°

육상에서 측정한 방위는 편차만 포함되어 있으므로 자침 방위가 된다.

자차 (D) = 240° (CC) − 229° (MC) = 11°

∴ D = 11°W

7. 물표의 자침 방위에 의한 방법

정박 중이나 연안 항해시 자기 나침의 침로를 알고 그 침로에 대한 자차 측정 방법과 두 개의(부표와 육상 물표) 물표를 이용하여 각 선수 방위의 자차를 구하는 방법 등이 있다. 이 방법은 물표를 관측한 자침 방위와 나침 방위를 비교하여 자차를 구하는 방법이다.

(1) 정박 중 선수 방위에 대한 자차 측정

정확한 선위와 적당한 물표를 연결한 자침 방위를 해도에서 구하고, 선박에서 물표를 측정한 나침 방위를 구하여 비교하면 당시의 선수 방위에 대한 자차를 구할 수 있다.

예제 정박한 선박의 선수 방위가 090°일 때 물표의 방위를 측정하였더니 005°였다. 해도에서 물표와 선위를 연결한 자침 방위가 007°일 때의 자차를 구하라.

풀이 자차 (D) = 007° (MC) − 005° (CC) = 2°

∴ D = 2° E

(2) 항해 중 선수 방위에 대한 자차 측정

연안 항해 중 좌우 현측 방향에 현저한 두 개의 물표가 일직선상에 놓

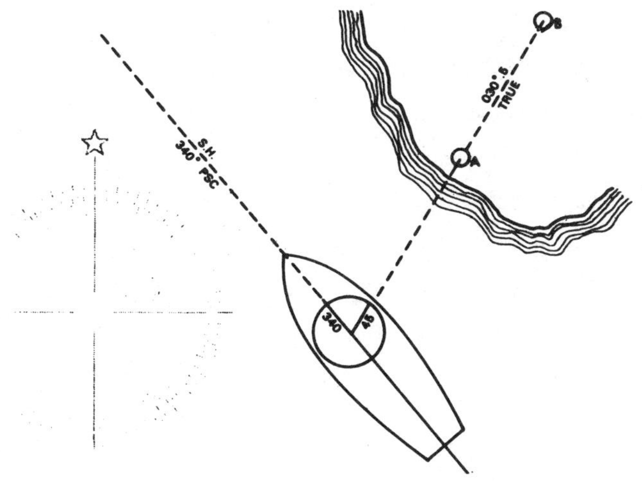

그림 8-19. 중시선 방법

이는 기회가 있을 때, 자기 나침의로 방위를 측정하여 해도에서 구한 자침 방위와 비교하여 당시의 침로에 대한 자차 측정을 한다. 이 방법을 일명 중시선 방법이라고도 한다.

예제 나침의 침로 340°로 항해 중인 선박이 그림 8-19와 같이, 물표 A와 B가 일치하여 보이는 순간 나침의로 방위를 측정하였더니 045°였다. 해도에서 구한 진방위는 030°.5이고 편차는 20°W였다. 자차를 구하라.

풀이 자침 방위 (MC) = 030°.5 (TC) + 20°W (V) = 050°5

자차 (D) = 050°.5 (MC) − 045° (CC) = 5°.5

∴ D = 5°.5E

(3) 부표를 이용한 자차 측정

적당한 해역에서 위치가 정확하게 부표를 설치한다. 현저한 물표를 선택하여 부표와의 자침 방위를 구한다.

그림 8-20과 같은 침로 순서로 항해하면서 부표와 물표가 일직선상에 놓일 때 방위를 측정하여 각 선수 방위에 대한 자차를 구한다.

이 방법은 부표를 정확히 설치하고 그 위치를 구하여야 하며, 설치한 부표가 조류나 바람 등의 외력에 의하여 이동되지 않아야 한다.

8. 원표 방위에 의한 방법

이 방법은 정박지 등에서 먼 거리에 있는 물표를 현저하게 볼 수 있는 경우에 사용하고, 물표와의 거리는 최소 6해리 이상이어야 한다.

선박은 저속으로 항해하거나 또는 예선에 의하여 선회권을 작게 하여야 한다. 즉 자차 측정 중 선박과 물표의 자침 방위는 항상 일정한 것으로 간주하기 때문에 시차(視差)가 작아야 한다.

(1) 측 정 법

선수를 각 나침 방위에 차례로 향하게 하여 한 침로에서 5분간 항

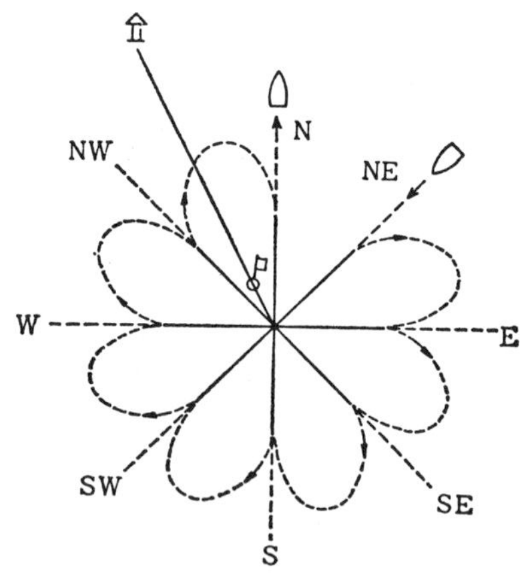

그림 8-20. 부표를 이용한 자차 측정

해한 후 각 선수에 대한 물표의 나침 방위를 구한다. 물표의 나침 방위를 측정하면 각 선수의 나침 방위에 대한 자차는

자차=물표의 자침 방위−물표의 나침 방위

로 구할 수 있다. 일반적으로 선수 방위는 8개의 주요 방위를 취한다.

(2) 물표의 자침 방위를 구하는 법

선박의 정확한 위치를 알고 있을 때에는 해도에서 자침 방위를 구하고, 그렇지 않으면 나침의의 8개의 주요 방위에서 물표의 나침 방위 평균치를 자침 방위로 한다. 그리고 태양을 이용하여 물표의 진방위를 측정하고 해도에서 편차를 구하면 물표의 자침 방위를 구할 수 있다.

(3) 측정치의 기입표

자차 측정 전에 미리 표 8-2와 같은 표를 만들어 두고 측정한 값을 기입하면 자차를 구하는 데 매우 편리하다.

표 8-2 원표 방위에 의한 방법의 자차 계산표

나침의 침로	물표의 나침의 방위 (D)	자차 $\delta=D_0-D$
0° (N)	$D_N=$	$\delta_N=D_0-D_N=$
45° (NE)	$D_{NE}=$	$\delta_{NE}=D_0-D_{NE}=$
90° (E)	$D_E=$	$\delta_E=D_0-D_E=$
135° (SE)	$D_{SE}=$	$\delta_{SE}=D_0-D_{SE}=$
180° (S)	$D_S=$	$\delta_S=D_0-D_S=$
225° (SW)	$D_{SW}=$	$\delta_{SW}=D_0-D_{SW}=$
270° (W)	$D_W=$	$\delta_W=D_0-D_W=$
315° (NW)	$D_{NW}=$	$\delta_{NW}=D_0-D_{NW}=$

자침 방위 $(D_0)=\frac{1}{8}(D_N+D_{NE}+\cdots\cdots D_{NW})=$

측정 장소

지구 자장, 수평 분력 (H) = , 수직 분력 (Z) =

측정법 물표 ○○○의 방위 측정에 의한 법

측정자

811 자차표와 자차 도표

자차 측정 후 사용하기 편리하도록 처리하여 표나 도표로 만들어 놓은 것을 말한다. 이것은 나중에 참고하며, 그 기록을 자차표와 자차 도표로

만들고 나침의 일지에 기록하여 두어야 한다.

1. 자 차 표

자차는 각 선수 방위에 따라 다르기 때문에 선수 나침 방위(나침로) 15° 또는 45°마다 자차를 구하여 자차표를 작성하여 두고 침로나 방위의 개정에 이용한다.

자차표는 중간 선수 방위에 대한 자차를 구할 때 보간법을 써야 하므로, 이용에 불편하기 때문에 자차 도표를 만들어 사용한다.

표 8-3 자차표(45°마다 구분)

선수 나침 방위	자 차	선수 나침 방위	자 차
N	+9°	S	−6°
NE	+18°	SW	−9°
E	+10	W	−13°
SE	−2°	NW	−7°

A	B	C	D	E
0	11.°5=690′	7.°5=450′	4.°5=270′	1.°5=90′

2. 자차 도표

(1) 직교 자차 도표

측정한 자차를 기점한 후 종축과 횡축에 선수 방위와 자차를 기입하며, 곡선으로 연결하여 자차 곡선을 구한다.

(2) 사교 자차 도표

사교 자차 도표(Napier 자차 도표)의 대표적인 도표는 나피어(Napier) 자차 도표를 들 수 있다. 이 도표는 Charles Napier(1786~1860)경이 고안한 것인데, 나침로(나침 방위)와 자침로(자침 방위)의 환산에 편리한 속산표(Nomogram)이다.

나피어 자차 도표는 종선상에 나침로의 눈금을 적고, 점선과 실선으로 된 사선을 종선과 각각 60°로 만나게 한다. 나침로에 대응하는 자차를 그 점을 지나는 점선 방향으로 기점하고, 기점한 점을 연결하여 나피어 자차

표 8-4 자차표(15°마다 구분, 미해국 사용 서식)

MAGNETIC COMPASS TABLE NAVSHIPS RPT. 3530-2
NAVSHIPS 3120/4 (REV. 6-67) (FRONT) *(Formerly NAVSHIPS 1104)*
S/N 0105-601-6830

U.S.S. Compass Island NO. EAG 153 *(BB, CL, DD, etc.)*

☐ PILOT HOUSE ☐ SECONDARY CONNING STATION ☐ OTHER ______

BINNACLE TYPE: ☐ NAVY ST'D ☐ OTHER ______

COMPASS [illegible] MAKE Lionel SERIAL NO. 1279[illegible]

TYPE CC COILS [illegible] DATE 13 Sept 1968

READ INSTRUCTIONS ON BACK BEFORE STARTING ADJUSTMENT

SHIPS HEAD MAGNETIC	DEVIATIONS DG OFF	DEVIATIONS DG ON	SHIPS HEAD MAGNETIC	DEVIATIONS DG OFF	DEVIATIONS DG ON
0	[illegible]	4.[illegible] W	180	[illegible].0 E	3.5 E
15	[illegible]	[illegible]	195	[illegible] E	5.0 E
30		[illegible] W	210	[illegible] E	6.0 E
45	[illegible]	[illegible]	225	[illegible] E	[illegible] E
60	[illegible]	[illegible]	240	[illegible] E	[illegible].5 E
75	[illegible]	[illegible]	255	[illegible] E	4.0 E
90	[illegible]	[illegible]	270	3.0 E	2.5 E
105	[illegible]	[illegible]	285	0.5 E	0.5 E
120		[illegible]	300	[illegible] W	[illegible] W
135			315	[illegible] W	[illegible] W
150			330	[illegible] W	[illegible] W
165			345	[illegible]	[illegible]

DEVIATIONS DETERMINED BY: ☐ SUN'S AZIMUTH ☐ GYRO ☐ SHORE BEARINGS

B ______ MAGNETS RED ☐ FORE ☐ AFT AT ______ ° FROM COMPASS CARD

C ______ MAGNETS RED ☐ PORT ☐ STBD AT ______ ° FROM COMPASS CARD

D ______ ☐ SPHERES ☐ CYLS AT ______ ° ☐ ATHWART-SHIP ☐ SLEWED ° ☐ CLOCKWISE ☐ CTR. CLOCKWISE

HEELING MAGNET: ☐ RED UP ☐ BLUE UP ______ ° FROM COMPASS CARD FLINDERS BAR: ☐ FORE ☐ AFT ______ "

☐ LAT ☐ N ______ ☐ LONG ☐ Z ______

SIGNED *(Adjuster or Navigator)* | APPROVED *(Commanding)*

VERTICAL INDUCTION DATA
(Fill out completely before adjusting)

RECORD DEVIATION ON AT LEAST TWO ADJACENT CARDINAL HEADINGS BEFORE STATING ADJUSTMENT: N 5.5W ; E 4.0W ; S 5.5E ; W 6.0E

RECORD BELOW INFORMATION FROM LAST NAVSHIPS 3120/4 DEVIATION TABLE:
DATE 1 Mar 1968 ☒ LAT 41° 22' N ☐ S ☒ LONG 71° 18'W ☐ Z

15" FLINDERS BAR ☒ FORWARD ☐ AFT DEVIATIONS N 4.5W ; E 2.0W ; S 4.5E ; W 3.0E

RECORD HERE DATA ON RECENT OVERHAULS, GUNFIRE, STRUCTURAL CHANGES, FLASHING, DEPERMING, WITH DATES AND EFFECT ON MAGNETIC COMPASSES:

Annual shipyard overhaul:
3 June - 7 Sept 1968
Depermed Boston NSY: 12 Sept 1968
Abnormal deviation observed

PERFORMANCE DATA

COMPASS AT SEA:	☐ UNSTEADY	☐ STEADY
COMPASS ACTION:	☐ SLOW	☒ SATISFACTORY
NORMAL DEVIATIONS:	☒ CHANGE	☐ REMAIN RELIABLE
DEGAUSSED DEVIATIONS:	☒ VARY	☐ DO NOT VARY

REMARKS

None

INSTRUCTIONS

1. This form shall be filled out by the Navigator for each magnetic compass as set forth in Chapter 9240 of NAVAL SHIPS TECHNICAL MANUAL.
2. When a swing for deviations is made, the deviations should be recorded both with degaussing coils off and with degaussing coils energized at the proper currents for heading and magnetic zone.
3. Each time this form is filled out after a swing for deviations, a copy shall be submitted to the Naval Ship Engineering Center. A letter of transmittal is not required.
4. When choice of box is given, check applicable box.
5. Before adjusting, fill out section on "Vertical Induction Data" above.

NAVSHIPS 3120/4 (REV. 6-67) (REVERSE) C-3084

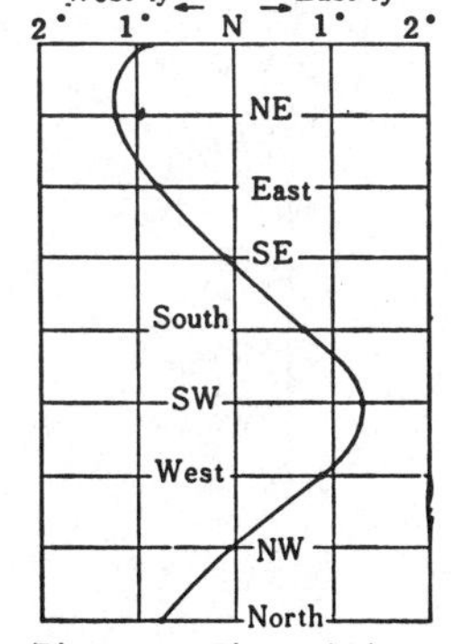

그림 8-21. 직교 자차 도표

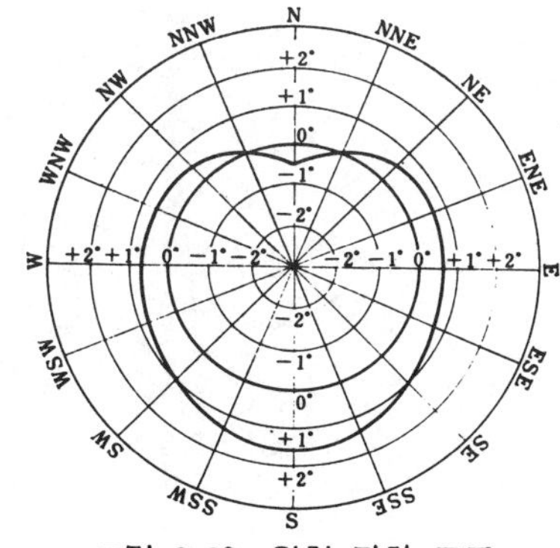

그림 8-22. 원형 자차 도표

곡선을 그린다.

나침로를 자침로로 고칠 때에는 나침로에 해당하는 점을 종선 위에서 취하고, 이 점에서 점선과 평행한 선을 그어 자차 곡선과 만나는 점을 구한다. 자차 곡선과 만난 점에서 실선과 평행한 선을 다시 그어 종선과 만난 점의 도수를 보면 자침로가 된다.

자침로를 나침로로 고칠 때에는 자침로에 해당하는 점을 종선 위에서 취하고 실선과 평행선을 그어 자차 곡선과 만난 점에서 다시 점선에 평행선을 그어 종선과 만난 점의 도수를 보면 나침로가 된다.

(3) 원형 자차 도표

그림 8-23과 같이 방위를 원주상에 표시해 자차 곡선을 그린 도표이다.

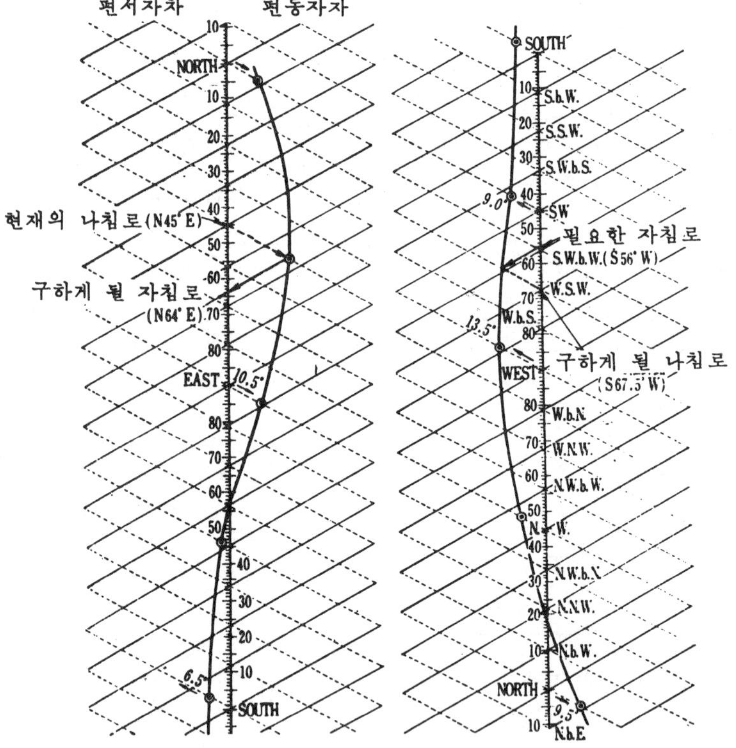

그림 8-23. 나피어 자차 도표

제 9 장 전륜 나침의

901 개 요

전륜 나침의(Gyro compass)는 고속으로 회전하는 자이로(Gyro)를 이용하여 역학적(力學的)인 방법으로 진북(眞北)을 지시하고, 선박에서 물표의 방위를 측정할 뿐만 아니라 대양에서 항해할 때 방향을 결정하는 항해계기이다.

전륜 나침의는 20세기 초부터 급속히 발달한 계기로서, 미국에서는 단일 회전자(Single rotor)를 이용하는 스페리(Sperry) 전륜 나침의를 개발하였고, 독일에서는 두 개 이상의 회전자를 사용하는 안쥬스(Anschütz) 전륜 나침의를 개발하였다. 전륜 나침의는 오늘날 선박에서 항해 목적으로 사용되는 외에 천체의 고도 관측용 계기와 관성 항법 장비의 기본 구성품으로 사용되고 있다.

여기서 설명하는 내용은 전륜 나침의의 기본 원리와 오차 및 항해사가 일반적으로 알아야 할 사항만을 설명하고, 복잡한 구조, 작동 및 정비에 관한 사항은 전륜 나침의 제작 회사에 따라 다르므로, 각 회사의 전륜 나침의 편람을 참고해야 한다.

902 전륜 나침의의 원리

1. 자이로스코프

자이로스코프(Gyroscope)의 어원(語原)은 희랍어의 Gyros(회전)와 Skopein(관찰하다)이 결합되어 만들어진 불어(佛語)계의 단어이며, 1852년 프랑스 과학자 Leon Foucault가 자이로스코프를 이용하여 지구의 회전을 관찰한 것이 이 말의 유래(由來)라고 한다.

자이로스코프는 그림 9-1과 같이, 그 본체가 되는 자이로(Gyro)는 회전축(回轉軸; Rotor axis), 수평축(水平軸; Horizontal axis), 수직축(垂直軸; Vertical axis) 등 3개의 축이 서로 직각으로 이루어져 있고, 또 이들은 자유로이 회전할 수 있게 되어 있는 것을 말한다. 그림 9-1에서 1은 회전축, 2는 수평축, 3은 수직축이다.

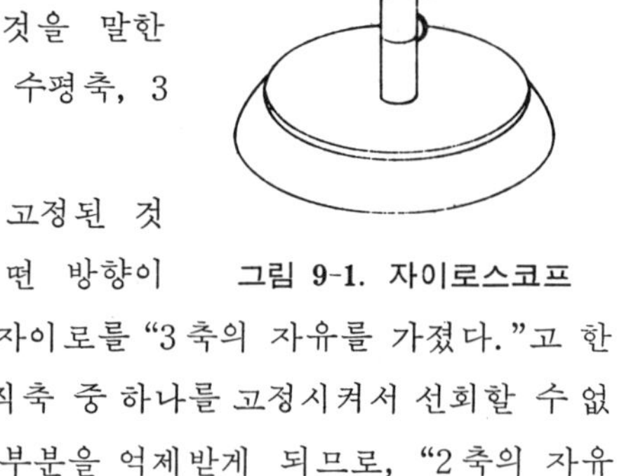

그림 9-1. 자이로스코프

자이로의 3축이 교차되는 점은 고정된 것으로 생각할 수 있고, 회전축이 어떤 방향이라도 가리킬 수 있도록 되어 있는 자이로를 "3축의 자유를 가졌다."고 한다. 만약 3축중에서 수평축이나 수직축 중 하나를 고정시켜서 선회할 수 없게 되면 이 자이로는 그 운동의 일부분을 억제받게 되므로, "2축의 자유를 가졌다."고 한다.

2. 자이스로코프의 특성

3축의 자유를 가지고 고속으로 회전하는 자이로스코프는 회전 타성, 즉 방향 보지력(Gyroscopic inertia or Rigidity in space)과 축선회(Precession)의 두 가지 특이한 성질이 있다.

(1) 회전 타성

"모든 물체는 정지 혹은 속도를 현재의 상태로 유지하려는 성질(관성)이 있다."는 뉴우튼의 운동 제 1 법칙이 회전체에도 적용되어 "3축의 자유를 가진 자이로스코프를 고속으로 회전시키고 외력의 영향을 받지 않는 상태에서 자이로스코프축(회전축)은 지구의 자전에 관계 없이 공간에 있어서의 일정한 방향을 가리킨다."는 성질을 회전 타성(回轉惰性; Gyroscopic inertia) 또는 방향 보지력(方向保持力)이라 한다.

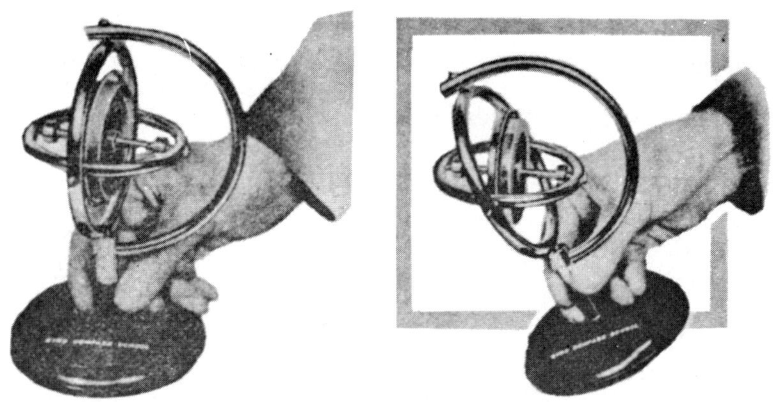

그림 9-2. 자이로스코프의 회전 타성

(2) 축 선 회

고속으로 회전하는 자이로스코프의 회전축과 일치하지 않는 방향에서 외력을 작용하면(즉, 회전축의 방향을 변화시키는 힘을 작용하면) 회전축은 외력이 가해지는 방향으로 이동하지 않고 축과 90°가 되는 방향으로 이동하는 것을 축선회(軸旋回; Precession)라 한다. 이 현상은 자이로스코프 법칙을 발견한 프랑스의 물리학자인 후코가 발견하였고, Precession(축선회)이라 불렀다.

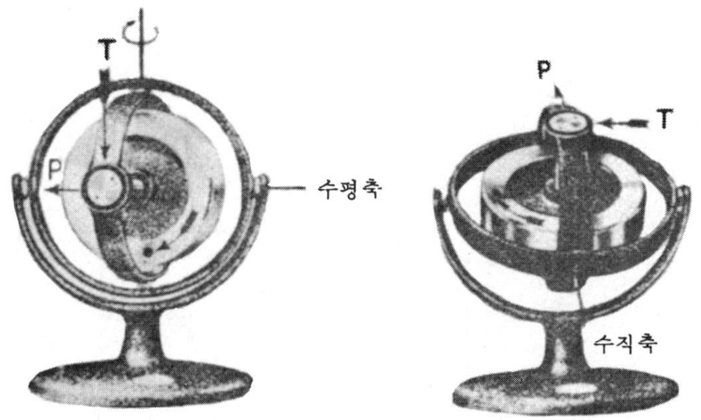

그림 9-3. 축선회 현상

그림 9-3은 수평축과 수직축에 외력을 작용할 때 회전축의 이동 방향을 보이고 있으며, 이 때 축선회의 이동 속도는 외력의 크기에 비례하고 자이로의 회전 운동량에 반비례한다.

3. 지구의 자전과 자이로스코프와의 관계

전륜 나침의(Gyro compass)는 자이로스코프의 특성과 지구의 자전 및 중력을 이용하여 지북 작용(指北作用)을 하는 것이므로, 지구 자전이 자이로스코프에 미치는 영향을 고려해야 한다.

지구는 지축을 축으로 하여 서쪽에서 동쪽으로 약 24시간마다 1회전하는 속력으로 자전하고 있으므로, 지구 자전의 각속도에 대한 벡터(Vector) 방향은 북쪽이 된다.

지구의 자전으로 인하여 생기는 운동에 대하여 고려하면 지구상의 일점인 A 점은 그 이동 속도가 적도에서 가장 크고 극(極)에서는 영(0)이 된다. 그리고 A 점에 접한 평면은 자오선을 기준하여 동쪽은 아래쪽으로, 서쪽은 위쪽으로 경사 운동을 하게 된다.

A 점에 접한 평면(또는 지반)을 관찰하면 북반구에서는 그림 9-5와 같이 반시계 방향으로 선회하고, 남반구에서는 시계 방향으로 회전하며, 그 회전 속도는 양극에서 가장 크고, 적도에서는 0이 된다.

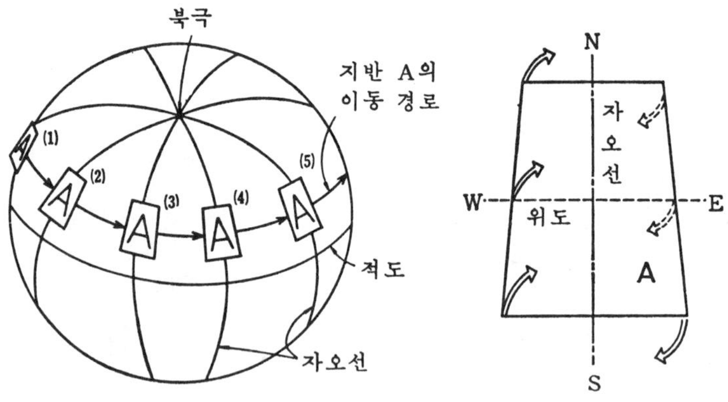

그림 9-4. 지반의 경사

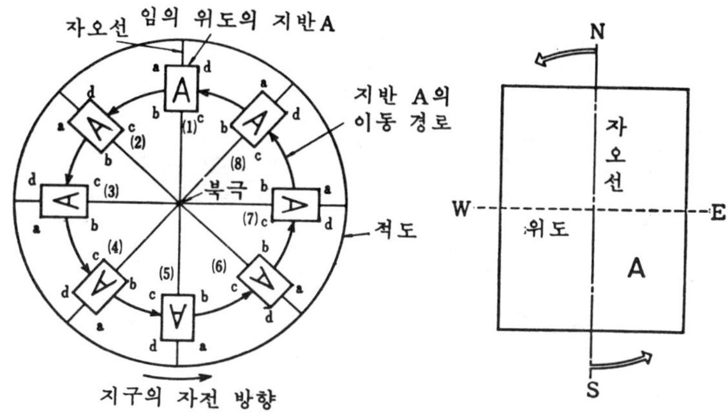

그림 9-5. 지반의 회전

따라서 지구상에 접한 평면과 3축의 자유를 가진 자이로스코프의 축과 지구 자전과의 관계는 다음과 같다.

① 자이로스코프가 일정한 선속(線速)으로 서쪽에서 동쪽으로 이동하나 지면에 대해서는 하등의 영향이 없다.

② 자이로축(Gyro axis)을 축(軸)으로 하여 일정한 각속도로 회전하므로, 자이로의 회전 속도에 증감이 생기게 하지만 지면에 대하여는 별로 영향이 없다.

③ 수평축(Horizontal axis)을 축으로 하여 일정한 각속도로 자이로의 지북단(指北端)이 지면에 대하여 위쪽으로 경사된다.

④ 수직축(Vertical axis)을 축으로 하여 일정한 각속도로 자이로의 지북단이 위에서 볼 때 지면에 대하여 시계 방향으로 선회한다. 즉 지북단이 동쪽으로 선회한다.

이상 지구 자전과 자이로의 4가지 관계 중에서 자이로에 관하여 고려해야 할 사항은 수평축과 수직축에 미치는 영향뿐이다.

자이로의 축을 적도상에서 자오선과 직각이 되게 놓고 시동하였다고 하면, 지구 자전으로 인하여 자이로축은 그림 9-6과 같이 수평축을 축으로 하여 동쪽 끝이 상승하게 되고, 극(極)에 있어서는 자이로 축이 그림 9-7과 같이 수직축을 축으로 하여 선회하게 된다.

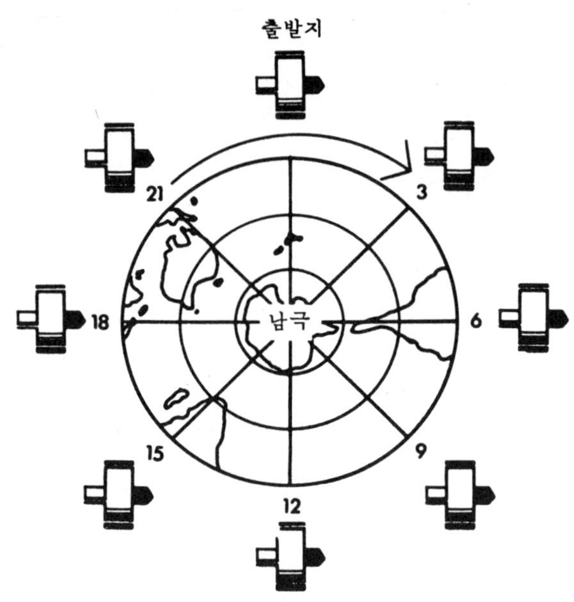

그림 9-6. 자이로축의 경사

물론 중간 위도에서는 그림 9-8과 같이 자이로의 지북단(指北端)이 수평축을 축으로 하여 경사지게 되고, 수직축을 축으로 하여 선회하게 된다.

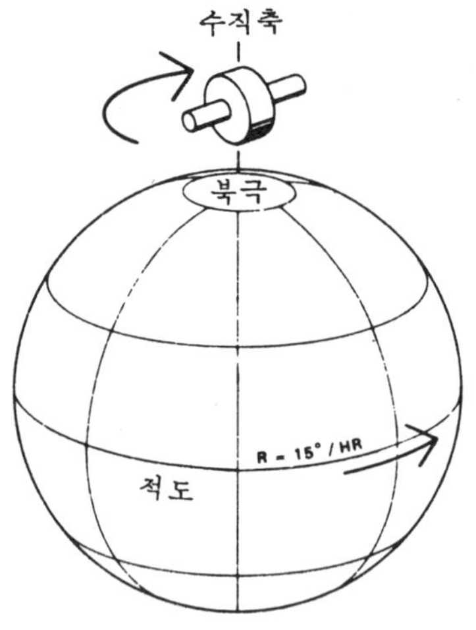

그림 9-7. 자이로 축의 선회

지구가 둥글고 자전하는 관계로 상기와 같이 자이로가 시운동(視運動)을 하는데, 이를 나침의(羅針儀; Compass)로 사용하려면 3축의 자유뿐만 아니라 자이로축이 지면(地面)의 경사 및 선회와 동일한 운동의 축선회(Precession)를 계속하도록 외력을 가하여 항상 시방향(視方向)의 북(北)을 지시하도록 하여야 한다.

3축의 자유를 가지고 고속으로 회전

하는 자이로의 축 방향이 지구의 자전에 관계 없이 일정한 방향을 가리키는 것을 절대 방향이라 한다. 그리고 지구 표면에서 절대 방향을 가리키는 자이로축과 지면에 있는 물표를 비교하면 항상 그 방향이 변하는 것처럼 보이게 되는데, 이와 같이 지면에 있는 사람의 눈에 보이는 방향을 시방향(視方向)이라 한다.

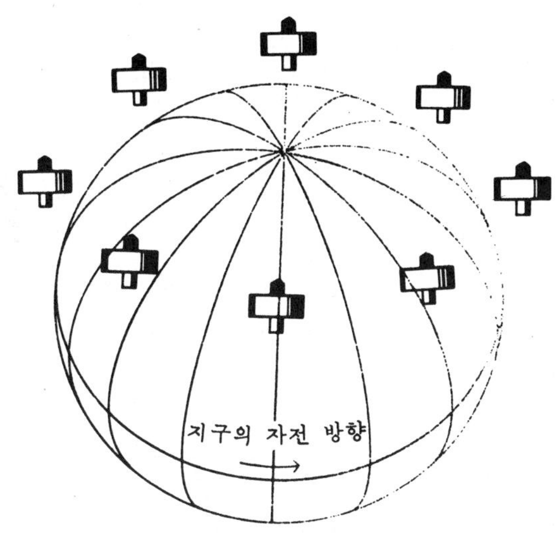

그림 9-8. 자이로축의 경사와 선회

자이로를 항해용으로 사용하기 위해서는 자이로축이 항상 시방향의 북(北)을 가리켜야 하고, 자이로축의 시방향이 일정하다는 뜻은 그 위도에 있어서 지면의 경사나 선회와 동일한 운동이 자이로축에 가해져야 하므로, 3축의 자유를 가진 자이로는 불가능하고 지면과 동일한 운동의 축선회를 계속하기 위해서는 수평축을 억제한 2축의 자유를 가진 자이로이어야 한다.

4. 지북 원리

지구의 자전으로 인하여 자이로 축의 지북단(指北端)이 상승(上昇) 선회(旋回)할 때 지구의 중력(重力)이 작용하여 자이로축을 수평이 되게 하고 자오선과 일치하도록 축선회(Precession)가 일어나도록 외력을 가하면 자이로축은 진북(眞北)을 지시하게 되고 항시 같은 방향을 유지한다. 이상과 같이 자이로축이 북쪽을 향하여 자오선과 일치하려고 하는 축선회를 전륜 나침의의 지북 작용이라 하고, 그와 같은 축선회를 일으키게 하는 장치를 지북 장치라 한다. 따라서 전륜 나침의의 지북 작용은 자이로의 특성과 지구의 자전 및 중력의 상호 작용을 이용한 것이다.

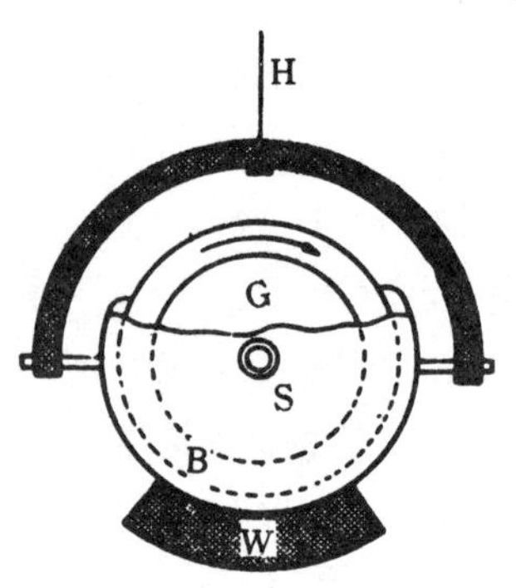

그림 9-9. **Single pendulous G.C.**

그림 9-9와 같이 3축의 자유를 가진 자이로의 아래 부분에 무거운 추를 부착한 것을 Single pendulous gyro compass라고 한다. 이 자이로를 지북단이 동쪽으로 향하게 하여 적도상에 놓고 자이로를 시동시키면 이 자이로는 추(錘)에 의하여 수평축(Horizontal axis) 주위의 자유가 억제된다.

그림 9-10에서 (1)의 위치에 있던 자이로가 지구의 자전 때문에 (2)의 위치에 오면 지구의 중력이 추에 작용하여 지북단을 아래로 끌어내리려는 외력을 받게 되고, 이 외력이 축선회를 일으키게 하므로써 지북단이 지면 쪽으로 기울어진다. (3)의 위치에 왔을 때에는 자이로축은 지축과 평행하게 되고, 지구의 중력이 추에 작용하더라도 자이로축을 경사지게 작용하지 않으므로 자이로는 추의 방향을 바꾸지 않고 그대로 북쪽을 가리키게 된다.

실제로는 지구상의 위치, 지북 장치의 종류 등에 따라 여러 가지 복잡한

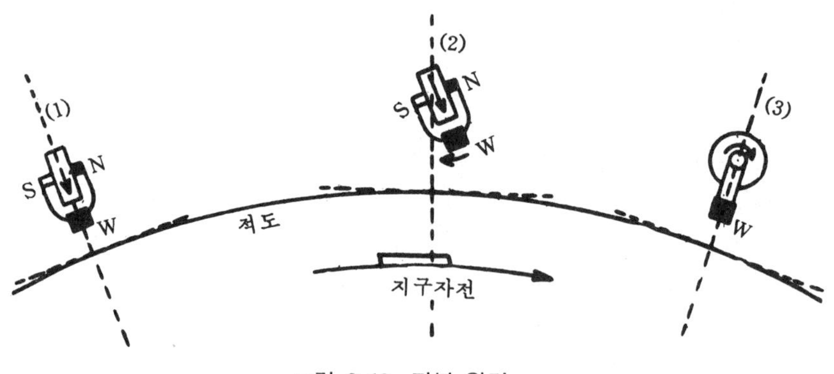

그림 9-10. 지북 원리

문제가 있으나, 이상과 같은 지북 원리가 기초가 된다.

전륜 나침의의 종류는 다음과 같다.

패동식(Pendulous)

① 아마식(미국 Arma 회사)

② 안쥬스식(독일 Anschütz 회사)

③ 프레이스식(독일 C. Plath 회사)

④ 북진-안쥬스식(일본 북진전기 제작소)

⑤ 북진-프레이스식(일본 북진전기 제작소)

⑥ 마이크로 테크니카식(이탈리아 Microtecnica 회사)

비패동식(Non pendulous)

① 스페리식(미국, 일본 및 영국 Sperry 회사)

② 동경 계기식(일본 동경계기 회사)

③ 브라운식(영국 Brown 회사)

안정의식(Stabilized)

① 마크 19 스페리식(미국 Sperry 회사)

② 아마-브라운식(영국 S.G. Brown 회사)

③ PL-41식(독일 Litef 회사)

미 해군함정은 거의 Sperry 회사의 스페리식 전륜 나침의를 사용하고 있고, 신조하는 대형함은 Sperry Mark 19형, 구축함은 Sperry Mark 11형, 소형 상륙 수송함(Amphibious transports)과 대형 상륙함(Landing ship tank) 및 호위함(Patrol escort)은 Sperry Mark 14형, 중형 상륙함(Landing ship medium)과 연안 소해정은 Sperry Mark 8형이 설치되어 있다. 그리고 상륙 합정용으로 사용하기 위한 Sperry Mark 23형이 있다.

그림 9-11. **Sperry Maɪk 14 Gyro compass**

903 스페리 전륜 나침의의 원리

1. 수은 안정기

스페리 전륜 나침의는 비패동식으로 수은 안정기(水銀安定器; Mercury ballastic)를 사용하여 지북 작용을 하게 한다. 자이로는 회전자함(Rotor case) 안에서 회전하고 있으며, 회전자함 밑부분에 고정된 한 쌍의 관(Pipe) 안에는 수은이 자유로이 유통하도록 되어 있어 자이로축의 경사와 동일하게 경사하도록 설계되어 있다.

자이로를 적도상에서 지북단(指北端)이 동쪽을 향하게 놓고 벡터 방향이 남쪽으로 향하도록 시동하면 지구 표면의 동방 경사(東方傾斜)로 인하여 자이로의 지북단이 상승한다. 그림 9-12에서 자이로의 위치가 A에서 B로 왔을 때 수은 안정기에 있는 수은은 지남단으로 이동하여 중력(重力)을 받게 되므로 지남단을 압하(壓下)하려는 힘을 가하게 되고, 지북단의 북쪽으로 축선회하게 한다.

자이로가 C, D의 위치를 지나서 E의 위치에 왔을 때 자이로축은 지축과

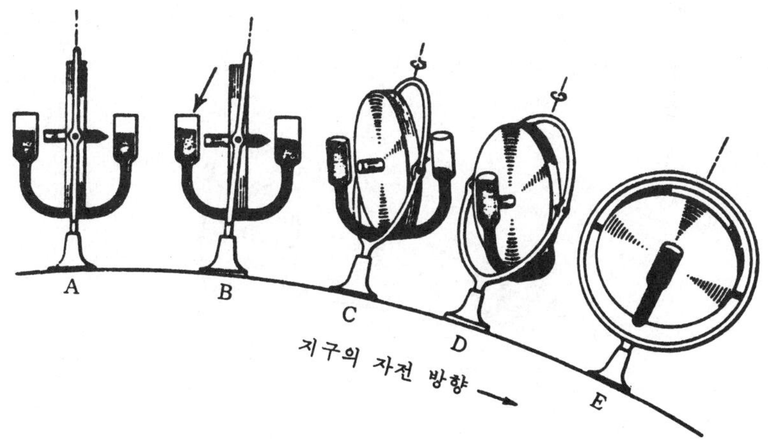

그림 9-12. 스페리 전륜 나침의의 지북 원리

평행하게 된다.

패동식 자이로(Pendulous gyro)에서는 자이로축의 지북단을 압하하려는 중력에 의하여 지남단(指南端)이 남쪽으로 좌선(左旋)하는 축선회가 생기고, 비패동식(Non pendulous gyro or Mercury ballistic gyro)에서는 지남단을 압하하려는 중력에 의하여 지북단이 북쪽으로 좌선하는 축선회가 생겨서 지북(指北)하게 되므로, 자이로의 회전 방향은 서로 반대가 된다.

2. 자이로축의 동요

지북 장치의 작용으로 전륜 나침의의 지북단이 북쪽을 향하는 축선회를 하게 되나, 북쪽을 향하여 정지하는 것이 아니고 진자(振子)와 같이 계속하여 움직이게 된다.

자이로축이 지북하게 될 때까지는 어느 정도 시간이 소요되고, 그 사이에도 지구 표면의 동방 경사는 계속되어 지북단이 북쪽을 향했을 때, 그림 9-13과 같이 지북단은 최대 앙각을 이루게 되고, 앙각의 크기에 비례하여 축선회의 속도도 비례한다.

지북단은 북쪽에서 정지하지 않고 북쪽을 지나 서쪽으로 축선회를 계속하며, 지북단이 서쪽으로 가게 되면 이번에는 지남단이 상승하고 지북단이 강하하여 앙각이 감소함과 동시에 축선회 속도가 점차 느려지면서 앙각이 0°가 되면 지북단이 서쪽을 가리키게 된다.

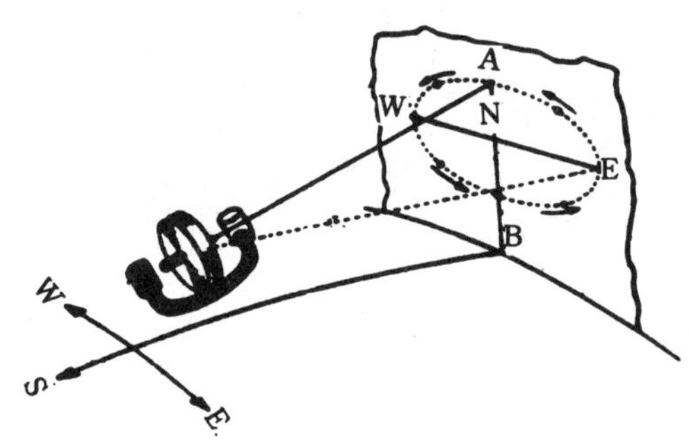

그림 9-13. 자이로축의 동요

그러나 지구 표면의 동방 경사로 인하여 지북단이 계속 강하함에 따라 이번에는 지북단이 부각(俯角)을 이루게 되고 수은은 지북단 쪽으로 이동하여 지북단을 압하(壓下)하게 되므로, 동쪽으로 축선회를 하여 북쪽을 향하게 된다. 계속하여 부각은 커지고 지북단이 자오선과 일치하게 될 때 최대 부각을 이룬다. 동쪽으로 축선회를 계속하면서 부각은 적어지고 지북단이 동쪽을 가리킬 때 부각은 0°가 된다. 이 때 자이로는 처음 시동할 때와 같은 상태가 되며 계속하여 축선회를 하면서 요동하게 되는데, 이러한 현상을 자이로축의 동요(Oscillation)라 한다.

이와 같은 자이로는 나침의로 사용할 수 없으므로, 동요를 제지하는 장치가 필요하다.

3. 제동 장치(또는 제진 장치)

스페리 전륜 나침의의 지북 장치인 수은 안정기는 그림 9-14와 같이 회전자함(Rotor case)의 직하(直下) 중심점이 아니고 그보다 동쪽으로 약 1.5°(실거리 0.156인치) 떨어진 곳에 편심 접촉(偏心接觸; Eccentric connection)되어 있으며, 이 편심 접촉점은 자이로축의 동요를 제지하는 작용을 하게 되므로, 이것을 제동 장치(Damping device)라 한다.

수은 안정기와 회전자함(Rotor case)이 편심 접촉된 자이로를 적도상에

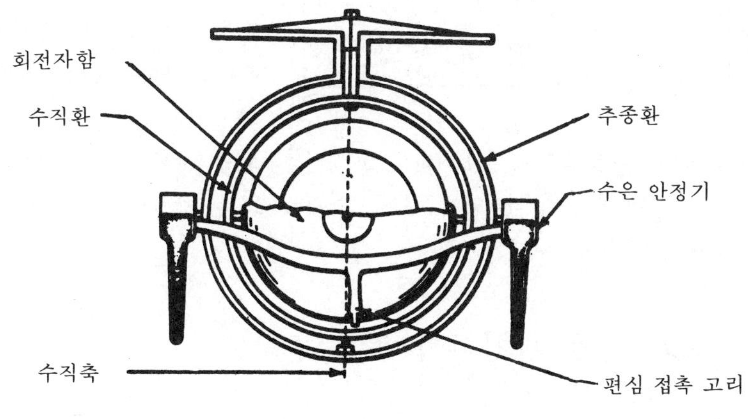

그림 9-14. 제동 장치

놓고 시동(始動)하면 지북단은 그림 9-15와 같이, 자이로축의 요동이 제지되어 타원 대신 수렴 나선상 곡선(收斂螺旋狀曲線)을 그리면서 북쪽을 향하여 정지하게 된다.

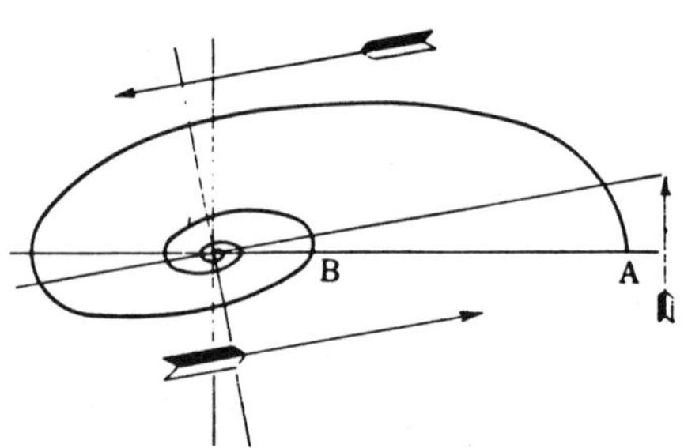

그림 9-15. 제동 장치의 효과

스페리 전륜 나침의는 제동률(Damping factor)이 67%이고 동요 주기가 약 85분으로 설계되어 있다.

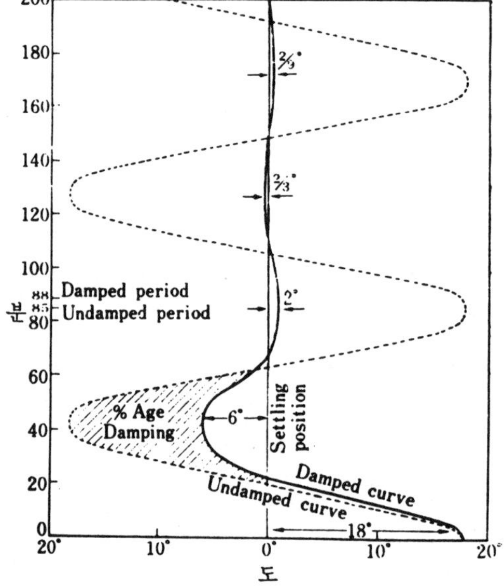

그림 9-16. 제동 장치 유무에 대한 동요 곡선

따라서 자이로축의 지북단을 동쪽으로 향하게 놓고 시동할 경우, 그 동요의 폭은 90°에서 30°, 10°, 10°/3, 10°/9, 10°/22 순으로 감소하게 되어 약 4시간 후에는 실제 사용하는 데 지장이 없게 되며, 보다 빠른 시간에 전륜 나침의를 사용해야 할 경우에는 자이로축의 지북단을 자오선과 같은 쪽으로 축선회를 시킨 후 시동하면 1시간 정도 후에 사용할 수 있게 된다. 그림 9-16은 지북단이 18°에서 시동한 자이로의 동요 곡선이다.

904 전륜 나침의의 주요 장치

전륜 나침의는 그 종류에 따라 조금씩 차이가 있으나, 최근에 건조된 선박을 제외하면 대부분의 선박이 스페리 회사의 전륜 나침의를 사용하고 있으므로, Mark 14, Mod 5의 전륜 나침의를 기준하여 설명하면, 그 주요 장치는 주나침의(主羅針儀; Master compass), 나침의 조정 장치, 나침의 추종 장치, 송신 장치 등으로 구성되어 있다.

1. 주나침의

주나침의(主羅針儀; Master compass)의 장치는 전륜 나침의의 핵심 부분으로 진방위를 나타내는 장치로서, 주동부(主動部; Sensitive element), 추종부(追從部; Phantom element), 제진부(制振部; Controlling element or Mercury ballistic), 고정부(固定部; Spider element) 및 나함(Binnacle)의 5개 부문으로 나눌 수 있다.

주동부는 주나침의(Master compass)의 지북부(指北部)를 구성하는 가장 중요한 부분으로, 그림 9-17에서 연분홍색으로 표시한 것이다.

추종부는 주동부를 지지(支持)하며, 고정부의 선회(선박의 선회)에 대하여 전기적으로 주동부를 추종하는 부분으로, 항상 주동부와 동일한 위치 관계를 유지하게 되고 고정부에 의하여 지지되고 있다. 그림 9-17에서 녹색으로 표시한 부분이다.

제진부는 자이로가 지북 작용을 하도록 하는 부분이며, 4개의 수은조(Mercury resevoir)로 구성되어 있다. 그림 9-17에서 황색으로 표시한 부분이다.

고정부는 추종부를 구동시켜서 주동부에 추종시켜 주는 부품으로 구성되며, 나함에 의해서 지지되어 있다.

나함은 전륜 나침의의 내부 기계를 지지 보호해 주며, 선박의 동요와 진동을 방지한다. 횡동요(Rolling)는 60°, 종동요(Pitching)는 20°까지 영향을 받지 않도록 해 준다.

2. 나침의 조종 장치

나침의 조종 장치(Compass control system)는 전륜 나침의를 작동시키

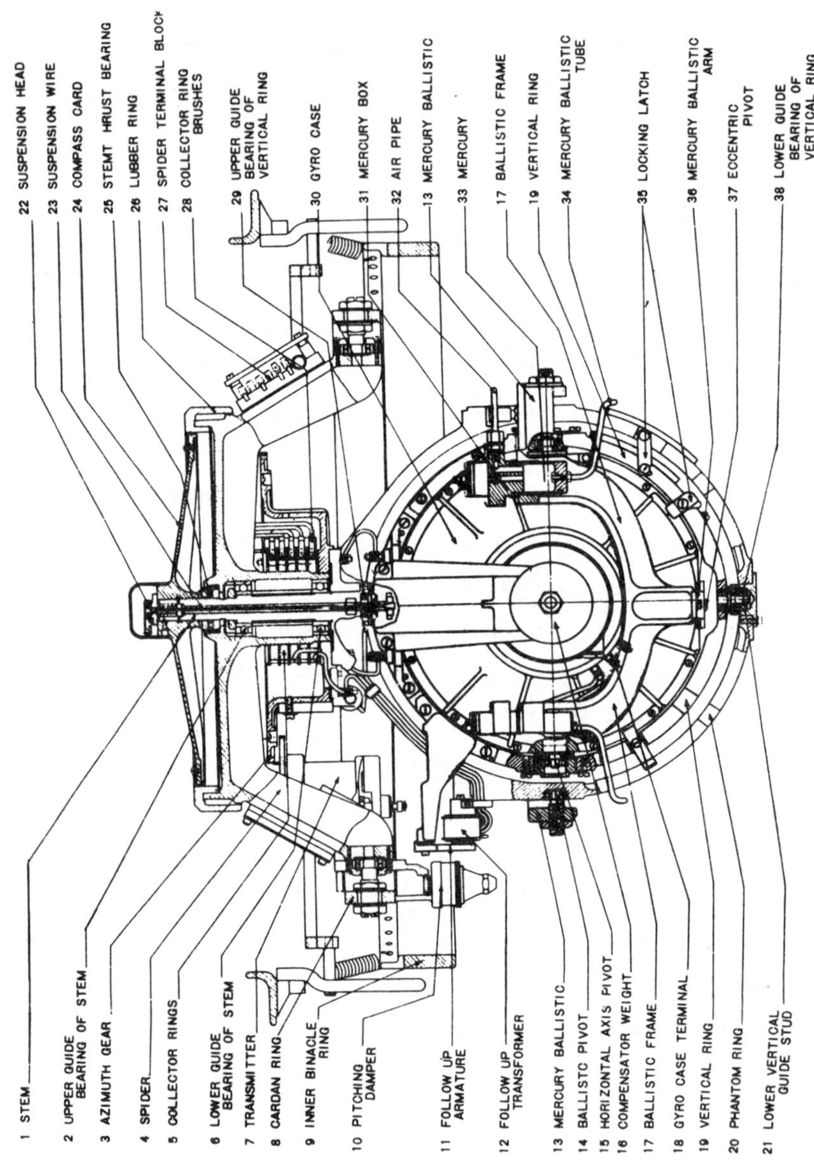

그림 9-17. 주나침의의 구조(전면)

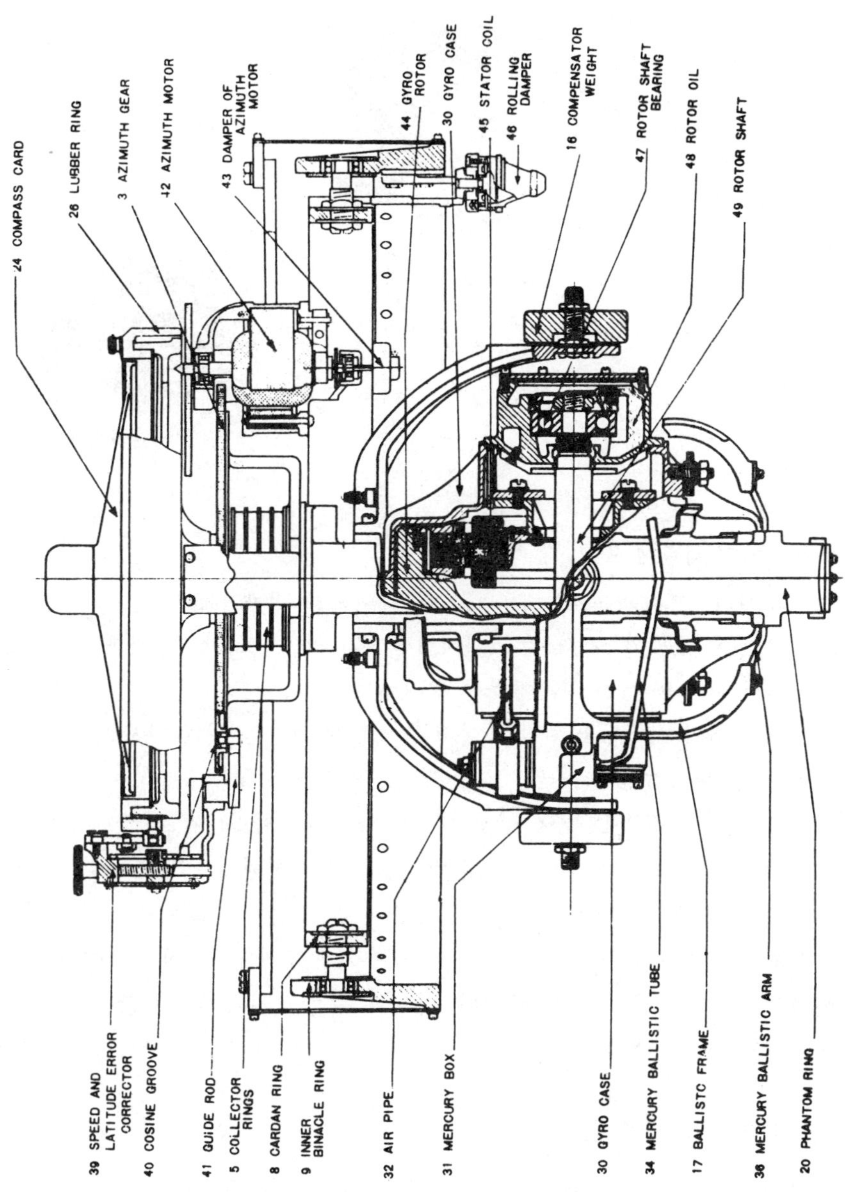

그림 9-18. 주나침의의 구조(측면)

는 동력을 공급하고 조정하며, 이를 감시하는 장치로서 조정판(Control pannel), 축전지 연결판(Battery throw-over pannel), 전동 발전기 (Motor generator), 탄소판 속도 조절기, 경보 표시기, 경보 장치 등으로 구성되어 있다.

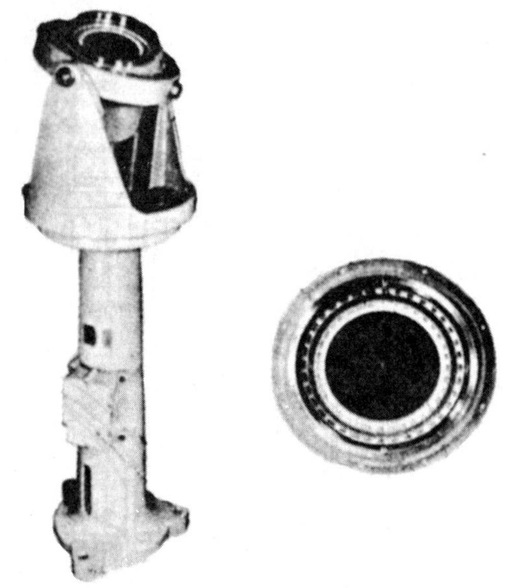

그림 9-19. 추종 나침의

조정판은 선박의 전력을 나침의 계통에 공급하고 감시하며, 축전지 연결판은 선박의 전력이 차단되었을 때 축전지로부터 전력을 나침의 계통에 공급하는 전동 발전기를 구동시킨다.

전동 발전기는 선박의 전력을 나침의 계통에 필요한 여러 가지 종류의 전력으로 전환 공급한다.

탄소 속도 조정기는 전동 발전기의 속도를 조정한다. 경보 표시기는 경보 장치의 일부분이며, 전륜 나침의에 공급되는 전원의 상태를 알 수 있도록 선교(함교)에 설치되어 있다.

경보 장치는 전륜 나침의에 공급되는 전압과 주파수가 10 % 이상의 차이가 있거나, 결함이 있을 때 이를 경고해 주고 비상용 축전지(24 V)가 전력을 공급하도록 한다.

3. 나침의 추종 장치

나침의 추종 장치(Follow-up system)는 추종부와 고정부 사이의 마찰이 없도록 하면서 추종부가 주동부와 일치하도록 하며, 추종 변압기(Follow-up transformer), 증폭기판(Amplifier pannel) 및 방위 전동기(Azimuth motor)로 구성된다.

추종 변압기는 선박이 변침할 때 주동부와 추동부 사이에서 일어나는 운동량을 전기적 신호로 발생시키고 증폭기판에 보내 준다.

증폭기판에 있는 추종 증폭기는 신호를 증폭시켜 방위 전동기를 회전시키고, 방위 전동기는 추종부와 주동부가 일치하도록 한다.

4. 송신 장치

송신 장치(Transmission system)는 주나침의의 방위를 추종 나침의와 기타 장비의 주나침의와 일치하도록 전달하는 장치이다.

이 장치는 자기동기식 송신기(Synchrous transmitter)이고 나침의 송신기, 중계 송신기, 추종 증폭관, 추종판(Repeater panel) 및 추종 나침의로 구성되어 있다.

추종 나침의(Repeater compass)는 사용 목적에 따라 Steering compass, Azimuth compass 및 Bulkhead compass 등이 있다.

905 전륜 나침의의 특성

1. 전륜 나침의의 한계와 장점

전륜 나침의는 자기 나침의와 비교하여 여러 가지 장점을 가지고 있다. 그러나 전륜 나침의는 정밀한 기계와 전기를 사용하여야 하므로, 그 한계점을 배제할 수 없다.

전륜 나침의의 한계점은 적절한 주의와 정비를 철저히 하면 신뢰할 수 있고 만족할만한 기능을 발휘한다. 항해사는 항상 전륜 나침의만 의존하지 말고 자기 나침의의 정비와 조정을 정밀히 하여 전륜 나침의가 고장났을 때 사용할 수 있도록 준비하여야 한다.

전륜나침의의 장점은 다음과 같다.

① 전륜 나침의는 진자오선의 방향을 가리킨다.

② 전륜 나침의는 자기 나침의를 사용할 수 없는 양극(兩極) 지방에서도 사용할 수 있다.

③ 자기 나침의의 지향력(指向力)을 감소시키는 자력(磁力) 물체의 영향을 받지 않는다.

④ 침로 기록, 자동 조타 장치, 측척 장치 및 추측 항적 자화기 등 각종 항해 장치와 함께 사용할 때 편리하다.

전륜 나침의의 한계점은 다음과 같다.

① 전력이 항상 필요하다.

② 자기 나침의에 비하여 정비 유지가 어렵다.

③ 위도 75° 이상 되는 지방에서는 정확도가 감소된다.

2. 전륜 나침의의 정확도와 작동시의 주의

전륜 나침의는 아무리 정확하게 조정되었다 할지라도 오차가 있게 되고, 오차는 1°를 초과하는 경우가 거의 없다.

실제 전륜 나침의를 사용함에 있어서 그 오차가 작다고 할지라도 이것을 무시해서는 안 되며, 항시 전륜 나침의의 작동 상태를 관찰하여야 한다. 작은 오차라 할지라도 장시간 누적되면 그 오차는 크게 되고, 물표를 관측하여 구한 선위(船位)가 실제 위치와 많은 차이가 있게 된다. 뿐만 아니라 전륜 나침의는 때때로 기계적 고장이 생기게 되며, 이를 알지 못할 때 해상에서 재난을 당하게 된다.

일반적으로 항해시 전륜 나침의는 계속하여 작동하며, 불의의 사고에 대비하여 비상 전원과 기계적 고장이나 전원이 단절되었을 때 이를 알려 주는 지시기가 설치되어 있다.

비상 전원은 발전기의 전원이 회복될 때까지 자동적으로 전륜 나침의를 작동시킨다.

전륜 나침의를 시동시킨 후 정상적으로 작동하려면 3~4시간이 소요되므로, 항구에서 정박 기간이 24시간 이내일 경우 계속 작동시켜 두는 것이 좋다. 그리고 장기간 항구에 정박한 후 출항할 경우에는 적어도 24시간 전에 시동하여 전륜 나침의의 성능을 검사하고 오차도 측정해 두는 것이 좋다.

전륜 나침의를 시동하여 빠른 시간 내에 정상 작동하여야 할 경우에는, 주동부의 진동 작용에 가해지는 제동량을 전기적(電氣的)으로 변동시킴으로써 나침의의 안정 기간을 자동적으로 빠르게 하는 조절 장치를 사용하면 되므로, 이 때에는 나침의의 작동 설명서를 사전에 충분히 알고 있어야 한다.

906 전륜 나침의의 오차

육상에 설치된 전륜 나침의는 지구의 인력과 자전의 영향만을 받게 되나, 선박에 설치되면 선체의 동요, 침로 및 침로의 변화, 속도 및 속도의 변화, 위도, 그리고 유속에 따라 영향을 받게 된다.

이러한 전륜 나침의의 오차는 위도 오차, 속도 오차, 변속도 오차, 동요 오차 선회 오차, 및 기타 오차로 구분된다.

1. 위도 오차

위도 오차(緯度誤差; Latitude error)는 제진 장치(制振裝置; Damping device)로써 편심 접촉(偏心接觸)을 시키는 스페리 계통 전륜 나침의의 특유의 오차이다.

위도 오차는 북반구에서 편동 오차(자이로축의 N단 상승), 남반구에서 편서 오차(자이로축의 N단 하강), 적도 지방에서 0이고, 위도가 증가함에 따라 그 오차량도 증가한다.

이 오차의 수정은 정지점을 변화시키지 않고 주나침의(主羅針儀; Master compass)에서 Lubber point를 이동시켜서 수정하며, 복시기(Repeater compass)에는 전달되지 않으므로 실용상 하등의 지장이 없다. 그리고 편심 접촉을 시키지 않은 전륜 나침의는 위도 오차가 없다.

2. 속도 오차

속도 오차(速度誤差; Speed error)는 선박 속력을 벡터로 분해하여 생각하면 동서 방향 분력(分力)은 지구 자전 각속도를 증감하는 것과 같은 영향을 자이로에 미치나, 자전의 각속도가 너무 크므로 그 영향을 무시할 수 있다. 그러나 남북 방향 분력은 자전의 각 속도와 합성되는 벡터(Vector)의 방향이 남북축과 이루는 각(角)이 오차가 되며, 이것을 각속도 오차라 한다.

각속도 오차는 선박의 침로가 북쪽이면 편서 오차(偏西誤差), 남쪽이면 편동 오차가 생기게 된다.

이 오차도 위도 오차와 같이 Rubber point를 이동시켜서 수정한다.

3. 변속도 오차

선박이 변속 또는 변침을 하면 속도 오차를 증감시킴과 동시에 주동부(主動部; Sensitive element)에는 이로 인하여 생기는 가속도의 남북 방향 성분에 의하여 자이로축은 동서축(Horizontal axis) 주위에 우력(Torque)을 유발시킴으로써 축선회를 일으켜 자이로축을 진동시킨다.

이 진동은 제진 장치(Damping device) 때문에 점차 감소되고 새로운 속도 오차를 포함한 정지점에서 정지하게 되며, 이로 인하여 부정 오차를 생기게 한다. 이 오차를 변속도 오차(變速度誤差; Ballastic deflection error)라 하며, 이는 가속도에 의하여 생기는 것이므로 가속도 오차라고 부르기도 한다.

변속도 오차는 가속도가 북향일 때(북향 침로시 증속 및 남향 침로시 감속의 경우)는 편서 오차가 생기고, 가속도가 남향일 때(북향 침로시 감속 및 남향 침로시 증속의 경우)는 편동 오차가 생긴다. 그리고 선박이 변침할 때에도 남북 방향의 가속도를 증감시키는 결과가 되어 변속도 오차가 생기게 된다.

4. 동요 오차

선박이 동요하면 전륜 나침의는 짐발(Gimbal; 또는 칭평환(稱平環) 장치 내부에서 단진자(單振子)와 같은 진동 운동(振動運動)을 한다. 이 동요의 변화로 인한 가속도와 진자(振子)의 호상 운동(孤狀運動)으로 인한 원심력에 의하여 오차가 생기는데, 이것을 동요오차(動搖誤差; Rolling error)라 한다.

5. 선회 오차

선박이 선회할 경우 수직축(Vertical axis) 주위의 자유도가 충분하지 않을 때 우력이 생겨서 자이로축을 경사시키려는 축선회(Precession)를 일으켜서 오차를 생기게 한다. 이것을 선회 오차(旋回誤差; Friction error) 또는 마찰 오차라 한다.

6. 기타 오차

전륜 나침의 주동부에서 평형이 일그러지거나 또는 일정한 우력이 계속되어 작동할 때, 온도의 영향, 수평축의 마찰, 남북 중량(重量)의 불균형 등으로 일어나는 오차를 말한다.

907 전륜 나침의의 오차 결정법과 가감법

전륜 나침의의 나침판(Compass card)은 주동부 윗부분에 붙어 있고, 이것은 0°에서 360°에 이르기까지 눈금이 표시되어 있다. 나침판에는 선수미선과 일치하도록 표시된 기선(Rubber's line)이 선수 방향을 표시한다. 선박이 선회할 때 기선도 선체와 같이 회전하여 선수 방향의 회전 방향을 알 수 있게 해 준다.

나침의의 오차가 없다면 나침판의 0° 방향은 진북을 가리키게 되나, 만일 오차가 있을 경우에는 자오선의 왼쪽이나 오른쪽을 가리키게 된다.

나침판의 0° 방향이 자오선의 왼쪽(자오선의 서쪽)을 가리키면 오차(GE)

는 서(W)라고 표시하고, 오차의 크기는 두 방향 숫자의 차이가 된다. 그리고, 0° 방향이 자오선의 오른쪽(자오선의 동쪽)을 가리키면 오차는 동(E)이라고 표시한다.

항해사가 방위 측정시 사용하는 전륜 나침의의 복시기도 주동부의 나침판과 같고, 선박이 항행 중에는 적어도 하루에 한 번씩 전륜 나침의 오차를 결정하도록 해군 규정에 명시되어 있으며, 가능하면 하루에 한 번 이상 오차를 결정하는 것이 안전 항해에 도움이 된다. 당직 근무 기간에도 매시간마다 전륜 나침의와 자기 나침의를 비교하여 고장 여부를 확인하여야 함은 물론 변침시에도 이를 시행해야 한다.

전륜 나침의의 오차를 결정하는 방법은 여러 가지가 있으나, 자주 사용하는 방법은 다음과 같다.

1. 이표 정중법

이표 정중법(二標正中法)은 두 물표가 일치하는 순간에 전륜 나침의로 측정한 방위와 해도상에 표시된 진방위를 비교하여 오차를 측정하는 방법이다.

이 방법은 출·입항시 자주 사용하는 방법이고, 변속과 변침을 자주하게 되는 출·입항시에는 전륜 나침의의 오차가 변동되므로 이를 확인하여 수정해야 한다.

2. 협각 측정법

이 방법은 선박이 정박한 위치에서 물표의 방위를 측정하고, 수평 협각법으로 측정한 선위와 물표의 진방위를 비교하여 전륜 나침의의 오차를 구하는 방법이다.

측정 방법은 육분의로 세 물표의 협각을 측정하여 선위를 결정하고 전륜 나침의의 복시기로 물표를 측정하여 선위를 결정하면 오차가 있을 경우 선위는 두 개가 결정될 것이다. 이 때 두 위치에서 물표를 보는 방위를 비교하면 오차를 구할 수 있다.

3. 천체 방위 측정법

이 방법은 대양 항해시 천체의 방위를 관측하여 그 천체의 계산 방위와 비교하여 오차를 구하는 방법이다.

주로 태양의 일·출몰 방위를 관측하여 오차를 구하는 것이 유용하고, 북반구 저위도 지방에서는 북극성을 관측하면 쉽게 오차를 측정할 수 있다.

4. 시험 오차 측정법

시험 오차 측정법(Trial and error)은 3개 이상의 물표의 방위를 측정하여 선위를 결정하되, 오차 삼각형이 생기면 위치선이 한 점에서 만날 때까지 방위를 가감하여 오차를 구하는 방법이다.

5. 전륜 나침의 비교법

이 방법은 두 개 이상의 전륜 나침의가 설치된 선박에서만 이용할 수 있다. 오차를 알고 있는 전륜 나침의의 방위와 다른 나침의의 방위를 비교하여 오차를 구하는 방법이다.

전륜 나침의의 오차를 구하면 오차의 부호, 즉 동(東), 서(西)를 결정해야 하는데, 이를 적용하는 것은 쉬운 것 같으면서도 힘들고 혼동을 많이 하게 된다. 오차를 결정하고 이것을 적용하는 데 있어서 두 기본 법칙을 보면 다음과 같다.

① 나침의 방위를 진방위로 바꿀 때 오차가 동(E)이면 나침 방위에 오차를 더하면 진방위가 된다.

② 나침의 방위를 진방위로 바꿀 때 오차가 서(W)이면 나침 방위에서 오차를 감하면 진방위가 된다.

전륜 나침의의 오차 부호를 결정하는 방법을 기억할 때 "코 큰 사람 서양 사람, 코 작은 사람 동양 사람"이라는 문장을 익혀 두면 좋다. 코는 Compass, 큰은 More, 서양은 West, 작은은 Least, 동양은 East를 표시하며, 전륜 나침의 방위가 진방위보다 크면 서(W)이고, 작으면 동(E)이라는 뜻이다.

그리고 Gyro, Error, True 세 단어의 머리 문자를 조합하여 GET(G는 나침의 방위, E는 오차의 부호인 동쪽, T는 진방위, 즉 G+E=T식으로 기억함)라는 단어를 기억하면 전륜 나침의 오차의의 방향을 알고 있을 때 진침로를 결정하기가 쉽다.

예제 1. 두 입표가 일치하는 순간 나침의로 방위 136°.5를 측정하였다. 해도에서 두 입표를 연결한 진방위가 138°이면 나침의 오차는 얼마인가?

풀이 나침 방위가 진방위보다 작으므로 오차 부호는 동(E)

138°−136.°=1°.5　　∴ 오차는 1°.5 E

예제 2. 나침의로 육상 등대의 방위를 310°.0으로 측정하고 동시에 선위를 결정하여 해도에 표시된 등대의 진방위가 308°.6이라면 나침의 오차는 얼마인가?

풀이 나침 방위가 진방위보다 크므로 오차 부호는 서(W)

310°.0−308°.5=1°.5　　∴ 오차는 1°.5W

예제 3. 나침의로 세 물표의 방위를 측정하여 탑의 방위 058°.0, 등대의 방위 183°.0, 입표의 방위 310°.0을 구했다. 세 위치선을 기점하니 오차 삼각형이 생겨서 각 물표의 방위에 2°.0을 더한 후 위치선을 기점하니 선위가 점으로 나왔다. 나침의의 오차를 구하라.

풀이 나침의 방위에 2°.0을 더하여 진방위가 되었으므로, 오차 부호는 동이며 오차는 2°.0E

예제 4. 나침의 침로 130°으로 항해하는 선박의 나침의 오차가 1°E이면 이 선박의 진침로는 몇 도인가?

풀이 오차 부호가 동이므로 나침의 침로에 더해서 진침로는 131°

예제 5. 나침의 오차가 1°W인 선박이 나침의 침로 020°로 항해하면 진침로는 몇 도인가?

풀이 오차 부호가 서이므로 나침의 침로에서 감하여 진침로는 019°

예제 6. 해도에 기점된 침로는 151°이고 나침의 오차가 1°E인 선박이 나침의 침로를 몇 도로 항해해야 하는가?

풀이 오차 부호가 동이므로 나침의 침로에 더하면 진침로가 되므로, 진침로에서 오차를 감해서 나침의 침로는 150°이다.

제 10 장 추 측 항 법

1001 개 요

해상에서 항해사가 가장 중요시할 사항은 정확한 선위를 결정하는 것이다. 그리고 현재의 선위 못지않게 중요한 것은 앞으로 예측되는 시간에 자기 선박의 위치가 어떻게 될 것인가를 계산하는 것이다. 그러므로 항해사는 현재 선위가 어디 있으며, 수분 후, 수시간 후 또는 명일에는 선위가 어떤 위치에 있게 될 것인가를 계속해서 연구하고 노력하여 자기 선박의 위치를 예측하여야 한다.

20세기 초까지도 항해사는 선박에 미치는 외력과 미래의 선위를 수식으로 계산하였다. 이러한 과정을 'Deduced reckoning'이라 하였으며, 이것을 줄여서 말할 때 Ded-reckoning이라고 하던 것이 Dead reckoning(推測航法)이라고 부르게 되었다.

오늘날과 같이 위성 항법이나 관성 항법 같은 최신의 전파 항법이 발달되었어도 추측 항법은 필요하다. 그 원인은 추측 항법(推測航法; Dead reckoning)이 연안 항법(沿岸航法), 천문 항법(天文航法), 전파 항법(電波航法)의 기초가 되는 항법이기 때문이다.

1002 선위의 추측

추측 항법은 최근(最近)의 실측 위치를 기준하여 미래의 개략적인 위치를 결정하는 항법이다. 미래의 위치를 결정하는 과정은 실측 위치를 결정할 때까지의 과정을 고려하고, 해조류의 영향에 대해서는 상관하지 않으며, 진침로(眞針路), 기관 회전 계수기에 의한 속력 및 항정(航程)으로써 선위를 결정하는 방법을 말한다.

추측 항법으로 결정한 선위를 추측 위치(推測位置; Dead reckoning position, DRP)라 하며, 추측 항법의 기본 요건은 다음과 같다.

① 추측 위치를 결정하기 위해서는 항행한 진침로만을 고려한다.

② 추측 위치를 구하는 과정에서 항정은 항행한 시간과 항행할 시간, 그리고 그 시간 동안 명령된 기관 회전 계수기에 의한 속력으로 산출한다.

③ 추측 항로는 실측 위치나 격시 관측 위치를 기점으로 하여 기점한다.

④ 추측 위치를 결정하는 과정에서는 해조류의 영향을 고려하지 않는다.

추측 항법은 진침로와 측정의 속력으로 추측 위치를 결정하기 때문에 실측 위치와 차이가 생기게 되고, 그 차이는 시간이 경과할수록 커진다. 추측 위치가 실측 위치와 차이가 생기는 원인은 해조류(海潮流)와 바람 등의 외력의 영향, 조타 불량, 나침의의 부정확(침로에 대한 오차), 측정의의 부정확, 선저의 오손(항정에 대한 오차) 등(p 179 참조)이며, 이들을 수정하여 실측 위치에 더 가깝게 구한 위치를 추정 위치(推定位置; Estimated position, EP)라 한다.

그리고 추측 항법에서 사용되는 용어에는 예상 항로(Intended track, ITR), 출발 예정 시각(Estimated time of departure), 도착 예정 시각(Estimated time of arrival), 대지 속력(Speed of ground, SOG), 예상 대지 속력(Speed of advance, SOA)이 있다.

대양 항해 중에 계속하여 선위를 실측하거나 추정하는 것은 거의 불가능한 일이며, 실측 위치를 결정한 후 다음 실측 위치를 결정할 때까지는 보통 추측 위치를 구하며 항해하게 된다.

항해시 변침점(變針點)에 도착하는 시각, 등대가 보이는 시각을 구하거나, 현재 관측되는 물표가 어떤 것인가를 판단하는 데 추측 위치를 기준한다. 그러므로 추측 위치는 다른 방법으로 결정한 선위에 비하여 신뢰성은 적으나, 항해시 가장 기본이 되는 위치가 된다.

항해시 추측 위치는 매시간마다 해도에 기점해야 함은 물론 실측 위치와 비교하여 차이가 생기는 원인이 무엇인가를 분석하여야 한다. 그리고 항해사는 다음 당직자에게 인계하여 당직 근무에 참고가 되도록 한다. 그러나 협수도(狹水道), 해협(海峽), 출입 항로 등과 같이 위험이 많은 곳에서는 선박의 안전을 위하여 자주 실측 위치를 구하고 추측 위치와 비교하여야 한다.

추측 위치가 더욱더 실측 위치와 비슷한 정도의 정밀도를 가지도록 하기 위해서는 나침의 오차를 정확하게 측정하고, 조타사가 침로를 정확히 유지하도록 감독함은 물론, 측정의가 정확한 대수 속력을 나타내도록 조종하여야 하며, 바람, 해조류, 선저의 오손(汚損; Fouling) 정도, 흘수(吃水; Draft), 선박의 전후 경사(Trim) 등의 영향에 대하여 정확히 평가할 수 있는 능력을 평소에 길러 두어야 한다.

해상에서 추측 위치와 진위치(실측 위치)에 오차가 생기게 하는 모든 원인을 총괄하여 일반적으로 유조(流潮; Current)라 하는데, 이는 반드시 조류(潮流)와 해류(海流)만을 가리키는 것은 아니다. 유조의 크기를 말할 때 유조의 흐르는 방향을 유향(流向; Current set), 거리를 유정(流程; Drift)이라 하며, 1시간에 대한 유정을 유속(流速; Current rate)이라 한다.

1003 선위의 추정

선위의 추정(推定)은 비교적 짧은 시간 사이에 실측 위치를 구할 수 있는 상황에서는 행하지 않고, 연일 황천(荒天)이 계속되거나, 오랫동안 안개가 끼는 등 시계(視界)가 좋지 않아 선위를 측정할 수 없을 때 행한다.

대양 항해시는 몇 시간 동안 실측 위치를 구하지 않고 항해하여도 비교적 선박의 안전에 대하여 안심이 되지만, 연안을 항해할 때에는 단 1시간 동안만 실측 위치를 구하지 못해도 불안을 느끼게 되므로, 추측 위치선을 기초로 하여 선위를 추정하고 위치를 구할 필요가 있다.

실측 위치와 추측 위치가 다르게 되는 원인은 앞에서 설명한 바 있으나, 그 차이를 줄이기 위하여 아무리 나침의 오차를 정확히 구하여 수정해도 미소한 오차가 남게 되는데, 그 오차는 측정의에서도 마찬가지이다. 조타의 불량으로 인한 오차는 대략 예측은 할 수 있어도 정확히 수정하기란 불가능한 일이다.

이들 원인으로 인한 편위량(偏位量)은 시간에 비례하여 증가한다고 생각할 수 있는데, 선위를 추정할 때에는 일반적으로 이들을 제외하고 주로 바람, 해류, 조류 등 외력의 영향에 의한 편위량만을 수정하여 추정 위치를 구하는 방법이 채택되고 있다.

외력에 의한 영향은 선박의 형, 흘수의 깊이, 선박의 전후 경사, 속력, 바람의 세기, 파도의 크기와 방향 등에 따라 영향을 받는 정도가 달라진다. 그러므로 각 선박마다 그 선박의 특성에 따른 기록과 경험을 살려 효과적으로 이용하는 것이 바람직하다.

선박이 바람에 의하여 풍하로 밀리는 정도, 즉 풍압차(風壓差)는 선미에 벙어리 나침판(Dumb card)을 비치하고 선수미선과 항적의 교각으로부터 대략의 크기를 측정할 수 있다.

해조류는 해수의 수평 운동이며, 육안(肉眼)으로 관측할 수도 없고 선박이 떠 있는 채 밀리고 있으므로, 그 크기나 방향을 측정하는 것은 거의 불가능하다. 그러므로 해조류에 관해서는 해류도(海流圖), 조류도(潮流圖), 조석표(潮汐表), 수로지(水路誌), 수로 안내도(水路案內圖; Pilot chart) 등을 참고하는 것이 좋다.

각종 서지에 기재된 내용은 평균 상태를 표시하고 있을 뿐이며, 항상 그렇다고 단정할 수도 없고, 설혹 실측 위치와 추측 위치를 비교하여 해조류의 영향을 알 수 있다 할지라도 앞으로 계속하여 같은 영향을 미치게 될 것인지는 알 수 없다.

해조류의 영향을 그 크기와 방향에 대하여 추정하는 것은 아주 어려운 일이며, 비록 해조류의 영향을 추정하였다 할지라도 충분히 여유가 있게 안전권(安全圈 또는 誤差界)을 마련하여 선박의 안전에 이상이 없도록 항해하지 않으면 안 된다.

이상과 같이 선위의 추정은 대단히 어렵고 넓은 지식과 경험, 그리고 세심한 주의가 필요하다. 그러나 비교적 짧은 시간에 대한 추정이고, 침로가 일정하며, 외력의 영향이 그 시간 동안 일정한 것이라고 생각되는 경우에는 다음과 같은 방법으로 선위를 추정하는 것이 좋다.

① 바람, 파랑, 조타 상황, 선저 및 추진기의 오손, 흘수, 선박의 전후 경사 등을 고려하여 적당한 실각(失脚; Slip)을 추정한다.

② 측정의에 의한 항정과 기관 회전 계수기(추진기의 회전)의 항정 중 적당하다고 생각되는 항정을 추정한다.

③ 진침로에 풍압차(風壓差)를 가감하여 추정 항로(推定航路)를 구하고, 이미 추정한 항정으로 제 1 차 추정 위치를 결정한다.

④ 제 1 차 추정 위치에 해류, 조류, 피류(皮流) 등의 영향에 대한 추정치(推定値)를 수정하여 추정 위치로 한다.

⑤ 추정하는 시간이 길고 도중에 변침(變針)을 하였을 때에는 외력의 크기와 방향이 변하므로, 변침 시간을 기준하여 각 구간 항로를 구하고, ①,②,③,④ 의 차례로 선위를 추정한다. 이 때 직행 침로(Course made good)와 직행 항정(Distance made good)을 구하여 그 동안 영향을 받은 외력의 영향을 종합하여 수정하는 것도 좋은 방법이 된다.

추정 위치를 구하는 데 또 한 가지 중요한 방법은 다음과 같다.

위치선이 하나만 결정되었을 때 선박은 위치 선상 어느 곳인가에 있을 것이며, 이 위치선이 결정되기 이전까지 믿을 만한 선위는 추측 위치뿐이므로, 이 추측 위치에서 가장 가까운 위치선 위의 점, 즉 추측 위치에서 위치선에 내린 수선의 발이 선위가 존재할 확률이 가장 큰 위치가 되며, 이것을 최확위치(最確位置)라 생각하여 추정위치로 정하는 것이다.

이상과 같이 선박의 추정 위치를 결정하여도 충분한 항해 안전권(誤差界)을 취하여 위험에 접근하지 않도록 하여야 한다.

해류(海流), 조류(潮流), 바람, 조타(操舵)의 부정확 등으로 생기는 침로와 항정의 오차는 시간 T에 비례하여 증가하는데, 항행 기간이 일일(24 시간) 이내일 때에는 추정 위치의 오차계를 다음과 같이 설정하는 것이 적당하다.

항정(航程)에 대한 오차(誤差)$=0.8\sqrt{T}$ 해리(즉 침로의 전후)

침로(針路)에 대한 오차(誤差)$=0.7\sqrt{T}$ 해리(즉 침로의 좌우)

2. 추정 위치에 관한 주의

추정 위치는 실측 위치에 가장 가까우리라고 생각되는 선위일 뿐이지 실측 위치와 일치하는 경우는 거의 없다. 그리고 실측 위치를 결정하면 추측 위치나 추정 위치는 사실상 소용이 없게 된다.

추정 위치를 구하는 이유는 추정 항로 위를 추정 속력으로 항행하여도 위험하지 않는지를 확인하기 위한 것이기 때문에 추측 항해를 할 때 추정 위치에서 추정 항로를 긋고 추정 속력에 의하여 위치를 결정하면서 항해하는 경우가 있으나, 추정 위치는 정확한 선위가 아니기 때문에 추정 위치를 기준하여 추정 항로를 긋지 않는 것이 상례로 되어 있다. 그러므로 추정 위치가 구해져도 일반적으로는 추측 위치를 구하면서 추측 항해를 계속하게 된다.

선위를 추정할 필요가 증대되는 시기는 주로 황천(荒天)시나 시계(視界)가 나쁠 때이므로, 측심(測深)이나 전파 항해 계기등을 이용하는 것이 가장 효과적이다.

선박에서 측심을 행하는 것은 선박의 안전상 가장 중요한 수단 중의 하나이며, 수심이 특징 있는 해역에서는 제법 정밀도가 높은 추정 선위를 얻을 수 있고, 실측 위치에 못지않은 선위를 구할 수 있다. 그러나 측심시에는 조석의 간만에 따른 차이, 기상조(氣象潮)라고 하는 불규칙한 조석의 영향을 받아 변화되는 수심 추산의 불능, 측심 일차 경과에 따른 오차 등으로 해도상 수심과 실측한 수심은 항상 오차가 따르게 되어 측심으로 구한 선위는 실측 위치로 취급하지 않고 추정 위치로 취급한다.

전파 항해 계기로 측정한 선위도 무선 방위를 측정하여 얻은 방위선(方位線)으로 선위를 결정했을 때에는 보통 추정 위치로 취급하며, 레이다나 로오란과 같이 정교한 계기로 측정한 선위도 항상 정밀도가 높은 것만은 아니라는 사실을 기억해 두어야 한다.

이상에서 설명한 바와 같이 추정 위치는 추측 위치를 기초로 하고 외력의 영향을 고려하여 선위를 추정한다는 것일 뿐만 아니라 정밀도가 좋지 않은 실측 위치까지도 추정 위치로 취급한다는 것을 알 수 있다.

항해사는 가능한 수단을 전부 사용하여 선위를 실측(實測)하려고 노력하지만, 선위가 해도(또는 위치 기입용도) 위의 1점에 존재한다고 확신을 가질 수 있는 경우는 드물고 어느 확률 밀도를 가지고 그 위치 주위에 분포하고 있는 것이다.

선박은 일정한 공간을 점유하고 있는 구조물이므로, 해도의 축척과 비교하여 생각하면 해도상에서 일정한 면적을 점유한다고 생각할 수도 있고, 1점이라고 생각할 수도 있다. 그러므로 선박의 크기보다 좁은 수로는 통과할 수 없게 되고, 육안(陸岸)에 접근할 수도 없으므로, 선박의 안전을 위해서 충분한 여유를 두고 항로를 선정하지 않으면 안 된다.

결국 항해사가 정확한 선위를 구하려고 노력하는 것은 선박의 안전 항행에 귀결되는 사항이고, 선위를 추정하는 일도 이를 위한 수단이라 할 수 있으므로 세심한 주의를 기울여야 한다.

1004 추측 항법의 기점과 표기법

1. 선위의 기점

항해사는 실측 위치를 구하여 해도에 기점한 후 추측 위치를 기점해야 한다. 추측 위치를 기점(記點)하는 데는 6가지 원칙이 있고, 추측 위치 표기법에 의해서 기점하면 항해사는 물론이고 누가 보더라도 이해할 수 있게 된다. 추측 위치를 기점하는 규정은 다음과 같다.

① 추측 위치는 매시간마다 기점한다.
② 추측 위치는 변침(變針)할 때마다 기점한다.
③ 추측 위치는 속력을 변경할 때마다 기점한다.
④ 추측 위치는 실측 위치를 결정했을 때마다 기점한다.
⑤ 추측 위치는 1개의 위치선을 구했을 때마다 기점한다.
⑥ 실측 위치 또는 격시 관측 위치를 해도에 기점했을 때에는 반드시 새

로운 침로선을 기점한다.

상기의 규정은 일반적으로 위험이 별로 없는 해역에서 적당한 방법이라고 생각할 수 있다. 그러나 협수도, 해협, 항구 등과 같이, 위험 요소가 많은 해역에서는 선박의 안전 항행을 위해서 더욱 자주 실측 위치를 결정해야 함은 물론, 추측 위치의 필요성도 커져서 정확한 추측 위치를 기점해야 하는데, 이는 오직 많은 경험과 건실한 판단에 의하여 결정될 문제이다.

예제 0800 i 가덕도 동두말 등대의 방위가 350°T, 거리가 4 해리 되는 표지 L-21에서 출항하여 침로 090°T, 속력 15 노트로 항해하는 선박이

0930 i 소형 어선을 피하기 위하여 속력을 10 노트로 감속함.

1000 i 침로를 145°T로 변침하고, 속력을 20 노트로 증속함.

1030 i 침로를 075°T로 변침함.

1106 i 레이다로 선위를 결정하고 영도 등대의 방위가 310°T, 거리가 20.7 해리 되는 선위를 결정함.

1115 i S-2 구역에 1215 i까지 도착하려고 침로를098°T로 변침하고 속력을 18 노트로 감속했을 때 관계되는 추측 항로를 기점하라.

풀이 그림 10-1에서 보는 바와 같이, 실측 위치는 지름 3 mm 정도 크기의 원으로 표시하고, 추측 위치는 반원으로 표시하며, 중심에 점을 찍는다. 각 위치마다 시간을 기입하며, 실측 위치는 수평으로, 추측 위치는 비스듬히 숫자를 기입한다.

0800 i의 실측 위치를 기점(基點)으로 하여 090°T 방향으로 침로선(針路線), 즉 명령된 침로를 기점(記點)하고, 침로선의 상부에 평행하게 침로를 표시하는 C자와 도수의 숫자를 기록하고, 하부에는 같은 요령으로 S자와 숫자로 속력을 기록한다.

선박이 속력 15 노트로 항행하였으므로, 0800 i 위치로부터 방향 090°T, 거

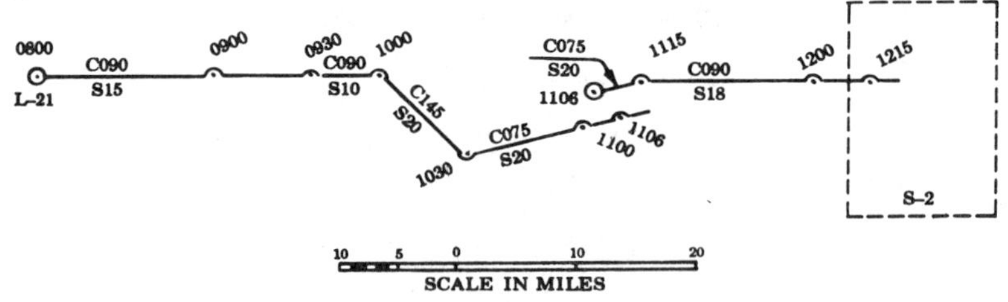

그림 10-1. 추측 위치의 기점

리 15해리 되는 지점에 0900 i 추측 위치를 기점한다.

0930 i 속력을 10 노트로 감속했으므로, 0900 i 추측 위치에서 7.5 해리 되는 위치에 0930 i 추측 위치를 기점한다.

1000 i 침로를 145°T 로 변침했으므로 새로운 침로선을 그리고, 1030 i 침로를 075°T 로 변침했으므로 침로선을 기점하고 추측 위치를 기점한다.

1000i 로부터 1시간 동안 침로145°T, 속력 20노트로 항해한 것을 고려하여 1100 i 추측 위치를 기점하고 1106 i 실측 위치를 구했으므로, 1106 i 추측 위치와 비교할 수 있도록 각각 그 위치를 기점하고 실측 위치로부터 새로운 추측 항법을 실시한다.

1115 i 에 속력을 18 노트로 감속한 것은 목적지까지 거리를 계산하여 적당한 속력을 결정한 것이다. 그러므로 1215 i에는 목적지에 예정된 시간에 선박이 도착하게 된다.

2. 선위의 표기법

일반적으로, 선박이 출항하면 선(함)교(Bridge)와 기관실에 항해 당직이 배치되고, 지정된 속력(상선은 보통 항해 속력)으로 항해를 실시한다.

선박이 출항한 후 적당한 물표를 이용하여 정확한 실측 위치를 결정하고, 이 위치를 항해의 기점(基點)으로 하여 측정의를 작동하고 침로선을 그려서 추측 항해가 시작된다. 이 때 항해의 기점이 되는 지점을 기정점(起程點; Point of departure)이라 한다. 기정점은 미리 정하여 있기도 하고 선(함)장이 지시하기도 한다. 자주 다니는 항로인 경우에는 습관적으로 정하여지며, 함정은 작전 명령에 의하여 표시하기도 한다(보통 A 점으로 표시).

추측 항법을 실시할 때에는 다음과 같은 절차와 표기법을 사용한다.

① 해도는 해도대에 고정시켜 움직이지 않도록 한다.

② 침로선을 그리거나 위치점을 기점하면 설명을 붙여야 한다.

③ 침로선 위에 기점된 추측 위치의 시간은 비스듬하게, 실측 위치의 시간은 수평이 되게 기록한다.

④ 침로와 속력의 숫자는 침로선과 평행하게 기입하며, 침로는 C 자와 진방위를 나타내는 3자리 숫자, 속력은 S자와 숫자로 표시한다.

⑤ 항정(항주 거리)을 취할 때에는 대략 선위 부근의 위도(緯度) 눈금을 이용하여야 하고, 경도(經度) 눈금을 이용해서는 안 된다.

⑥ 특히 항정이 먼 경우에는 침로선의 중간에 있는 위도의 눈금을 이용한다.

⑦ 평행자보다는 제도기(Draft machine)를 사용한다.

⑧ 모든 설명은 연필을 사용하여 깨끗하고 단정하게 기입하여야 하며, 위치의 기호는 다음과 같다.

◎ : 실측 위치 또는 격시 관측 위치

⊡ : 추정 위치

⊙ : 추측 위치

△ : 레이다의 결정 위치(실측 위치와 구별하기 위해서 사용하나, 실측 위치 기호로 대치하여 사용할 수도 있다.)

연안 항해시는 실측 위치를 계속적으로 구할 수 있으므로 추측 위치를 구할 필요성이 적지만, 추측 위치와 실측 위치를 비교하면 유조(流潮)의 영향과 측정의의 정확성 등을 알 수 있게 된다. 그리고 야간에 등대와 등대 사이에서 물표를 선정할 수 없는 경우가 있을 때에는 추측 위치에 의존할 수밖에 없다.

항해사가 해도에 추측 위치를 기입하는 이외에 이를 기계적으로 행하는 장치가 항해 계기에서 설명한 추측 항법 장치(Dead reckoning equipment)이다.

이것은 기정점의 경위도를 이 기계에 맞추어 놓으면 전륜 나침의와 측정의(또는 기관 회전 계수기)에 의하여 자동적으로 변위(變緯) 및 변경(變經)이 계산되고, 이것이 기정점의 경위도에 가감되어 현재의 추측 위치를 간단히 알 수 있도록 한 장치이다. 그리고 이 장치는 추측 위치의 경위도를 읽을 수 있을 뿐만 아니라, 해도나 위치 기입용도에 자동적으로 항적(航跡)을 추적하는 장치도 겸하여 갖추고 있는 것이 보통이다. 이에는 추측 항적 자화기(Dead reckoning tracer)와 자동 항적 추적 자화기(Mark NC-2, Mod 2)가 있다.(p. 157 참조)

추측 항법 장치는 선박이 복잡한 기동을 하는 경우에 대단히 편리한 기계이나, 고장이 날 우려가 있는 점과 당직자가 직접 기입하는 것에 비하면 정밀도가 떨어지는 것이 결점이다. 따라서 이와 같은 장치는 보조 수단으로 활용하도록 하며, 상기의 방법 중 어느 하나에만 집착하여 다른 방법을 경시하는 일이 있어서는 안 된다.

3. 시간, 속력, 거리의 환산

선박이 항주한 시간과 속력을 알면 항해 계산척(Nautical slide rule, p 158 참조) 항해표 제19표, 계산 고도 방위각표(計算高度方位角表)를 이용하여 그 동안에 항주한 거리를 구할 수 있다.

그리고 대수척(Log scale)이 기재되어 있는 위치 기입용도(Position plotting sheet)를 사용할 경우에는 더욱 편리하게 이들 상호간의 환산이 가능하다.

그림 10-2에서 디바이다(Divider)의 양쪽 끝을 놓았을 때 오른쪽(아래쪽) 끝은 시간을, 왼쪽(위쪽) 끝은 거리를 가리키는 것이라고 생각한다. 그리고 속력은 60분간에 대한 거리라고 생각한다.

① 항주한 시간과 거리를 알고 속력을 구할 때 디바이다의 왼쪽 끝이 거리의 숫자와 같은 점에 오게 하고, 오른쪽 끝은 시간을 가리키도록 하고

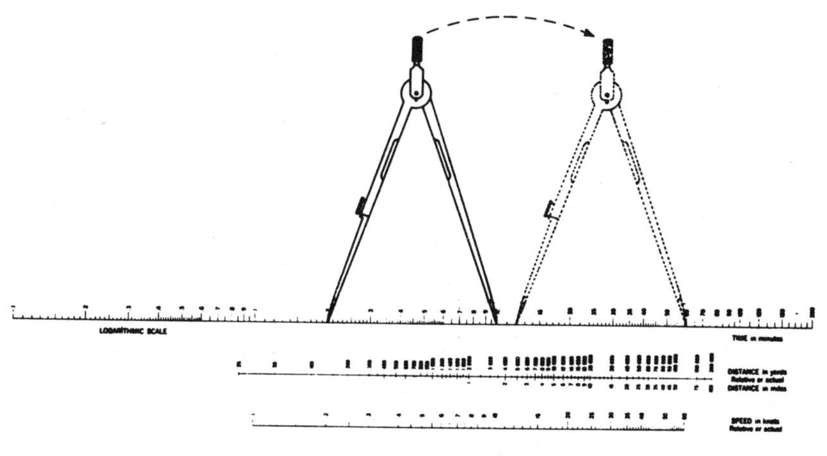

그림 10-2. 대 수 척

디바이다를 그대로 아래쪽으로 평행 이동하여 오른쪽 끝을 눈금 60에 놓고 왼쪽 끝이 가리키는 눈금을 읽으면 속력이 된다.

예를 들어 설명하면, 항주 거리가 2해리이고 10분간 항행했다면, 그림 10-2와 같이 디바이다를 2자와 10자에 맞춘 후 아래로 평행 이동하여 한쪽 끝을 60에 맞추면 다른 쪽 끝이 지시하는 숫자 12를 구할 수 있다. 그러므로 속력은 12노트가 된다.

② 속력과 항주 거리를 알고 시간을 구할 때

디바이다의 위쪽 끝이 속력의 숫자를, 아랫쪽 끝이 60을 가리키도록 한 다음 디바이다를 위쪽으로 평행 이동하여 항주 거리를 가리키는 숫자에 위쪽 끝이 오도록 하고 아래쪽 끝이 가리키는 곳이 시간이 된다. 즉 ①의 방법을 반대 요령으로 하는 것과 같다.

③ 속력과 항주한 시간을 알고 거리를 구할 때

디바이다의 위쪽 끝이 속력을, 아래쪽 끝이 60을 가리키도록 하여 디바이다를 위쪽으로 평행 이동하여 시간을 표시하는 숫자에 디바이다의 아래쪽 끝이 오도록 하면 위쪽 끝이 가리키는 곳이 항주 거리(해리)가 된다.

그림 10-2에서 길다란 대수척은 시간을 표시하고, 짧은 대수척은 속력을 표시하며, 가운데 것은 거리를 표시한다. 3개의 대수척을 이용하면 속력, 거리, 시간 관계를 보다 쉽게 구할 수 있다.

예를 들어 설명하면, 항주 시간 6분간에 항주 거리가 1해리(2000야드)였다면 시간의 대수척에서 6자를, 거리의 대수척에서 1자(또는 2000)를 찾아 직선으로 연결하고, 그 연장선이 속력의 대수척과 만나는 점의 숫자인 10자가 속력 10노트를 표시한다.

제 11 장 유 조 항 법

1101 개 요

항해 중인 선박은 제 7 장에서 설명한 바와 같이, 대양 해류, 조류, 바람, 격랑(激浪) 등으로 인한 해수의 수평 운동 때문에 추측 위치와 실측 위치는 일치하지 않게 된다. 즉 추측 위치와 실측 위치를 일치하지 못하게 작용하는 모든 외력을 유조(流潮; Current)라 하고, 이런 경우에 예측되는 유조나 추정한 유조의 크기를 결정하여 선박이 항주한 후 예정 항로(豫定航路; Intended track, ITR)와 실항로(實航路; Actual track, ATR)가 일치하도록 침로와 속력을 결정하는 과정을 유조 항법(流潮航法; Current sailing)이라 한다.

유조 항법은 두 가지 국면으로 분류되는데, 첫째 과정은 선박이 항주하기 전에 해류도, 조류도 및 풍향, 풍속 등을 계산하여 유조의 크기를 추정하는 과정(Pre-sailing or planning phase)이며, 항해사는 유조의 크기를 고려하여 항로와 일치할 수 있는 최적의 예정 항로의 침로와 속력을 구하게 된다.

둘째 과정은 선박이 항주한 과정을 분석하여 그 해역에서 실제 유조의 크기를 결정하는 과정(Post sailing)으로, 항해사는 실제 유조의 크기를 이용하여 예정 항로를 구한다.

추정 유조와 실유조(實流潮; Actual current)를 이용하여 선위를 결정하는 과정에서 항해사는 유조 삼각형을 이용하게 되며, 이 유조 삼각형은 선박의 침로와 속력, 유조의 크기 및 실항적 사이의 상호 관계를 벡터(Vector)로 표시하게 된다.

유조 삼각형은 추정 유조 삼각형과 실유조 삼각형으로 구별되고, 유조 삼각형에서 유조의 크기를 작도할 때 그 벡터는 추측 위치에서 추정 위치(推定位置; Estimated position, EP)가 되며, 실측 위치(實測位置)를 보는 방향을 유향(流向; Set)이라 하고, 유조의 속도를 유정(流程; Drift)이라 하며, 노트로 표시한다.

1102 추정 유조 삼각형

추정 유조 삼각형(推定流潮三角形; Estimated current triangle)은 선박의 침로(C)와 속력(S), 추정 유조의 유향(S)과 유정(D) 및 예상 항로(ITR)와 예상 대지 속력(SOA)을 변(邊)으로 하여 이루어지는 삼각형을 말한다.

그림 11-1에서 선박의 예상 대지 속력과 항로의 벡터 분력(分力)은 선박의 침로와 속력 및 유조의 합성 벡터이다.

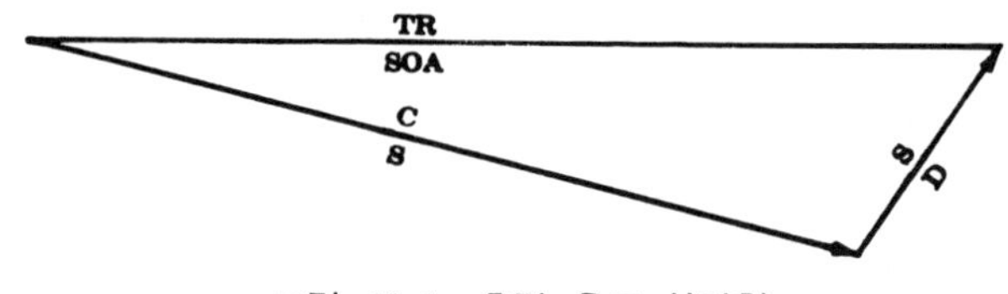

그림 11-1. 추정 유조 삼각형

추정 유조 삼각형을 일정한 축척으로 작도하면 3변중 2변을 알고 나머지 변인 벡터 분력을 작도로써 구할 수 있다.

추정 유조의 유향과 유정의 크기를 미리 결정하여 알고 있으면,

① 선박의 침로와 속력을 알고, 항로와 예상 대지 속력을 구하는 문제

② 예상 항로(ITR)와 예상 대지 속력(SOA)을 항로와 일치시키기 위하여 선박의 침로와 속력을 어떻게 결정할 것인가의 문제를 풀어야 한다.

이 두 가지 문제를 풀기 위해서 항해사는 추정 유조 삼각형의 기하학적 해법을 이용한다.

유조 삼각형의 작도 수단으로 기동 문제 용지(Maneuvering sheet)를 사용하면 여러 가지로 편리하나, 해도에서 직접 문제를 풀 경우 나침도

(Compass rose)를 이용하여 추측 위치를 기점하는 것과 같은 요령으로 추정 유조 삼각형을 작도한다.

1103 추정 유조 삼각형의 해법

선박의 침로와 속력을 알고 유조의 크기(유향과 유정)를 미리 결정할 수 있으면 추정 유조 삼각형을 사용하여 항로(TR)와 예상 대지 속력(SOA)을 구하는 문제를 다음의 예를 들어 설명한다.

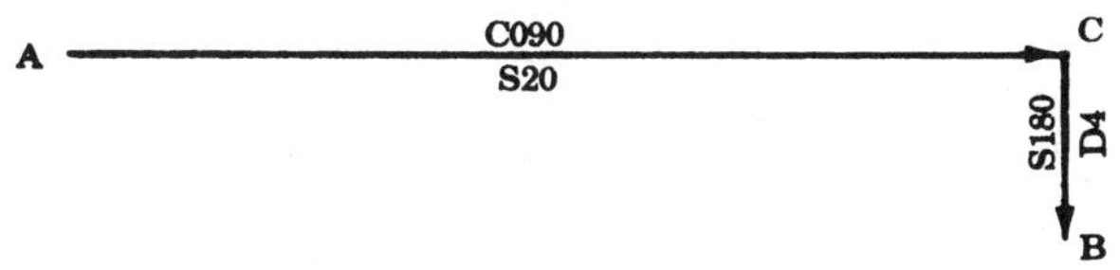

그림 11-2. 유조 삼각형을 이용한 예상 대지 속력과 항로 결정

그림 11-2에서 선박의 침로 090°T, 속력 20 노트일 때, 유향이 180°T, 유정이 4 노트인 것을 조석표에서 구하고, 항로와 예상 대지 속력을 구하려면,

① 해도에서 변위 20′의 거리(20 노트와 같음.)를 취한 후 A 점을 기준하여 090°T 방향으로 C점까지 직선을 기점한다.

② 해도에서 변위 4′의 거리(4 노트와 같음.)를 취한 후 C점을 기준하여 180°T 방향으로 B점까지 직선을 기점한다.

③ A 점과 B 점을 직선으로 연결하여 그림 11-3과 같은 추정 유조 삼각형을 그린다.

④ A 점에서 B 점을 보는 방향은 항로가 되며, 나침도에서 방위를 구하면 예상 추정 침로 101°T가 된다.

⑤ A 점과 B 점의 거리를 취하여 해도의 위도 축척과 비교하면 예상 대지 속력 21 노트(변위 21′)가 구해진다.

선박의 예상 항로와 예상 대지 속력이 결정되고 유조의 크기를 알고 있을 때 선박의 침로와 속력을 구하는 문제는 그림 11-3에서 설명한 문제

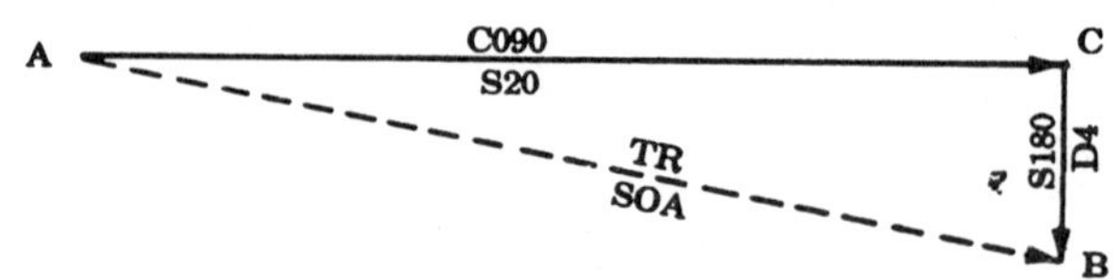

그림 11-3. 추정 유조 삼각형의 기점

와 비슷한 방법으로 해결한다.

예를 들면 그림 11-4에서 항로가 101°T, 예상 대지 속력이 21노트이며, 유향 180°T, 유정 4노트인 것을 조석표에서 구하고 선박이 예정된 시간에 목적지에 도착해야 할 경우 선박의 침로와 속력을 어떻게 결정하여 항해할 것인가를 알아보는 방법은 다음과 같다.

① 그림 11-4와 같이 항로상에 A점을 기점한다.

② 해도에서 변위 21′의 거리(21노트와 같음.)를 취하고 A점을 기준하여 101°T 방향으로 B점을 기점한다.

③ 해도에서 변위 4′의 거리(4노트와 같음.)를 취하고 B점을 기준하여 유향의 반대 방향인 000°T(180°+180°=360°)로 C점을 기점한다.

④ A점에서 C점을 보는 방향은 선박이 취해야 할 침로인 090°T가 된다.

⑤ A점과 C점의 거리는 선박이 항주해야 할 속력인 20노트가 된다.

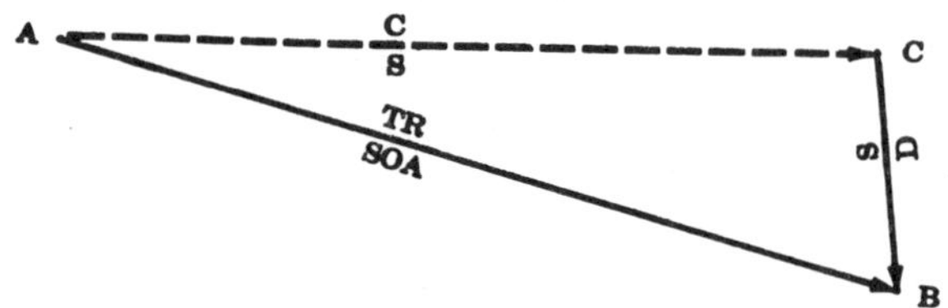

그림 11-4. 유조 삼각형에서 선박의 침로와 속력 결정

그림 11-4에서 직선 AB는 예상 항로 벡터이며, 항해사가 해도상에서 A점으로부터 B점으로 항해하려고 결정하면 간단히 결정된다. 예상 대지 속력, 즉 벡터 AB의 길이는 여러 가지 방법으로 기점할 수 있다.

제 10 장 추측 항법에서 설명한 바와 같이, 항해 전에 항해사는 계획된 항로와 속력을 예상 항로를 따라 해도에 기점하고, 항로의 방향과 예상 대지 속력을 표기한다. 계획된 항로와 예상 대지 속력으로 항행하기 위해서 선박의 침로와 속력을 결정하려 할 때, 항해사는 앞에서 설명한 것과 같은 문제를 풀어야 한다.

추정 유조 삼각형을 작도하는 것보다 추정 유향과 추정 유정을 고려하여 적당한 선박의 침로와 속력을 간단히 예측하여 예상 항로의 왼쪽이나 오른쪽으로 몇 도 정도 침로를 수정하고, 예상 대지 속력과 비슷한 속력을 결정한다. 그리고 필요시 침로와 속력의 수정은 실측 위치의 경향을 고려하여 결정하면 실무에서 편리할 때가 있다.

1104 추정 위치

1. 유조를 고려한 추정 위치의 기점

그림 11-5의 A 점은 1200 i의 실측 위치이고 침로 090°T, 속력 20 노트로 항행 중인 선박이 실측 위치나 격시 관측 위치를 구할 수 없는 조건하에서 추측 위치보다 정밀도가 좋은 1230 i의 추정 위치를 구하려면 우선 090°T 방향의 침로선에 1230 i의 추측 위치를 기점하고, 이 추측 위치로부터 추정 위치를 구하게 된다.

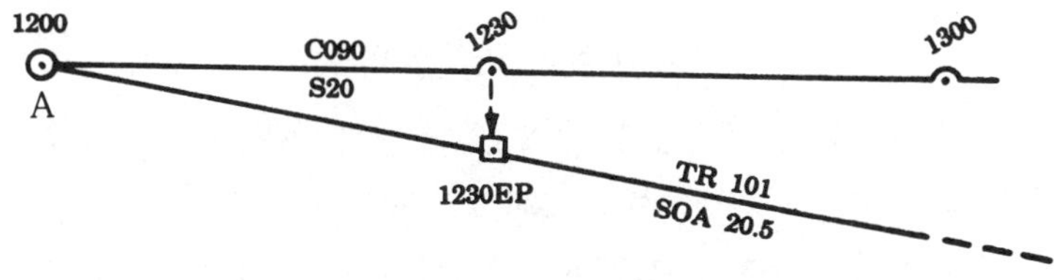

그림 11-5. 추정 위치의 기점

추정 위치는 추측 위치에 추정 유조의 영향을 수정하여 결정한 선위이고, 이 선위는 유조의 크기를 얼마나 정확히 결정하느냐에 따라 실측 위치에 가깝게 된다.

1230 i 추정 위치에 영향을 미치게 될 유조의 유향이 180°T이고 유정은 4노트가 될 것이라고 추정한다면, 이 경우 추정 위치는 실측 위치에서 30분간 항행하였으므로 선박은 30분에 해당하는 유조의 영향을 받아 추측 위치에서 밀린 위치에 있게 된다. 유정 4노트에 의해서 30분간 밀린 거리는 4×30/60 해리, 즉 2해리가 될 것이므로 1230 i의 추측 위치에서 방향 180°T로 2해리 되는 점이 추정 위치가 된다.

2. 격시 관측 위치에 의한 추정 위치

선박의 위치를 결정하기 위해서 물표를 관측하여 얻은 방위나 거리 등을 만족시키는 점의 자취를 위치선(位置線; Line of position, LOP)이라 하며, 선박의 위치는 이 위치선상의 어느 지점에 있게 된다.

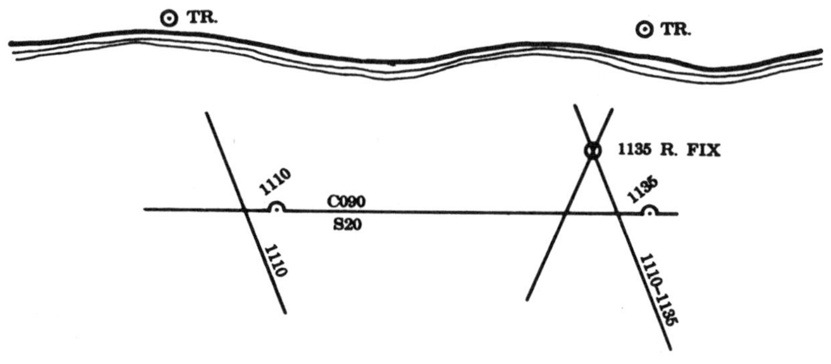

그림 11-6. 격시 관측 위치

그림 11-6에서 물표 TR점의 방위를 1110i에 측정했다면 선위는 그 위치선상에 있게 되고, 선박이 침로 090°T, 속력 20노트로 항행 중일 때 유조의 영향을 받지 않는다면 1135 i에 선박의 위치는 1110i의 위치선을 선박의 진행 방향으로 25분에 해당하는 항정만큼 평행 이동시킨 위치선상에 있게 될 것이고, 두 번째 물표인 TR점의 방위를 측정한 위치선과 교점이 선위가 된다. 바로 이 선위를 격시 관측 선위(隔時觀測船位; Running fix)라고 한다.

이 때 유조의 영향이 있었다면 선위는 격시 관측 위치와 일치하지 않고 유조의 크기에 해당되는 만큼 이동된 곳에 선위가 있게 될 것이다. 유조의 영향을 고려하여 결정한 선위를 격시 관측에 의한 추정 위치(推定位置)라 한다.

그림 11-7에서 유조의 추정 유향이 230°T, 유정이 5노트일 경우 1135 i의 격시 관측 위치는 예측했던 지점에서 230°T 방향으로 5노트의 영향을 받은 거리만큼 이동한 곳에 선위가 결정될 것이다.

유조의 크기를 고려한 추정 위치를 결정하려면 1110 i～1135 i의 위치선을 선박이 25분간 항주하는 동안 밀린 양을 계산하여야 한다.

유정 5노트가 25분간 작용하는 거리는 5×25/60해리, 즉 2.1해리가 되므로, 1110 i～1135 i의 위치선을 230°T 방향으로 2.1해리 평행 이동시킨 위치선과 1135 i에 TR점을 측정한 위치선의 교점이 이 때의 추정 위치가 된다.

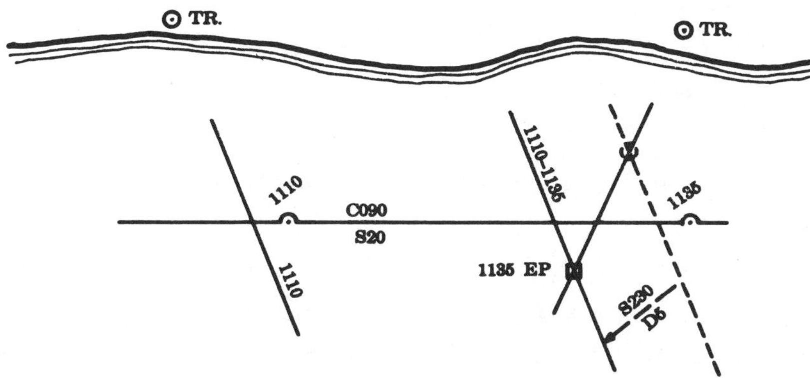

그림 11-7. 격시 관측에 의한 추정 위치

격시 관측 위치를 구할 때의 주의 사항은 다음과 같다.

① 두 위치선의 교각이 작으면 오차가 커지므로, 교각이 30°～150° 되는 시기를 택하여 방위를 측정한다.

② 한 물표의 방위를 가능하면 일정한 시간차를 두고 여러 번 측정하여 그 가운데 적당한 방위선 두 개를 결합시켜 선위를 결정하고, 그 평균 침

로를 구하여 측정한 방위의 오차를 소거한다.

일정한 시간차를 두고 측정한 위치선 사이의 항정이 같지 않을 때에는 외력의 영향이 침로와 일치하지 않거나, 설혹 일치한다 하여도 그 속력이 다르기 때문이다. 이러한 경우 각 위치선 사이의 항정이 같게 되는 직선을 작도하면 유조의 영향을 추정할 수 있다.

③ 위치선을 전위하는 경우, 이미 측정한 선위에 의해서 추정하고 그 동안 외력의 변화가 있었다고 생각하면 두 번째 추정하는 물표 부근에서 받은 외력의 영향을 추정한다.

④ 방위를 측정한 시각에 오차가 있으면 선위에 오차가 포함되므로 관측 시각은 정확하게 하여야 하며, 특히 방위 변화가 빠른 가까운 물표를 관측할 때에는 초 단위까지 측정하는 것이 좋다. 그리고 주기가 긴 섬광 등의 방위를 관측할 때에는 관측 시각을 잘못 측정하기 쉬우므로 주의하여야 한다.

⑤ 외력의 영향을 잘못 추정하게 되면 선위에 오차가 포함되는데, 침로와 직각 방향의 분력(分力)이 없을 때, 즉 침로와 평행으로 외력이 작용하고 있을 때에는 속력의 오차에 해당하는 양만큼 선위도 편위(偏位)하게 된다.

⑥ 추정한 유향이 첫번째 위치선에 평행일 때에는 두 번째 위치선 위에 결정된 선위는 비교적 정확하나, 직각일 때에는 오차가 최대로 된다.

⑦ 두 물표의 방위를 시간차를 두고 관측하여 격시 관측 위치를 구할 때 나침의 오차가 부정확하고 물표의 위치가 좌우 현측에 있으면 선위는 실항 침로(實航針路)에서 현저히 편위하게 되나, 한쪽 현측에 있으면 편위량은 적어진다.

1105 실유조 삼각형

실유조 삼각형은 선박의 침로(C)와 속력(S), 실유조의 유향(S)과 유정(D) 및 직행 침로(또는 실항 침로; Course made good)와 직행 속력(또는 실항 속력; Speed made good)의 세 변(邊)으로 이루어진다.

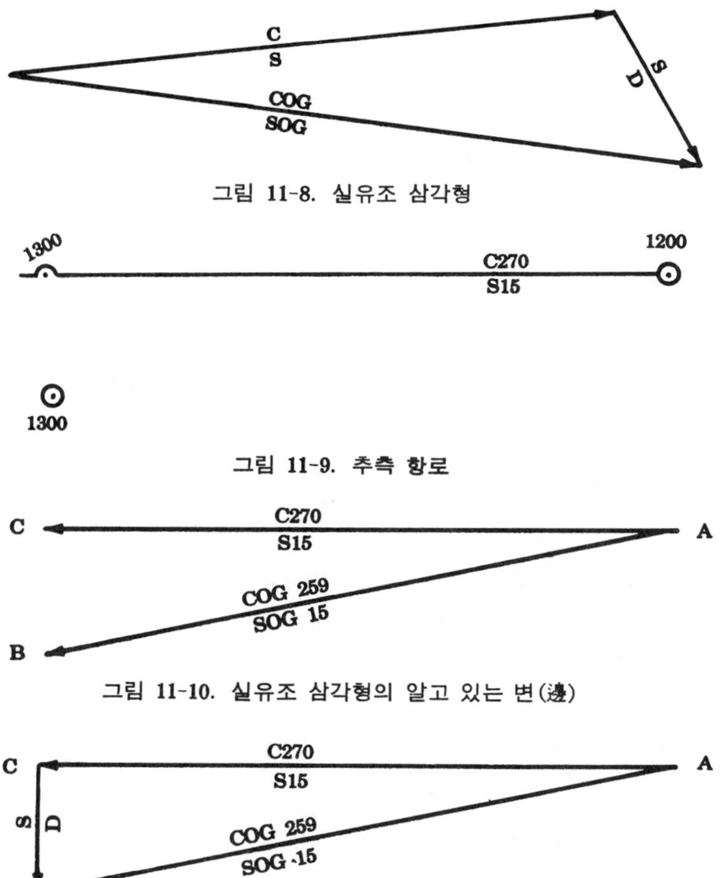

그림 11-8. 실유조 삼각형

그림 11-9. 추측 항로

그림 11-10. 실유조 삼각형의 알고 있는 변(邊)

그림 11-11. 실유조 삼각형

추정 유조 삼각형과의 차이는 예상 항로(ITR)와 예상 대지 속력 대신 직행 침로와 직행 속력으로 대치한 점이다. 실유조 삼각형은 추측 위치와 실측 위치(직행 침로와 직행 속력을 사용하여 구한 선위)를 이용하여 실유조의 크기를 구하기 위하여 사용된다.

예를 들어 설명하면 선박이 1200 i 실측 위치를 결정하고 침로 270°T, 속력 15 노트로 항해할 때 다음과 같이 된다.

1300 i의 추측 위치를 기점하고, 이 때 실측 위치를 관측 결정하니 추측 위치에서 180°T 방향으로 3해리 되는 지점에 선위가 결정되었다(그림 11-8). 실측 위치와 추측 위치가 일치하지 않는 원인은 선박이 1시간 항주하는 사이에 유조의 영향을 받았기 때문이다.

1200 i 실측 위치 A 점, 1300 i 추측 위치 C점, 1300 i 실측 위치 B 점을 서로 직선으로 연결하면 실유조 삼각형이 되고, A 점에서 B 점을 보는 방향은 직행 침로(COG), 거리는 직행 항정이 된다.

그림 11-11의 C 점에서 B 점을 보는 방향인 유향은 180°T인 것을 알 수 있고, 그 거리는 유정이 되며, 1시간 동안에 편위(偏位)된 거리가 3해리이므로 유정은 3노트가 된다. 이와 같이 구한 유조의 크기를 실유조라 한다.

유조는 풍향이 갑자기 변하거나 해저의 지형이 변하지 않으면 어느 기간 일정한 것으로 생각할 수 있다. 그리고, 추측 위치와 실측 위치를 이용하여 실유조의 크기를 알게 되면 침로를 변침하는 경우도 유조의 크기가 일정하다고 생각하여 추정 위치를 구할 수 있다.

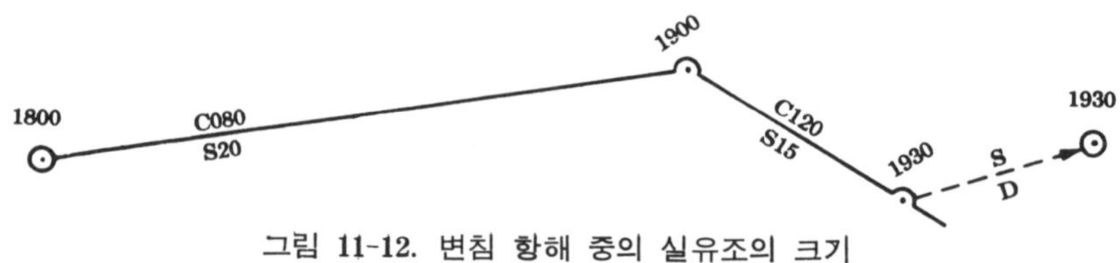

그림 11-12. 변침 항해 중의 실유조의 크기

그림 11-12에서 선박이 1800 i에 실측 위치를 측정하고 침로 080°T, 속력 20노트로 항행 중 1900 i에 침로 120°T로 변침하고, 속력을 15노트로 감속하였다. 1800 i 실측 위치를 측정하는 과정에서 실유조의 크기는 유향 070°T, 유정 4노트로 결정되었을 경우, 1930 i의 추정 위치를 결정하는 절차는 다음과 같다.

① 선박의 침로와 속력을 이용하여 추측 위치를 기점한다.

② 실유조는 1시간 30분간 일정하게 영향을 미쳤을 것으로 판단될 경우, 유향은 070°T 방향이 되고, 이 기간에 선박을 편위시킨 거리는 4×

90/60 해리, 즉 6해리가 된다.

③ 1930 i 추측 위치를 기준으로 하여 070°T 방향으로 6해리 되는 점을 기점하면 추정 위치가 된다.

지금까지 설명한 추정 유조 삼각형과 실유조 삼각형의 차이를 일목 요연하게 알 수 있도록 그려보면 그림 11-13과 같다. 즉 추정 유조 삼각형은 추정 유조의 크기를 알고 추정 위치를 구하는 절차이고, 실유조 삼각형은 두 개의 실측 위치를 결정하여 실유조의 크기를 구하는 절차이다.

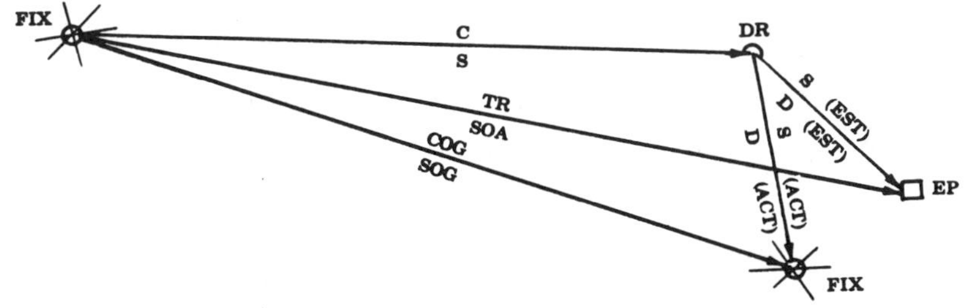

그림 11-13. 실유조 삼각형과 추정 유조 삼각형의 관계

예제 선박이 실측 위치를 결정하고 침로 090°T, 속력 20노트로 항행 중 유향 135°T, 유정 6노트로 추정하여 추정 위치를 결정했다. 두 번째 실측 위치를 결정한 후 실유조의 크기가 유향 174°T, 유정 6.4노트인 것을 알았다. 예상 침로, 예상 속력, 직행 침로, 직행 속력 및 실측 위치와 추정 위치의 차이를 실측 위치를 기준하여 방향과 거리를 구하라.

풀이 ① 실측 위치에서 090°T 방향으로 직선을 그리고, 위도 축척에서 20′을 취하여 1시간 후의 추측 위치(DR)를 기점한다.

② 추측 위치를 기준하여 135°T 방향으로 직선을 그리고, 위도 축척에서 6′을 취하여 추정 위치(EP)를 기점한다.

③ 실측 위치와 추정 위치를 직선으로 연결하고, 이것을 평행 이동하여 나침도에서 예상 침로 100°T를 구하여 2지점의 거리를 위도 축척에 비교하면 24′.3, 즉 24.3 노트인 것을 알 수 있다.

④ 직행 침로와 직행 속력을 같은 요령으로 구하면 108°T 및 22노트이다.

⑤ 두 번째 실측 위치와 추정 위치를 연결하여 이것을 나침도 중심으로 평행 이동하면 방향은 055°T이고 거리는 4′, 즉 4해리가 된다.

제 12 장 항정선 항법

1201 개　　요

경위도(經緯度)를 알고 있는 2지점 사이의 침로와 항정을 구하거나, 출발지의 경위도와 항행 침로 및 항정을 이용하여 도착지의 경위도를 구하는 계산법을 항법(航法; Sailing)이라 한다.

지구 표면에서 2지점 사이의 최단 거리는 2지점을 지나는 대권이다. 그러나 모든 대권(大圈; Great circl)은 모든 자오선(적도를 제외하고)과 같은 각도로 만나지 않으므로 정확히 대권상을 항해하려면 침로를 계속하여 조금씩 변경해야 한다.

실제 문제에서 이러한 것은 거의 불가능하므로, 2지점을 지나는 대권을 경도 5° 또는 10° 간격으로 나누고 매 구간마다 항정선으로 연결하여 전부 모으면 대권과 비슷한 형태가 되고, 이 직선을 따라 항해하면 대권상을 항해하는 것과 비슷한 결과를 가져오게 된다.

선박이 일정한 침로를 유지하며 항해하는 것은 항정선상을 항해하는 것이며, 항정선 항법을 행하고 있는 셈이다.

대양을 항해할 때 대권상을 따라 항해하는 대권 항법(大圈航法; Great circl)은 선박을 대권상으로 유도하기 위하여 필요한 자료를 구하는 방법이고, 항정선 항법이 주가 된다.

이들 항법은 지상의 목표를 대상으로 하지 않고 지구 표면에서의 위치, 지구의 형상 및 크기를 기초로 하여 나침의에 의한 침로와 측정의에 의한 항정 등 선박에서 얻을 수 있는 자료만을 사용하여 선위의 경위도를 추측하는 것이므로, 기본적인 원리는 추측 항법(推測航法)과 같다.

항정선 항법은 자오선과 일정한 각도로 만나는 항정선을 따라 항해하게 되므로, 위도가 높은 해역일수록 항로의 곡율이 커지게 된다.

1202 변위 및 변경의 처리

1. 변위의 계산

출발지 위도와 도착지 위도의 차를 분(′)으로 고쳐 변위(變位; Difference of latitude)를 계산하며, 소수점 이하 1자리까지만 구한다. 위도가 같은 부호이면 그 차(差)를, 다른 부호이면 합을 변위로 한다.

변위의 부호는 출발 지점(L_1)과 도착 지점(L_2)의 위치에 따라 결정되고, 도착 지점이 출발 지점보다 북쪽에 있으면 변위의 부호는 N, 남쪽에 있으면 S를 붙인다.

예제 1. 위도 46°15′N에서 위도 53°10′N에 이르는 변위를 구하라.

풀이 L_1 46°15′N
L_2 53°10′N
l 6°55′N 또는 415′N

예제 2. 위도 3°50.′0N인 지점에서 위도 1°10′.2S인 지점에 이르는 변위를 구하라.

풀이 L_1 3°50.′0N
L_2 1°10.′2S
l 5°00.′2S 또는 300.′2S

예제 3. 위도 28°27.′33′′N인 지점에서 위도 19°53′18′′N인 지점에 이르는 변위를 구하라.

풀이 L_1 28°27.′6N
L_2 19°53.′3N
l 8°34.′3S 또는 514.′3S

예제 4. 위도 53°00′S인 지점에서 위도 47°00′S인 지점에 이르는 변위를 구하라.

풀이 L_1 50°00′S
L_2 47°00′S
l 3°00′N 또는 180′N

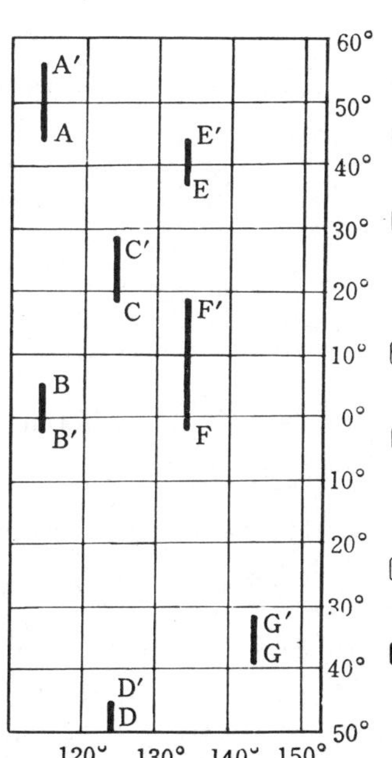

그림 12-1. 변위의 기점

출발지 위도, 도착지 위도 및 변위 중 출발지

위도 및 변위를 알고 도착지 위도를 구하는 경우에는 위도와 변위의 부호가 같으면 변위를 도(°), 분(′)으로 고쳐서 출발지 위도에 더하여 도착지 위도로 하고, 출발지 위도와 같은 부호를 붙인다.

출발지 위도와 도착지 위도의 부호가 서로 다른 경우에는 변위를 도,분으로 고쳐서 출발지 위도와의 차를 구하여 도착지 위도로 하고, 출발지 위도와 변위 중 큰 쪽의 부호를 붙인다.

예제 1. 위도 38°51.′3N인 지점을 출발하여 변위가 234.′5가 될 때까지 북쪽으로 항해하였다. 도착지 위도를 구하라.

풀이 L_1 38°51.′3N
l 3°54.′5N
L_2 42°45.′8N

예제 2. 위도 1°10.′0S인 지점에서 북쪽으로 1250′(1250해리) 항해하였다. 도착지 위도를 구하라.

풀이 L_1 1°10.′0S
l 20°50.′0N
L_2 19°40.′0N

예제 3. 위도 38°20′30″S인 지점을 출발하여 변위가 391.′0이 될 때까지 북쪽으로 항해하였다. 도착지 위도를 구하라.

풀이 L_1 38°20.′5S
l 6°31.′0N
L_2 31°49′5S

2. 변 경

출발지 경도와 도착지 경도의 차를 분으로 고쳐 변경(變經; Difference of longitude, DLo)을 계산하며, 소수점 이하 1자리까지만 구한다.

경도가 같은 부호이면 그 차(差)를, 다른 부호이면 합을 변경으로 한다. 변경의 부호는 도착지 경도(λ_2)가 출발지 경도(λ_1) 동쪽에 있으면 부호 E를, 서쪽에 있으면 부호 W를 붙인다. 출발지 경도와 도작지 경도의 부호가 다른 경우에는 그 합을 변경으로 할 때 180°를 넘으면 360°에서 감하여 변경으로 하고, 이 때 변경의 부호는 합할 때 부호가 E이면 W를, W이면 E를 붙인다.

예제 1. 경도 135°30′E인 지점에서 경도 140°29′E인 지점에 이르는 변경을 구하라.

풀이 λ_1 135°30′E

λ_2 140°29′E

DLo 4°59′E 또는 299′E

예제 2. 경도 6°40′W인 지점에서 경도 2°30′E인 지점에 이르는 변경을 구하라.

풀이 λ_1 6°40′W

λ_2 2°30′E

DLo 9°10′E 또는 550′E

예제 3. 경도 160°10′W인 지점에서 경도 179°30′E인 지점에 이르는 변경을 구하라.

풀이 λ_1 160°10′W

λ_2 179°30′E

DLo 339°40′E

360°

DLo 20°20′W 또는 1220′W

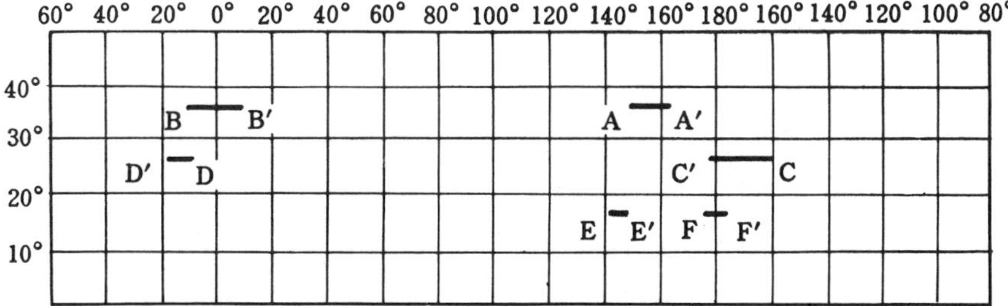

그림 12-2. 변경의 기점

출발지 경도, 도착지 경도 및 변경 중 출발지 경도와 변경을 알고 도착지 경도를 구하는 경우는, 출발지 경도와 변경이 같은 부호이면 변경을 도, 분으로 고쳐서 출발지 경도에 더하고, 그 합이 180° 이하이면 목적지 경도로 하여 출발지 경도와 같은 부호를 붙인다. 만일 그 합이 180°를 넘으면 360°에서 이를 감하여 구한 값을 도착지 경도로 하며, 출발지 경도 부호의 반대 부호를 붙인다.

출발지 경도와 변경이 서로 다른 부호이면 변경을 도, 분으로 고쳐서 출발지 경도와의 차를 구하고, 큰 쪽의 부호를 붙인다.

예제 1. 경도 15°45.′0W인 지점을 출항, 서쪽으로 항해한 항정이 변경 100.′5분이 되었다. 도착지의 경도를 구하라.

풀이 λ_1 15°45.′0W
DLo 1°40.′5W
λ_2 17°25.′5W

예제 2. 경도 140°35.′0E인 지점을 출항하여 변경이 213.′8E가 될 때까지 항해하였다. 도착지의 경도를 구하라.

풀이 λ_1 140°35.′0E
DLo 3°33.8E
λ_2 144°08.′8E

예제 3. 경도 177°58.′0E인 지점을 출항하여 090°T로 항해한 결과 변경이 300′임을 알았다. 도착지의 경도를 구하라.

풀이 λ_1 177°58.′0E
DLo 5°00.′0E
λ_2 182°58.′0E
360°
λ_2 177°02.′0W

1203 항정선에 관한 기본 공식

그림 12-3에서 선분(線分) AB를 항정선, 침로를 θ라 하고 선분 AB

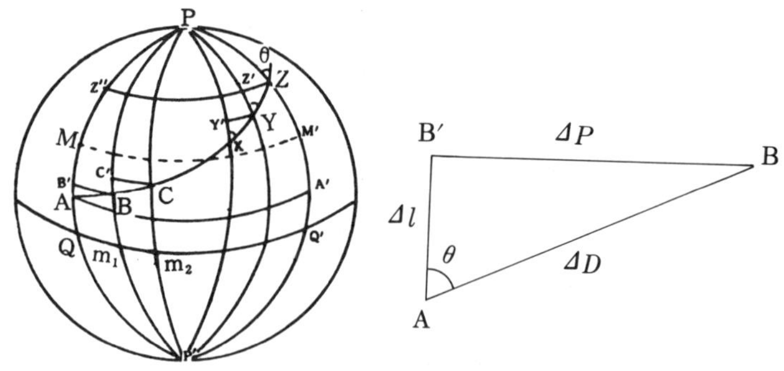

그림 12-3. 항정선의 관계

를 무수히 등분하여 등분한 각 점을 B,C,D,……W,X,Y라 하고, 각 점을 지나는 자오선과 거등권을 그리면 미소한 삼각형 ABB,′ BCC′,……XYY′ YZZ′가 되고, 이들은 모두 합동인 평면 직각삼각형으로 볼 수 있다.

△ABB′에서 AB=$\varDelta D$, BB′=$\varDelta P$, AB′=$\varDelta l$이라 하면,

$$\varDelta l=\varDelta D\cos\theta \quad\cdots\cdots(12\text{-}1)$$

$$\varDelta P=\varDelta D\sin\theta \quad\cdots\cdots(12\text{-}2)$$

임을 알 수 있다.

$\varDelta D$는 전 항정(全航程), AZ를 미분한 값이라 생각하면, (12-1), (12-2) 식은 다음과 같다.

$$dl=dD\ \cos\theta$$

$$dp=dD\ \sin\theta$$

전항정 AZ는 위 식을 A에서 Z까지 적분한 것과 같으므로,

$$l=\int_A^Z dD\cos\theta=D\cos C \quad\cdots\cdots(12\text{-}3)$$

$$p=\int_A^Z dD\sin\theta=D\sin C \quad\cdots\cdots(12\text{-}4)$$

단 D는 항정, C는 침로이다.

(12-3) 식으로 구한 변위(l)는 그림 12-3의 AB′, BC′,……XY′, YZ′ 등 자오선의 호(弧)로 이루어진 변(邊)의 총합이며, 선박이 침로 θ로 항정 AZ만큼 항해하여 생긴 남북 방향의 성분, 즉 변위이다. 자오선의 호의 길이는 지구를 구(球)로 가정하면 어느 곳에서나 같기 때문에 그림 12-3에서 알 수 있는 것과 같이 l=AZ″이다.

(12-4) 식으로 구한 p는 BB′, CC′,……, YY′, ZZ′ 등 거등권의 호로 이루어진 변의 총합이며, 선박이 항정 AZ를 항해하였을 때 생긴 동서 방향의 성분이다. 이것을 A점과 Z점의 동서거(東西距; Departure, p)라고 한다.

동서거는 A점과 Z점이 같은 위도일 때에는 2지점의 자오선 사이의 거리를 해리로 표시한 것과 같다(그림 12-5).

(12-3) 식과 (12-4) 식을 변형하면,

$$D = l \sec C \quad \cdots\cdots\cdots\cdots\cdots\cdots (12\text{-}5)$$

$$\tan C = \frac{p}{l} \quad \cdots\cdots\cdots\cdots\cdots\cdots (12\text{-}6)$$

로 된다.

(12-3), (12-4), (12-5), (12-6) 식은 항정선에 관한 기본 공식이며, 이 식들은 그림 12-4에서 보는 바와 같이, 평면 직각삼각형의 3변과 1각 사이의 관계와 같으므로, 이들 가운데 어느 2요소를 알면 나머지 요소를 구할 수 있다.

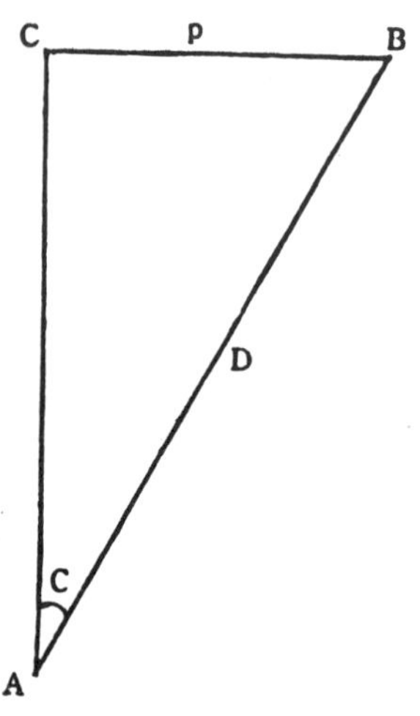

그림 12-4. 변위와 변경

1204 평면 항법

침로와 항정을 알고 변위 및 동서거를 구하거나, 또는 동서거와 변위를 알고 침로 및 항정을 구하는 계산법을 평면 항법(平面航法; Plane sailing)이라 한다.

이 항법은 완전한 항법은 아니며, 중분위도 항법(中分緯度航法)을 위한

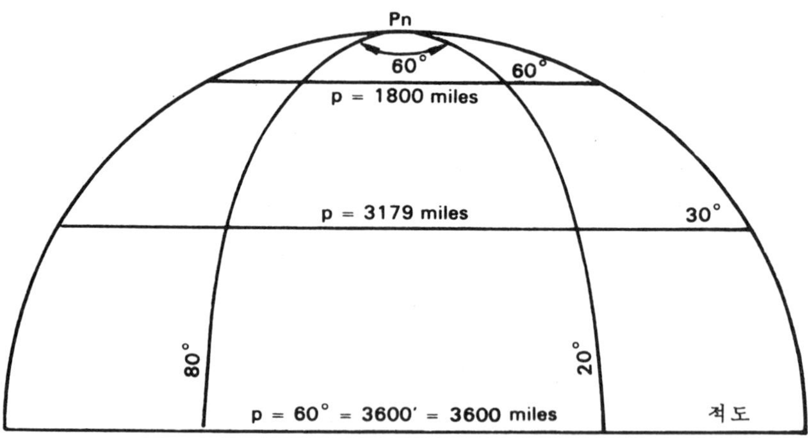

그림 12-5. 위도에 의한 거등권의 차이

표 12-1

TABLE 32

Logarithms of Numbers

1500–2000

No.	0	d	1	d	2	d	3	d	4	d	5	d	6	d	7	d	8	d	9	d
150	17609	29	17638	29	17667	29	17696	29	17725	29	17754	28	17782	29	17811	29	17840	29	17869	29
151	17898	28	17926	29	17955	29	17984	29	18013	28	18041	29	18070	29	18099	28	18127	29	18156	28
152	18184	29	18213	28	18241	29	18270	28	18298	29	18327	28	18355	29	18384	28	18412	29	18441	28
153	18469	29	18498	28	18526	28	18554	29	18583	28	18611	28	18639	28	18667	29	18696	28	18724	28
154	18752	28	18780	28	18808	29	18837	28	18865	28	18893	28	18921	28	18949	28	18977	28	19005	28
155	19033	28	19061	28	19089	28	19117	28	19145	28	19173	28	19201	28	19229	28	19257	28	19285	27
156	19312	28	19340	28	19368	28	19396	28	19424	27	19451	28	19479	28	19507	28	19535	27	19562	28
157	19590	28	19618	27	19645	28	19673	27	19700	28	19728	28	19756	27	19783	28	19811	27	19838	28
158	19866	27	19893	28	19921	27	19948	28	19976	27	20003	27	20030	28	20058	27	20085	27	20112	28
159	20140	27	20167	27	20194	28	20222	27	20249	27	20276	27	20303	27	20330	28	20358	27	20385	27
160	20412	27	20439	27	20466	27	20493	27	20520	28	20548	27	20575	27	20602	27	20629	27	20656	27
161	20683	27	20710	27	20737	26	20763	27	20790	27	20817	27	20844	27	20871	27	20898	27	20925	27
162	20952	26	20978	27	21005	27	21032	27	21059	26	21085	27	21112	27	21139	26	21165	27	21192	27
163	21219	26	21245	27	21272	27	21299	26	21325	27	21352	26	21378	27	21405	26	21431	27	21458	26
164	21484	27	21511	26	21537	27	21564	26	21590	27	21617	26	21643	26	21669	27	21696	26	21722	26
165	21748	27	21775	26	21801	26	21827	27	21854	26	21880	26	21906	26	21932	26	21958	27	21985	26
166	22011	26	22037	26	22063	26	22089	26	22115	26	22141	26	22167	27	22194	26	22220	26	22246	26
167	22272	26	22298	26	22324	26	22350	26	22376	25	22401	26	22427	26	22453	26	22479	26	22505	26
168	22531	26	22557	26	22583	25	22608	26	22634	26	22660	26	22686	26	22712	25	22737	26	22763	26
169	22789	25	22814	26	22840	26	22866	25	22891	26	22917	26	22943	25	22968	26	22994	25	23019	26
170	23045	25	23070	26	23096	25	23121	26	23147	25	23172	26	23198	25	23223	26	23249	25	23274	26
171	23300	25	23325	25	23350	26	23376	25	23401	25	23426	26	23452	25	23477	25	23502	26	23528	25
172	23553	25	23578	25	23603	26	23629	25	23654	25	23679	25	23704	25	23729	25	23754	25	23779	26
173	23805	25	23830	25	23855	25	23880	25	23905	25	23930	25	23955	25	23980	25	24005	25	24030	25
174	24055	25	24080	25	24105	25	24130	25	24155	25	24180	24	24204	25	24229	25	24254	25	24279	25
175	24304	25	24329	24	24353	25	24378	25	24403	25	24428	24	24452	25	24477	25	24502	25	24527	24
176	24551	25	24576	25	24601	24	24625	25	24650	24	24674	25	24699	25	24724	24	24748	25	24773	24
177	24797	25	24822	24	24846	25	24871	24	24895	25	24920	24	24944	25	24969	24	24993	25	25018	24
178	25042	24	25066	25	25091	24	25115	24	25139	25	25164	24	25188	24	25212	25	25237	24	25261	24
179	25285	25	25310	24	25334	24	25358	24	25382	24	25406	25	25431	24	55254	24	25479	24	25503	24
180	25527	24	25551	24	25575	25	25600	24	25624	24	25648	24	25672	24	25696	24	25720	24	25744	24
181	25768	24	25792	24	25816	24	25840	24	25864	24	25888	24	25912	23	25935	24	25959	24	25983	24
182	26007	24	26031	24	26055	24	26079	23	26102	24	26126	24	26150	24	26174	24	26198	23	26221	24
183	26245	24	26269	24	26293	23	26316	24	26340	24	26364	23	26387	24	26411	24	26435	23	26458	24
184	26482	23	26505	24	26529	24	26553	23	26576	24	26600	23	26623	24	26647	23	26670	24	26694	23
185	26717	24	26741	23	26764	24	26788	23	26811	23	26834	24	26858	23	26881	24	26905	23	26928	23
186	26951	24	26975	23	26998	23	27021	24	27045	23	27068	23	27091	23	27114	24	27138	23	27161	23
187	27184	23	27207	24	27231	23	27254	23	27277	23	27300	23	27323	23	27346	24	27370	23	27393	23
188	27416	23	27439	23	27462	23	27485	23	27508	23	27531	23	27554	23	27577	23	27600	23	27623	23
189	27646	23	27669	23	27692	23	27715	23	27738	23	27761	23	27784	23	27807	23	27830	22	27852	23
190	27875	23	27898	23	27921	23	27944	23	27967	22	27989	23	28012	23	28035	23	28058	23	28081	22
191	28103	23	28126	23	28149	22	28171	23	28194	23	28217	23	28240	22	28262	23	28285	22	28307	23
192	28330	23	28353	22	28375	23	28398	23	28421	22	28443	23	28466	22	28488	23	28511	22	28533	23
193	28556	22	28578	23	28601	22	28623	23	28646	22	28668	23	28691	22	28713	22	28735	23	28758	22
194	28780	23	28803	22	28825	22	28847	23	28870	22	28892	22	28914	23	28937	22	28959	22	28981	22
195	29003	23	29026	22	29048	22	29070	22	29092	23	29115	22	29137	22	29159	22	29181	22	29203	23
196	29226	22	29248	22	29270	22	29292	22	29314	22	29336	22	29358	22	29380	23	29403	22	29425	22
197	29447	22	29469	22	29491	22	29513	22	29535	22	29557	22	29579	22	29601	22	29623	22	29645	22
198	29667	21	29688	22	29710	22	29732	22	29754	22	29776	22	29798	22	29820	22	29842	21	29863	22
199	29885	22	29907	22	29929	22	29951	22	29973	21	29994	22	30016	22	30038	22	30060	21	30081	22
200	30103	22	30125	21	30146	22	30168	22	30190	21	30211	22	30233	22	30255	21	30276	22	30298	22
No.	0	d	1	d	2	d	3	d	4	d	5	d	6	d	7	d	8	d	9	d

Prop. parts

	32	31	30	29	28	27	26	25	24	23	22	21
1	3	3	3	3	3	3	3	2	2	2	2	2
2	6	6	6	6	6	5	5	5	5	5	4	4
3	10	9	9	9	8	8	8	8	7	7	7	6
4	13	12	12	12	11	11	10	10	10	9	9	8
5	16	16	15	14	14	14	13	12	12	12	11	10
6	19	19	18	17	17	16	16	15	14	14	13	13
7	22	22	21	20	20	19	18	18	17	16	15	15
8	26	25	24	23	22	22	21	20	19	18	18	17
9	29	28	27	26	25	24	23	22	22	21	20	19

보조 계산법이라 볼 수 있다.

평면 항법은 항정이 200~300해리 이내인 경우, 침로가 남북 방향(000° 또는 180°)에 가까운 경우, 항행 해역이 적도 부근일 경우에 항정선에 관한 기본 공식을 사용하여 선위를 결정하고, 2지점 사이의 침로나 항정을 구할 수 있다.

평면 항법에서 문제를 푸는 방법은 대수 계산, 항해표 제 3표(Traverse 표) 및 계산기를 사용할 수 있으나, 오늘날과 같이 계산기가 실용화된 현시점에서는 계산기를 사용하는 것이 편리하다.

1. 침로(C)와 항정(D)을 알고 변위(L) 및 동서거(p)를 구하는 경우

침로와 항정을 알고 있으면 $l=D\cos C$ 식을 이용하여 변위를 구하고, $p=D\sin C$ 식을 이용하여 동서거를 구한다.

예제 선박이 어느 지점을 출발하여 침로 005°T로 188.4해리를 항주하였다. 그 사이의 변위와 동서거를 구하라.

풀이 ① 대수 계산으로 푸는 방법

$l=188.4\cos 5°$를 대수로 취하면 $\log l=\log 188.4+\log \cos 5°$가 된다.

log 188.4는 2.27508(표 12-1 참조)

log cos 5° −0.00166 (표12-2 참조)

∴ log l은 2.27342이므로, 표 12-1에서 찾으면 l은 187.7임을 알 수 있고, 북쪽으로 항해하였으므로 부호는 N가 되어 l=187.'7N가 된다.

$p=188.4\sin 5°$를 대수로 취하면 $\log p=\log 188.4+\log \sin 5°$가 된다. log sin 5°는 −1.21538(표 12-2 참조)

표 12-2

TABLE 33
Logarithms of Trigonometric Functions

5°→ ↓ ′	sin	Diff. 1′	csc	tan	Diff. 1′	cot	sec	Diff. 1′	cos	←174° ↓
0	8.94030	144	11.05970	8.94195	145	11.05805	10.00166	1	9.99834	60
1	.94174	143	.05826	.94340	145	.05660	.00167	1	.99833	59
2	.94317	144	.05683	.94485	145	.05515	.00168	1	.99832	58
3	.94461	142	.05539	.94630	143	.05370	.00169	1	.99831	57
4	.94603	143	.05397	.94773	144	.05227	.00170	1	.99830	56

표 12-3

TABLE 3
Traverse Table

5°—175°—185°—355°								Course		
DLo	p		p	DLo				5° 185°	p+l DLo+m	174° 354°
D	l	p	l	D	m	DLo				
1	0.996	0.087	1	1.004	1	0.087		0.0	0.087	1.0
2	1.992	0.174	2	2.008	2	0.175		0.1	0.089	0.9
3	2.989	0.261	3	3.011	3	0.262		0.2	0.091	0.8
4	3.985	0.349	4	4.015	4	0.350		0.3	0.093	0.7
5	4.981	0.436	5	5.019	5	0.437		0.4	0.095	0.6
6	5.977	0.523	6	6.023	6	0.525		0.5	0.096	0.5
7	6.973	0.610	7	7.027	7	0.612		0.6	0.098	0.4
8	7.970	0.697	8	8.031	8	0.700		0.7	0.100	0.3
9	8.966	0.784	9	9.034	9	0.787		0.8	0.102	0.2
								0.9	0.103	0.1

∴ log p는 1.21538이므로, 표 12-1에서 찾으면 p는 16.4임을 알 수 있고, 동쪽으로 항해하였으므로 부호는 E가 되어 p=16.4 해리 E가 된다.

② 항해표 제 3 표(Traverse table)로 푸는 방법

표 12-3에서

D	l	p
100.0	99.6	8.7
80.0	79.7	7.0
8.0	8.0	0.7
0.4	0.4	0.0
188.4	187′.7N	16.4 해리E

③ 계산기로 푸는 방법

cos 5°는 0.99619471이므로, 188.4를 곱하면 187.6830833이 된다. 그러므로 l은 187.′7N

sin 5°는 0.087155743이므로, 188.4를 곱하면 16.42014198이 된다. 그러므로 p는 16.4 해리E

문제 **1.** 어느 선박이 침로 214°T로 117.3해리를 항주하였다. 그 사이의 변위와 동서거를 구하라.

답 l은 97.′2S, p는 65.6 해리W

문제 **2.** 어느 선박이 침로 214.°5T로 250해리 항주하였다. 그 사이의 변위와 동서거를 구하라.

답 l은 206.′0S, p는 141.6해리 W

2. 변위와 동서거를 알고 침로 및 항정을 구하는 경우

변위와 동서거를 알고 있으면 $\tan C = p/l$ 식을 이용하여 침로를 구하고 침로가 결정되면 $D = l \sec C$ 식을 이용하여 항정을 구한다.

침로를 결정할 때 주의할 사항은 다음과 같다.

① 침로가 0°～90° 사이에 있을 때에는 $\tan C = p/l$ 식으로 구한 값이 침로가 된다.

② 침로가 90°～180° 사이에 있을 때에는 $\tan C = p/l$ 식으로 구한 값을 180°에서 감한 값이 침로가 된다.

③ 침로가 180°～270° 사이에 있을 때에는 $\tan C = p/l$ 식으로 구한 값을 180°에 더한 값이 침로가 된다.

④ 침로가 270°～360° 사이에 있을 때에는 $\tan C = p/l$ 식으로 구한 값을 360°에서 감한 값이 침로가 된다.

문제 **1.** 어느 선박이 북쪽으로 136.6 해리 항해한 후 서쪽으로 변침하여 203.1 해리 항해하였다. 그 동안의 직행 침로와 항정을 구하라.

답 침로 : 304°T 항정 : 244.9 해리

문제 **2.** 어느 선박이 남쪽으로 173.3 해리 항해한 후 변침하여 동쪽으로 98.6 해리 항해하였다. 그 동안의 직행 침로와 항정을 구하라.

답 침로 : 150.°4T 항정 : 199.4 해리

문제 **3.** 위도 32°30.0N인 지점에서 위도 30°00.′0N인 지점까지 항해하여 동서거가 100 해리W가 되었다. 침로와 항정을 구하라.

답 침로 : 213.°7T 항정 180.3 해리

1205 거등권 항법

거등권 즉 위도를 따라 항해하는 특별한 경우에 관계되는 여러 가지 필요한 요소를 구하는 항법을 거등권 항법(距等圈航法; Parallel sailing)이라 한다.

1. 동서거와 변경

자오선은 모두 극(極)에 집합하므로 자오선 사이의 거등권의 길이는 극에 접근할수록 짧아진다. 즉 동서거가 일정하여도 위도가 다르면 변경은 다르게 된다.

그림 12-6에서 P를 극, QQ′Q″를 적도라 하고 A점과 A′점을 지나는 거등권 위에 거리가 같은 동서거 AB=A′B′를 그리고 B점과 B′점을 지나는 자오선 PBQ′, PB′Q″를 그린다.

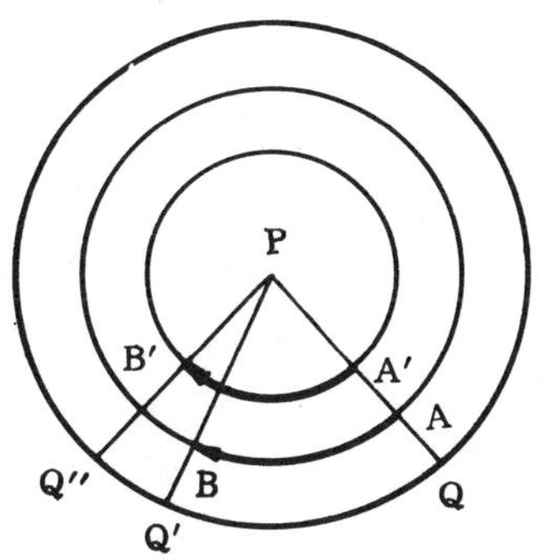

AB에 대한 변경은 QQ′이고, A′B′에 대한 변경은 QQ″가 되어 위도가 높아질수록 변경이 커지는 것을 알 수 있다.

지구를 구(球)라고 가정하면 PC는 지축, QQ′C는 적도면, ABC′는 적도면에 평행한 평면, 즉 거등권면이라 할 때, 이들 두 개의 부채꼴은 닮은꼴이 된다.

$$\angle ACQ = \angle CAC' = L\text{(A 점의 위도)}$$

$$QC = AC = R\text{(지구의 반지름)}$$

이며, 닮은꼴인 두 부채꼴의 호의 길이는 반지름에 비례하므로,

$$\frac{AB}{QQ'} = \frac{AC'}{QC} = \frac{AC'}{AC} = \cos L$$

위 식에서 AB는 A 지점에서의 동서거(p)이고, QQ′는 그 동서거에 대한 변경(DLo)이므로 동서거와 변경 사이에는 다음의 관계가 성립한다.

$$p = \text{D}L\text{o} \cos L \quad \cdots\cdots\cdots\cdots\cdots(12\text{-}7)$$

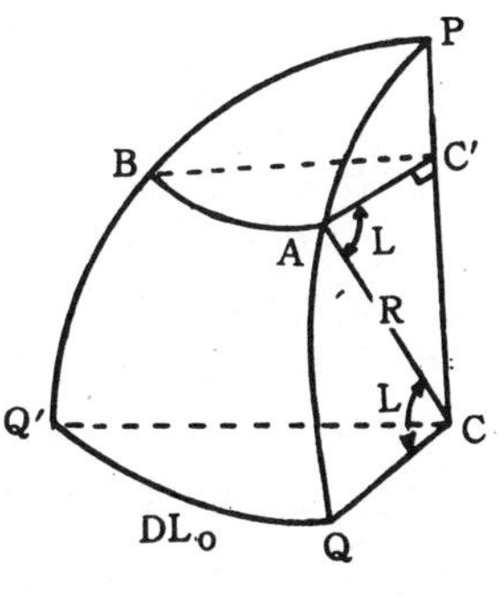

그림 12-6. 동서거와 변경

또는 DLo$=p$ sec L ··(12-8)

위 식에서 선박이 적도 또는 그 부근에 있을 때에는 cos L, sec L은 1 또는 1에 가까우므로 p=DLo가 된다.

2. 거등권 항법의 계산

선박이 정동(正東; 090°T) 또는 정서(正西; 270°T)로 항해할 때 변경, 항정(동서거) 및 위도 사이의 관계는 (12-7) 및 (12-8) 식과 같다. 그러므로 거등권 항법을 계산할 경우에는 위도와 항정을 알고 변경을 구할 때, 변경과 위도를 알고 항정을 구할 때 및 변경과 항정을 알고 항행한 거등권의 위도를 구할 때 등이 있다.

(1) 위도와 항정을 알고 변경을 구할 경우

위도와 항정을 알고 있으면 DLo$=p$ sec L 식을 이용하여 변경을 구한다. 이 때 선박의 침로가 090°T 및 270°T일 경우에는 동서거는 항정과 같으므로, DLo$=D$ sec L 식이 된다.

예제 위도 49°40.′2N인 지점에서 선박이 침로 090°T로 136.4 해리를 항주하였다. 이 때의 변경을 구하라.

풀이 항해표 제 3 표(Traverse table)로 푸는 방법

p	DLo(49°)	DLo(50°)
100.0	152.4	155.6
30.0	45.7	46.7
6.0	9.1	9.3
0.4	0.6	0.6
136.4	207.8	212.2

∴ DLo=210.′9E

문제 1. 1530 i에 선박의 추측 위치가 L 44°36.′3N, λ 31°18.′3W인 지점에서 침로 270°T, 속력 17 노트로 항해하였다. 그 날 2000 i의 추측 위치를 구하라.

답 L_2 44°36.′3N, λ_2 33°05.′7W

문제 2. 선박이 L 52°15′N, λ 170°05′E인 지점을 출발하여 침로 090°T로 658 해리를 항해하였다. 도착지의 경도를 구하라.

답 λ_2 172°0.′2W

(2) 변경과 위도를 알고 항정을 구하는 경우

변경과 위도를 알고 있으면 $D=\mathrm{DLo}\cos L$ 식을 이용하여 항정을 구할 수 있다.

예제 위도 37°50.′1S인 지점에서 선박이 침로 270°T로 항해하여 변경이 4°33.′5W로 되었다. 이 때의 항정을 구하라.

풀이 항해표 제 3 표(Traverse table)로 푸는 방법

DLo	p(37°)	p(38°)
200.0	159.7	157.6
70.0	55.9	55.2
3.0	2.4	2.4
0.5	0.4	0.4
273.5	218.4	215.6

위도 1° 차가 있을 때 동서거 차이는 218.4−215.6=2.8

∴ 1 : 0.8=2.8 : x가 된다. ∴ $x=0.8\times2.8\div2.2$

위도 37°50.′1S일 때의 동서거는 (218.4−2.2=216.2) 216.2해리W, 즉 항정은 216.2해리가 된다.

문제 1. L 35°12′S, λ 15°05′E인 지점에서 L 35°12.′S, λ 28°18.′E인 지점까지의 항정과 나침로를 구하라. (단 편차는 28°08′W, 자차는 11°E이다.)

답 항정 648.0해리, 침로 107°

문제 2. 5월 21일 1530 i에 선박의 위치는 L 44°36.′3N, λ 31°18.′3W이고 침로 270°T, 속력 17노트로 항해하다가 경도 38°00.′0W인 지점에서 변침할 계획이다. 변침점에 도착하는 시각을 구하라.

답 5월 22일 0819 i

문제 3. 위도 35°N에 위치한 진해에서 지구의 자전 속도을 구하라. (적도에서의 속력은 매시 900′이므로 이것을 변경으로 보고 위도 35°N에서의 동서거를 구하면 된다.)

답 737.2해리／시간

(3) 변경과 항정을 알고 항행한 거등권의 위도를 구하는 경우

변경과 항정을 알고 있으면 $\cos L=D/\mathrm{DLo}$ 식을 이용하여 위도를 구한다.

예제 선박이 침로 090°T로 항해할 때 38해리 항주시마다 경도가 1°씩 다르게 되는 것을 알았다. 이 선박은 위도 몇 도인 거등권을 항해하고 있는가? 이 때의 위도를 구하라.

풀이 $\cos L=38/60$을 대수로 취하면 $\log\cos L=\log 38-\log 60$이 된다. log 38은 1.5798, log 60은 1.77815

∴ $\log\cos L$은 9.80163이므로, 대수표(항해표 제 33 표)에서 찾으면 위도(L)

는 50°42.′2임을 알 수 있다.

문제 **1.** 선박이 침로 270°T로 125해리 항해하였더니 변경이 3°12′W가 되었다. 항해한 거등권의 위도를 구하라.

답 위도 49°22.′7

문제 **2.** 선박이 경도 5°21.′2W인 지점을 출발하여 침로 270°T로 160해리 항해한 후 실측 위치를 결정하였더니 경도가 8°39′.3W임을 알았다. 항해한 거등권의 위도를 구하라.

답 위도 36°07.′8

1206 중분위도 항법

선박의 침로가 090°T나 270°T가 아닌 경우, 두 지점의 평균 위도를 산출하고 이것으로 항해에 필요한 요소를 구하는 계산법을 중분위도 항법(中分緯度航法; Middle latitude sailing)이라 한다.

1. 평균 중분위도(平均中分緯度)에 관한 공식

그림 12-7에서 A지점의 위도를 L_1, Z지점의 위도를 L_2, 곡선 AZ를 두 지점을 지나는 항정선이라 하고, AA′, ZZ′를 각각 A 점과 Z 점을 지나는 거등권이라 하면 두 지점 A 점과 Z점의 동서거($p=D\sin C$)는 AA′보다는 작고 ZZ′ 보다는 크므로 AA′와 ZZ′의 중간에 두 거리의 평균치가 되는 위도가 존재한다고 볼 수 있다.

이 동서거리는 A점과 Z점의 거리가 별로 크지 않으면 두 지점의 위도의 평균 위도, 즉 $(L_1+L_2)1/2$되는 위도의 거등권 MM′와 거의 같다.

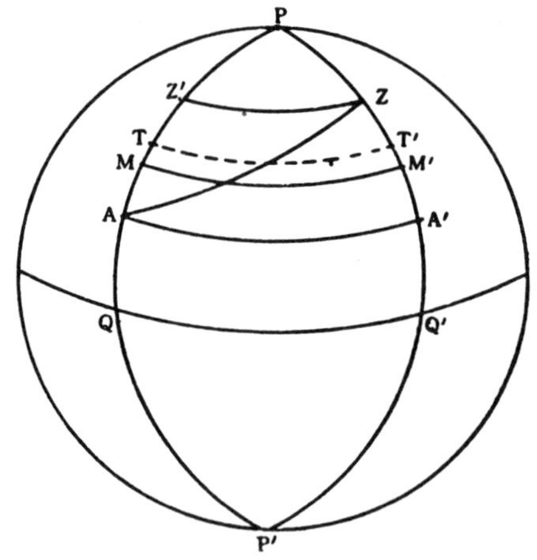

그림 12-7. 평균 중분위도

이 위도를 평균 중분위도(平均中分緯度; Mean middle latitude) 또는 중분위도(中分緯度; Middle latitude, Lm)라 한다.

그림 12-7에서 QQ′를 적도라 하면 MM′=QQ′cos MQ이며, QQ′는 AZ 사이의 변경이므로,

$$p = \mathrm{D}Lo \cos \frac{1}{2}(L_1 + L_2) \cdots\cdots (12\text{-}9)$$

$$\text{또는, } \mathrm{D}Lo = p \sec \frac{1}{2}(L_1 + L_2) \cdots\cdots (12\text{-}10)$$

이다. 위 식은 두 지점이 같은 거등권 위에 있을 때에만 이론상 정확하고 실용상은 항정이 600해리 정도까지 사용해도 지장이 없으며, 그 이상이면 오차가 크게 되어 사용할 수 없다.

$\tan C = p/l$ 이므로, 여기에 (12-9) 식을 대입하면

$$\tan C = \frac{\mathrm{D}Lo \cos \frac{1}{2}(L_1 + L_2)}{l} \cdots\cdots (12\text{-}11)$$

또, $p = D \sin C$이므로, 이것을 (12-10) 식에 대입하면,

$$\mathrm{D}Lo = D \sin C \sec \frac{1}{2}(L_1 + L_2) \cdots\cdots (12\text{-}12)$$

(12-11), (12-12) 식은 중분위도에 사용되는 공식이다.

2. 진중분위도

그림 12-7에서 두 지점 A, Z의 동서거는 두 지점의 위도 사이에 있는 어느 특정한 위도에 대한 거등권의 길이, 즉 특정한 위도에 대한 거리와 일치한다고 생각할 수 있다. 이것을 TT′라고 하면 거등권 TT′의 위도를 진중분위도(眞中分緯度; True middle latitude)라 한다.

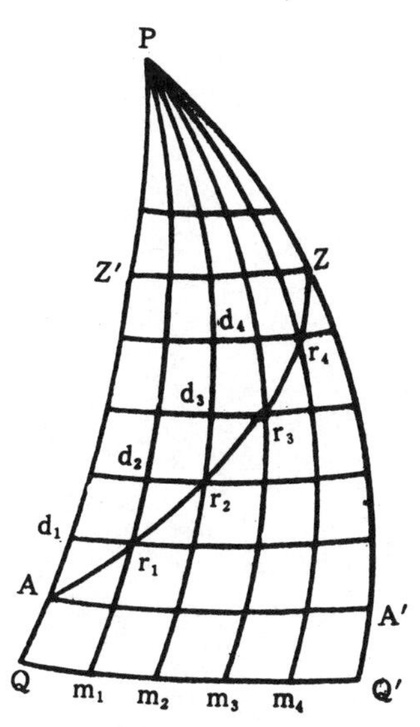

그림 12-8. 진중분위도

이 거등권의 위도를 Lt라 하면,

$$QQ'=TT'\sec Lt$$

즉 $DLo=p\ \sec Lt$ ……………………………………………………(12-13)

(12-13) 식은 정확한 공식이고, (12-9), (12-10) 식은 근사식이다.

그림 12-8에서 A점과 Z점의 변위를 미소한 길이 Δl로 n 등분 하고, 그 등분점을 지나는 위도의 거등권 d_1r_1, d_2r_2, d_3r_3, d_4r_4,……와 항정 AZ가 만나는 점을 각각 r_1, r_2, r_3, r_4,……라 하고, 이 점들을 지나는 자오선을 pm_1, pm_2, pm_3, pm_4,……라고 하면, Ad_1r_1, $r_1d_2r_2$, $r_2d_3r_3$, $r_3d_4r_4$,……등 n개의 구면 직각삼각형이 생긴다.

그리고 n이 무한히 큰 숫자이면 이들 삼각형은 미소하게 되어 모두 합동인 평면 직각삼각형으로 볼 수 있다. 따라서 $d_1r_1=d_2r_2=d_3r_3=d_4r_4$,……가 되므로, 이것을 Δp라 놓으면

$p=n\cdot\Delta p$이며,

또 $l=n\cdot\Delta l$이다.

그런데 d_1r_1에 대응하는 변경 Qm_1은

$Qm_1=\Delta p\ \sec Lr_1$(단, Lr_1은 r_1 점의 위도)이므로,

A점과 Z점 사이의 변경은 A점의 위도를 L_1, Z점의 위도를 L_2라 할 때,

$$DLo=\Delta p\ \{\sec(L_1+\Delta l)+\sec(L_1+2\Delta l)+\sec(L_1+3\Delta l)+\cdots+\sec L_2\}$$

이므로,

$$DLo=\frac{n\Delta p\times Sum}{n}$$

$$=p\times\frac{1}{n}\{\sec(L_1+\Delta l)+\sec(L_1+2\Delta l)+\sec(L_1+3\Delta l)+\cdots+\sec L_2\}$$

……………………………………………………………… (12-14)

(12-13) 식과 (12-14) 식에서

$$\sec Lt=\frac{1}{n}\ \{\sec(L_1+\Delta l)+\sec(L_1+2\Delta l)+\sec(L_1+3\Delta l)+\cdots+\sec L_2\}$$

……………………………………………………………… (12-15)

(12-15) 식에서 sec Lt는 각 거등권의 위도에 대한 여활(sec)의 평균치

에 해당한다.

(12-15) 식을 변형하면,

$$\sec Lt=\frac{1}{n\Delta l}\{\sec(L_1+\Delta l)+\sec(L_1+2\Delta l)+\sec(L_1+3\Delta l)+\cdots\cdots\cdots\cdots\cdots+\sec L_2\}\Delta l$$

$n\to\infty$이면 $\Delta l\to 0$이므로,

$$\lim_{\Delta l\to 0}\{\sec(L_1+\Delta l)+\sec(L_1+2\Delta l)+\sec(L_1+3\Delta l)+\cdots\cdots+\sec L_2\}\Delta l$$

$$=\lim_{\Delta l\to 0}\sum\sec(L+i\Delta l)\Delta l$$

$$=\int_{L_1}^{L2}\sec LdL$$

$$=\log_e\tan\left(\frac{\pi}{4}+\frac{L_2}{2}\right)-\log_e\tan\left(\frac{\pi}{4}+\frac{L_1}{2}\right)$$

$$\therefore\ \sec Lt=\frac{1}{L_2-L_1}\left\{\log_e\tan\left(\frac{\pi}{4}+\frac{L_2}{2}\right)-\log_e\tan\left(\frac{\pi}{4}+\frac{L_1}{2}\right)\right\}\quad\cdots\cdots(12\text{-}16)$$

(단, L_2-L_1은 라디안 단위)

또는

$$\sec Lt=\frac{3437.8}{L_2-L_1}\left\{\log\tan\left(\frac{\pi}{4}+\frac{L_2}{2}\right)-\log\tan\left(\frac{\pi}{4}+\frac{L_1}{2}\right)\right\}\log_e 10$$

$$=\frac{7915.7}{L_2-L_1}\left\{\log\tan\left(\frac{\pi}{4}+\frac{L_2}{2}\right)-\log\tan\left(\frac{\pi}{4}+\frac{L_2}{2}\right)\right\}\log_e 10$$

$$=\frac{7915.7}{L_2-L_1}\left\{\log\tan\left(\frac{\pi}{4}+\frac{L^2}{2}\right)-\log\tan\left(\frac{\pi}{4}+\frac{L_1}{2}\right)\right\}\cdots(12\text{-}17)$$

(단, L_2-L_1은 분 단위)

注 ① (12-17) 식의 3437.8은 적도의 반지름을 적도의 호 1분으로 나타낸 것이며, 정확한 값은 21,600÷2π로 구한다.
② $\log_e 10 \doteqdot 2.3026$

(12-16) 식과 (12-17) 식으로 Lt를 산출할 수 있고,

$$\log_e\tan\left(\frac{\pi}{4}+\frac{L_2}{2}\right)-\log_e\tan\left(\frac{\pi}{4}+\frac{L_1}{2}\right)$$

또는, $7915.7\left\{\left(\log\tan\left(\frac{\pi}{4}+\frac{L_2}{2}\right)-\log\tan\left(\frac{\pi}{4}+\frac{L_1}{2}\right)\right\}$는

A점과 Z점의 점장위도(漸長緯度; Meridional parts)의 차, 즉 점장변위(漸長變緯; Meridional difference, m)이고, $L_2 - L_1$은 두 지점의 변위이다. 이들을 각각 m, ℓ 라 하면

(12-16) 식과 (12-17) 식은

$$\sec \mathrm{Lt} = \frac{m}{l} \qquad \therefore \mathrm{Lt} = \sec^{-1}\frac{m}{l}$$

으로 되어 m에 구(球) 또는 편구 점장변위(扁球漸長變緯)의 값을 대입하여 구 또는 편구에 대한 진중분위도를 계산할 수 있다. 그리고 그림 12-7에서 A점과 Z점의 평균 중분위도 $\frac{1}{2}(L_1+L_2)$를 Lm이라 놓으면, 진중분위도와 평균 중분위도 ΔL은 다음과 같이 된다.

$$\left.\begin{aligned} \Delta L &= \sec^{-1}\frac{m}{l} - \mathrm{Lm} \\ \text{또는 } \Delta L &= \cos^{-1}\frac{l}{m} - \mathrm{Lm} \end{aligned}\right\} \cdots\cdots\cdots (12\text{—}18)$$

(12-18) 식은 중분위도 개정치(中分緯度改正値; Correction of middle latitude)라고 한다.

진중분위도 Lt는 지구를 구(球)로 볼 때에는 평균 중분위도 Lm보다 높은 위도에 있고, 편구로 보면 평균 중분위도보다 높은 경우와 낮은 경우가 있어서 ΔL의 부호는 그에 따라 달라지므로, 그 부호에 따라 평균 중분위도 $\frac{1}{2}(L_1+L_2)$에 가감하면 진중분위도를 구할 수 있다.

3. 중분위도 항법의 계산

(12-18) 식에 의하여 구한 ΔL은 위도가 높아질수록 커지고, 변위가 5° ~6° 정도면 일반적으로 10′을 넘는 일이 드물다.

따라서 항정이 길지 않은 경우, 즉 1일 정도의 항정에 대해서는 ΔL을 무시하고 (12-9) 식으로 구한 p는 두 지점의 평균 위도에서의 거등권의 호의 길이 MM′와 같다고 가정하여도 실용상 지장이 없는 결과를 얻게 된다. 이와 같은 가정 아래에서는 (12-9) 식, (12-10) 식은 간단할

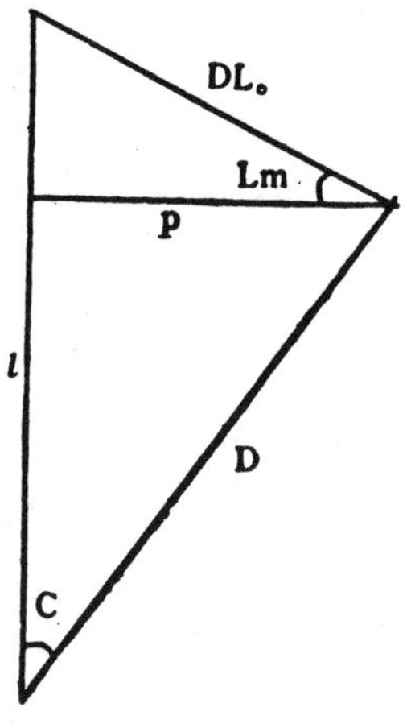

그림 12-9. 중분위도

뿐만 아니라 침로가 동서에 가까울 때 상당히 먼 거리까지 항해하여도 산출한 선위에 큰 오차가 포함되지 않는다.

즉 중분위도 항법은 두 지점의 동서거는 평균 위도에서의 거등권 거리와 같다는 가정 아래 항해 문제를 해결하는 항법이고, 실제로 많이 쓰이고 있다.

중분위도 항법에 사용되는 기호를 그림으로 표시하면 그림 12-9와 같다. 즉 변위(l), 항정(D), 동서거(p), 침로(C) 사이의 관계를 구하는 과정은 평면 항법과 같으나, 동서거(p)를 알고 중분위도(Lm)를 이용하여 변경(DLo)을 구할 수 있으므로, 일반 항법으로 유용성이 있다.

그림 12-9를 참고하여 중분위도 항법에 필요한 공식을 정리하면,

$$\left.\begin{aligned} &l = D\cos C \\ &p = D\sin C \\ &\mathrm{DLo} = p\sec Lm = D\sin C\sec \mathrm{Lm} \\ &\tan \mathrm{C} = \frac{p}{l} = \frac{\mathrm{DLo}\cos \mathrm{Lm}}{l} \end{aligned}\right\} \qquad \cdots\cdots (12\text{—}19)$$

과 같다.

(1) 출발지의 경위도와 침로 및 항정을 알고 도착지의 경위도를 구하는 경우(즉 선위를 추측하는 경우)

출발지의 경위도와 침로(C) 및 항정(D)을 알고 있으므로, $l=D\cos C$ 식으로 변위를 구하고, 평균 중분위도(Lm)를 알게 되면 $\mathrm{DLo}=\sec \mathrm{Lm}=D\sin C\sec \mathrm{Lm}$ 식을 이용하여 변경을 구한 후 출발지의 위도에 변위를, 경도에 변경을 가감하여 도착지의 경위도를 구한다.

예제 L 15°17.′4N, λ 151°37.′8E인 지점을 출발하여 침로 070°T로 1253.4해리를 항주하였다. 도착지의 경위도를 구하라.

풀이 $\cos 70° \fallingdotseq 0.34202$

$\therefore\ l = D\ \cos C \fallingdotseq 1253.4 \times 0.34202 \fallingdotseq 428'.688$

$\mathrm{Lm} = \frac{1}{2} l + \mathrm{L}_1 \fallingdotseq 214.'344 + 15°17.'4 \fallingdotseq 3°34.'3 + 15°17.'4 = 18°51.'7\mathrm{N}$

$\mathrm{DLo} = D \sin\ C\ \sec \mathrm{Lm} = 1253.4 \times \sin 70° \times \sec 18°51.'7$

$\fallingdotseq 1253.4 \times 0.93969 \times 1.0567 \fallingdotseq 1244.'6 \fallingdotseq 20°44.'6$

$\lambda_2 = \lambda_1 + \mathrm{DLo} = 151°37.'8 + 20°44.'6 = 172°22.'4\mathrm{E}$

$\mathrm{L}_2 = \mathrm{L}_1 + l = 15°17.'4 + 7°8.'7 = 22°26.'1\mathrm{N}$

문제 L 16°32.'2S, λ 1°04.'4 E에서 침로 340°로 263.8해리 항주하였다. 도착지의 경위도를 구하라.

답 L_2 12°24.'3S, λ 0°20.'8W

(2) 두 지점을 알고 그 사이의 침로와 항정을 구하는 경우

출발지의 경위도와 도착지의 경위도를 알면 변경(DLo), 변위(l), 중분위도(Lm)를 구할 수 있으므로, 침로(C)는 $C = \tan^{-1}(\mathrm{DLo}\ \cos\ \mathrm{Lm} \div l)$ 식으로 구하고, 항정(D)은 $D = l \sec C$ 식으로 구한다.

예제 L 8°48.'9S, λ 89°53.'3W인 지점에서 L 17°06.'9S, λ 104°51.'6W에 이르는 침로와 항정을 구하라.

풀이 $l = \mathrm{L}_2 - \mathrm{L}_1 = 17°06.'9 - 8°48.'9 = 8°18.'0 = 498.'0$

$\frac{1}{2} l = 4°09.'0 = 249.'0$

$\mathrm{Lm} = \mathrm{L}_1 + \frac{1}{2} l = 12°57'.9$

$\cos\ \mathrm{Lm} = 0.97456$

$\mathrm{DLo} = \lambda_2 - \lambda_1 = 104°51.6 - 89°53.3 = 14°58.'3 = 898.'3$

$C = \tan^{-1}(\mathrm{DLo} \times \cos\ \mathrm{Lm} \div l) = \tan^{-1}\ 1.757937023 \fallingdotseq \mathrm{S}\ 60.°366677\mathrm{W}$

$\therefore$ 침로는 240.°4

$D = l \sec C = 498.0 \times \sec 240°.366677 = 1007.'2$

$\therefore$ D는 1007.2해리

4. 중분위도 항법을 실시할 때의 주의 사항

진중분위도 Lt, 평균 중분위도 Lm, 개정치 ΔL 사이에는 $\mathrm{Lt} = \mathrm{Lm} \pm \Delta L$의 관계가 있다. 중분위도의 개정치 ΔL을 무시하고 $\mathrm{DLo} = p \sec \frac{1}{2}(\mathrm{L}_2 + \mathrm{L}_1)$을 사용하므로 변경에는 오차가 포함되고, 중분위도 항법은 가정의 항법이므로, 중분위도 Lm이 들어 있는 계산은 반드시 오차가 따르게 된다.

그러나 다음과 같은 조건에서는 오차가 별로 크지 않으므로 실용상 지장이 없으나, 그 밖의 조건에서는 오차가 크게 된다.

① 중분위도가 60° 이하일 때
② 항정이 600해리 이하일 때
③ 침로가 동 또는 서에 가까울 때
④ 위도의 부호가 같은 때

1207 연침로 항법

항해 중 섬이나 암초를 피하기 위해서, 또는 풍랑의 영향으로 여러 번 변침하였을 때 주어진 시각의 선위를 구하기 위해 각 변침점의 위치를 중분위도 항법에 의하여 항로순으로 차례차례 계산하고, 최후에 도착한 지점의 경위도를 구하는 것은 복잡하다.

이와 같은 경우에 각 항로마다 변위와 동서거를 구하고, 각각의 대수합을 계산하여 그 결과에서 얻어진 변위와 동서거에 의해서 선박이 출발지에서 도착지까지 직행한 것으로 가정했을 때의 침로(직행 침로) 및 항정(직행 항정)에 의해서 선위를 구하는 계산법을 연침로 항법(連針路航法; Traverse sailing)이라 하고, 보통 항해표 제 3 표(Traverse table)를 이용하여 계산한다.

연침로 항법은 선위를 구하는 것이 편리하고 실제 그 필요성을 느낄 때가 있으며, 출발지나 전일(前日) 정오의 천측 위치에서 당일 정오까지 항해 일지에 기록된 나침로, 자차, 편차, 항정, 풍향, 풍속 등을 요소로 하여 당일 정오의 추측 위치를 구하고, 당시의 천측 위치나 실측 위치와 비교하여 그 동안 유조(Current)의 평균치를 구하는 데 이용하면 매우 편리하다.

예제 어느 선박이 다음과 같은 침로와 항정으로 항해하였다. 그 직행 침로와 직행 항정을 구하라.

침 로	158°	135°	259°	293°	169°
항 정	15.5 해리	33.7 해리	16.1 해리	39.0 해리	40.4 해리

풀이

침 로	항 정	l		p	
		N	S	E	W
158°	15.5		14.′4	5.′9	
135°	33.7		23.′8	23.′8	
259°	16.1		3.′0		15.′8
293°	39.0	15.′2			35.′9
169°	40.4		39.′7	7.′7	
		15.′2	80.′9	37.′4	51.′7

	l	$D(192°)$	$D(193°)$
l=80.′9−15.′2=65.′7S			
p=51.′7−37.′4=14.3 해리 W	60.0	61.3	61.6
$p \div l$=0.218	5.0	5.1	5.1
∴ C=S12.°3W	0.7	0.7	0.7
C=192.°3T (직행 침로)	65.7	67.1	67.4

∴ D=67.2 해리(직행 항정)

문제 L 33°14.′0N, λ 125°28.′0E에 있는 등대를 방위 028°T, 거리 8 해리로 측정한 위치에서 침로 065°T로 98 해리 항주한 후 침로 073°T로 변침하여 80 해리를 항주하였다. 도착지의 경위도를 구하라.

답 L_2 34°11.′7N, λ_2 128°42.′1E

1208 점장 위도 항법

1. 점장 위도 항법과 중분위도 항법

중분위도 항법은 가정 아래 선위를 결정하는 항법이므로, 진중분위도를 사용하여 계산하지 않으면 항시 오차가 포함되고, 진중분위도를 구하는 것은 복잡하므로, 일반적인 경우에 적합한 항법이 필요하다.

그런데 점장도(漸長圖)는 이론상 자오선, 항정선 및 위도의 거등권으로 이루어지는 구면 삼각형을 평면 삼각형으로 나타낼 수 있으므로, 해도상에서 이들 사이의 관계를 산출하는 것은 평면삼각형을 푸는 것과 완전히 일치한다고 볼 수 있으며, 중분위도 항법에서와 같이 항법 자체에 포함되는 오차도 개입되지 않으므로 정확한 선위를 계산할 필요가 있거나, 중분위도 항법에 큰 오차가 예상될 때 이용할 목적으로 점장도의 구성 이론을 기초로 하여 창안한 항법을 점장 위도 항법(漸長緯度航法; Mercator sailing)이라 한다.

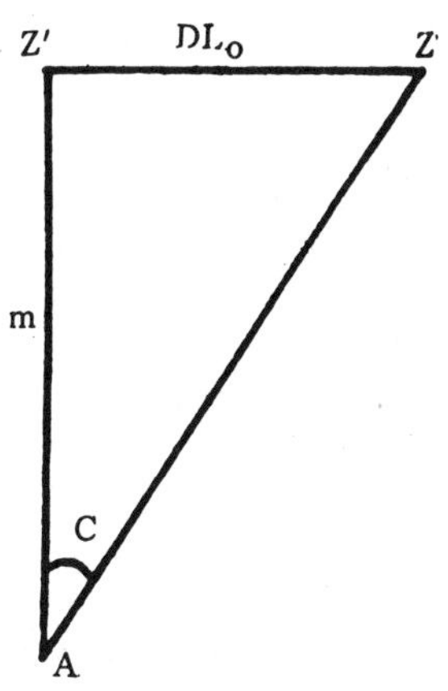

그림 12-10. 점장 위도

2. 점장 위도 항법의 공식

그림 12-10에서 점장도상의 A 점과 Z점을 연결한 항정선을 항해했을 때 침로(C), 변경(DLo), 점장 변위(m) 등의 관계는 평면 직각삼각형의 변과 각 사이의 관계와 같다. 그러므로

$$\text{DLo} = m \tan C \quad \cdots\cdots (12\text{-}20)$$

로 된다.

(12-20) 식은 침로 변경 및 변위 사이의 정확한 관계식이고, 점장 위도 항법에 관한 기본 공식이다.

진중분위도에서 $\text{DLo} = p \sec \text{Lt}$ (12-13)이고,

$$\sec \text{Lt} = \frac{7915.7}{\text{L}_2 - \text{L}_1}\left\{\log \tan\left(\frac{\pi}{4} + \frac{\text{L}_2}{2}\right) - \log \tan\left(\frac{\pi}{4} + \frac{\text{L}_1}{2}\right)\right\}$$

이므로, 지구를 구(球)로 가정하였을 때의 점장 변위(m)를

$$7915.7\left\{\log \tan\left(\frac{\pi}{4} + \frac{\text{L}_2}{2}\right) - \log \tan\left(\frac{\pi}{4} + \frac{\text{L}_1}{2}\right)\right\}$$ 으로 하면,

$$\text{DLo} = p \times \frac{m}{l} = l \tan C \cdot \frac{m}{l} = m \tan C$$ 가 된다.

점장 위도 항법도 중분위도 항법과 마찬가지로, 변위(l), 항정(D), 동서거(p), 침로(C) 사이의 관계를 구하는 과정은 평면 항법과 같고 다만 침로, 변경, 점장 위도 사이에 $\text{DLo} = m \tan C$ (12-20) 식과 같은 관계가 있는

점이 다르다.

이들 사이의 관계를 그림 12-4와 그림 12-10을 결합하여 보면 그림 12-11과 같다.

점장 위도에 관한 공식을 그림 12-11에 의하여 정리하면,

$l = D \cos C$

$D = l \sec C$

DLo $= m \tan C$와 같다.

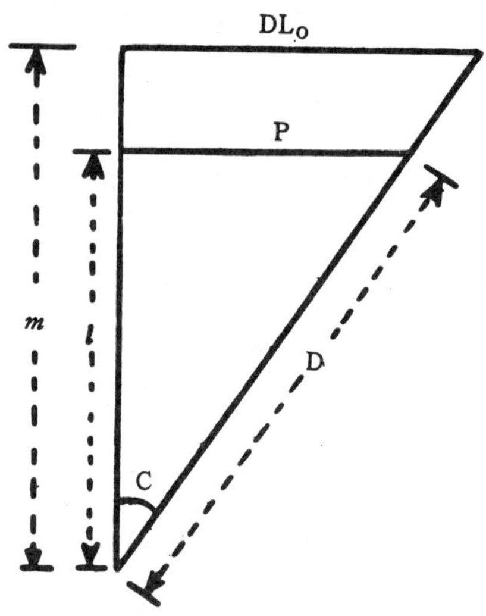

그림 12-11. 변위, 항정, 동서거, 침로 점장 변위

3. 점장 위도 항법의 계산

(1) 침로와 항정을 알고 도착지의 선위를 결정하는 경우

이 경우는 출발 지점의 경위도를 기준하여 침로와 항정을 알고 도착지의 경위도를 구하는 것으로, 선위를 추측하는 과정이 된다.

$l = D \cos C$ 식으로 변위를 구하고, 출발 지점의 위도(L_1)에 변위를 가감하여 도착지의 위도(L_2)를 구한다. L_1과 L_2를 구하면 항해표 제 5 표를 이용하여 점장 변위를 구한 후 DLo$= m \tan C$ 식으로 변경을 구한다.

예제 L 75°31.′7N, λ 79°08.′7W인 지점에 있던 선박이 침로 155°T로 263.5 해리 항주하였다. 도착 지점의 경위도를 구하라.

풀이 cos 155° = 0.90630779 tan 155° = 0.46630766

$\therefore\ l = D \cos C = 238.'8\text{S} = 3°58.'8\text{S}$

$L_2 = L_1 - l = 71°32.'9\text{N}$

$M_1 = 7072.4$(단 M_1은 점장 위도이며, 항해표 제 5 표에서 찾는다.)

$M_2 = 6226.1$

$\therefore\ m = M_1 - M_2 = 846.3$

$\therefore$ DLo $= m \tan C = 394.'6\text{E} = 6°34.'6\text{E}$

$\lambda_2 = \lambda_1 -$ DLo $= 79°08.'7 - 6°34.'6 = 72°34.'1\text{W}$

문제 L 50°30′.0N, λ 178°20.′0E인 지점에서 침로 233°T로 545 해리 항주하였

다. 도착 지점의 경위도를 구하라.

답 L_2 45°02.′0N, λ_2 167°33.′0E

(2) 두 지점의 경위도를 알고 침로와 항정을 구하는 경우

이 경우는 두 지점의 경도차, 즉 변경(DLo)을 구한 후 $\tan C = \text{DLo} \div m$ 식을 이용하여 침로를 구하고 변위를 구하여 $D = l \sec C$ 식을 이용하여 항정을 구한다.

예제 L 32°14.′7N, λ 66°28.′9W인 지점에서 L 36°58.′7N, λ 75°42.′2W인 지점에 도착하기 위하여 취할 침로와 항정을 구하라.

풀이 l=32°14.′7N−36°58.′7N=4°44.′0N=284.′0N

DLo=66°28.′9W−75°42.′2W=9°13.′3W=553.′3W

M_1=2033.3

M_2=2377.0

$m = M_1 - M_2$=343.7

∴ $C \tan^{-1}$(553.3÷343.7)=N58.°2W=301.°8T

∴ D=284.′0·sec 58°09.1=538.2 해리

문제 L 4°15.′0N, λ 6°11.′0E인 지점에서 L 15°55.′0S, λ 5°45.′0W인 지점에 도착하기 위해서 취할 침로와 항정을 구하라.

답 침로 210.°5T, 항정 1404.7 해리

4. 점장 위도 항법의 장단점

점장 위도 항법은 변경과 변위의 거리를 같은 비율로 확대시켜 주는 점장도의 구성 원리에 기초를 두고 창안된 항법이므로, 중분위도 항법과는 근본적으로 다르며, 오차가 없는 항법이다.

그러나 침로가 동서 방향과 비슷하거나, 위도가 높은 경우는 변경이나 변위에 큰 오차가 따르게 된다. 따라서 이와 같은 경우에는 중분위도 항법을 이용하는 것이 보다 효과적이다.

(1) 점장 위도 항법의 장점

① 항법 자체는 오차가 없고 정확한 항법이다.

② 먼 거리를 항해할 때와 정확한 결과를 필요로 할 때 이용할 수 있다.

③ 출발 지점과 도착 지점이 적도의 남북쪽에 있어도 항법에는 아무

지장이 없다.

(2) 점장 위도 항법의 단점

① 침로가 동(090°) 또는 서(270°)에 가까운 경우에 오차가 크다.

② 위도가 아주 높으면 위도에 작은 오차가 있어도 변경에 큰 오차가 생긴다.

제 13 장 대권 항법과 집성 대권 항법

1301 개 요

지구를 구(球)로 가정하고 지구 표면에 있는 두 지점을 지나는 대권의 침로, 항정 및 위치를 구하는 것을 대권 항법(大圈航法; Great circle sailing)이라 한다.

두 지점을 지나는 최단 거리는 대권이 된다. 그러나 대권의 정점(頂點; Vertex)이 너무 높은 위도에 있게 되면 실제 항해가 어렵고, 바람과 조류의 영향 때문에 오히려 불리한 경우가 있으며, 육지나 섬이 대권 항로상에 있게 되어 대권을 따라 항해할 수 없게 되는 수도 있다.

이러한 경우에 상황이 허락하는 한 미리 제한 위도(制限緯度; Limitting latitude)를 선정해 놓고 출발지를 출항하여 예정한 제한 위도까지는 대권 항법으로 항해하고, 제한 위도에 도달하면 침로를 090°T나 270°T로 변침하여 거등권 항법을 실시한다. 거등권 항법이 끝나는 점에서 도착지까지 다시 대권 항법으로 항해하여 가는 모든 계산법을 집성 대권 항법(集成大圈航法; Composite great circle sailing)이라 한다.

이 항법은 출발지와 도착지 사이에 정점이 있는 경우에만 가능하고, 집성 대권 항법을 실시하는 항로를 집성 대권 항로라 한다.

집성 대권 항해시 제한 위도를 선정하는 기준은 육지나 섬이 대권 항로에 있는 경우에는 비교적 결정하기가 쉬우나, 기상(氣象) 및 해상(海象)이 항해에 미치는 영향을 고려하여 제한 위도를 결정할 때에는 항로지, 수로지, 기상도, 해류도 등을 보고 충분히 연구한 후 자기 선박의 성능, 적하 상태, 거리의 장단 등을 고려하여 항해의 안전과 경제적인 측면을 유리하게 할 수 있는 제한 위도를 선정해야 한다.

이 때 제한 위도를 너무 낮은 위도로 선정하면 거리가 현저히 증대될 것같이 생각되기 쉬우나, 실제와 큰 차이가 없게 되므로, 항해의 안전을 중시하여 항로를 정하는 것이 좋다.

대권 항법과 집성 대권 항법은 두 지점 사이의 최단 거리를 항로로 결정하여 항해 일수를 단축할 수 있어 경제적인 관점에서는 유리하나, 항법 자체가 복잡하고 실제 대권을 따라가는 항행이 불가능하므로, 출발지와 도착지의 변경이 20° 이내일 때에는 항정선 항법을 실시하는 것이 좋다.

실제 대권 항법으로 항해할 때 대권 항로를 변경 5°~10° 간격으로 분할하여 각 지점의 경위도를 결정하고, 분할된 각 지점 사이는 항정선 항법으로 항해한다.

1302 대권의 특성

구(球)의 대권은 서로 다른 대권을 2등분하며, 모든 대권은 적도에 의하여 양분된다. 대권이 적도에 의해서 양분될 때 적도에서 가장 먼 거리에 있는 점, 즉 가장 높은 위도를 정점(頂點; Vertex)이라 한다.

적도를 기준한 양 반구(半球)에서 두 지점을 지나는 대권은 항정선보다 극(極) 쪽으로 가까운 거리에 있게 된다. 두 지점이 적도의 양쪽, 즉 남북쪽에 있을 때에는 북쪽에 있는 지점에서 적도까지는 북극 쪽으로 볼록하고, 적도에서 남쪽에 있는 지점까지는 남극 쪽으로 볼

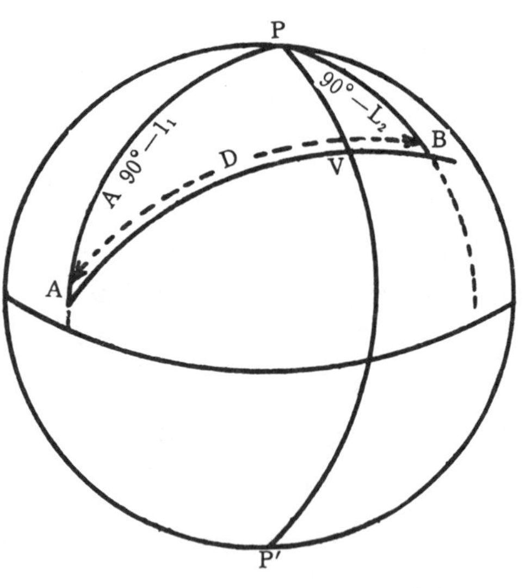

그림 13-1. 대권 항정과 정점

록하게 된다.

두 지점을 지나는 대권이 출발 지점 자오선과 이루는 교각을 출발 침로(出發針路; Initial course)라 하고, 도착 지점 자오선과 만나는 교각을 도착 침로(到着針路; Final course)라 한다.

두 지점을 지나는 대권의 가장 높은 위도인 정점에서 자오선은 대권과 직각으로 교차하고 거등권은 대권에 접하게 된다. 적도를 제외한 모든 대권은 자오선과 같은 각도로 만나지 않으므로, 대권을 따라 항해하기 위해서는 끊임없이 변침하여야 하지만, 실제로는 불가능하다. 그러므로 대권을 일정한 변경으로 분할한 점을 변침점(變針點; Succession point)이라 하고, 변침점과 변침점 사이는 항정선 항해를 하여 대권과 비슷한 항해를 한다.

대권을 분할한 변경의 도수(度數)를 작게 하면 작게 할수록 선박의 항적이 대권에 비슷하게 되나, 일반적으로 대권을 5°~10° 간격으로 분할한다.

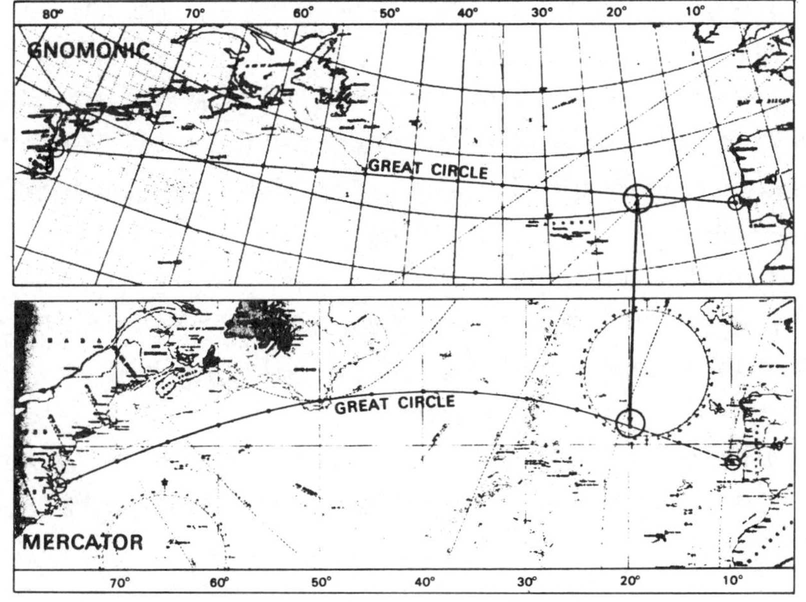

그림 13-2. 대권도와 점장도의 위치 비교

두 지점을 지나는 대권은 대권도에서는 직선이고, 점장도에서는 극쪽으로 볼록한 곡선으로 표시되어 얼핏 보기에는 대권 항정이 항정선 항정보다 긴 것처럼 보이나, 이것은 점장도법의 원리 때문에 그렇게 나타나는 것이고, 실제는 그와 정반대이다.

그림 13-2는 두 지점의 대권을 대권도와 점장도에서 그 관계를 서로 비교하여 보인 것이다.

이상과 같은 특성을 가지는 대권을 따라 항행하는 대권 항법의 장점은 다음과 같다.

① 위도가 높을수록 항정선을 따라 측정한 거리보다 대권을 따라 측정한 거리가 현저히 짧으므로, 위도가 낮은 곳보다 높은 곳일수록 대권 항법이 효과적이고, 적도 부근에서는 적도가 대권인 동시에 항정선이기 때문에 대권과 항정선의 거리차가 크지 않다.

② 자오선은 대권인 동시에 항정선이므로 남쪽이나 북쪽으로, 또는 거의 비슷한 방향으로 항해하는 경우에는 항정이 별로 단축되지 않는다.

③ 대권의 침로가 동쪽이나 서쪽 방향에 가까울수록 대권 항법이 항정선 항법보다 효과적이다.

④ 동일한 조건에서는 항정이 멀수록 대권 거리와 항정선 거리의 차가 커지므로 대권 항법이 효과적이다. 대권 항로의 위도가 60° 이하이고 항정이 600해리 이내이면 대권 거리와 항정선 거리의 차이는 전체 거리의 1% 미만이다.

대권 항법의 단점은 다음과 같다.

① 항정선 항법은 출발 지점에서 일정한 침로를 유지하여 항해하면 도착 지점까지 도착하나, 대권 항법은 대권을 따라 항해하기 때문에 자주 변침해야 하고 항법 자체도 복잡하다.

② 위도가 높은 지점을 항해해야 하기 때문에 위도가 낮은 해역보다 기상 상태가 불량하여 어려운 항해를 할 경우가 있고, 선박의 손상을 가져올 수도 있다.

1303 대권 항법의 계산

1. 대권 항정을 구하는 공식

그림 13-3에서 A 점을 출발지, B 점을 도착지라 하고, 각 지점의 위도를 L_1, L_2라 하면 자오선 PA와 PB는 각각 A 점과 B 점의 여위도(餘緯度)이고, ∠APB는 변경(變經; DLo)이며, 이들은 이미 알고 있는 요소이다.

구면 삼각형 APB에서 구면 삼각법의 여현(餘弦; cosine) 법칙을 적용하면 항정 D는

$$\cos D = \cos AP \cdot \cos BP + \sin AP \cdot \sin BP \cdot \cos \angle APB$$
$$= \cos(90° - L_1)\cos(90° - L_2) + \sin(90° - L_1)\sin(90° - L_2)\cos DLo$$
$$= \sin L_1 \cdot \sin L_2 + \cos L_1 \cos L_2 \cdot \cos DLo \quad \cdots\cdots(13\text{-}1)$$

2. 출발 침로와 도착 침로를 구하는 공식

구면 삼각형 APB에서 3변의 길이와 변경, 즉 ∠APB를 알고 있으므로 구면 삼각법의 정현(正弦; sine) 법칙을 적용하면 출발 침로 Ci는

$$\frac{\sin D}{\sin\angle APB} = \frac{\sin(90° - L_1)}{\sin Ci},$$

$$\sin Ci = \frac{\sin DLo \cos L_2}{\sin D}$$

$$\cdots\cdots(13\text{-}2)$$

같은 방법으로 도착 침로 C_f는

$$C_f = 180° - \angle PBA$$

$$\sin\angle PBA = \sin DLo \cos L_1 \csc D$$

$$\cdots\cdots(13\text{-}3)$$

이 때 출발지 L_1의 여위도

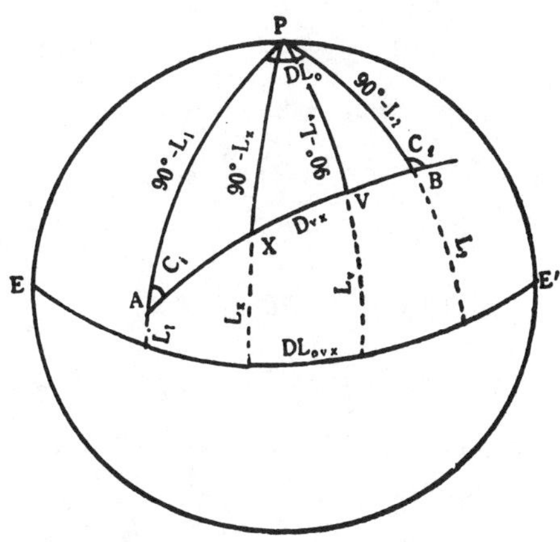

그림 13-3. 항해 삼각형과 대권의 관계

($\cos L_1$)와 도착지 L_2의 여위도($\cos L_2$)는 L_1과 L_2가 같은 부호이면 각각 $90° - L_1$, $90° - L_2$이고, 다른 부호이면 $\cos L_2$는 $90° + L_2$가 된다. 침로는 L_1의 부호에 따라 N 또는 S를 앞에 붙이고 변경(DLo)의 부호에 따라 E 또는 W를 뒤에 붙인다.

3. 정점의 위치를 구하는 공식

그림 13-3에서 V를 정점이라 하면 구면 삼각형 PAV 및 PBV는 V가 직각인 구면 직각삼각형이 되고, 정점 V의 위도를 L_v라 하면 사인 법칙을 적용하여 정점의 위도 L_v는

$$\frac{\sin PV}{\sin \angle PAV} = \sin PA$$

$$\sin(90° - L_v) = \sin(90 - L_1)\sin A$$ (단, A는 *Ci*와 같음.)

$$\cos L_v = \cos L_1 \cdot \sin A$$

같은 방법으로,

$$\cos L_v = \cos L_2 \cdot \sin B \qquad \cdots\cdots(13\text{-}4)$$

정점의 위도 L_v를 구하고, 정점에서 출발지까지의 변경을 DLo_1, 도착지까지의 변경을 DLo_2라 하면, △PAV 에서

$$\cos \angle PAV = \cos PV \sin DLo_1$$

$$\cos A = \cos(90° - L_v) \sin DLo_1$$

$$\sin DLo_1 = \cos A \cdot \csc L_v$$

같은 방법으로 △PBV에서

$$\sin DLo_2 = \cos B \cdot \csc L_v \qquad \cdots\cdots(13\text{-}5)$$

4. 변침점을 구하는 공식

그림 13-3에서 X 점을 대권상의 변침점이라 할 때, X 점의 위도를 L_x, 정점 V 점에서 X 점까지의 대권 거리를 D_{vx}, 변경을 DLo_{vx}라고 하면, △PVX에서

$$\tan PV = \cos DLo_{vx} \cdot \tan PX$$

$$\tan(90° - L_v) = \cos DLo_{vx} \cdot \tan(90° - L_x)$$

$\cot L_v = \cos DLo_{vx} \cdot \cot L_x$

$\tan L_x = \cos DLo_{vx} \tan L_v$ ……………………………………………(13-6)

변침점의 위도를 구하면,

$$\sin(90° - L_x) = \frac{\sin D_{vx}}{\sin DLo_{vx}}$$

$\sin D_{vx} = \cos L_x \cdot \sin DLo_{vx}$ ……………………………………………(13-7)

예제 산베르나디노 해협의 L 12°45.'2N, λ 124°20.'1E인 지점에서 산타로사섬의 남쪽인 L 33°48.'8N, λ 120°07.'1W에 이르는 대권 항로의 출발 침로, 대권 항정, 정점의 경위도 및 정점에서 변경 12° 간격으로 분할한 각 변침점의 경위도를 구하라.

풀이 출발지 L_1 12°45.'2N, λ_1 124°20.'1E

도착지 L_2 33°48.'8N, λ_2 120°07.'1W

DLo = 124°20.'1E + 120°07.'1W = 244°27.'2W

∴ DLo = 360° − 244°27.'2W = 115°32.'8E

① 항정 D는 (13-1) 식을 이용하여

$D = \cos^{-1}(\sin L_1 \sin L_2 + \cos L_1 \cos L_2 \cos DLo)$

= 103.°09793 = 103°05.'9 = 6185.9 해리

② 출발 침로 C_i는 (13-2) 식을 이용하여

$C_i = \sin^{-1}(\sin DLo \cdot \cos L_2 \cdot \csc D)$

= N 50.°32238 E = 050.°3T

③ 도착 침로 C_f는 (13-3) 식을 이용하여 $C_f = 180° - \angle PBA$의 관계가 있으므로,

$C_f = 180° - \sin^{-1}(\sin DLo \cos L_1 \csc D)$

= 180° − 64.°61941 = N 115.°38058 E = 115.°4T

④ 정점의 위도 L_v는 (13-4) 식을 이용하여

$L_v = \cos^{-1}(\cos L_2 \cdot \sin C_i)$

= 41°.35230 = 41°18.'1N

⑤ 출발지에서 정점까지의 변경은 (13-5) 식을 이용하여 구하고, 경도 λ_v는

$DLo_1 = \sin^{-1}(\cos C_i \cdot \csc L_v)$

= 75.°09830 = 75°05.'9

λ_v = 124°20.'1E + 75°05.'9 = 199°26.'0E = 160°34.'0W

⑥ 변경 12°일 때 변침점의 경위도는 (13-6) 식을 이용하여

$L_{x1} = \tan^{-1}(\tan L_v \cos DLo_{vx1})$

= 40.°72539N = 40°43.'5N

λ_{x1} = 160°34.'0W ± 12° = 172°34.'0W 또는 148°34.'0W

⑦ 변경 24°일 때

L_{x2} = 38°.80095N = 38°.48.'1N

λ_{x2} = 160°34.'0W ± 24° = 175°26.'0E 또는 136°34.'0W

⑧ 변경 36°일 때

L_{x3} = 35.°45270N = 35°27.'2N

λ_{x3} = 160°34.'0W ± 36° = 163°26.'0E 또는 124°'34.'0W

⑨ 변경 48°일 때

L_{x4} = 30.°49505N = 30°29.'7N

λ_{x4} = 160°34.'0W ± 48° = 151°26.'0E

⑩ 변경 60°일 때

L_{x5} = 23.°75286N = 23°45.'2N

λ_{x5} = 160°34.'0W − 60° = 139°26.'0E

⑪ 변경 72°일 때

L_{x6} = 15.°21517N = 15°12.'9N

λ_{x6} = 160°34.'0W + 72° = 127°26.'0E

문제 영국의 남쪽 L 50°04.'0N, λ 5°45.'0W인 지점에서 뉴우펀들랜드 해역의 L 47°34.'0N, λ 52°40.'0W에 이르는 출발 침로, 대권 항정, 정점의 경위도, 정점에서 변경 5° 간격으로 분할한 각 변침점의 경위도를 구하라.

답 ① 항정 : 1829.0 해리 ② 출발 침로 : 283.°7T

③ 정점의 경위도 : L_v = 51°25.'1N λ_v = 23°23.'2W

④ 5° 때 (L 51°18.'7N λ 18°23.'2W 및 λ 28°23.'2W)

10° 때 (L 50°59.'4N λ 13°23.'2W 및 λ 33°23.'2W)

15° 때 (L 50°26.'8N λ 8°23.'2W 및 λ 38°23.'2W)

20° 때 (L 49°40.'2N λ 43°23.'2W)

25° 때 (L 48°38.'7N λ 48°23.'2W)

5. 천측 계산표에 의한 계산

천측 계산표(天測計算表; Sight reduction table for marine navigation 또는 H.O. 229)는 대권 항해시 두 지점간의 대권 항정과 출발 침로, 즉 항해 삼각형의 문제를 푸는 데 이용된다.

출발지의 위도를 천측 계산표의 위도(L), 도착지의 위도를 표의 적위(赤緯; Dec.), 두 지점 사이의 변경(變經; DLo)을 지방 시각(地方時角;

Local hour angle, LHA)으로 각각 대치한 인수로 하여 표에서 계산 고도(計算高度; Computed altitude, Hc)와 방위각(方位角; Azimuth angle, Z)을 구하여 대권 항정과 출발 침로로 환산한다.

표치(表値)의 방위각은 출발 침로가 되고, 출발지의 위도와 같은 부호인 N 또는 S를 앞에 붙이며, 도착지가 동쪽인가 서쪽인가에 따라 E 또는 W를 뒤에 붙인다.

표를 찾는 각 인수가 정수(整數)이면 계산 고도와 방위각을 즉시 구할 수 있고, 정수가 아닌 경우에는 적위 증분 및 출발지 위도에 변경 증분에 대한 보간(補間)을 해야 한다. 대권 항법의 계산은 다음과 같은 네 가지 경우를 고려하여 문제를 풀어야 한다.

(1) 출발지 위도와 도착지 위도가 동명이고, 대권 거리가 90° 미만인 경우

출발지 위도를 L, 도착지 위도를 Dec. 변경을 LHA의 각 인수로 하여 구한 Hc의 값을 90°에서 감한 수치의 도수(度數)가 대권 항정이 되고, 방위각은 출발 침로가 된다. 이 때 계산 고도와 방위각을 구할 수 없을 때에는 대권 항정이 90° 이상이 된다.

(2) 출발지 위도와 도착지 위도가 이명이고, 대권 거리가 90° 미만인 경우

출발지 위도를 L, 도착지 위도를 이명(異名)의 Dec. 변경을 LHA의 각 인수로 하여 구한 Hc의 값을 90°에서 감한 수치의 도수가 대권 항정이 되고, 방위각은 출발 침로가 된다. 이 때 계산 고도와 방위각을 구할 수 없을 때에는 대권 항정이 90° 이상이 된다.

(3) 출발지 위도와 도착지 위도가 동명이고, 대권 거리가 90° 이상인 경우

출발지 위도를 L, 도착지 위도를 반대 부호의 Dec. 180°에서 변경을 감하여 LHA의 각 인수로 하여 구한 Hc의 값을 90°에 더한 수치의 도수가 대권 항정이 되고, 180°에서 방위각을 감한 수치가 출발 침로가 된다.

(4) 출발지 위도와 도착지 위도가 이명이고, 대권 거리가 90° 이상인

경우

출발지 위도를 L, 도착지 위도를 반대 부호의 Dec. 180°에서 변경을 감하여 LHA의 각 인수로 하여 구한 Hc의 값을 90°에 더한 수치의 도수가 대권 항정이 되고, 180°에서 방위각을 감한 수치가 출발 침로가 된다.

예제 1. 선박의 위치가 L 75°31.′0N, λ139°52.′0W인 지점에서 L 1°28.′0N, λ110°44.′0W인 지점에 이르는 대권 항정과 출발 침로를 천측 계산표를 이용하여 구하라.

풀이 두 지점의 변경(DLo)을 구하여 지방 시각으로 한다.

λ_1 139°52.′0W
λ_2 110°44.′0W
DLo = 29°08.′0E

출발지 위도가 75°이므로, 천측 계산표 제 6 권에서 출발지 위도와 도착지 위도가 동명인 표(표 13-1)를 이용하여 위도 75°, 적위 1°, 지방 시각 29°를 인수로 하여 계산 고도, 고도차 및 방위각을 구하면 14°04.′5, (+)59.′5 및 150.°0이 된다.

계산 고도 14°04.′5는 지방 시각이 29°이고, 위도가 동명인 75°N에서 1°N에 이르는 대권 거리를 90°에서 감한 것이다.

두 번째 수치인 (+)59.′5는 고도차이고 이것은 적위, 즉 도착지 위도가 1° 증가함에 따른 계산 고도의 증가분이다.

세 번째 수치 150.°0은 방위각이며, 출발지 위도 부호와 변경의 방향을 이용하여 진침로를 구한다.

표 13-1.

위도와 적위 동명

Dec.	75°			76°			77°			78°			79°		
	Hc	d	Z	Hc	d	Z	Hc	d	Z	Hc	d	Z	Hc	d	Z
°	° ′	′	°	° ′	′	°	° ′	′	°	° ′	′	°	° ′	′	°
0	13 05.0	+59.5	150.2	12 12.9	+59.6	150.3	11 20.8	+59.6	150.4	10 28.6	+59.7	150.5	9 36.4	+59.7	150.5
1	14 04.5	59.5	150.0	13 12.5	59.6	150.1	12 20.4	59.7	150.3	11 28.3	59.7	150.4	10 36.1	59.8	150.5

표 13-2를 이용하여 적위 증분 28.′0과 고도차 (+)59.′5를 인수로 하여 계산 고도의 수정치를 구한다. 적위 증분 28.′0에 대한 고도차 50′의 수정치는 23.′2이고, 고도차 9.′5의 수정치는 4.′5이므로 서로 더한다.

출발지 위도의 증분 31.′0과 변경의 증분 8.′0의 수정치도 계산하여 계산 고도와 방위각에 각각 수정한다. 고도차법에 의한 수정치의 계산 방법은 천문 항해에 자세히 설명되어 있다, 이 문제에서 위도의 증분과 변경의 증분에 대한 계산 고도의 수정치는 (−)27.′8이다. 대권 항정과 출발 침로는

	Hc	d	Z
L 75°N, LHA 29°, Dec. 1°N일 때	14°04.′5	+59.′0	150.°0
고도차 +59.′5에 대한 적위 증분	+23.′3		
28.′0의 수정치	+ 4.′5		
	14°32.′3		
위도 증분 31.′0, 변경 증분 8.′0의 수정치	−27.′8		
	14°04.′5		

대권 항정 D는

D=90°−14°04.′5=75°55.′5=4555.5 해리

출발 침로 C_i는

C_i=N150.°0E=150.°0T

예제 1을 계산으로 풀면 대권 항정은 4555.6해리, 출발 침로는 149.°9T로서 천측 계산표로 구한 값과 항정은 0.1해리, 침로는 0.°1의 차이가 있다.

표 13-2.

Dec Inc.	Altitude difference (d) Tens 10′	20′	30′	40	50′	Decimals	Units 0′	1′	2′	3′	4′	5′	6	7	8′	9′	Double Second Diff and Corr.
28.0	4.6	9.3	14.0	18.6	23.3	.0	0.0	0.5	0.9	1.4	1.9	2.4	2.8	3.3	3.8	4.3	0.8
28.1	4.7	9.3	14.0	18.7	23.4	.1	0.0	0.5	1.0	1.5	1.9	2.4	2.9	3.4	3.8	4.3	2.4 0.1
28.2	4.7	9.4	14.1	18.8	23.5	.2	0.1	0.6	1.0	1.5	2.0	2.5	2.9	3.4	3.9	4.4	4.0 0.2
28.3	4.7	9.4	4.1	18.9	23.6	.3	0.1	0.6	1.1	1.6	2.0	2.5	3.0	3.5	3.9	4.4	5.6 0.3
28.4	4.7	9.5	14.2	18.9	23.7	.4	0.2	0.7	1.1	1.6	2.1	2.6	3.0	3.5	4.0	4.5	7.2 0.4
																	8.8 0.5
28.5	4.8	9.5	14.3	19.0	23.8	.5	0.2	0.7	1.2	1.7	2.1	2.6	3.1	3.6	4.0	4.5	10.4 0.6
28.6	4.8	9.5	14.3	19.1	23.8	.6	0.3	0.8	1.2	1.7	2.2	2.7	3.1	3.6	4.1	4.6	12.0 0.7
28.7	4.8	9.6	14.4	19.2	23.9	.7	0.3	0.8	1.3	1.8	2.2	2.7	3.2	3.7	4.1	4.6	13.6 0.8
28.8	4.8	9.6	14.4	19.2	24.0	.8	0.4	0.9	1.3	1.8	2.3	2.8	3.2	3.7	4.2	4.7	15.2 0.9
28.9	4.9	9.7	14.5	19.3	24.1	.9	0.4	0.9	1.4	1.9	2.3	2.8	3.3	3.8	4.2	4.7	16.8 1.0

예제 2. L 37°49.′0N, λ 122°25.′0W인 지점에서 L 23°51.′0S, λ 151°15.′0E인 지점에 이르는 대권 항정과 출발 침로를 구하라. 단 위도 증분과 변경 증분에 따른 계산 고도의 수정치는 (+)10.′7이다.

풀이 변경 (DLo), 즉 지방 시각(LHA)은

λ_1 122°25.′0W

λ_2 151°15.′0E

DLo= 273°40.′0E=86°20.′0W

위도 38°, 지방 시각 86°, 적위 23°를 각각 인수로 하여 표를 찾으면 이명(異名)란에서 표치를 구할 수 없으므로, 지방 시각을 보각인 180°−LHA=93°40.′0(94°)로 인수를 바꾸고 적위의 부호를 반대로 하여 동명란에서 표치를 구한다.

	Hc	d	Z
L 38°N, LHA 94°, Dec 23°N일 때	10°57.′0	(+)35.′9	68.°6
고도차 (+)35.′9에 대한 적위 증분	+25.′5		
51.′0의 수정치	+ 5.′1		
	11°27.′6		
위도 증분 49.′0, 변경 감소 20.′0의 수정치	+10.′7		
	11°38.′3		

대권 항정 $D=90°+11°38.'3=103°38.'3=6098.3$ 해리

출발 침로 $C_i=180°-Z=180°-68.°6=$ N111.°4W$=243.°6$T

1304 대권도와 대권 항법

대권도(大圈圖; Gnomonic chart)는 대양을 항해할 때 항로 선정의 참고도로 이용 가치가 높다. 이것은 대권 항로가 어느 해역을 지나며, 정점의 위치가 어느 곳에 있고, 어느 정도의 위도까지 도달하는가를 조사하는 데 아주 편리하게 사용된다.

대권 항법을 실시할 때 계산에 의하지 않고 대권도를 사용하면 필요한 요소를 간단히 구할 수 있다. 이것은 편리하기는 하나 정밀도가 약간 떨어지는 단점이 있다.

대권도에서 모든 직선은 대권이 되므로, 출발지와 도착지를 직선으로 이으면 대권 항로가 되고, 이 대권 항로를 나타내는 직선 위에서 최고 위도의 거등권에 접하는 점의 경위도를 구하면 정점의 위치가 된다.

출발지로부터 변경 5°~10° 간격으로 대권 항로를 분할한 각 변침점 사이는 항정선 항법을 실시한다. 이 때 변침점 사이의 항정의 총합은 예정한 전 항정이 되며, 변침점의 경위도를 점장도에 기점하여 직선으로 이으면 점장도상에서 대략적인 대권 항로가 된다. 그러므로 선박은 항상 변침점 사이의 항정선상에 선위가 있도록 항해하면 된다.

1. 대권도에서 침로나 방위를 구하는 법

대권도에서 침로를 구하는 방법을 미국판 해도 번호 1282(삽입 해도)를

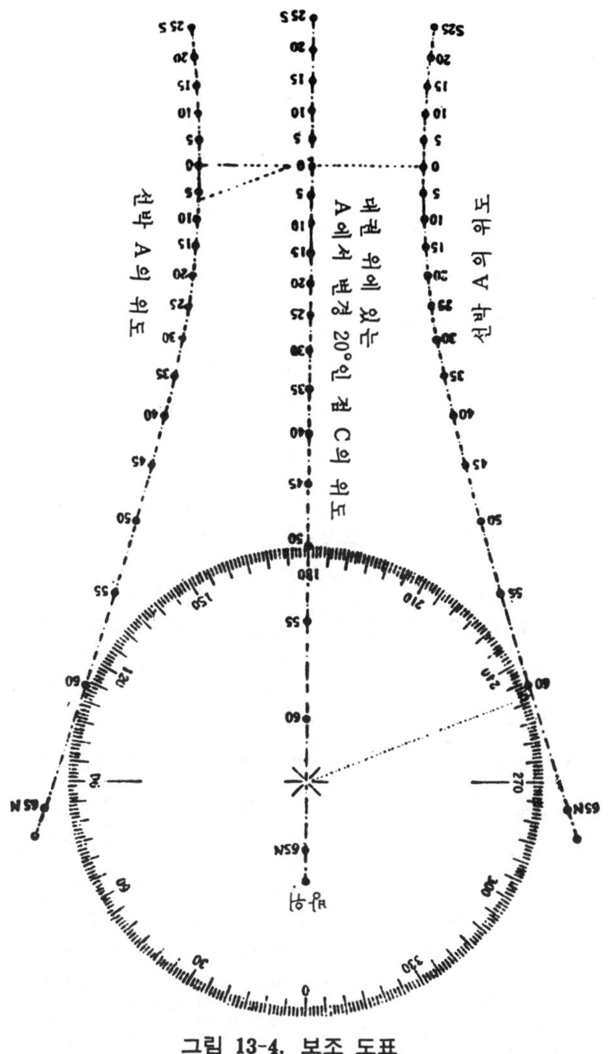

그림 13-4. 보조 도표

참고하여 설명한다. 해도에서 출발지 A 점과 도착지 B 점을 직선으로 이으면 대권 항로가 된다.

출발지 A 점에서 서쪽으로 변경이 20°, 되는 D 점을 기점하면 그 위도가 1°45′S가 된다. D 점의 위도와 같게 대권도의 보조 도표(Great circle course diagram)인 그림 13-4의 중앙선에 D′점을 기점한다. 출발지인 A 점의 위도와 같게 보조 도표의 오른쪽 선에 A′점을 기점하고, A′와 D′를 직선으로 연결하고 나침도 중앙으로 평행 이동하여 A′점에서 D′점을 보는 방향의 방위를 구하면 출발 침로 248.°5가 된다.

이 때 출발지가 도착지의 동쪽에 있으면 오른쪽 선에 출발지의 위도를 기점하고, 서쪽에 있으면 왼쪽 선에 출발지의 위도를 기점한다.

D 점에서 A 점으로 향하는 침로는 D 점의 위도를 왼쪽 선에, A 점의 위도를 중앙선에 기점하여 직선으로 연결하고, 나침도 중앙으로 평행 이동하여 D 점에서 A 점을 보는 방향의 방위 066°T를 구한다. 즉 D 점에서 A 점으로 향하는 침로가 066°T가 되므로, D 점에서 B 점으로 향하는 침로는 반대 침로가 되어 246°T(66°+180°)가 된다.

도착 침로는 출발 침로를 구하는 요령으로 구한다.

대권도의 난외표를 이용하여 출발 침로를 구하는 절차는 삽입 해도에서 Q점이 출발지, R점이 도착지라 할 때, 두 지점을 직선으로 연결하여 그 연장선이 교차하게 한다. QR 점의 연장선은 적도와 교차하지 않으므로 두 지점의 위도와 변경이 같도록 S점과 T점을 기점한 후 직선으로 연결한 연장선이 적도와 교차하게 한다.

적도와 교차한 점과 S점 사이의 변경 83° 및 S점의 위도 27°를 인수로 하여 표 13-3에서 표치 93°25′.0을 구한다.

표 13-3

Diff. Long.	18°	19°	20°	21°	22°	23°	24°	25°	26°	27°	28°	29°	30°	Diff. Long h. m
° ′	° ′	° ′	° ′	° ′	° ′	° ′	° ′	° ′	° ′	° ′	° ′	° ′	° ′	
90 00	90 00	90 00	90 00	90 00	90 00	90 00	90 00	90 00	90 00	90 00	90 00	90 00	90 00	VI 00
87 30	90 47	90 49	90 51	90 54	90 56	90 59	91 01	91 03	91 06	91 08	91 10	91 13	91 15	50
83 00	91 33	91 38	91 43	91 48	91 53	91 57	92 02	92 07	92 12	92 16	92 21	92 26	92 30	40
82 30	92 20	92 27	92 35	92 42	92 49	92 57	93 04	93 11	93 18	93 25	93 32	93 39	93 46	30
80 00	93 07	93 17	93 27	93 47	93 47	93 56	94 06	94 16	94 25	94 35	94 44	94 53	95 02	20
77 30	93 55	94 08	94 20	94 32	94 45	94 57	95 09	95 21	95 33	95 45	95 57	96 08	96 19	10
75 00	94 44	94 59	95 15	95 29	95 44	95 59	96 13	96 42	96 42	96 56	96 50	97 10	97 38	V 00
72 30	95 34	95 51	96 00	96 27	96 44	97 01	97 18	97 35	97 52	98 08	98 35	98 42	98 58	50
70 00	96 25	96 46	97 06	97 26	97 46	98 06	98 25	98 45	99 04	99 23	99 42	100 00	100 19	40
67 30	97 18	97 41	98 04	98 27	98 49	99 11	99 34	99 56	100 18	100 39	101 00	101 21	101 42	30
65 00	98 12	98 38	99 04	99 29	99 55	100 20	100 44	101 33	101 33	101 57	102 45	102 45	103 07	20
62 30	99 09	99 37	100 06	100 34	101 02	101 30	101 57	102 25	102 51	103 18	103 44	104 01	104 35	10

출발지의 위도 부호가 N이고 변경의 방향이 W이므로, 침로는 266°.6 T가 된다. 이 때 변경이 90°보다 크면 180°에서 변경을 감한 값을 인수로 하여 표치를 구하고, 출발지와 도착지의 위도가 서로 반대 부호이면 180°에서 표치의 값을 감한 것을 출발 침로로 한다.

2. 대권도에서 대권 거리를 구하는 방법

(1) 변위를 이용하는 방법

삽입 해도의 접점(接點; Point of tangency)에서 대권 항로 AB에 수선을 그어 교점인 C점을 기점한다.

접점에서 접점과 C점을 반지름으로 하는 원을 그려서 거리 측정용 호(Arc for measurement of distance by difference of latitude)와 교점인 F″를 기점하고 F″점을 지나는 자오선을 그린다.

직선 AC와 같게 직선 F″A″, 직선 BC와 같게 직선 F″B″를 그린다. F″점과 A″점의 변위 30°46′과 F″점과 B″점의 변위 24°를 더한 54°46′을 분으로 환산하면 대권 항정이 된다.

(2) 변경을 이용하는 방법

접점과 C점을 반지름으로 하는 원호가 접점을 지나는 자오선과 만나는 C′점의 위도 8°10′S를 구한다. 그리고 C′점의 위도와 같은 C점을 접점을 지나는 자오선의 눈금에서 찾아 기점하고, 수직이 되는 직선 abc를 그린다.

직선 AC와 같게 직선 ac, 직선 BC와 같게 직선 bc를 기점하여 a점과 c점의 변경 30°46′과 b점과 c점의 변경 24°를 더한 변경 54°46′을 분으로 환산하면 대권 항정이 된다.

3. 도착지가 해도의 외부에 있을 때의 항로를 구하는 방법

출발지와 도착지의 위치가 너무 멀어서 대권도에 기점할 수 없는 경우, 즉 도착지가 해도의 외부에 있을 경우 대권 항정과 항로를 그리는 방법을 삽입 해도의 예를 들어 설명한다.

출발지가 요꼬하마(Yokohama : L 35°37N, λ 139° 40′E)이고 도착지가 이키케(Iquique : L 20°16′S, λ 70°18′W)일 때 해도에 항로를 기점하고 대권 항정을 구하려면 다음과 같이 한다.

① 두 지점 사이의 변경 150°02′E를 구한다.

② 해도의 동쪽 부분에서 임의의 자오선(삽입 해도에서는 자오선 130° W)에 도착지 위도의 반대 부호인 위도 20°16′N의 M을 기점한다.

③ M점에서 출발지 방향으로 180°에서 변경 150°02′을 감한 변경 29°58′과 출발지의 위도로서 N점을 기점한다.

④ M점과 N점을 직선으로 연결하여 N점의 연장선상에 임의의 변경(즉 70°)이 되는 P점을 기점한다.

⑤ 출발지에서 도착지 방향으로 N점과 P점의 변경과 같고 P점의 위도와 같은 P′점을 기점한다.

⑥ 출발지와 P′점을 직선으로 연결하면 대권 항로가 된다.

⑦ 출발지와 도착지의 대권 항정은 M점과 N점의 대권 거리를 구하여 180°에서 감한 도수(度數)를 분으로 환산한 것이 된다.

1305 대권 방위와 점장 방위

1. 대권 방위와 자오선의 집합차

관측자와 물표를 지나는 대권이 관측자의 자오선과 이루는 각을 대권 방위 또는 진방위라고 한다. 일반적으로, 관측자가 측정하는 물표의 방위와 물표에서 관측자를 측정하는 방위는 정확히 역방위(逆方位)가 되지 않고 약간의 차이가 생긴다. 즉 지구 표면에 있는 두 지점에서 서로의 방향을 측정한 진방위는 그 차가 180°가 되지 않는다. 이와 같은 현상은 자오선이 서로 평행이 아니기 때문에 일어나는 것이며, 이 방위 차를 자오선의 집합차(集合差; Convergency of the meridians)라 한다.

그림 13-5에서 A점을 지나는 자오선은 대권이므로, 이 자오선 상에 있는 다른 점들은 A점보다 위도가 높으면 모두 대권 방위가 000°가 되고,

A점보다 위도가 낮으면 대권 방위는 180°가 된다. 이와 같이 자오선상에 있는 두 지점인 A점과 A′점에서 서로 측정한 방위는 한쪽에서 측정한 방위의 역방위가 된다.

그리고 적도상에 있는 두 지점에 있어서도 한쪽에서 측정한 방위가 다른 쪽에서 측정한 방위의 역방위가 되는 것은 적도가 대권이기 때문이다.

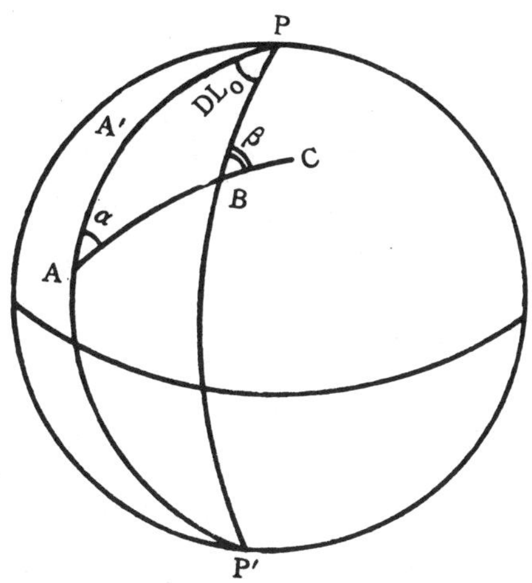

그림 13-5. 집 합 차

그러나 그림 13-5의 A점과 B점의 경우, A점에서 측정한 B점의 방위는 α, B점에서 측정한 방위는 $180°+\alpha$이고 $\beta-\alpha=\theta\neq0$이 되며, 이 θ가 집합차가 된다.

구면 삼각형 PAB에서

$$\angle PAB = A = \alpha$$

$$\angle PBA = B = 180° - \beta$$

$$\therefore\ \beta = 180° - B$$

그러면, $\theta=\beta-\alpha=180°-B-A=180°-(A+B)$

$$\therefore\ \frac{\theta}{2}=90°-\frac{A+B}{2}$$

나피어(Napier)의 비례식에 의하여

$$\tan\frac{A+B}{2}=\frac{\cos\frac{1}{2}\ (PA-PB)}{\cos\frac{1}{2}\ (PA+PB)}\cdot\cot\ \frac{\angle APB}{2}$$

그림 12-5의 A점과 B점의 위도를 각각 L_1, L_2라고 하면,

$$\cot\ \frac{\theta}{2}=\frac{\cos\frac{1}{2}\,l}{\cos(90-L_m)}\cdot\cot\frac{1}{2}\ DLo$$

$$\therefore \tan\frac{\theta}{2}=\frac{\sin L_m}{\cos\frac{1}{2}l}\cdot\tan\frac{1}{2}DLo \quad \cdots\cdots(13\text{-}8)$$

로 된다. (13-8) 식은 집합차를 구하는 공식이며, θ는 미소하므로 변위(l)와 변경(DLo)이 비교적 작은 경우(15°~20°)에는 실용상 다음과 같은 근사식을 이용하여도 지장이 없다.

(13-8) 식에서

$\tan\frac{\theta}{2}\fallingdotseq\frac{\theta}{2}$, $\cos\frac{1}{2}l\fallingdotseq 1$, $\tan\frac{1}{2}DLo\fallingdotseq\frac{1}{2}DLo$라 놓으면 위의 식은

$$\frac{\theta}{2}=\frac{1}{2}DLo\ \sin L_m \quad \cdots\cdots(13\text{-}9)$$

으로 된다.

2. 방위 개정각

점장 방위(漸長方位; Mercatorial bearing)란 점장도에서의 방위를 의미한다. 그림 13-6의 A점과 B점을 그림 13-5의 A점과 B점을 점장도에 기입한 점이라 하고, 각 점의 자오선을 AM, BN이라 하면 항정선 AB와 자오선이 만나서 이루는 교각 ∠MAB, ∠NBA는 각각 A 점과 B 점에서 측정한 점장 방위이다. 점장도의 각 자오선은 평행하므로, ∠NBA=180°−∠MAB가 되어 항상 한쪽에서 측정한 점장 방위는 다른 쪽에서 측정한 점장 방위의 역방위가 된다.

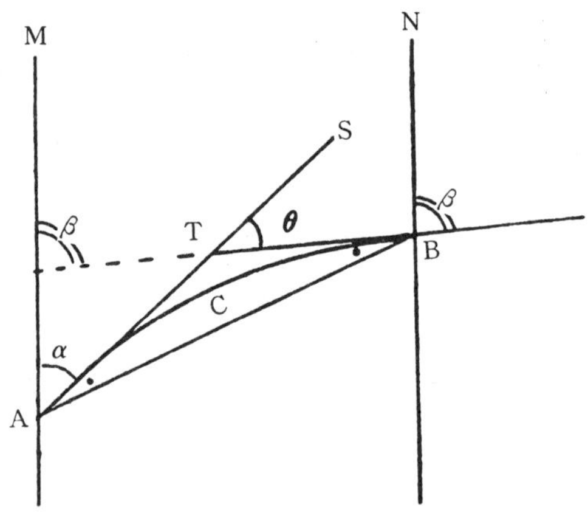

그림 13-6. 점장 방위와 대권 방위

곡선 ACB가 A점과 B점을 지나는 대권을 점장도에

표시한 선이라 하고, A점과 B점에서 대권에 접선을 그린 것을 AT, BT라 하면 ∠MAT는 A점에서 측정한 B점의 대권 방위(α)를 점장도에 나타낸 것이며, ∠NBT, 즉 $\beta+180°$는 B점에서 측정한 A점의 대권 방위이다. 이 때 A점과 B점의 대권 거리가 50해리 이하이면 두 지점을 지나는 대권을 점장도에 원호로 나타내어도 실용상 지장이 없다.

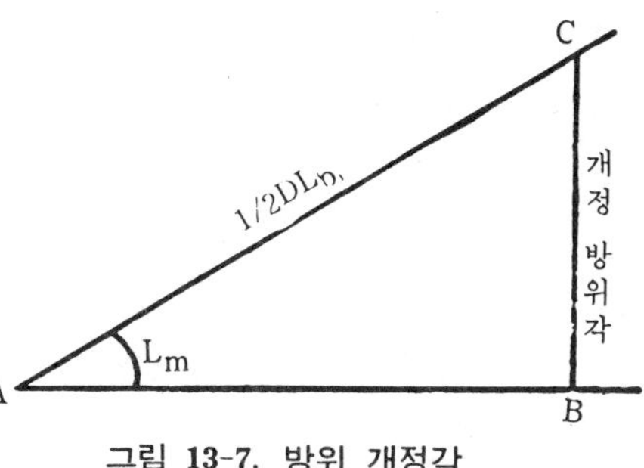

그림 13-7. 방위 개정각

그림 13-6에서 ∠STB를 θ라 하면 ∠TAB=∠TBA 이고, ∠STB=∠TAB+∠TBA 가 되어 $\frac{1}{2}\theta$=∠TAB=∠TBA가 된다.

그러므로, 대권 방위는 점장 방위에 $\frac{1}{2}\theta$를 가감한 것과 같다는 사실을 알 수 있고, $\frac{1}{2}\theta$, 즉 자오선의 집합차의 $\frac{1}{2}$을 방위 개정각(方位改正角; Conversion angle)이라고 한다.

(13-9) 식을 이용하면 방위 개정각을 다음과 같이 작도하여 구할 수 있다.

그림 13-7과 같이, 직선 AB를 그리고 ∠CAB=L_m이 되게 직선 AC를 기점하여 적당한 길이의 단위로 $\frac{1}{2}$DLo 되게 C점을 기점한다. C점에서 AB에 수선을 내리고 그 발을 B라 하고 AC의 길이와 같은 단위로 BC의 길이를 측정하면 개정 방위각이 된다. 이 때 그 단위는 도수이다.

항해표 제 3표(Traverse table)를 이용하여 개정 방위각을 구할 수 있는데, 이 경우는 $\frac{1}{2}$DLo를 D로, L_m을 침로로 보고 p를 구하면 된다.

3. 방위 개정각을 대권 항법에 이용하는 방법

항해표 제 1표(Conversion angle, Great circle sailing and radio bearing)를 이용하면 대권 항법의 출발 침로와 도착 침로를 구할 수 있다.

항해표 제 1 표는 변위가 10° 이하, 변경이 4.°5 이하, 중분위도가 85° 이하인 경우 변위, 변경 및 중분위도를 인수로 하여 대권 방위와 점장 방위의 개정 방위각을 구할 수 있는 제 1 부와 그 밖의 모든 경우에 적용할 수 있는 제 2 부로 구성되어 있다. 제 1 표를 이용하여 구한 방위 개정각은 대권 방위가 점장 방위보다 극쪽으로 더 가깝다는 사실을 기억하고 있으면 점장 방위에 가감하여 출발 침로와 도착 침로를 환산하는 데 착오가 없다.

대권 항법을 실시할 때 항해표 제 1 표를 이용하여 출발 침로를 구하는

표 13-4

Latitude of Departure—35°—Latitude of Receiver																
DLo	Latitude of destination—Latitude of transmitter															
	0°	5°	10°	15°	20°	25°	30°	35°	40°	45°	50°	55°	60°	65°	70°	75°
	Same Name															
°	°	°	°	°	°	°	°	°	°	°	°	°	°	°	°	°
0	0.0	0.0	0.0	0.0	0.0	0.0	0.0	0.0	0.0	0.0	0.0	0.0	0.0	0.0	0.0	0.0
5	1.0	1.1	1.1	1.2	1.2	1.2	1.3	1.5	1.6	1.6	1.6	1.6	1.6	1.7	1.6	1.6
10	2.0	2.2	2.3	2.4	2.4	2.5	2.7	2.9	3.1	3.2	3.2	3.2	3.3	3.3	3.3	3.3
15	3.1	3.2	3.4	3.6	3.7	3.9	4.1	4.3	4.5	4.7	4.8	4.9	4.9	5.0	5.0	4.9
20	4.1	4.4	4.6	4.8	5.0	5.3	5.5	5.8	6.0	6.2	6.4	6.5	6.6	6.6	6.6	6.5
75	17.6	18.7	19.7	20.6	21.5	22.3	23.1	23.8	24.4	24.9	25.4	25.7	25.9	26.0	25.8	25.3
80	19.2	20.3	21.4	22.4	23.3	24.2	25.0	25.7	26.3	26.9	27.4	27.7	27.9	27.9	27.7	27.1
85	20.8	22.0	23.2	24.2	25.2	26.2	27.0	27.7	28.4	29.0	29.4	29.7	29.9	29.9	29.6	28.9
90	22.5	23.8	25.0	26.2	27.3	28.2	29.1	29.8	30.5	31.1	31.5	31.8	32.0	31.9	31.5	30.8
95	24.3	25.7	27.0	28.3	29.4	30.4	31.3	32.1	32.7	33.3	33.7	34.0	34.1	34.0	33.5	32.6

Latitude of Departure—40°—Latitude of Receiver																
DLo	Latitude of destination—Latitude of transmitter															
	0°	5°	10°	15°	20°	25°	30°	35°	40°	45°	50°	55°	60°	65°	70°	75°
	Same Name															
°	°	°	°	°	°	°	°	°	°	°	°	°	°	°	°	°
0	0.0	0.0	0.0	0.0	0.0	0.0	0.0	0.0	0.0	0.0	0.0	0.0	0.0	0.0	0.0	0.0
5	1.2	1.2	1.3	1.3	1.4	1.4	1.4	1.5	1.6	1.7	1.7	1.7	1.7	1.8	1.7	1.7
10	2.4	2.5	2.6	2.7	2.8	2.9	2.9	3.0	3.2	3.4	3.4	3.5	3.5	3.5	3.5	3.4
15	3.6	3.8	3.9	4.1	4.2	4.3	4.5	4.6	4.8	5.0	5.1	5.2	5.2	5.2	5.2	5.1
20	4.8	5.0	5.3	5.5	5.7	5.8	6.0	6.3	6.5	6.7	6.8	6.9	7.0	7.0	7.0	6.8
75	20.3	21.3	22.2	23.1	23.8	24.5	25.2	25.8	26.3	26.7	27.0	27.3	27.3	27.3	27.0	26.3
80	22.1	23.1	24.1	25.0	25.8	26.6	27.2	27.8	28.4	28.8	29.1	29.3	29.4	29.3	28.9	28.2
85	23.9	25.0	26.0	27.0	27.9	28.7	29.4	30.0	30.5	30.9	31.3	31.4	31.5	31.3	30.9	30.0
90	25.8	27.0	28.1	29.1	30.0	30.9	31.6	32.2	32.7	33.2	33.5	33.6	33.6	33.4	32.9	31.9
95	27.8	29.1	30.3	31.3	32.3	33.1	33.9	34.5	35.1	35.5	35.7	35.9	35.8	33.5	34.9	33.9

절차를 예제로 들어 설명한다.

예제 L 35°24.'1N, λ 125°02.'6W인 지점에서 L 41°09.'2N, λ 147°22.'6E인 지점에 이르는 항정선 침로가 274.°8T이다. 대권 항법을 실시하려면 출발 침로를 몇 도로 결정해야 하는가?

풀이 출발지 위도가 L 35°24.'N이고 도착지 위도와 동명이므로, 항해표 제 1 표에서 출발지 위도 L 35°, L 40°일 때 표치를 발췌하면 표 13-4와 같다. 출발지 위도, 도착지 위도 및 변경을 인수로 하여 방위 개정각을 구한다.

λ_1 125°02.'6W

λ_2 147°22.'6E　　　　　DLo＝272°25.'2E

∴DLo＝360°－272°25.'2E＝87°34.'8W

Lat. of departure 35°
Lat. of destination 41°09.'2 } 29.°6
DLo 87°34.'8

Lat. of departure 40°
Lat of destination 41°09.'2 } 31.°9
DLo 87°34.'8

변위 24.'1에 대한 중분

(31.°9－29.°6)×24.'1÷5°＝0.°2

∴θ/2＝29.°6＋0.°2＝＋29.°8

출발 침로 Ci＝274.°8T＋29.°8＝304.°6T

1306 집성 대권 항법의 계산

집성 대권 항법에 관한 문제를 해결하는 데는 대권도를 사용하는 것이 편리하나, 계산으로 푸는 경우에는 그림 13-8과 같이 출발지를 A점, 도착지를 B점이라 하고, 예정한 제한 위도의 거등권을 MN이라 정한다.

A점과 B점에서 거등권에 접선을 긋고 그 접점을 V_1, V_2라 하면 A점에서 V_1점까지는 대권 항법으로, V_1점에서 V_2점까지는 침로를 090°T (270°T)로, V_2점에서 B점까지는 다시 대권 항법으로 항해하면 된다. 따라서 A점과 V_1점까지, V_2점에서 B점까지는 대권 항법에서와 같이 변침점을 선정하고 점장도에 기점하여 각 변침점 사이에서는 점장위도항법이나 중분위도 항법을 실시한다.

집성 대권 항법을 실시할 때에는 다음과 같은 공식이 이용된다.

1. 출발 침로와 도착 침로를 구하는 경우

그림 13-8에서 출발 침로 C_i, 도착 침로 C_f, V_1 점의 위도를 L_{v1}, V_2 점의 위도를 L_{v2}, A점의 위도를 L_1, B점의 위도를 L_2라 하면, $\triangle PAV_1$, $\triangle PBV_2$에서

$$\frac{\sin C_i}{\sin PV_1}=\frac{\sin 90°}{\sin PA}$$

$$\sin C_i=\frac{\sin PV_1}{\sin PA}=\frac{\cos L_{v1}}{\cos L_1}$$

$$\therefore \sin C_i=\cos L_{v1}\cdot\sec L_1$$

$$\sin C_f=\cos L_{v2}\cdot\sec L_2 \quad \cdots\cdots(13\text{-}10)$$

가 된다.

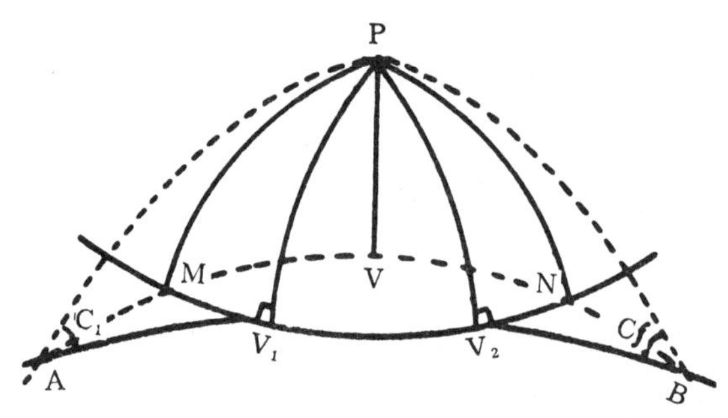

그림 13-8. 집성 대권 항법

2. V_1 점과 V_2 점에서 A 점과 B 점에 이르는 변경을 구하는 경우

V_1 점과 V_2 점에서 A점과 B점까지의 변경을 DLo_{v1}, DLo_{v2}라고 하면,

$$\tan PV=\cos DLo_{v1}\cdot\tan PA$$

$$\tan(90-L_{v1})=\cos DLo_{v1}\cdot\tan(90-L_1)$$

$$\cot L_{v1}=\cos DLo_{v}\cdot\cot L_1$$

$$\left.\begin{aligned} \therefore \cos DLo_{v1} &= \cot L_{v1}\ \tan L_1 \\ \cos DLo_{v2} &= \cot L_{v2} \cdot \tan L_2 \end{aligned}\right\} \cdots\cdots\cdots\cdots (13\text{-}11)$$

가 된다.

3. 항정을 구하는 경우

$\cos PA = \cos AV_1 \cdot \cos PV_1$

$\cos AV_1 = \cos PA \cdot \sec PV_1$

$\therefore \cos AV_1 = \sin L_1 \cdot \sec L_{v1}$

그리고, $\cos BV_2 = \sin L_2 \cdot \sec L_{v2}$

$V_1V_2 = DLo(V_1$에서 $V_2) \cdot \cos L_{v1}$

그러므로 항정 $D = AV_1 + V_1V_2 + V_2B$가 된다.

예제 출발지 L 36°57.'7N, λ 75°42.'2W인 지점에서 도착지 L 45°39.'1N, λ 1°29.'8W인 지점까지 집성 대권 항법으로 항해하려고 할 때, 제한 위도를 L 47°N로 하였다. 제한 위도에 도달하는 경도와 제한 위도를 떠날 때의 경도를 구하라.

제한 위도에 도달하는 경도는 변경을 구하여 가감하므로,

변경 $DLo_1 = \cos^{-1}(\tan 36°57.'7 \cdot \cot 47°)$

$= 45.°43460E = 45°26.'1E$

$\therefore$ 경도 $\lambda_1 = 75°42.'2W - 45°26.1W = 30°16.'1W$

변경 $DLo_2 = \cos^{-1}(\tan 45°39.'1 \cdot \cot 47°)$

$= 17°451252 = 17°27.'1W$

$\therefore$ 경도 $\lambda_2 = 1°29.'8W + 17°27.'1W = 18°56.'9W$

1307 대양 항로의 선정 및 실시할 때의 주의 사항

대양 항로는 항로상에 있는 육지, 섬 및 기타 위험물 등의 존재 여부에 따라 자연적으로 정해지는 것이 보통이며, 협정 항로(協定航路)가 있으면 반드시 그 항로에 따라야 하고, 추천 항로이면 특별한 사유가 없는 한 따르도록 해야 한다.

대권 항로, 집성 대권 항로, 항정선 항로, 거등권 항로 중에서 한 가지 또는 둘 이상을 겸하여 항로를 택할 수 있는 경우에는 다음과 같은 사항을 고려하여 결정해야 한다.

① 선박의 성능(속력, 내항성, 적화의 상황, 선수·선미의 경사 등)

② 안개, 눈, 유빙(流氷) 등의 유무

③ 통항 선박의 빈도

④ 항정의 장단(長短)

⑤ 해류, 계절풍의 이용 가능성 및 파도나 장애물의 유무

또 대양 항로지, 근해 항로지, 수로지, 해류도, 조석표, 기상 및 파랑도, 수로 안내도(Pilot chart) 등은 항로를 선정하는 데 필요한 참고 자료를 제공하므로, 충분한 조사와 연구를 하는 것이 좋다. 그리고 대양 항해를 실시할 때에는 다음과 같은 주의가 필요하다.

① 대양 항로의 출발지, 도착지는 선위를 확인하기에 편리한 지점이어야 한다. 즉 원거리에서 바라볼 수 있는 현저한 목표가 있든가 또는 안개가 많은 지방에서는 레이다에 의하여 선위를 판정하기가 용이한 해안선의 특징이 있는 지점이든가, 아니면 측심에 의하여 선위를 추정하기가 편리한 해역을 통과하도록 계획한다.

② 대양에 고립한 암초 및 수심이 얕아서 위험한 해역은 충분한 거리를 두고 통과하도록 해야 하고, 가급적이면 주간에 통과하도록 하는 것이 선박의 안전 항해를 도모할 수 있다.

③ 도착 시각이나 위험물을 통과하는 시각을 정하려면 천후 등 외력의 영향을 고려하여 예정한 시각에 도착할 수 있도록 어느 정도 여유를 두고 계획하는 것이 원칙이다. 그 범위는 항해사의 경험과 기술, 선박의 성능, 항정의 원근 등에 따라 다르나, 일반적인 상황에서는 항해 시간의 10% 정도이고, 먼 거리를 항해할 경우에는 예비 속력이 작은 선박일지라도 5% 정도의 여유를 두면 충분하다.

④ 대양에서도 섬 부근에서는 의외로 커다란 조류의 영향을 받게 되는 수가 있으므로, 야간에 항해할 때에는 주의를 해야 한다.

1308 대양 항로와 항속 거리

대양 항해시 한정된 양의 연료로써 목적지에 도착하기 위해서는 속력을 얼마로 항주할 것인가 하는 문제는 매우 중요한 사항이다. 속력 V노트로 항주할 때 일일 연료의 소비량을 알 수 있으면 항해 가능 일수를 구할 수 있고, 항속 거리(航續距離)도 산출하게 된다.

선박 주기(主機; Main engine)의 연료 소비량은 기관의 종류, 형, 연료의 종류, 속력의 변화에 따라 다르나, 기관의 종류에 따른 연료의 소비량은 표 15-5와 같다. 그리고 연료의 소비량에 대한 속력은 배수톤수, 선수미선의 전후 경사(Trim), 선저의 오손, 해조류 및 풍랑에 따라 변하게 되므로, 그 때의 상항을 고려하지 않으면 연료의 소비량은 차이가 있게 된다.

선박의 주기가 가스 터어빈인 경우, 연료 소비량을 Q(ton)라 하면,

$$Q=\frac{(0.2\sim0.4)\times24}{1000}\times\text{주기의 마력수} \quad\cdots\cdots(13\text{-}12)$$

이고, 항속 거리(D: 해리 단위)를 구하려면

표 13-5

기관의 종류	연료 소비량 (kg/HP-h)	열 효 율 %
증기 왕복동 기관	0.5∼0.6	12∼16
기어드 터어빈	0.25∼0.5	18∼28
소구 기관	0.23∼0.27	22∼28
디이젤 기관	대 형 0.153∼0.170 중 형 0.155∼0.190 소 형 0.180∼0.200 고 속 0.190∼0.230	30∼46
가스 터어빈	0.2∼0.4	16∼33

$$D = 24 \times V \times \frac{F}{Q+M} \quad \cdots\cdots (13\text{-}13)$$

단 F는 사용할 수 있는 연료의 양(ton), M은 보조 기관의 일일 연료의 소비량(ton), V는 속력(노트)이다.

1. 연료의 보유량

함정은 상선과 달리 작전 명령이나 출항 명령 때 연료의 적재량을 지시한다. 그러나 상선의 경우에는 선원법 제 8조와 상법 708조에 연료 적재에 관한 사항이 명시되어 있으며, 선장은 출항 전 검사 의무로서 "항해에 필요하고 충분한 연료의 준비가 완료되었는가를 검사하여야 한다."고 규정하고 있다.

대양 항해시 연료의 적재량을 적게 하면 항해 중 연료 부족으로 표류하거나 연료 보급 때문에 예정대로 항해할 수 없게 되어 항해 일수가 연장되는 것은 물론, 항해상의 위험을 초래하게 된다.

한편 연료의 적재량을 너무 많게 하면 만재 흘수선에 제한을 받는 중량 화물을 적재할 때 그 적재량과 속력이 감소되고, 연료의 가격이 항구에 따라 차이가 있을 경우에 연료비가 많이 들게 될 우려도 있다. 따라서 다음과 같은 사항을 고려하여 연료의 적재량을 적당하게 고려해야 한다.

① 항로의 길이, 기상, 해상(海象) 등의 외력의 영향

② 선박의 성능, 즉 항해 속력, 흘수, 선수미선의 전후 경사, 선저의 오손 등

③ 항로 부근에 연료 보급 항구의 유무

④ 과거의 실적

⑤ 기관장의 의견

⑥ 보조 기관의 연료 소비량

연료 적재시에는 연료의 온도까지 계산하여 정확한 양을 측정하고, 매일매일 연료의 소비량과 남은 연료의 양을 조사하여 앞으로의 항정에 부족함이 없는가를 파악하고, 만일의 사태에 대처할 수 있는 준비를 할 수 있도록 연료 전략에 유의해야 한다.

항정이 길고 기상 상태가 나쁜 경우, 속력이 느린 선박이 공선(空船) 상태로 항해하면 일반 항해에 비하여 항해 일수가 연장되므로, 보통 25% 정도 여유 있게 연료를 적재하는 것이 좋다.

2. 연료의 소비량

연료의 소비량은 기관의 종류에 따라 결정되며, 속력과 관계가 많다. 일정한 시간 동안에 소비되는 연료는 속력의 3제곱에 비례하고, 일정한 거리를 항주(航走)하는 데 소비되는 연료는 속력의 2제곱에 비례한다.

연료의 소비량에 비례하는 선박의 실마력(實馬力; Indicated horse power, I.H.P.)도 속력의 3제곱에 비례한다.

위의 관계의 실험식을 수식으로 표시하면,

I.H.P. $=KSV^3$(단 K는 상수, S는 선체의 침수 면적)이고, 일정한 시간(t)의 연료 소비량을 y라 하면,

$$y=KStV^3 \quad \cdots\cdots (13\text{-}14)$$

이 된다. 그런데 항속 거리(D), 시간(t) 및 선박의 속력(V)의 관계는 $D=tV$이므로, 이것을 (13-14) 식에 대입하면,

$$y=KSDV^2 \quad \cdots\cdots (13\text{-}15)$$

(13-14) 식과 (13-15) 식을 이용하여 연료의 소비량을 구할 수 있으며, (13-14) 식에 비하여 (13-15) 식은 V^2이므로 계산이 편리하다.

(13-14) 식은 1시간에 대한 연료 소비량이고, (13-15) 식은 1해리에 대한 연료 소비량이다.

선박의 배수량은 수면하 침수 면적과 관계가 있고, 선체의 길이(L), 배수량(W) 및 침수 면적(S)의 관계는

$$W \propto L^3 \quad \therefore L \propto W^{\frac{1}{3}}$$

$$S \propto L^2 \quad \therefore L \propto S^{\frac{1}{2}}$$

따라서, $W^{\frac{1}{3}} \propto S^{\frac{1}{2}} \quad \therefore S \propto W^{\frac{2}{3}}$가 된다. 그러므로 실마력(I.H.P.)은

$$\text{I.H.P.}=\frac{W^{\frac{2}{3}}V^3}{C} \quad \cdots\cdots (13\text{-}16)$$

으로 된다.

C를 속력 계수(Speed coefficient or Admiralty constant)라 하며 약 100~400이 된다. 속력 계수는 해상 상태, 천후, 선저의 오손, 흘수, 선수미선의 전후 경사에 따라 같은 선박일지라도 변하게 되며, 대체로 대형 선박은 크고 소형 선박은 작다.

예제 1. 항정이 3168해리인 거리를 속력 12노트로 항해하면 일일 연료 소비량은 17톤이다. 속력 11노트로 항해하면 연료 소비량은 얼마나 차이가 생기는가?

풀이 속력 12노트일 때 일일 항속 거리는 12×24=288해리이므로, 1해리마다 소비되는 연료는 (17÷288)톤이다.

속력 11노트일 때의 연료 소비량을 y톤이라 하면 1해리마다 소비되는 연료는 (y÷3168)톤이므로,

$$\frac{(y \div 3168)}{(17 \div 288)} = \frac{11^2}{12^2}$$

$$\therefore\ y = \frac{11^2 \times 17 \times 3168}{12^2 \times 288} = 157.1 \text{ 톤}$$

속력이 12노트일 때의 연료 소비량은 3168÷(12×24)=11일이 걸리므로,

17×11=187톤

∴ 연료 소비량=187−157.1=29.9톤

예제 2. 속력 9노트로 960해리를 항해할 수 있는 연료를 적재하였는데, 항정이 255해리가 연장되었다. 적재된 연료만으로 연장된 항로를 항해하려 할 때 속력을 몇 노트로 해야 되는가?

풀이 적재한 연료를 y톤이라 하면, 속력 9노트로 항해시 1해리마다 소비되는 연료는 (y÷960)톤이고, 속력 V노트로 항해시 1해리마다 소비되는 연료는 {y÷(960+255)}톤이 된다.

$$\frac{(y \div 960)}{(y \div 1215)} = \frac{9^2}{V^2}$$

$$V^2 = \frac{9^2 \times 960}{1215} = 64$$

∴ V=8노트

예제 3. 속력 12노트로 1200해리를 항해하는 데 120톤의 연료를 소비하는 선박이 연료 100톤으로 1440해리를 항해하려면 속력을 몇 노트로 하여야 되는가?

풀이 $$\frac{(120 \div 1200)}{(100 \div 1440)} = \frac{12^2}{V^2}$$

$$V^2 = \frac{12^2 \times 100 \times 1200}{120 \times 1440} = 100$$

$\therefore\ V = 10$ 노트

예제 4. 어느 선박이 16 노트의 속력을 내기 위해서는 기관 회전 140으로 5880 마력이 필요하다. 그런데 선저의 오손 때문에 실속력이 12 노트로 줄었을 때 일일 손실되는 연료는 몇 톤인가? (단 이 선박의 연료 소비율은 0.200 kg/HP-h이다.)

풀이 일일 연료 소비량은 $= 0.2 \times 5880 \times 24 = 28224$ kg $= 28,224$ 톤
선저가 오손되지 않았을 때 12 노트로 항해시 일일 소비되는 연료량을 Q 톤이라 하면,

$$Q : 28,224 = 12^3 : 16^3$$

$$\therefore\ Q = \frac{28.224 \times 12^3}{16^3} = 11,907 \text{ 톤}$$

손실량은 $28,224 - 11,907 = 16,317$ 톤

예제 5. 배수 톤수가 10800 톤인 선박이 속력 13.5 노트로 항해시 일일 연료 소비량이 30 톤이다. 이 선박이 바라스트 탱크에 300 톤의 해수를 실었을 때 연료의 소비량은 일일 동안 얼마나 증가하느냐?

풀이 (13-16) 식에서 배수량과 연료의 소비량의 관계는 $y \propto W^{\frac{2}{3}}$ 이므로, 연료의 소비량을 x 톤이라 하면,

$$30 : x = 10800^{\frac{2}{3}} : 11100^{\frac{2}{3}}$$

$$x = \frac{11100^{\frac{2}{3}} \times 30}{10800^{\frac{2}{3}}} = 30.55 \text{ 톤}$$

3. 경제 속력

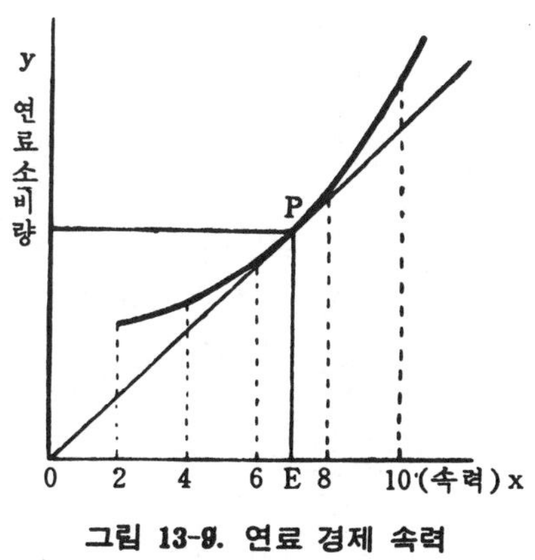

그림 13-9. 연료 경제 속력

경제 속력(經濟速力; Economical speed)은 최소의 연료로써 최대의 항정을 얻기 위한 연료 경제 속력과, 연료의 소비에 추가하여 선비(船費)계산하여 최저의 경비가 소요되도록 하는 선비 경제 속력이 있다.

(1) 연료 경제 속력

앞에서 기술한 (13-15) 식은 항정을 D라 할 때 연료 소비량을 구하는

식이 된다. 그러므로, 연료 소비량 y는

$$y=KV^2+C$$

로 표시할 수 있다. 단 C는 어느 일정한 저항을 이겨내기 위하여 필요한 여분의 소비량이다.

그림 13-9에서 y축을 연료 소비량, x축을 속력이라 하면 원점 0에서 2차곡선에 그은 접선이 만난 점을 P라 할 때, P점에서 x축에 내린 수선의 발(E점)은 연료 경제 속력이 된다.

그리고 보조 기관용 연료가 필요한 경우에는 그 양만큼 원점의 아래에 잡은 점에서 2차곡선에 접선을 그려 연료 경제 속력을 구한다.

(2) 선비 경제 속력

연료 경제 속력은 주부식비, 인건비, 수리비, 보험료 및 장비 등의 선비(船費)를 고려하지 않으므로 실제 항해 속력을 결정할 때에는 연료비를 절감하는 것보다 선비를 고려해 그 비용이 최소로 되는 속력이 필요하다.

항정이 D(해리), 연료의 톤당 가격을 P, 일일 선비를 M, 연료 소비에 대한 계수를 K, 경제 속력을 V(노트)라 하면 항해 일수는 $D/24V$가 되고, 항해에 소요되는 전체 비용 E는 다음과 같은 관계가 있다.

$$E=\frac{D}{24V}(KPV^3+M) \quad \cdots\cdots(13\text{-}17)$$

그런데 일일 연료 소비량을 Q_1, 그 때의 속력을 V_1이라고 하면,

$$Q_1=KV_1^3 \qquad \therefore\ K=\frac{Q_1}{V_1^3}$$

이것을 (13-17) 식에 대입하면,

$$E=\frac{D}{24V}\left(\frac{PQ_1V^3}{V_1^3}+M\right)=\frac{DPQ_1V^2}{24V_1^3}+\frac{DM}{24V}$$

$\frac{dE}{dV}=0$에서

$$2V^3Q_1P-MV_1^3=0$$

$$\therefore\ V=V_1\sqrt[3]{\frac{M}{2PQ_1}} \quad \cdots\cdots(13\text{-}18)$$

(단 PQ_1은 속력이 V_1일 때 일일의 연료 소비 금액임.)

제 14 장 연안 항법

1401 개　　요

선박이 육안(陸岸)에 접근하여 항해할 때, 육표(陸標), 항로 표지 등의 방위와 거리를 측정하거나, 레이다 또는 측심(測深) 등에 의하여 선위를 결정하여 안전 항해를 하게 된다. 이 때 선위의 측정 원리와 실제적인 선위 측정 방법을 연안 항법(沿岸航法; Piloting, Pilotage, Coasting)이라고 하며, 보통 해도를 이용하여 문제를 해결한다.

일반적으로, 연안 항법은 가장 풍부한 경험과 여러 가지 기술상의 판단을 필요로 하며, 부단한 주의와 끊임없는 경계를 하여야 한다. 대양 항해는 설혹 잘못하는 경우가 있어도 육안에 접근할 때에는 발견되어 큰 위험이 따르지 않게 되나, 연안을 항해할 때 범한 당직자의 잘못은 이를 수정할 여유가 없기 때문에 중대한 사고를 일으켜 막대한 재산과 인명의 손실을 가져올 위험이 많게 된다.

그러므로 끊임없이 선위를 확인하고 견시(見視; Look out)를 철저히 세우며, 필요한 때에는 측심을 하여 어떠한 상황에도 즉시 대처할 수 있는 마음가짐과 긴장이 필요하다. 아울러, 국제 해상 충돌 예방 규칙(國際海上衝突豫防規則)에 관한 지식도 갖추고 있어야 한다.

연안 항법은 그 원리와 응용면에서 보면 어려운 것은 아니지만, 항상 위험물이 가까이 있기 때문에 어렵고 중요하다. 해상 교통이 빈번한 항구나, 해안선을 따라 항해할 때 충돌을 회피하는 것은 선박 운용술에 관한 문제가 되고, 오늘날과 같이 선박의 속력이 고속화되고 대형화됨에 따라 당직자의 잘못이나 그릇된 판단 또는 부주의로 일어날 수 있는 사고의 위험성이 증대되는 것은 사고에 대처할 여유가 그만큼 적어진 데 기인한다.

항해의 안전은 일반적으로 선위를 얼마나 정확하게 알고 있는가에 달려 있으나, 연안 항해시에는 현재의 선위뿐만 아니라 장차의 문제에까지 관련을 가지게 된다는 것을 염두에 두어야 한다. 항해사는 현재의 상황을 분석해서 앞으로 당면할 문제에 대해서 계획을 세워야 한다.

그리고 끊임없는 노력과 건전한 판단력으로, ① 접근하는 위험물을 파악하고, ② 선위를 수시로 정확하게 결정해야 하며, ③ 위급한 상황에서 취할 선박의 기동과 올바른 침로를 결정할 수 있어야 한다.

1402 위 치 선

항해 중 선위를 결정하려고 어느 물표를 관측하여 얻은 방위, 협각, 고도, 거리 등을 만족시키는 점의 자취로써 관측 당시 선위가 존재하리라고 생각되는 특정한 곡선을 위치선(位置線; Line of position, Position line)이라 한다. 그러므로 동시에 2개 이상의 위치선을 결정하면 그 교점이 선위가 되고, 위치선은 중시선, 방위, 수평 협각, 수평 거리, 천체의 고도 측정, 수심, 전위선 및 쌍곡선 항법 계기에 의하여 구하게 된다.

위치선을 결정하면 위치선의 위쪽이나 좌측에 관측 시간을 4단위 숫자

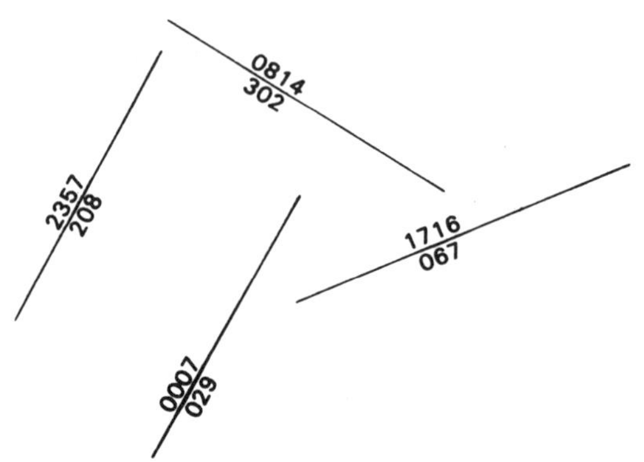

그림 14-1. 방위에 의한 위치선의 표기

로 표시하고, 아래쪽이나 우측에 방위를 표시한다. 거리는 야드 단위 또는 해리 단위로 표시하는데, 해리 단위로 표시할 때에는 숫자 다음에 mi를 추가하여 기록한다. 그리고, 관측 시간이 표시되지 않은 위치선은 오차가 포함되어 있거나 확실하지 않은 것이다. 전위선은 기준 시각과 전위한 시각을 동시에 기입하는 것이 위치선과 다르다.

1. 중시선에 의한 위치선

육상에 있는 두 개의 물표가 일직선으로 겹쳐서 보일 때 관측자는 해도상에서 이들 두 물표를 연결하는 연장선상에 있게 된다. 이와 같이 두 물표가 겹쳐 보이는 것을 중시(重視; Range or Transit)되었다고 하며, 중시된 물표를 연결한 선을 중시선(重視線; Range line or Transit line)이라 한다.

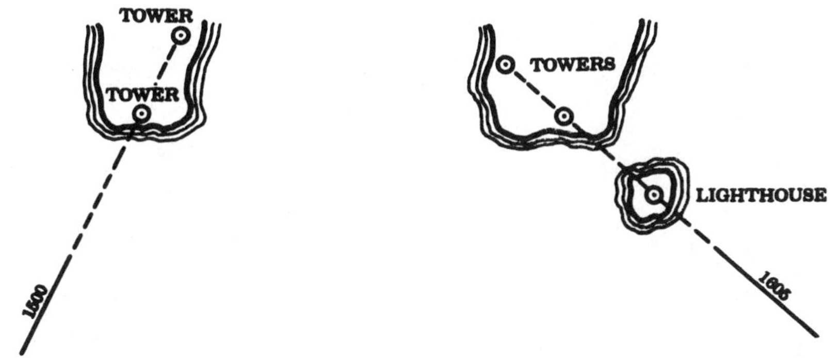

그림 14-2. 중 시 선

항해 중 항시 중시선을 얻을 수 있는 것은 아니지만, 이런 기회를 잡을 수 있으면 어떤 기기를 사용하지 않아도 위치선을 구할 수 있게 된다. 관측자와 가까운 물표까지의 거리가 두 물표 사이 거리의 3배 이내일 때에는 아주 정확한 위치선이 된다. 중시선은 선위를 결정하는 외에 협수도(狹水道)를 통과할 때 조타 목표 및 피험선(避險線) 등으로 이용되며, 나침의의 오차 측정에도 이용된다.

2. 방위에 의한 위치선

항해사는 펠로러스(Pelolus)나 또는 자기 나침의 및 전륜 나침의 복시기에 올려 놓은 방위환(Azimuth circle)을 이용하여 물표의 방위를 측정하고, 측정한 방위의 오차를 개정하면 진방위를 구할 수 있다.

지구상에서 한 물표를 동일한 진방위로 측정하게 되는 지점은 무수히 많으며 (그림 13-3 참조), 이 점들을 연결하면 곡선이 되고, 이 곡선을 등방위 곡선(等方位曲線)이라 한다.

대권은 극쪽으로 볼록한 곡선이 되는 데 반하여, 등방위 곡선은 적도쪽으로 볼록한 모양이 된다.

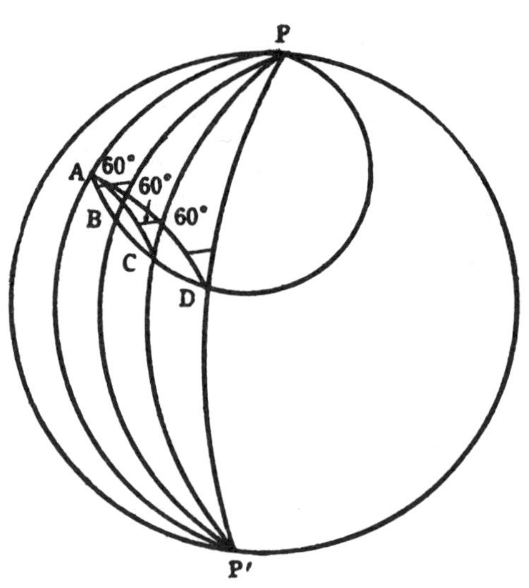

그림 14-3. 등방위 곡선

그림 14-3에서 A를 물표라 하고, B, C, D, …… 등 여러 지점에서 A를 관측한 진방위가 300°라고 하면, B점에서 A점과 B점을 지나는 대권과 B점을 지나는 자오선 PBP′가 이루는 각이 60°이며, C점과 D점에서도 대권 AC와 자오선 PCP′ 및 대권 AD와 자오선 PDP′가 이루는 각이 60°가 된다. 즉 A, B, C, D, ……를 연결한 것이 등방위 곡선인데, 이 곡선은 점장도에서는 복잡한 모양이 되어 실제로 작도하기가 곤란하다.

그러나 A, B, C, D, ……에서 그 거리가 가까이 있게 되면 BA, CA, DA, …… 등 여러 대권은 점차 일치하게 되고, 위치선(등방위 곡선, 즉 A, B, C, D, …… 등)도 이들 대권, 즉 방위선과 일치하게 된다.

이들 대권의 반지름은 지구의 반지름이며, 지구의 반지름은 대권의 호

그림 14-4. 방위에 의한 위치선

(弧) AB, AC, AD에 비하면 아주 큰 것이기 때문에 방위선과 위치선이 서로 일치하는 직선이라 볼 수 있다. 그러므로 관측자로부터 가까운 거리에 있는 물표에 대해서는 나침의로 방위를 측정하여 진방위로 개정한 후 그 물표의 위치를 지나는 역방위선(逆方位線; 방위 ±180° 되는 직선)을 그려 위치선으로 하여도 실용상 지장이 없다.

그림 14-4에서 등대의 방위를 측정하여 진방위가 290°였다면 해도에서 등대를 지나 역방위인 110°T 방향에 직선을 그리면 이 직선은 관측자의 선위가 있게 되는 위치선이 된다.

방위는 나침의를 이용하여 직접 물표를 측정하는 것 외에 선수 또는 이미 알고 있는 방위를 기준으로 하여 물표를 측정한 상대 방위, 레이다에 의한 방위, 수중 신호에 의한 방위, 무선 신호에 의한 방위 등

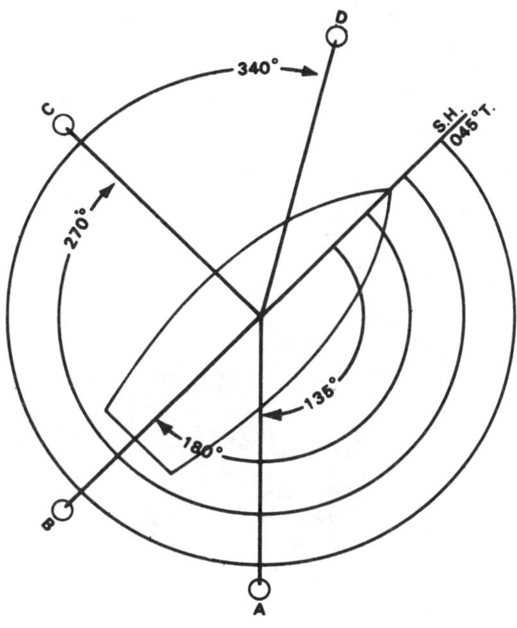

그림 14-5. 상대 방위

이 있으며, 이들 방위 중 무선 방위와 원거리(30해리 이상)에서 측정된 경우를 제외하면 연안 항해시에는 일반적으로 역방위선을 위치선으로 이용한다.

3. 수평 협각에 의한 위치선

육분의(六分儀; Sextant)로 두 물표의 수평 협각을 측정하여 해도 위에 두 물표를 지나고, 측정한 협각과 같은 각을 품는 원을 작도하면 관측자는 반드시 작도한 원둘레 위의 어느 곳에 있게 되므로, 이 원주가 위치선이 된다.

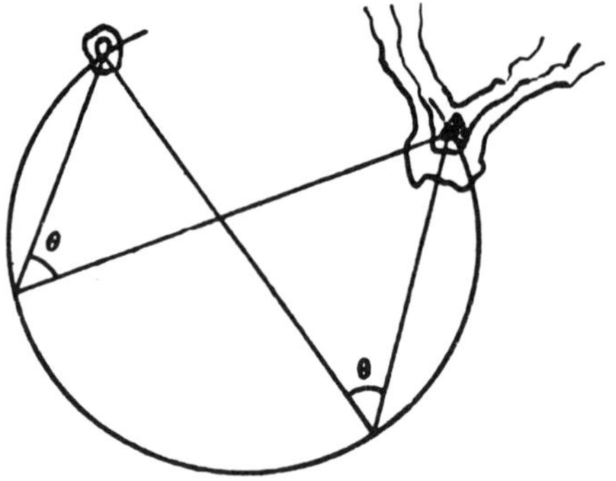

그림 14-6. 수평 협각에 의한 위치선

3물표를 이용하여 수평 협각을 측정하면 두 원주가 교

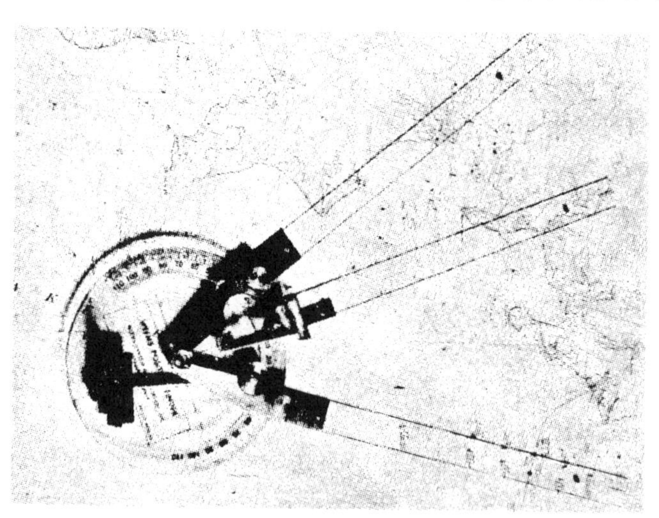
그림 14-7. 삼간 분도기

차하는 점이 선위가 되며, 이 때 그림 14-7과 같은 삼간 분도기(Three arm protractor)를 이용하여 정확한 선위를 결정한다.

4. 수평 거리에 의한 위치선

관측자의 위치에서 물표까지의 거리를 측정한 후 해도상에서 물표를 중심으로 하고 측정 거리를 반지름으로 하는 원을 그리면 관측자는 반드시 이 원주 위에 있게 되므로, 이 원을 수평 거리에 의한 위치선(또는 위치권)이라 한다.

레이다에 의한 선위 결정 방법은 수평 거리에 의한 위치선을 이용한다.

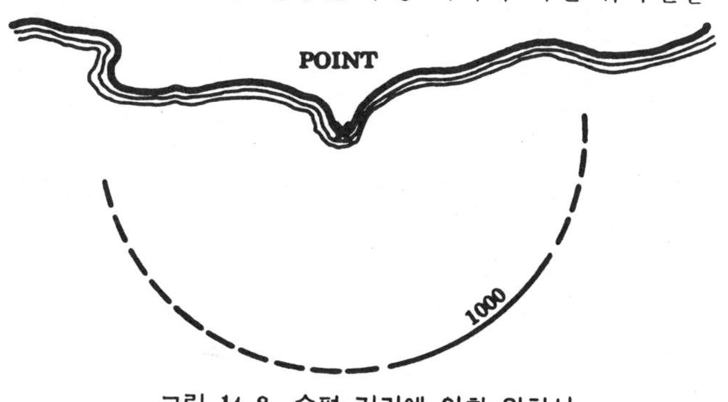

그림 14-8. 수평 거리에 의한 위치선

5. 천체의 고도 측정에 의한 위치선

그림 14-9에서 천체의 중심과 지구의 중심을 연결하는 직선이 지구의 표면에서 만나는 점을 지위(地位; Geographical position; G.P.)라 한다. 천체에서 오는 모든 빛은 이 직선과 평행선이 되고 지구상에서 수평선을 기준으로 하여 천체의 고도를 측정하면 지위에서는 90°가 될 것이다.

지구상에서 1해리에 대한 호(弧)는 대략 1′이 되므로 지위에서 1해리 거리의 반지름으로 원을 그리면 이 원주상에서는 천체의 고도가 89°59′이 된다. 그림 14-9에서 B점과 A점에서 측정한 천체의 고도는 지위에서 거리가 먼 B점에서 작게 되고, 천체의 지위와 관측자의 위치는 관측 고도의 여각(餘角)과 관계가 있으며, 관측자의 위치는 여각과 같은 거리의 등

거리권(等距離圈) 위에 있게 됨을 알 수 있다.

이것은 천문 항해(天文航海)에서 위치선을 구하는 원리이나, 거리에 의한 위치선의 일종이라고 할 수 있다.

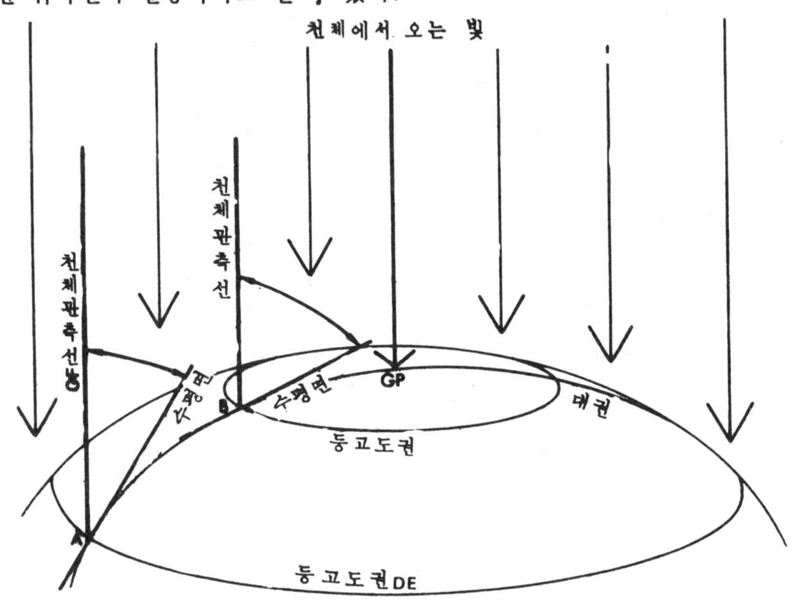

그림 14-9. 천체의 고도 측정에 의한 위치선

6. 수심에 의한 위치선

수심의 변화가 규칙적이고 수심을 정확히 측심한 해역은 해도의 수심이나 등심선을 보고 음향 측심기로 측정한 수심으로 등심선을 그리는 일은 별로 어렵지 않다. 이와 같이 측심하여 구한 등심선을 위치선으로 이용하면 비교적 정밀도가 좋은 위치선을 구할 수 있는데, 이 경우보다 정확한 수심을 얻으려면 조고 개정(潮高改定)을 하여야 한다.

7. 전위에 의한 위치선

선박이 항해 중 어느 시각(時刻)에 물표를 관측하여 얻은 위치선을 일정한 시간 동안 항주한 항정만큼 침로 방향이나 또는 역방향으로 평행 이

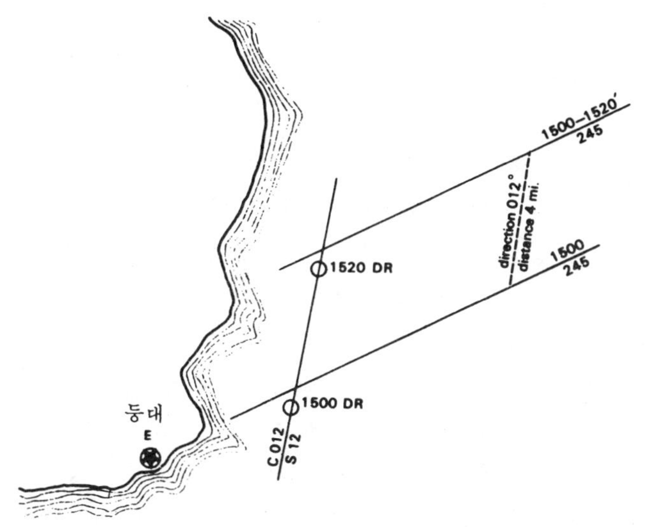

그림 14-10. 전 위 선

동시키는 것을 전위(轉位)라 하고, 위치선을 전위한 직선이나 곡선을 전위선(轉位線)이라 한다.

전위선 중 선박이 항주한 방향으로 전위한 것을 Advanced line of position이라 하고, 역방향으로 전위한 것을 Retired line of position이라 한다. 전위선은 선박이 항주한 시간 동안 외력의 영향이 포함되며, 항주한 시간에 비례하여 외력의 영향도 커져서 전위선의 정밀도는 낮아지고 다른 위치선과 비교하면 정밀도가 낮아서 위치선이라고 할 수는 없으나, 한 개의 물표만을 관측하는 상황에서는 위치선으로 간주하여 격시 관측 위치(隔時觀測位置; Running fix)를 구하는 데 이용한다.

8. 쌍곡선 항법 계기에 의한 위치선

로오란, 데카, 콘소울, 오메가 등의 쌍곡선 항법 계기는 육상에 설치된 두 개 이상의 무선국으로부터 전파의 위상차나 전파가 도달하는 데 소요되는 시간차를 알면, 거리차가 일정한 점의 자취는 두 무선국을 焦점으로 하는 쌍곡선이 되는데, 이것이 곧 위치선이 된다.

1403 동시 관측에 의한 선위

두 개 이상의 물표를 이용하여 거의 동시에 위치선을 구하여 결정된 정확한 선위를 동시 관측 위치(同時觀測位置; Fix)라 한다. 동시 관측 위치는 사실상 정확히 같은 시각에 위치선을 구할 수는 없고 약간의 시간차가 있게 되나 그 시간이 길지 않기 때문에 동시 관측(同時觀測; Simultaneous observation)으로 간주한다.

일반적으로 동시 관측 위치는 진위치(眞位置)에 가장 가깝고, 추측 위치나 추정 위치에 비하여 신뢰성이 높은 선위라고 할 수 있다. 실제 두 개 이상의 물표를 이용하여 위치선을 구하기가 어렵고, 측정한 위치선은 방위, 거리, 높이 등에 오차가 포함되어 있으므로 진위치와 일치하는 경우는 거의 없다.

그러므로 동시 관측 위치가 결정되었을 때에도 충분한 오차계(誤差界)를 설정하여 항해의 안전을 꾀하지 않으면 안 된다.

오차가 많이 포함되어 있는 무선 방위나 측심에 의하여 구한 위치선으로 결정한 동시 관측 위치는 실용적인 면에서 추정 위치로 취급하는 것이 안전하다.

연안 항해 중에 동시 관측에 의하여 선위를 결정하는 방법은 여러 가지가 있으므로, 그 가운데 적당한 방법을 선택하여 자주 선위를 결정하는 것이 중요하고, 선위 결정 방법이나 정밀도에 구애되어 관측 시기를 놓치는 것은 좋지 않다. 특히 비, 눈, 안개 등이 내습할 우려가 많은 해역에서는 이와 같은 주의가 필요하다.

위치가 유동적인 부표나, 등선, 경사가 완만한 산봉우리, 갑(岬) 등의 방위나 거리를 측정할 때에는 정확한 선위를 결정하기가 곤란하므로, 부득이한 경우가 아니면 방위와 거리 측정을 피하는 것이 좋다.

동시관측에 의한 선위 측정 방법에는 교차방위법, 수평방위법, 한 물표의 방위와 수평협각에 의한 방법, 중시선과 수평협각 또는 방위에 의한 방법, 두 개의 중시선에 의한 방법, 한 물표의 방위와 거리에 의한 방법, 두개 이상 물표의 수평거리에 의한 방법, 한 물표의 방위와 수심에 의한 방법, 항로표지 측방통과시 측정방법이 있다.

1404 교차 방위법

연안을 항해할 때 해도에 기재되어 있는 두 개 이상의 뚜렷한 물표를 선정하여 거의 동시에 이들의 나침 방위를 측정하고, 자침 방위나 진방위로 개정한다. 해도의 나침도를 이용하여 각 물표로부터 위치선을 그려서 서로 교차된 점을 선위로 결정하는 것을 교차 방위법(交叉方位法; Fix by cross bearings)이라 한다.

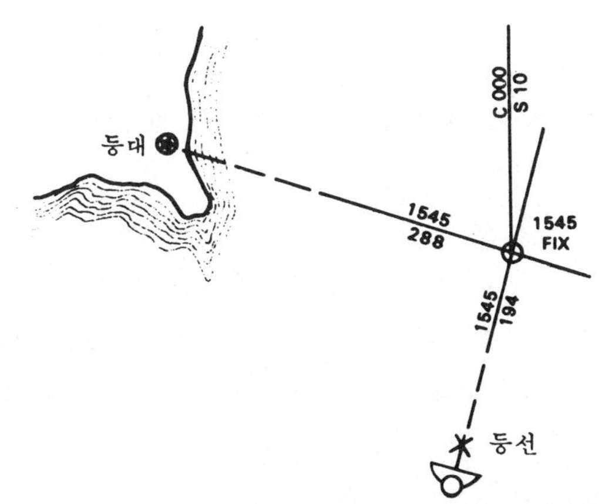

그림 14-11. 두 물표의 교차 방위에 의한 선위

교차 방위법은 연안 항해 중 가장 많이 이용되고, 선위 결정이 용이할 뿐만 아니라 선위의 정밀도가 높다. 위치선이 정확하면 이론상 두 개의 위치선으로 선위를 결정할 수 있지만, 만일 과오(過誤; mistake)나 큰 오차가 포함되어 있더라도 두 개의 위치선은 어느 곳에선가 만나기 때문에 간단히 교점을 선위로 정하는 것은 위험한 일이다.

따라서 물표가 많을 때, 해도가 부정확 할 때 및 처음으로 항해하는 해역에서는 적어도 3개 이상의 위치선을 구하여 선위를 결정한다. 이와 같이 제 3의 위치선을 구하는 방위를 Check bearing이라 하며, 이것은 과

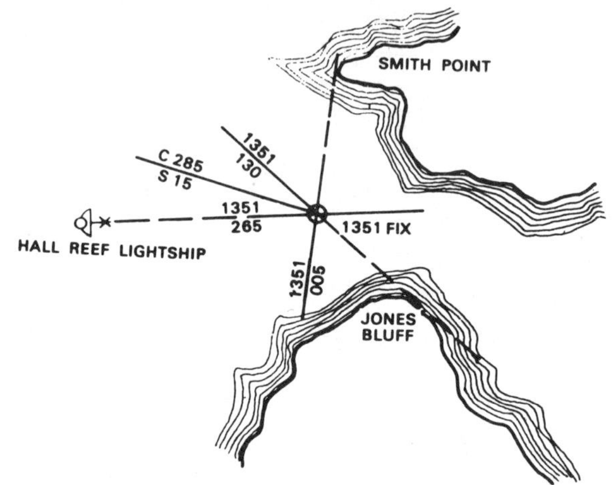

그림 14-12. 3물표의 교차 방위에 의한 선위

오의 유무을 확인하는 역할을 한다.

그림 14-11과 같이 두 개의 물표를 측정하여 선위를 결정한 경우와는 달리 그림 14-12와 같이 3개의 물표를 측정한 위치선으로 선위를 결정할 때에는 3개의 위치선이 1점에서 만나는 경우는 극히 드물고 작은 삼각형을 만들게 되는데, 이 삼각형을 시오 삼각형(示誤三角形; Cocked hat)이라 한다.

1. 시오 삼각형(또는 오차 삼각형)이 생기는 원인

① 자차(自差)나 편차(偏差)에 오차가 있을 때

② 해도에 기재된 물표의 위치가 부정확할 때

③ 방위를 동시에 측정하지 못하여 그 시간 동안 선박이 이동하였을 때

④ 물표 측정이 부정확하였을 때

⑤ 해도에 위치선을 기점할 때 오차가 도입되면 오차 삼각형이 생기게 된다.

오차 삼각형이 클 때에는 다시 물표를 측정하거나 작도를 하여 그 원인

을 규명할 필요가 있다.

오차 삼각형이 생겼을 때에는 선위를 어디에 정할 것인가가 대단히 어려운 문제이다. 오차가 우연 오차뿐이라면 선위는 오차 삼각형의 각 변에서의 거리가 각 변의 길이에 비례하는 점이 되고, 이 점은 선위가 존재할 확율이 가장 크게 되므로 최확 위치(最確位置; Most probable position, MPP)라 한다. 그러나 삼각형이 생기는 원인은 대부분의 경우 자차, 편차 등과 같은 정오차(定誤差) 때문인 것으로 알려져 있다. 이 때 3물표가 이루는 각이 180° 미만이면 삼각형의 외부에, 180° 이상이면 삼각형의 내부에 선위가 있게 된다.

이상과 같이 삼각형이 생기는 원인이 우연 오차인가, 정오차인가를 확인하여 선위를 판단하는 것은 대단히 복잡하고 어려운 문제이므로, 일반적으로 삼각형의 중심을 눈대중으로 구하여 선위로 정하는 것이 상례로 되어 있다. 이렇게 결정한 선위는 최확 위치가 아니므로 위험물에 접근하는 경우는 오차 삼각형에서 위험물에 가장 가까운 점을 선위로 생각하고 충분한 여유를 두고 항해하는 것이 선박의 안전에 필요하다.

2. 교차 방위법으로 선위 결정시 물표 선정에 관한 주의 사항

① 위치가 정확하고 뚜렷한 물표를 선정한다.

② 위치선의 교각이 90°에 가까운 물표를 선정하고, 교각이 30° 이하인 것은 피한다.

③ 방위를 측정하거나 방위선을 기점할 때 물표까지의 거리가 멀면 똑같은 오차에 대한 선위의 오차가 커지므로, 먼 물표보다는 가까운 것을 선정한다.

④ 3물표가 같은 원주상에 있고 측정한 방위에 정오차가 포함되어 있으면 그 오차의 양이 커도 방위선이 1점에서 만나게 되므로, 선위에 오차가 있어도 확인하지 못한다. 따라서 동일한 원주상에 있는 물표의 방위 측정을 피한다(그림 14-13 참조).

물표의 방위를 측정할 때에는 먼저 물표를 식별하고 해도에 기재되어 있음을 확인한 후 방위를 측정하여야 하고, 미리 방위를 측정한 후 해도에서 물표를 찾거나 방위선이 서로 만나는 모양으로 미루어 물표를 찾는 것은 올바른 방법이 아니다.

부표나 등선같이 뚜렷한 물표일지라도 그 위치가 고정되어 있지 않는 것은 될 수 있으면 피하고 고정된 물표를 선정하여야 한다. 경사가 급하지 않은 갑(岬) 등은 조석의 간만(干滿)에 따라 해도에서의 위치와 방위 측정 당시의 수애선(水涯線; Sea short of the horizon)이 다르기 때문에 부적당하며, 오인하기 쉬운 물표는 피하는 것이 좋다.

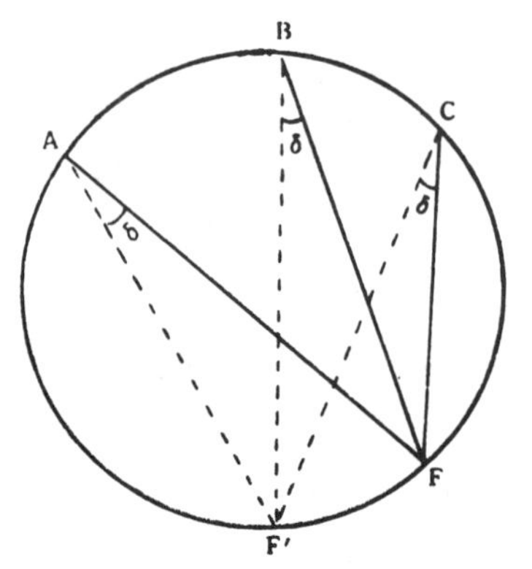

그림 14-13. 동일 원주상의 수평 협각

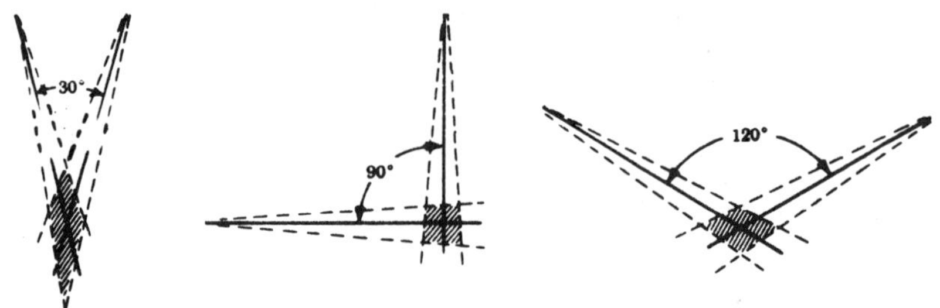

그림 14-14. 정오차가 포함된 경우, 수평 협각에 따른 선위의 오차계

두 개의 위치선으로 선위를 결정하려고 할 때에는 위치선이 서로 직교할 수 있는 물표를 선정하는 것이 좋고, 그 중 하나는 선수미선 방향에, 다른 하나는 정횡 방향에 있으면 가장 이상적이다. 방위나 위치선에 정오차가 포함되었다면 그림 14-14에서 보는 바와 같이, 두 위치선이 직교할 때 선위에 미치는 영향이 최소가 되므로, 조건이 같은 경우 선위의 정밀도가 높게 된다.

또 선수미선 방향과 정횡 방향에 있는 물표의 방위를 측정하게 될 경우, 선수미선 방향의 물표는 시간이 약간 경과하여도 방위 변화가 거의 없으므로, 이 방위를 먼저 측정하고 정횡 방향의 물표의 방위를 측정하여 결정한 선위는 동시 관측한 것과 같은 결과가 된다.

선수미선 방향의 물표 방위를 측정하면 예정 침로에서 좌우로 얼마나 편위되었는가를 알 수 있고, 정횡 방향의 물표 방위를 측정하면 선박의 속력을 추정하기가 용이하다. 실제 문제에 있어서 두 위치선이 직교하고 제 3의 위치선이 45°로 만나도록 하여 결정한 선위와 3 위치선이 각각 60° 되는 교각으로 만나서 결정한 선위는 가장 정밀도가 높은 것이라는 사실을 알아두는 것이 좋다.

그리고 위치선의 교각이 30° 이하이면 직각일 때에 비하여 두 배 이상의 오차가 생기므로, 물표 선정시 가급적 피하는 것이 좋다.

3. 교차 방위법으로 선위 결정시의 방위 측정에 관한 주의 사항

① 물표의 방위 측정은 신속히 한다.

② 방위환을 수평으로 유지하여 방위를 정확히 측정한다.

③ 방위 변화가 늦은 물표를 먼저 측정한다.

④ 주기가 긴 등광을 두 개 이상 관측할 때 의외로 시간이 많이 소비되어 때로는 위치선을 전위(轉位)하게 되는 경우가 있으므로 주의해야 한다.

⑤ 해도가 정확하지 않아 신뢰할 수 없거나, 지형의 특징이 없어 해도에 기재되어 있는 물표를 확실히 확인하기가 곤란하므로 가급적 많은 방위선을 구하여 선위를 결정한다.

⑥ 물표가 선수미선의 한쪽에만 있을 때에는 선수 방향의 물표부터 측정하는 것이 항행에 안전하다.

동시 관측의 경우, 한 사람이 여러 물표의 방위를 차례로 측정하여 위치선을 전위하지 않고 정확한 선위를 결정하려면, 가급적 방위 측정의 시간차를 줄이는 것이 좋다. 특히 고속 함정에서는 방위 측정의 시간차가 선위 오차를 유발하게 한다.

방위를 측정하거나 위치선을 기점할 때에는 선박의 전방을 관측하지 못하게 되므로, 사전에 선수 전방을 충분히 살피고 견시를 철저히 세워야 한다. 자차와 편차 등 나침의의 오차를 미리 수정할 수 있는 준비를 하여 선위 기점 시간을 단축시키고, 선수미 방향과 원거리에 있는 물표의 방위 변화는 느리며 정횡 방향과 근거리에 있는 물표의 방위 변화는 빠르다는 것을 항상 염두에 두어야 한다.

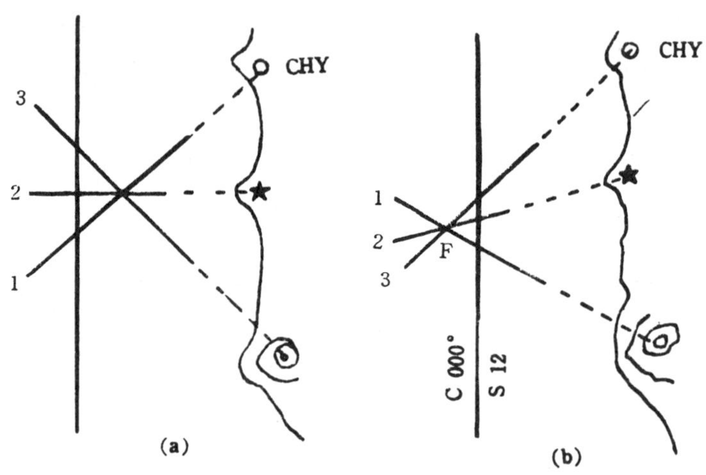

그림 14-15. 방위 선정 순서에 따른 선위의 편위

그림 14-15에서 보는 바와 같이, 선박의 진행 방향(그림 14-15 a)에 있는 물표부터 방위를 측정하면 선위는 물표가 있는 쪽으로 편위(偏位)되며, 선박의 선미 방향(그림 14-15 b)에 있는 물표부터 방위을 측정하면 선위는 물표로부터 먼 쪽으로 편위되어 물표까지 충분한 여유가 있는 것으로 판단하게 되어 위험을 초래하게 된다.

1405 수평 협각법(또는 삼표 양각법)

뚜렷한 3개의 물표를 선정하고 육분의(六分儀; Sextant)나 펠로러스(Pelolus)를 사용하여 중앙 물표와 좌우 물표 사이의 수평 협각(水平夾角)을 측정한 후 삼간 분도기(Three arm protractor)를 이용하여 이들 두 협각을 품는 원둘레와 만난 점을 선위로 결정하는 방법을 수평 협각법(水平峽角法 또는 三標兩角法; Fix by horizontal sextant angles)이라 한다.

삼간 분도기가 없을 때에는 투사지(Tracing paper)에 적당한 직선을 그려 기선으로 정하고, 그 양쪽에 보통 분도기로 측정한 두 협각을 끼는 직선을 그려서 선위를 결정하기도 한다. 이 때 투사지의 3직선이 관측한 3물표를 동시에 지나도록 하면 직선의 교점이 선위가 된다.

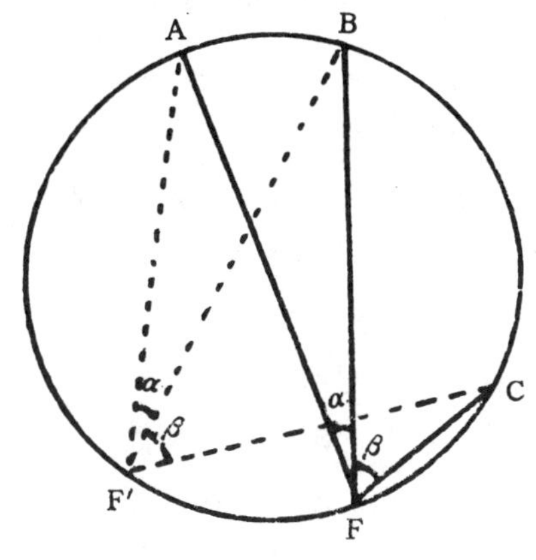

그림 14-16. 3물표가 원주상에 있을 때

1. 수평 협각법을 실시할 때의 물표 선정에 관한 주의 사항

① 3물표와 관측자가 동일한 원주상에 있거나, 이와 비슷하게 되어 있으면 그림 16-16에서 보는 바와 같이, 선위가 원주상에 있으면 어느 곳에서나 동일한 협각이 되므로, 동일한 원주상에 있는 물표의 선정은 되도록 피한다.

② 3물표 중 가운데 있는 물표가 좌우에 있는 물표를 연결한 직선보다 관측자 쪽으로 가까이 있는 것을 선정하고(그림 14-17 a), 그렇지 못할 경우에는 최소 직선상에 있는 것을 선정한다(그림 14-17 b).

③ 3물표를 꼭지점으로 하는 삼각형 내부에 관측자의 위치가 있게 하도록 물표를 선정한다(그림 14-17 c).

④ 중앙 물표를 기준하여 좌우 물표의 협각을 서로 합하면 직각이 되도록 한다.

⑤ 3물표는 고도(高度)가 낮고 가능하면 높이가 비슷한 것을 선정하면 수평 협각을 측정하는 데 용이하다.

2. 수평 협각법을 실시할 때의 물표 관측에 관한 주의 사항

① 협각의 측정 시간을 최소로 단축한다.

② 협각은 측정함과 동시에 중앙 물표의 방위를 측정하며, 삼간 분도기의 중앙간(arm)을 이 방위선을 따라 이리저리 옮기면 선위를 결정하기가 쉽고, 이 때 삼간 분도기의 중심을 조금만 움직여도 3물표 중 1개 또는 2개가 간(arm)에서 떨어지면 결정한 선위가 정확하다는 증거이다.

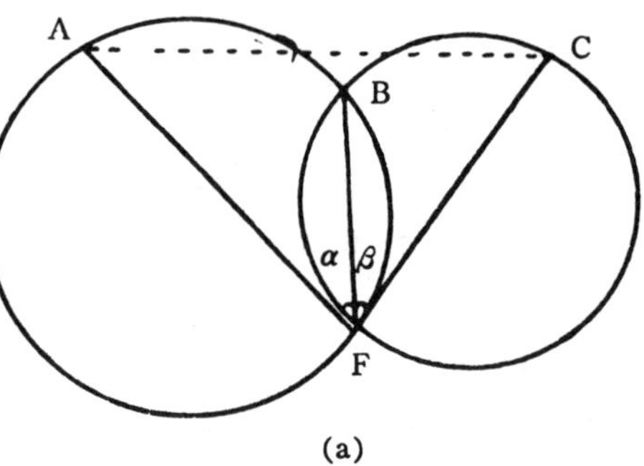

(a)

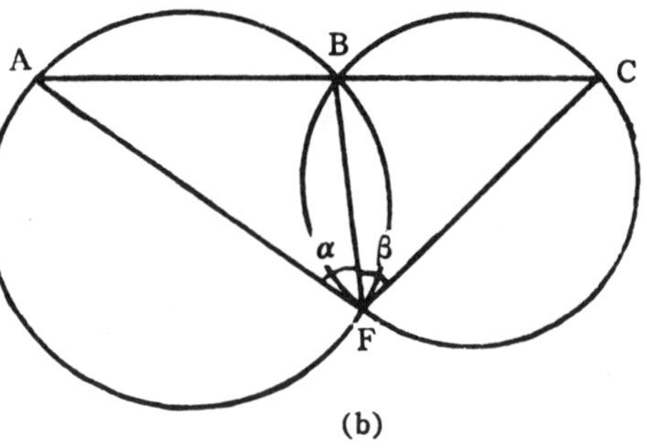

(b)

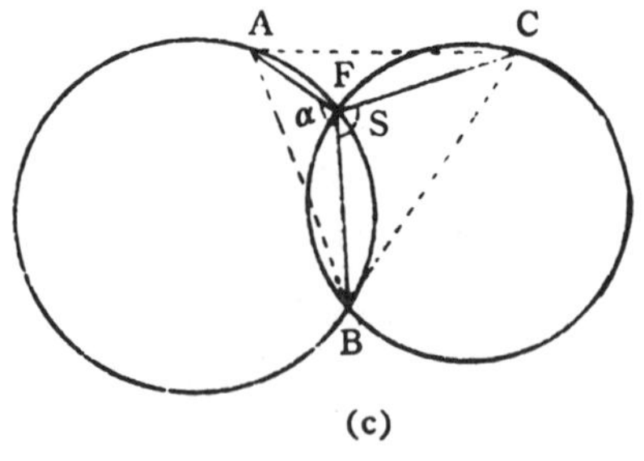

(c)

그림 14 17. 3 물표의 선정 방법

3. 수평 협각법의 장점

① 나침의보다 육분의로 측정한 각이 보다 정밀하므로, 정밀도가 높은 선위를 결정할 수 있다.

② 나침의의 오차에 관계없이 선위를 구할 수 있다.

특히 자기 나침의로 선위를 결정하는 선박이 복잡한 협수도를 통과할 때에는 자주 변침하게 되고, 자기(磁氣)의 변동에 따라 자기 나침의 방위는 선수 방위의 변동에 따라 자차가 변하여 방위 개정을 해야 한다. 이때, 잘못하면 착오를 일으키기 쉬우나 수평 협각법은 그러한 우려가 전혀 없다.

③ 선박의 마스트나 연통 등에 물표가 가리워져 나침 방위를 측정할 수 없는 경우가 있으나, 수평 협각법은 알맞은 장소를 택하여 협각을 측정할 수 있다.

④ 선체의 동요가 심할 때에는 방위환으로 물표의 방위를 측정하기가 곤란하고, 정밀도가 낮아지나 수평 협각법은 그렇지 않고 나침의가 없는 소주정은 이 방법 외에 정확한 선위 결정법이 없다.

⑤ 선박이 손상(충돌, 화재, 좌초 등)을 받아 나침의(磁氣 및 轉輪羅針儀)를 사용할 수 없을 경우에 선위 결정의 수단이 된다.

4. 수평 협각법의 단점

① 교차 방위법에 비하여 협각의 측정 및 선위 결정 절차가 불편하고 시간이 더 소요된다.

② 물표의 위치가 부정확하면 선위도 부정확하게 되는 것은 물론 이것을 확인할 수가 없다. 그 이유는 교차 방위법은 오차 삼각형의 크기로 선위의 정밀도를 짐작할 수 있으나, 수평 협각법은 선위가 항시 점으로 표시되기 때문이다.

③ 반드시 3개의 물표가 있어야 선위 결정이 가능하다.

1406 한 물표의 방위와 수평 협각에 의한 방법

한 물표의 방위와 다른 물표와의 협각에 의한 방법(Fix by bearing and angles)은 교차 방위법으로 선위를 결정할 때 두 물표 중 한 물표가 장애물에 가려서 방위를 측정할 수 없는 경우에 사용되는 방법이다.

한 물표의 방위를 측정하고 또 다른 물표와 이루는 협각을 육분의(六分儀)로 측정하여 먼저 측정한 방위에 협각을 가감하여 다른 물표의 방위를 계산하고, 교차 방위법과 같은 방법으로 선위를 결정한다.

이 방법을 실시할 때에는 교차 방위법과 똑같은 주의가 필요하다.

그림 14-18에서 물표 A의 방위를 측정하고 육분의로 물표 A 및 물표 B의 협각을 측정하였더니 θ°였다면 해도상에 방위선 AF를 그린 후 방위 선상의 임의의 P 점을 택하여 협각 θ°와 같은 각을 이루는 직선을 그린다. 그 후 이 직선을 평행 이동시켜 물표 B와 겹치도록 하여 방위선과 교차하는 점을 선위로 한다.

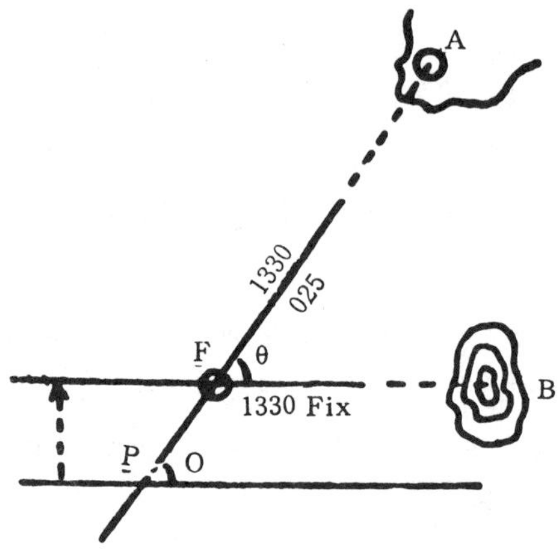

그림 14-18. 방위와 협각에 의한 선위

1407 중시선과 수평 협각 또는 방위에 의한 방법

중시선과 다른 물표와의 협각 또는 방위에 의한 방법(Fix by one range

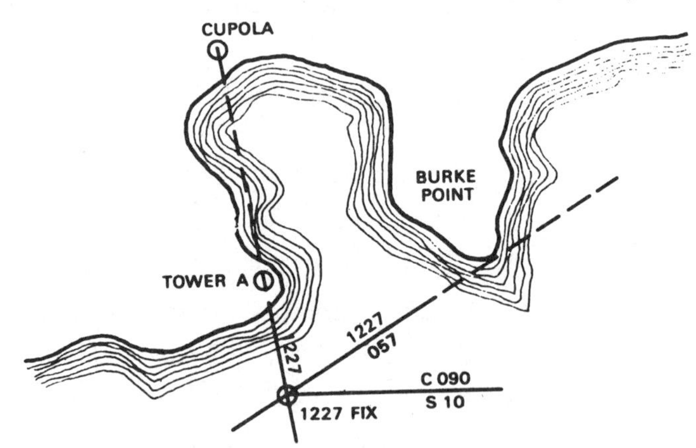

그림 14-19. 방위와 중시선에 의한 선위

and a bearing)은 연안 항해 중 두 물표가 중시되는 순간 다른 물표의 방위나 협각을 측정하여 선위를 결정하는 방법이다.

이 방법은 한 물표의 방위와 다른 물표와의 협각에 의한 방법과 거의 비슷한 원리이다. 두 물표가 겹쳐 보일 때 방위를 측정하면 나침의의 오차를 구할 수 있다. 두 물표의 중시선을 해도의 나침도(Compass rose)에 평행 이동하여 방위를 확인하였더니 354°T이고, 선박의 나침의로 두 물표가 겹쳐 보일 때 측정한 방위가 350°라면 나침의의 오차는 4°E가 된다.

1408 두 개의 중시선에 의한 방법

두 개의 중시선에 의한 방법(Fix by two ranges)은 출입 항로상에서 협수도를 항행할 때 변침점을 정하거나 묘지를 선정한 경우, 선위를 측정할 물표는 많으나 시간적 여유가 없어 선위 측정이 어려울 때, 보다 신속하고 정확한 선위를 구할 수 있도록 미리 계획하여 설치한 물표를 이용하는 방법이다.

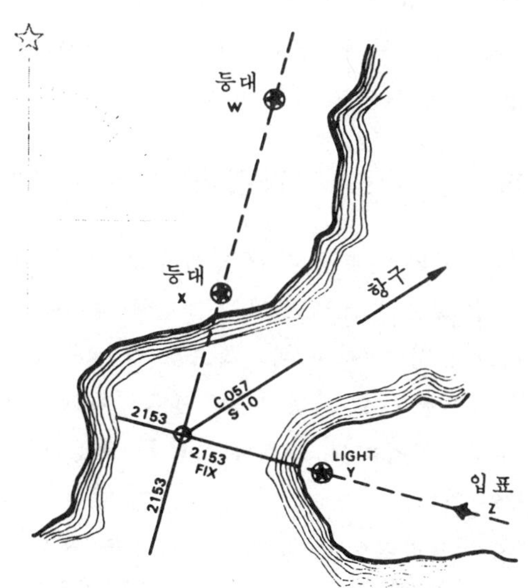

그림 14-20. 두 중시선에 의한 선위

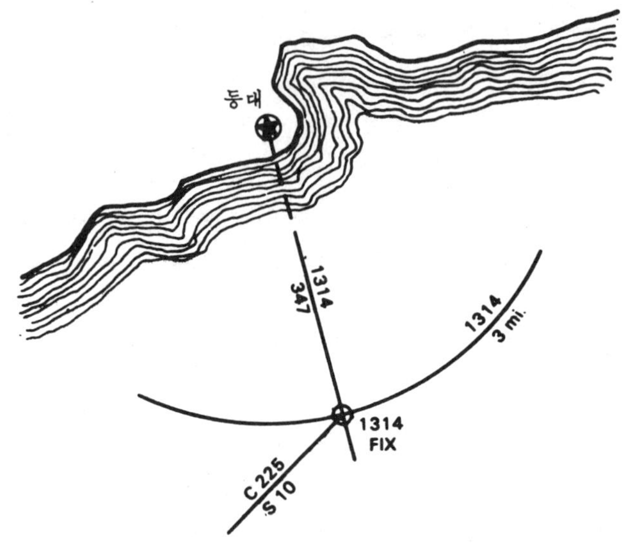

그림 14-21. 한 물표의 방위와 거리에 의한 선위

그림 14-20에서 X 및 W 등대를 중시(重視)시키면서 항행하다가 Y 등대와 Z 입표가 중시될 때 변침하면 당시 선위를 결정하지 않고도 정확한 지점에서 변침하게 된다.

1409 한 물표의 방위와 거리에 의한 방법

한 물표의 방위와 거리에 의한 방법(Fix by bearing and distance of the same object)은 물표의 방위와 거리를 동시에 측정하여 해도에 방위선을 기점하고 수평 거리를 반지름으로 한 원을 물표를 중심하여 그릴 때 방위선과의 교점을 선위로 결정하는 방법이다(림그 14-21).

이 때 방위를 측정하는 물표와 거리를 측정하는 물표가 서로 다르면 그림 14-22와 같다.

이 방법을 이용하려면 물표까지의 거리를 측정해야 하는데, 레이다를 이용하면 쉽게 구할 수 있으나, 레이다가 없을 때에는 다음과 같은 방법에 의하여 거리를 구할 수 있다.

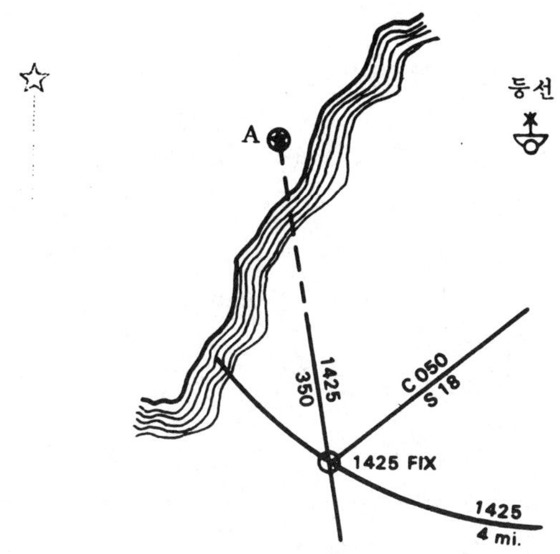

그림 14-22. 방위와 거리가 서로 다른 물표에 의한 선위

1. 시달 거리

등대의 가시 거리를 구하는 수식을 이용하여 등광의 높이, 관측자의 안고(눈 높이), 기온 및 등대의 높이가 H(m)인 경우 D=2.074($\sqrt{H}+\sqrt{h}$) H(ft)인 경우 D=1.144($\sqrt{H}+\sqrt{h}$)이다. 수온을 측정하여 시달거리(視達距離; Visible distance)를 구한다. 이때 다음과 같은 주의 사항을 고려해야 한다.

① 등광을 발견하는 즉시 안고(眼高)를 낮추어 등광이 사라지면 그 때는 선박이 시달거리권에 위치하고 있는 상태이며, 안고를 낮추어도 여전히 등광이 보이면 선박은 이미 시달거리권 안으로 들어와 있는 상태이므로, 이 방법을 이용할 수 없다.

② 해상이 이상 기차(異常氣差; Abnormal refraction)일 때에는 이 방법으로 구한 거리는 실제와 많이 틀리게 된다.

③ 물표의 높이에 조고(潮高)의 개정(改正)을 하여야 정확한 거리를 구할 수 있다.

④ 안개 등으로 인하여 시정(視程)이 불량할 때에는 등광의 관측이 불

가능하다.

2. 앙각(仰角)에 의한 거리

항해표 제 9 표는 물표의 높이를 알고 있을 때 육분의로 물표의 앙각을 측정하여 관측자와 물표 사이의 거리를 구하는 표이다. 물표의 높이 H(ft), 관측자의 안고 h(ft), 물표의 높이에 대한 개정한 수직각(垂直角; α), 관측자와 물표 사이의 거리 D(해리)의 관계는

$$D=\sqrt{\left(\frac{\tan\alpha}{0.000246}\right)^2+\frac{H-h}{0.74736}}-\frac{\tan\alpha}{0.000246}$$

이다.

제 9 표(Distance by vertical angle)를 이용하여 관측자와 물표 사이의 거리를 구하는 요령은 다음과 같다.

① 육분의를 사용하여 물표의 정점과 시수평(視水平) 사이의 수직각을 측정하여 기차(器差)와 안고차(眼高差)만을 개정한다.

② 시수평을 기준하여 수직각을 측정할 수 없을 경우, 그 물표의 수애선을 기준하여 수직각을 측정하고 안고차를 개정하는 대신에 수애 안고차(水涯眼高差; Dip of the sea short of the horizon; 제 22 표)를 개정한다.

③ 수애 안고차를 구하려면 수직각과 물표의 높이를 인수로 하여 제 9 표에서 물표까지의 개략적인 거리를 구한다. 그리고 제 9 표를 이용하여 수애 안고차의 표치를 구한다.

④ 개정한 수직각, 물표의 높이 및 관측자의 안고의 차이(ft)를 인수로 하여 제 9 표에서 거리(해리)를 구한다. 제 9 표는 표준 대기 상태일 때 계산한 표이므로 앙각을 측정한 당시의 대기 상태를 수정하여야 보다 정확한 거리를 구하게 된다.

그리고 함정에서 많이 사용하는 측거의(測距儀; Stadimeter)는 물표의 높이만 알고 있으면 최대 10,000 야드까지의 거리에 있는 물표의 거리를 측정할 수 있다.

측거의의 원리는 직각평면삼각형에서 3 각 A, B, C,와 각각의 맞변 a, b,

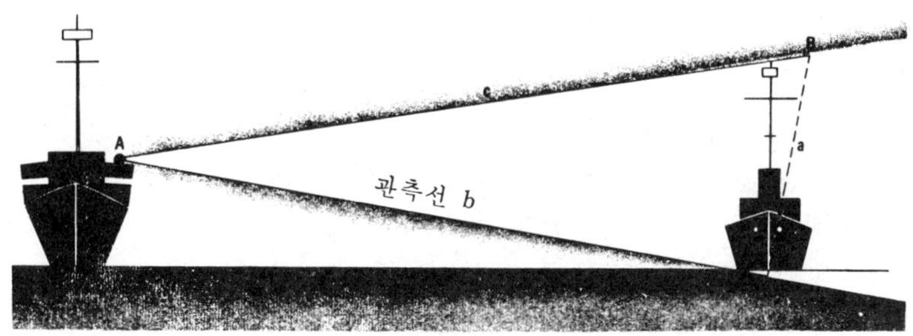

그림 14-23. 측거의의 기하학적 원리

c는 $b=a\cot A$의 관계가 있으므로, 그림 14-23에서 보는 바와 같이 관측선(Line of sight)의 거리를 기계적으로 계산하여 직접 거리를 구하게 된다.

표 14-1 **TABLE 9** (Distance dy Vertical Angle)

Angle		(Difference in feet between height of object. and height of eye of obserber)										
		50	60	70	80	90	100	110	120	130	140	160
°	′	*Miles*	*Miles*	*Miles*	*Miles*	*Miles*	*Miles*	*Miles*	*Miles*	*Mile*	*Miles*	*Miles*
0	10	2.55	3.01	3.45	3.89	4.31	4.72	5.11	5.51	5.89	6.26	6.99
0	40	0.70	0.84	0.98	1.12	1.26	1.39	1.53	1.67	1.81	1.94	2.21
0	45	0.62	0.74	0.87	0.99	1.12	1.24	1.36	1.48	1.61	1.73	1.97
0	50	0.56	0.67	0.78	0.89	1.01	1.12	1.23	1.34	1.45	1.56	1.78
0	55	0.51	0.61	0.72	0.82	0.92	1.02	1.12	1.22	1.32	1.43	1.63
1	00	0.47	0.56	0.65	0.75	0.84	0.93	1.02	1.12	1.21	1.30	1.49
1	10	0.40	0.48	0.56	0.64	0.72	0.80	0.88	0.96	1.04	1.12	1.28
1	20	0.35	0.42	0.49	0.56	0.63	0.70	0.77	0.84	0.91	0.98	1.12
1	30	0.31	0.38	0.44	0.50	0.56	0.63	0.69	0.75	0.81	0.87	1.00
1	40	0.28	0.34	0.39	0.45	0.51	0.57	0.62	0.67	0.73	0.79	0.90
1	50	0.26	0.31	0.36	0.42	0.47	0.52	0.56	0.61	0.66	0.72	0.82

예제 1. 관측자의 안고가 20 ft이며, 물표의 높이가 100 ft일 때 육분의로 시수평을 기준하여 물표의 수직각을 측정하니 1°14′.3 이었다. 물표까지의 거리를 구하라(단, 기차는 0′.0, 안고차는 4′.3이다).

풀이 개정 수직각(α)은 $\alpha=1°14'.3-4'.3=1°10'.0$

물표의 높이 및 안고의 차이$(H-h)$는 $H-h=100'-20'=80'$

그러므로 개정 수직각과 차이$(H-h)$를 인수로 하여 표 14-1(제 9 표에서 발췌)에서 물표까지의 거리는 0.64 해리이다.

예제 2. 관측자의 안고가 20 ft이며 물표의 높이가 100 ft일 때 육분의로 수애선을 기준하여 물표의 수직각을 측정하니 1°29′.7 이었다. 물표까지의 거리를 구하라(단 기차는 −0′.5 이다.)

풀이 수직각은 1°29′.7−0′.5=1°29′.2

표 14-1 에서 물표의 높이(100 ft)와 수직각을 인수로 하여 개략적인 거리(0.64 해리)를 구한다.

표 14-2(제22표에서 발췌)에서 안고(20 ft)와 거리(0.64 해리)를 인수로 하여 수애선 안고차 18′.1 을 구한다.

개정 수직각은 1°29′.2−18′.1=1°11′.1

표 14-1 에서 개정 수직각과 차이($H-h$)를 인수로 하여 구한 거리는 0.64 해리이다.

표 14-2 **TABLE 22** (Dip of the Sea Short of the Horizon)

Distance	Height of eye above the sea, in feet								
	5	10	15	20	25	30	35	40	45
Miles	′	′	′	′	′	′	′	′	′
0.1	28.3	56.6	84.9	113.2	141.5	169.8	198.0	226.3	254.6
0.2	14.2	28.4	42.5	56.7	70.8	84.9	99.1	113.2	127.4
0.3	9.6	19.0	28.4	37.8	47.3	56.7	66.1	75.6	85.0
0.4	7.2	14.3	21.4	28.5	35.5	42.6	49.7	56.7	63.8
0.5	5.9	11.5	17.2	22.8	28.5	34.2	39.8	45.5	51.1
0.6	5.0	9.7	14.4	19.1	23.8	28.5	33.3	38.0	42.7
0.7	4.3	8.4	12.4	16.5	20.5	24.5	28.6	32.6	36.7
0.8	3.9	7.4	10.9	14.5	18.0	21.5	25.1	28.6	32.2
0.9	3.5	6.7	9.8	12.9	16.1	19.2	22.4	25.5	28.7
1.0	3.2	6.1	8.9	11.7	14.6	17.4	20.2	23.0	25.9
1.1	3.0	5.6	8.2	10.7	13.3	15.9	18.5	21.0	23.6

3. 레이다에 의한 거리

레이다는 현재 가장 많이 사용되는 항해 계기이다. 전파의 직진성, 지향성, 정속성, 반사성을 이용하여 정확한 거리를 측정할 수 있음은 물론 방위까지도 측정한다.

레이다 외에 거리를 측정할 수 있는 계기는 축척용 측거의(Range finder)가 있고, 수중음 및 공중음의 전파 속도를 이용하여 거리를 측정할 수 있는 계기가 있다.

1410 두 개 이상 물표의 수평 거리에 의한 방법

두 개 이상 물표의 수평 거리에 의한 방법(Fix by distance)은 레이다를 설치한 선박이 선위를 구할 때에 사용하는 방법이다.

두 개 이상의 물표를 선정하고 레이다를 이용하여 동시에 수평 거리를 측정한다. 측정한 거리를 반지름으로 하고 측정한 물표를 중심으로 한 위치선을 그려 두 개의 위치선이 교차하는 점을 선위로 결정한다.

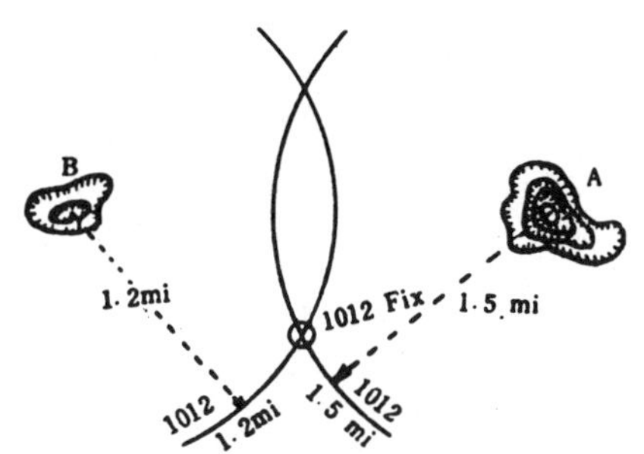

그림 14-24. 두 물표의 거리에 의한 선위

이 때 위치선은 보통 두 점에서 교차하나 선위를 구별하는 것은 어려운 일이 아니고, 두 위치선의 교각이 90°에 가까울수록 선위의 정밀도는 높다. 레이다로 측정한 선위는 △표로 기점하는 것이 보통이다.

1411 한 물표의 방위와 수심에 의한 방법

이 방법은 등심선(等深線)이 기입되어 있는 곳에서 한 물표의 방위를 측정함과 동시에 측심(測深)을 하면 등심선과 비교하여 개략적인 선위를 구할 수 있다(그림 14-25).

특히 무중 항해(霧中航海)시에는 무선 방위에 의한 위치선과 등심선을 결합시켜서 선위를 구하는 것도 좋은 방법이다.

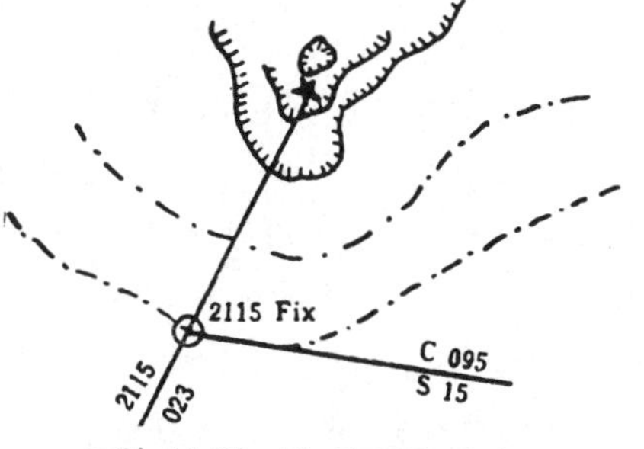

그림 14-25. 한 물표의 방위와 측심에 의한 선위

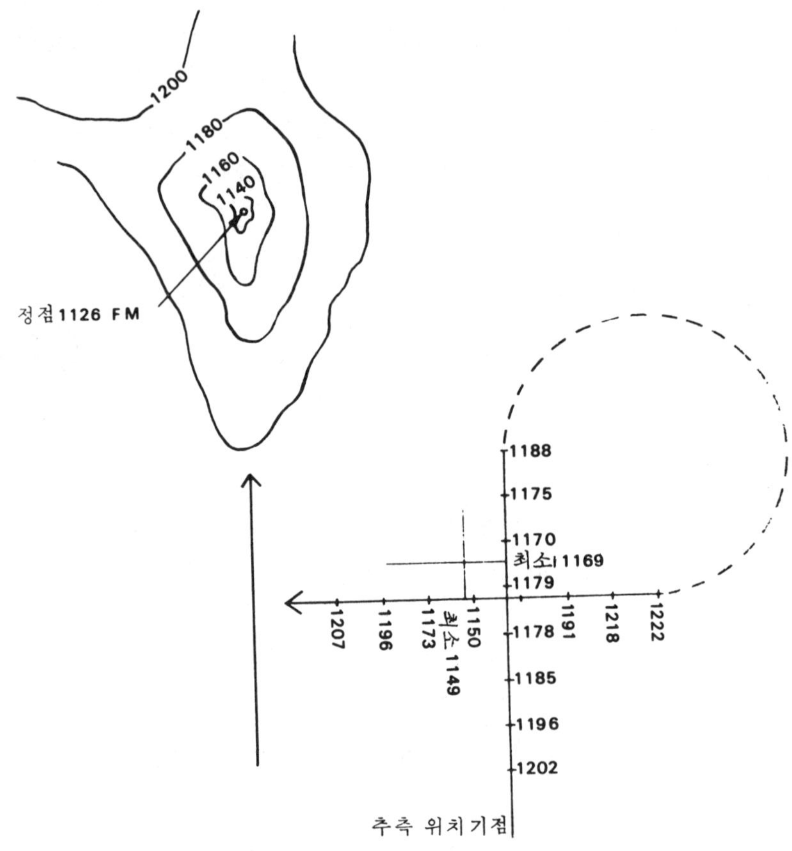

그림 14-26. 측심에 의한 선위

등심선만을 이용하여 선위를 결정하는 요령은, 예를 들면 그림 14-26과 같이 해도상에 해산(海山)의 정점이 1126 FM(Fathom)인 해역을 중심으로 하여 수심과 등심선이 정확히 표시되었다면 선박은 음향 측심기를 작동시키고 일정한 속력으로 해산의 정점을 향하여 추측 위치와 수심을 기점하면서 항주한다.

이 때 수심은 해산의 정점에 가까이 갈 때까지는 점점 낮아질 것이고, 정점을 통과한 후는 다시 깊어지게 된다. 이러한 경우 해산의 정점을 통과하는 것은 거의 불가능하므로, 정점을 통과하면 변침하여 1차 항주한 침로에 직각이 되는 침로를 선정하여 항행한다. 2차 항주시에도 음향 측심기에 의한 수심은 1차 항주시와 같은 변화를 하게 될 것이며, 두 개의 항적 중 수심이 가장 낮은 점에서 항로와 평행하게 직선을 그려서 서로 만나는 점이 해산의 정점이 된다.

해산의 정점이 결정되면 추측 위치와 상대적인 관계를 계산하여 선위를 결정하면 된다.

1412 항로 표지 측방 통과에 의한 방법

부표(浮標), 등선(燈船), 입표(立標) 등 해도에 명시되어 있는 항로 표지에 아주 접근하여 통과할 때 방위나 거리를 측정하지 않고도 선박과 항로 표지의 상대적인 위치 관계를 고려하여 선위를 기점할 수 있는 방법을 말한다.

이 방법은 통행 선박이 많은 출입 항로나 항박도 등 대축척 해도를 사용하는 경우에 개략 위치를 구하고, 시각 항해(視覺航海)시 이용되며, 항로 표지가 잘 설치된 해역에서 다른 방법으로 선위를 측정할 수 없는 경우에 많이 이용된다.

선위의 정밀도는 항로 표지(航路標識)의 위치가 얼마나 정확히 설치되었는가 또는 선박으로부터 얼마나 정확히 상대 거리를 측정하였는가에 좌우된다.

1413 격시 관측에 의한 선위

물표를 동시 관측하여 선위를 결정하며 항해하는 경우도 있으나, 시정이 불량하거나 야간에는 한 개의 물표나 등광만을 보면서 항해하는 경우가 많게 된다. 이러한 경우 한 개의 물표를 시간차를 두고 측정한 두 개의 위치선을 결합시켜서 선위를 구해야 한다.

이 때 먼저 관측한 위치선은 추측 항법의 규정을 따라 전위(轉位)하여야 하고, 전위선을 이용하여 결정한 선위를 격시 관측 위치(隔時觀測位置; Running fix)라 한다.

이 방법으로 결정한 선위는 전위 오차가 포함되고, 그 오차는 항주 시간에 비례하여 커지기 때문에 동시 관측에 의한 선위만큼 신뢰성이 없게 된다. 그러나 항주 시간이 짧고 외력의 영향이 적은 경우에는 실용상 도움이 된다.

대양 항해시 천체를 관측하여 위치선을 구하는 경우는 항주 시간이 몇 시간 경과하여도 위치선을 전위하는 수가 있으나, 연안 항해시에는 일반적으로 해조류의 영향도 크고 위험물도 많기 때문에 전위 시간이 길면 전위선의 정밀도가 떨어지고 항해에 위험을 초래하게 한다.

연안 항해시 위치선의 전위 시간 간격을 어느 정도로 정해야 하는 문제는 그 당시의 상황을 판단하여 결정할 문제이고, 보통은 길어도 1시간 아니면 30분을 넘지 않는 간격을 두고 전위하는 것이 좋다.

격시 관측 위치는 작도에 의하여 구하는 방법과 계산에 의하여 구하는 방법이 있다.

1414 작도에 의한 격시 관측 위치

위치선을 한 개만 구하고 일정한 시간 항주한 후 다시 제 2의 위치선을 구하면 먼저 구한 위치선을 전위하여 제 2의 위치선과 만난 점을 선위로 결정하게 되며, 추측 항법의 규정을 이용하여 작도한다.

이 때 제 1의 위치선을 정확히 전위하기 위해서는 상당한 숙련이 필요하며 유조(流潮)의 영향도 고려해야 한다. 여기서는 유조의 영향을 고려하지 않은 방법을 설명하고, 유조의 영향을 고려한 격시 관측 위치는 유조 항법에서 설명하였다.

격시 관측 위치를 결정하는 요령은 제 1의 위치선과 제 2의 위치선 사이에 변침하는 경우, 변침하지 않는 경우, 한 물표의 방위만을 관측한 위치선을 이용하는 경우, 서로 다른 물표의 방위를 관측한 위치선을 이용하는 경우 및 방위에 의한 위치선과 거리에 의한 위치선(권)을 결합하는 경우가 있다.

1. 한 물표의 방위를 이용하는 경우

그림 14-27에서 선박의 침로 090°T, 속력 15노트로 항해 중 1805 i TR 점의 방위를 측정했다면 1805 i의 추측 위치와 위치선을 그린 후 측정 시간을 기록한다. 1830 i에 측정한 방위선으로 제 2 위치선을 그리고 추측 위치를 기점한다. 1805 i와 1830 i 사이는 변침을 하지 않았으므로, 추측 항정을 이용하여 격시 관측 위치를 결정하게 된다.

그림 14-28과 같이 1805 i의 위치선을 25분 동안 항주한 추측 항정만

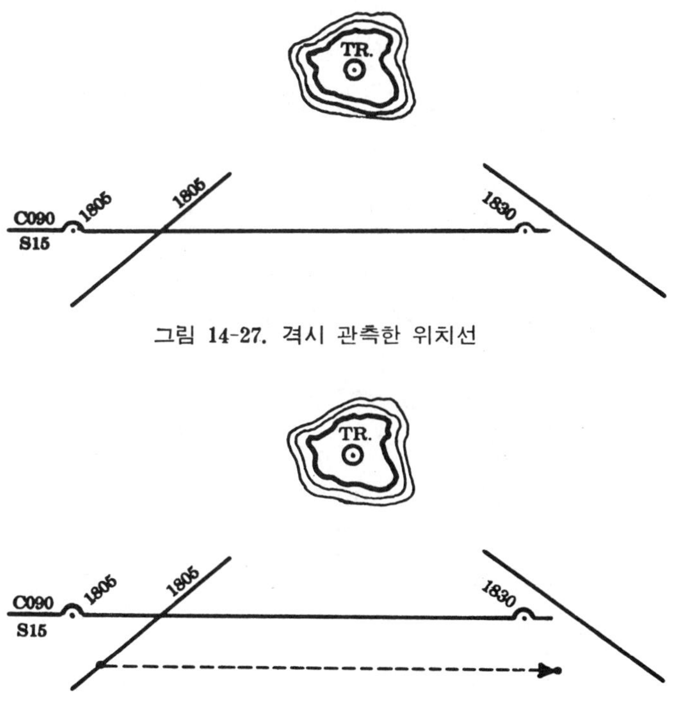

그림 14-27. 격시 관측한 위치선

그림 14-28. 제 1 관측 위치선의 전위

큼 평행 이동시킨다. 1805 i에 측정한 방위의 전위선이 제 2의 위치선과 만나는 점이 격시 관측 위치가 된다. 격시 관측 위치는 추측 위치와 구분되도록 지름이 약 3 mm(1/8 inch) 정도의 원을 그려서 표시하고, R. Fix (Running fix) 글자를 기록한다. 이 때 전위선에는 관측 당시의 시간과

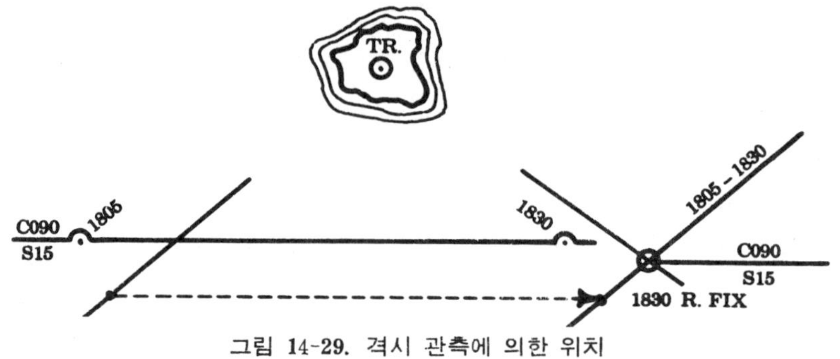

그림 14-29. 격시 관측에 의한 위치

제 2 위치선을 관측한 시간을 기록하고, 제 2위치선에는 관측한 시간을 기록하지 않는다. 새로 결정된 격시 관측 위치에서 새로운 추측 침로가 기점되고 지금까지의 침로는 끝나게 된다.

2. 서로 다른 물표의 방위와 거리를 이용하는 경우

그림 14-30에서 선박이 침로 080°T, 속력 10노트로 항행 중 1805 i에 TR점의 거리를 레이다로 구했다면 1805 i의 추측 위치와 위치권을 그린

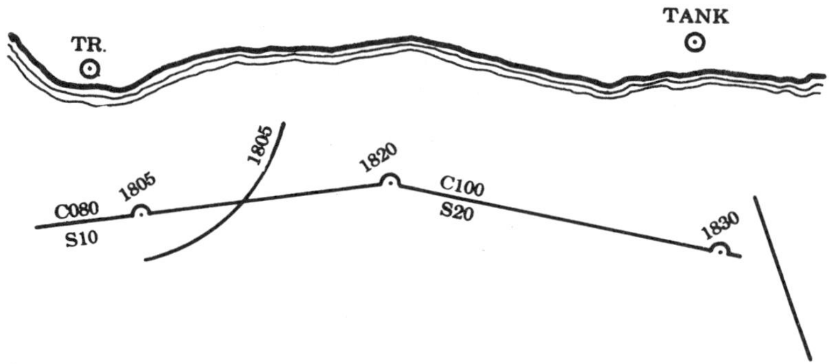

그림 14-30. 변침 및 변속한 경우의 격시 관측한 위치선

후 거리를 구한 시간을 기입한다.

1820 i에 침로를 100°T로 변침하고 속력을 20 노트로 증속한 후 1830 i에 tank의 방위를 측정하여 위치선을 그린다.

1805 i와 1830 i 사이에 선박은 변침과 증속을 하였으므로, TR의 거리를 측정한 위치권을 전위하려면 그림 14-31과 같이 1805 i와 1830 i의 추측 위치를 직선으로 연결하고 이 직선의 방향 및 거리와 같게 TR 점에서 평행 이동하여 전위할 위치권의 중심점을 결정한다.

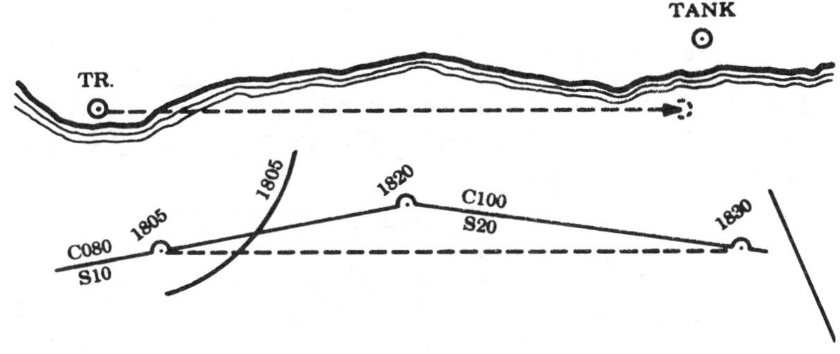

그림 14-31. 위치권의 전위

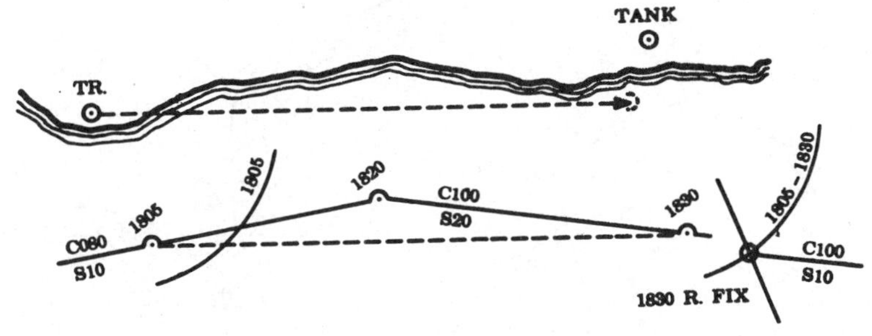

그림 14-32. 방위와 거리에 의한 격시 관측 위치

전위한 중심점에서, 위치권의 반지름으로 전위한 위치권을 그린다. 제 2의 위치선과 만나는 점이 격시 관측 위치가 된다.

위치권을 전위시키거나 또는 제 2 위치선을 이용하여 결정한 격시 관측 위치가 애매하고 안전 항해에 위험을 초래할 장애물에 가까이 있다는

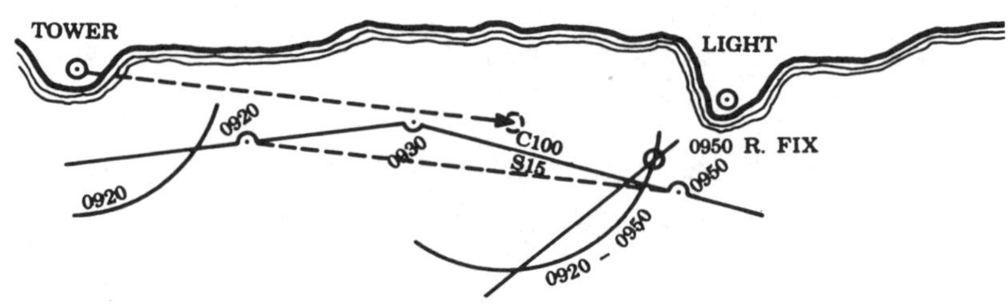

그림 14-33. 위험한 격시 관측 위치

예감이 들면 항해사는 가장 안전한 행위(기관 정지 또는 안전 방향으로 변침 등)를 취해야 한다(그림 14-33 참조).

예제 0300 i에 선박이 침로 125°T, 속력 20노트로 항행 중 0302 i에 A 등대의 방위를 040°T로 측정한 후 안개로 인하여 A 등대를 관측할 수 없게 되어 다음과 같이 변침, 변속하였다.

0310 i에 침로를 195°T로 변침, 속력을 18 노트로 감속

0315 i에 침로를 220°T로 변침

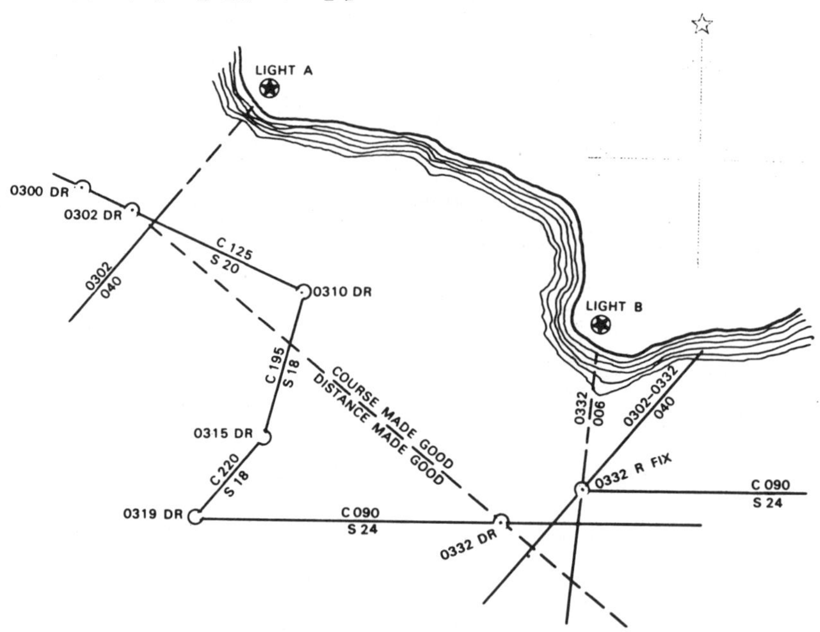

그림 14-34. 격시 관측 위치의 종합 기점 예제

0319 i 에 침로를 090°T로 변침, 속력을 24 노트로 증속

0332 i에 B 등대의 방위를 006°T로 관측하였다.

0300 i~0332 i 사이의 추측 항적을 기점하고 0332 i의 격시 관측 위치를 결정하라.

풀이 0302 i의 추측 위치와 0332 i의 추측 위치를 연결하여 직행 침로와 직행 항정을 구한다.

0302 i에 관측한 방위의 위치선을 직행 침로 방향으로 직행 항정만큼 전위시키고 0332 i에 관측한 위치선과 만난 점을 격시 관측 위치로 결정한다.

이 때 격시 관측 위치의 정밀도는 추측 위치의 정밀도에 좌우되며, 유조의 영향은 고려하지 않는다(그림 14-34 참조).

1415 계산에 의한 격시 관측 위치

계산에 의한 격시 관측 위치를 결정하는 방법은 항해표 제 7 표(Distance of object by two bearing)를 이용하는 경우와, 특별한 경우를 이용하는 방법이 있다.

1. 항해표 제 7 표에 의한 방법

항해표 제 7 표에 의한 격시 관측 위치를 결정하는 방법은 먼저 격시 관측 위치 삼각형을 알아야 한다. 선박이 일정한 침로와 속력으로 항행하며, 일정한 물표를 시간차를 두고 두 번 관측했다면(그림 14-35 참조) 두 개의 위치선과 항정이 만드는 삼각형을 격시 관측 위치 삼각형이라 한다.

그림 14-35의 △ABC에서 ∠CAB=α, ∠CBD=β이며, 이 각도는 선박이 일정한 침로를 유지하며 일정한 속력으로 항주하고 있을 때 A점과 B점에서

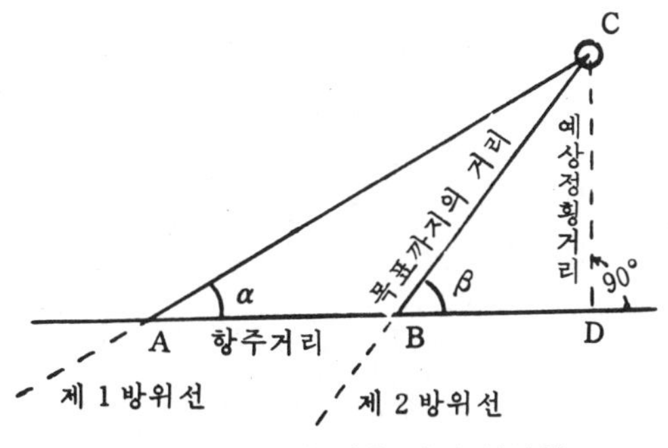

그림 14-35. 격시 관측 위치 삼각형

물표 C를 관측한 상대 방위라 가정하면,

$$\frac{CB}{\sin\alpha}=\frac{AB}{\sin(\beta-\alpha)}$$

$$\therefore\ CB=\frac{AB\ \sin\alpha}{\sin(\beta-\alpha)}$$

그러므로, B점에서 물표 C점까지의 거리 CB를 구할 수 있게 되고, 물표 C점을 가장 가까이 통과하게 될 때(즉, 상대 방위가 정횡인 90°일 때)의 예상 정횡 거리(豫想正橫距離; Predicted beam distance) CD는

$$CD=\frac{CB\ \sin\beta}{\sin\ 90^\circ}=\frac{AB\ \sin\alpha\cdot\sin\beta}{\sin(\beta-\alpha)}$$

가 된다.

표 14-3은 위의 식의 CD를 계산하지 않고 직접 구할 수 있는 제 7 표의 발췌 부분이다. 이 표의 값은 AB의 거리 1해리를 기준하여 산출한 수치이므로, 이 표에서 구한 계수를 제 1 및 제 2 관측 사이의 실제 항정에 곱하면 된다.

예제 1. 선박의 침로 187°T, 속력 12 노트로 항행 중 1319 i에 A등대의 방위를 161°T로 측정하고, 1334 i에 다시 그 등대의 방위를 129°T로 측정하였다.

표 14-3

TABLE 7
Distance of an Object by Two Bearings

Difference between the course and second bearing.	Difference between the course and first bearing													
	20°		22°		24°		26°		28°		30°		32°	
30°	1.97	0.98												
32	1.64	0.87	2.16	1.14										
34	1.41	0.79	1.80	1.01	2.34	1.31								
36	1.24	0.73	1.55	0.91	1.96	1.15	2.52	1.48						
38	1.11	0.68	1.36	0.84	1.68	1.04	2.11	1.30	2.70	1.66				
40	1.00	0.64	1.21	0.78	1.48	0.95	1.81	1.16	2.26	1.45	2.88	1.85		
42	0.91	0.61	1.10	0.73	1.32	0.88	1.59	1.06	1.94	1.30	2.40	1.61	3.05	2.04
44	0.84	0.58	1.00	0.69	1.19	0.83	1.42	0.98	1.70	1.18	2.07	1.44	2.55	1.77
46	0.78	0.56	0.92	0.66	1.09	0.78	1.28	0.92	1.52	1.09	1.81	1.30	2.19	1.58
48	0.73	0.54	0.85	0.64	1.00	0.74	1.17	0.87	1.37	1.02	1.62	1.20	1.92	1.43
50	0.65	0.52	0.80	0.61	0.93	0.71	1.08	0.83	1.25	0.96	1.46	1.12	1.71	1.31
52	0.61	0.51	0.75	0.59	0.87	0.63	1.00	0.79	1.15	0.91	1.33	1.05	1.55	1.22
54	0.68	0.49	0.71	0.57	0.81	0.66	0.93	0.76	1.07	0.87	1.23	0.99	1.41	1.14
56	0.58	0.48	0.67	0.56	0.77	0.64	0.88	0.73	1.00	0.83	1.14	0.95	1.30	1.08
58	0.56	0.47	0.64	0.54	0.73	0.62	0.83	0.70	0.94	0.80	1.07	0.90	1.21	1.03

두 번째 등대의 방위를 측정할 때 A등대까지의 거리와 예상 정횡 거리를 구하라.

풀이 제 1 관측시의 상대 방위 187° − 161° = 26°

제 2 관측시의 상대 방위 187° − 129° = 58°

상대 방위 26°와 58°를 인수로 하여 표 14-3(항해표 제 7 표)에서 계수를 구하면 제 2 관측 위치에서 등대까지의 거리에 대한 계수는 0.83이고 예상 정횡 거리의 계수는 0.70이다.

1319 i∼1334 i 사이의 15분간 항주 거리는 3해리 (12×15÷60=3)이다.

등대까지 거리 약 2.5해리 (3×0.83≒2.5)

예상 정횡 거리 약 2.1해리 (3×0.70≒2.1)

예제 2. 선박의 침로 235T, 속력 14노트로 항행 중 2054 i에 A등대의 방위를 267°T로 측정하고 측정의(測程儀)를 보니 항정이 26.7해리였고, 2129 i에 그 등대의 방위를 289°T로 측정한 후 측정의의 항정이 34.9해리인 것을 알았다. 제 2 관측시 등대까지의 거리와 예상 정횡 거리를 구하라.

풀이 제 1 관측시 상대 방위 267° − 235° = 32°

제 2 관측시 상대 방위 289° − 235° = 54°

계수 1.41 및 1.14

항주 거리 34.9 − 26.7 = 8.2해리

등대까지의 거리 약 11.6해리 (8.2×1.41≒11.6)

예상 정행 거리 약 9.3해리 (8.2×1.14≒9.3)

2. 특별한 경우의 격시 관측 위치

특별한 경우의 격시 관측 위치(Running fix)는 항해표 제 7 표를 이용하지 않고 격시 관측 위치 삼각형을 풀어서 거리를 구한다.

(1) 4점 방위법(Fix by bow and beam bearing)

연안 항해시 가장 많이 이용하는 방법이며, 그림 14-36 및 그림 14-37에서와 같이 물표의 상대 방위가 45°가 될 때 제 1 관측을 하고, 다시 물표의 상대 방위가 90°가 될 때 제 2 관측을 하면 제 1 및 제 2 관측 사이의 항주 거리는 제 2 관측시의 위

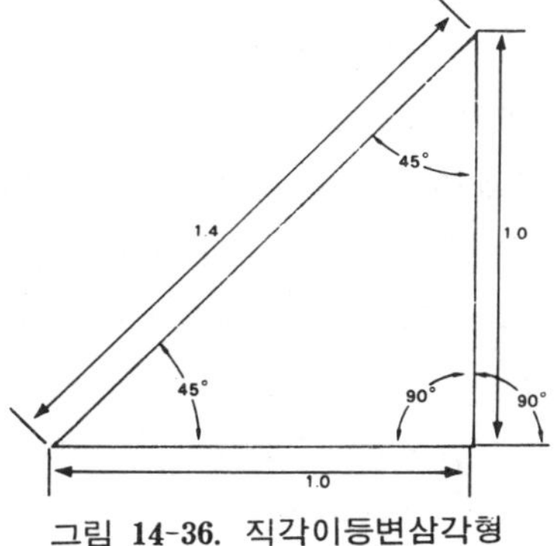

그림 14-36. 직각이등변삼각형

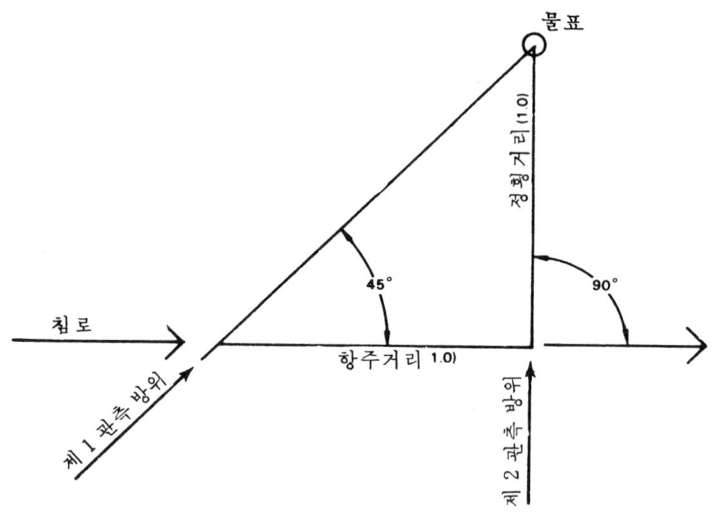

그림 14-37. 4점 방위법의 원리

치에서 물표까지의 거리와 같다.

연안 항해시 뚜렷한 물표를 통과할 때마다 항박 일지(Log book)에 통과 시각과 정횡 거리를 기재하도록 되어 있으므로, 이 방법에 의하면 간단히 정횡 통과 시각, 정횡 거리 및 선위를 구하게 된다. 이 때, 유조가 예상되면 선위에 오차가 포함되므로, 다른 물표의 방위를 동시에 측정하여 교차 방위법으로 선위를 확인하는 것이 좋다.

(2) 선수 배각법

선수 배각법(船首倍角法; Fix by doubling the angle on the bow)은 일정한 침로로 항행하는 선박이 물표의 상대 방위(선수각)를 측정하고 제 2 관측 시기는 상대 방위가 제 1 관측시 상대 방위의 2배가 될 때 측정하여 물표까지의 거리를 구하는 방법이다.

그림 14-38에서 △ABC의 각을 각각 a, b, c라 하면

$$b = 180° - 2a$$

$$a + b + c = 180°$$

$$a + 180° - 2a + c = 180°$$

$$a - 2a + c = 0°$$

$\therefore\ a=c$

따라서 △ABC는 이등변삼각형이 되고 변(邊) AB와 변 BC가 같게 되어 제 2 관측시 위치에서 물표까지의 거리는 제 1 및 제 2 관측 사이의 항정과 같으므로, 항정을 알게 되면 물표까지의 거리가 된다.

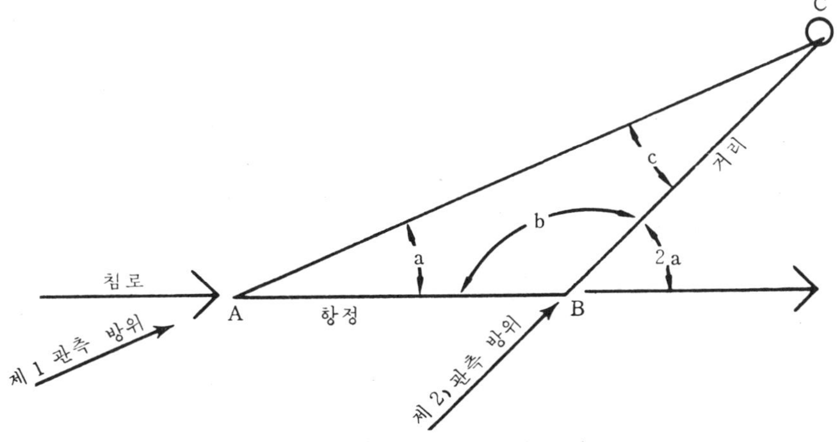

그림 14-38. 선수 배각법의 원리

제 1 관측시 선수각을 22°.5로 측정하고 제 2 관측시 선수각을 45°로 측정한 경우는 침로에서 물표까지의 예상 정횡 거리가 항정의 7/10이 되며, 이 경우를 7/10 법(Seven tenth rule)이라고 한다.

제 1 관측시 선수각을 30°로 측정하고 제 2 관측시 선수각을 60°로 측정한 경우는 침로에서 물표까지의 예상 정횡 거리가 항정의 7/8이 되며, 이 경우를 7/8 법(Seven eighth rule)이라고 한다.

(3) 정횡 거리법

정횡 거리법(正橫距離法; Fix by beam distance)은 제 1 관측시 선수각의 크기에 관계 없이 제 2 관측시의 선수각이 90°가 되도록 하여 물표의 정횡 거리를 구하고, 선위를 구하는 방법이다.

그림 14-39에서 △ABC의 각 α가 제 1 관측시의 선수각이면 물표까지의 정횡 거리 BC는 $BC=AB\ \tan\alpha$ 가 된다.

위의 식은 항해표 제3표(Traverse table)를 사용하여 α를 침로, 항정

AB를 변위(l)의 인수로 하여 동서거(東西距; p)를 구하면 정횡 거리 CB를 구하게 되고, 일일이 계산할 필요가 없게 된다.

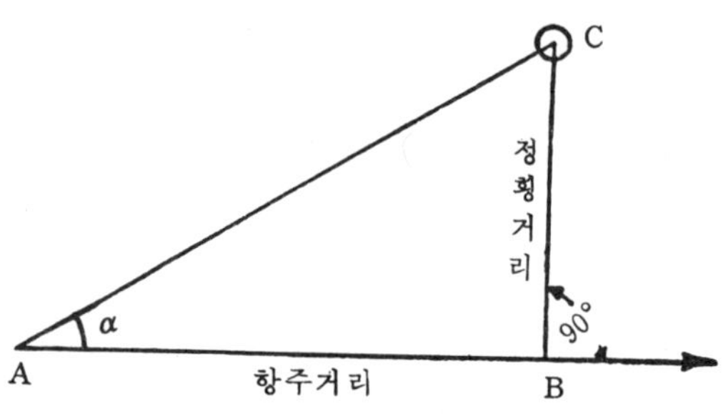

그림 14-39. 정횡 거리법의 원리

제1 관측시 물표의 선수각이 26.°5일 때 제 2 관측시 물표의 선수각이 45°인 경우 정횡 거리를 계산하면 항주 거리와 같게 된다. 항주 거리와 정횡 거리가 같게 되는 제 1 및 제 2 선수각을 계산하면 표 14-4와 같고, 이 경우는 계산할 필요 없이 제 1 및 제 2 관측시 사이에 항주한 거리가 관측한 물표를 통과하는 정횡 거리가 된다. (＊표시)

표 14-4

제 1 관측 선 수 각	제 2 관측 선 수 각	제 1 관측 선 수 각	제 2 관측 선 수 각	제 1 관측 선 수 각	제 2 관측 선 수 각
°	°	°	°	°	°
20	$29\frac{3}{4}$	28	$48\frac{1}{2}$	37	$71\frac{1}{2}$
21	$31\frac{3}{4}$	*29	51	38	$74\frac{1}{4}$
*22	34	30	$53\frac{3}{4}$	39	$76\frac{3}{4}$
23	$36\frac{1}{4}$	31	$56\frac{1}{4}$	*40	79
24	$38\frac{3}{4}$	*32	59	41	$81\frac{1}{4}$
*25	41	33	$61\frac{1}{2}$	42	$83\frac{1}{2}$
26	$43\frac{1}{2}$	34	$64\frac{1}{4}$	43	$85\frac{3}{4}$
$26\frac{1}{2}$	45	35	$66\frac{3}{4}$	*44	88
*27	46	36	$69\frac{1}{4}$	*45	90

1416 격시 관측과 유조

물표의 방위를 격시 관측하여 선위를 구하는 경우, 제 1 위치선을 전위할 때 항정(항주 거리)과 침로가 정확하지 않으면 격시 관측 위치도 정확하지 않게 된다. 항정과 침로가 정확하지 못하게 되는 원인은 조타의 불량, 풍압차, 측정의의 조정 불량 및 해조류의 영향 등이고, 이러한 외력의 영향을 정확히 추정할 수 있으면 비교적 정확한 선위를 구할 수 있게 된다.

유향과 유정을 고려하지 않고 격시 관측 위치를 결정할 때 선박의 실측 위치와 격시 관측 위치 사이에는 유조의 크기와 같은 오차가 포함되어 선박의 위험을 초래할 우려가 있다. 선박이 순조(順潮)의 영향을 받았을 때 실제의 선위는 추측 위치보다 유조의 크기만큼 침로 방향으로 앞쪽에 있게 되고, 역조(逆潮)의 영향을 받았을 때에는 순조의 영향을 받을 경우의 반대 현상이 일어난다.

유조의 크기는 해역에 따라 일정하지 않고 서로 틀리므로 수로지, 조석표 및 수로 안내도를 참고하여 충분히 익혀 두어야 하고, 실측 위치를 결정할 때마다 구한 유조의 크기를 참고하여야 한다.

1. 격시 관측 위치를 작도에 의하여 구하는 경우

유조의 영향을 고려하여 격시 관측 위치를 구하는 방법과 선박의 침로와 속력 및 위치선 등으로 유조의 방향이나 크기를 구하는 방법은 다음과 같은 경우로 구분하여 필요한 요소를 구한다.

① 선박의 침로와 속력을 알고 유조의 크기를 비교적 정확히 추정할 수 있을 때, 한 물표를 2회 관측한 방위로써 유조의 크기를 수정하여 격시 관측 위치를 구하는 경우이다.

예제 선박의 침로 090°T, 속력 12노트로 항행 중 2015 i에 TR 등대의 방위를 060°T, 2045 i에 그 등대의 방위를 300°T로 측정하였다. 이 해역의 유조(流潮)는 유향 120°T, 유정 2 노트인 것으로 추정했을 때 2045 i의 격시 관측 위치를 작도하여 구하라.

풀이 TR 등대를 기준하여 제 1 위치선을 기점한다. 제 1 위치선 부근에 2015 i의 추측 위치와 2045 i의 추측 위치를 기점한다.

제 1 위치선상의 2015 i 추측 위치 부근에 A점을 기점하고, A점을 기준하여 30분간 항주한 항정으로 추측 항로와 평행하게 B점을 기점한다.

B점을 기준하여 120° 방향으로 1해리 거리에 C점을 기점한다.

제 1 위치선과 평행하고 C점을 통과하는 직선을 그려서 2045 i에 관측한 위치선과 만나는 점을 구하면 이 점은 유조의 크기를 수정한 격시 관측 위치가 된다.

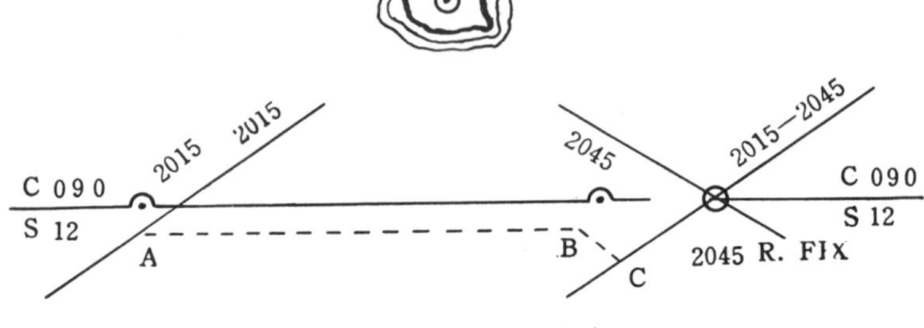

그림 14-40. 예제 풀이

② 해조류, 풍압차 등이 대단히 커서 침로와 속력을 추정하기 어려울 때 한 물표를 3회 관측한 방위로써 대지 침로(對地針路)를 구하는 경우이다.

예제 선박의 침로 085°T, 속력 15노트로 항행 중 2000 i에 TR 등대의 방위를 050°T, 2010 i에 010°T, 2030 i에 300°T로 측정하였다. 이 때의 대지 침로를 작도하여 구하다.

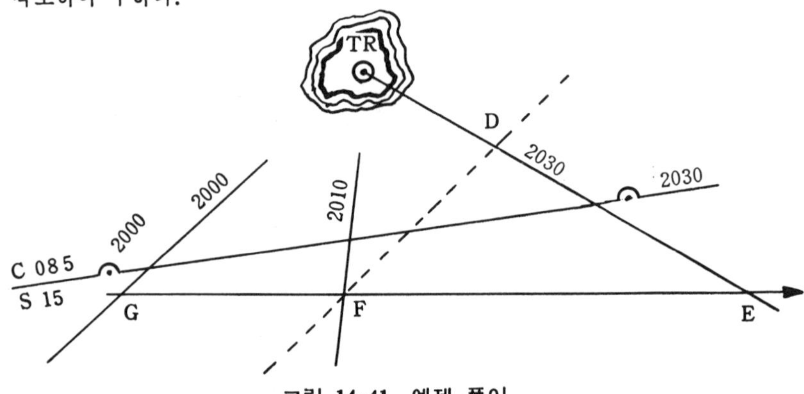

그림 14-41. 예제 풀이

풀이 TR 등대를 기준하여 제 1, 제 2, 제 3 위치선을 기점한다. 방위를 측정한 시간 간격이 10분과 20분 간격이므로, 제 3 위치선에 거리 비율이 1 : 2가 되도록 D점과 E점을 기점한다.

제 1 위치선과 평행하고 D점을 통과하는 직선을 작도하여 제 2 위치선과 만나는 점을 F라 기입한다.

E점과 F점을 직선으로 연결하여 그 연장선이 제 1 위치선과 만나는 점을

G라 하면 직선 EFG가 대지 침로가 된다.

③ 선박의 침로, 속력 및 유향을 알고 한 물표를 3회 관측한 방위로서 대지 침로, 유속 및 격시 관측 위치를 구하는 경우이다.

예제 선박의 침로 085°T, 속력 15노트로 항행 중 2000 i에 TR 등대의 방위를 050°T, 2010 i에 010°T, 2030 i에 300°T로 측정하고 유향이 200°T인 것을 알았다. 대지 침로, 유정 및 격시 관측 위치를 구하라.

풀이 TR 등대를 기준하여 제 1, 제 2, 제 3 위치선을 기점하고, 그림 14-41과 같은 요령으로 대지 침로를 구한다.

추측 항적과 평행하고 G점을 통과하는 점선을 기점한다. 2000 i의 추측 위치를 G점으로 이동시킨 것과 같게 2030 i의 추측 위치를 평행 이동시켜 점선과 만난 점을 H라 한다.

H점을 기준하여 200° 방향으로 직선을 그려 대지 침로와 만난 점을 I라 기점한다.

제 1 위치선과 평행하고 I점을 통과하는 직선이 제 3 위치선과 만나는 교점이 2030 i의 격시관측 위치가 된다. 그리고 HI 간의 거리는 유정이 된다.

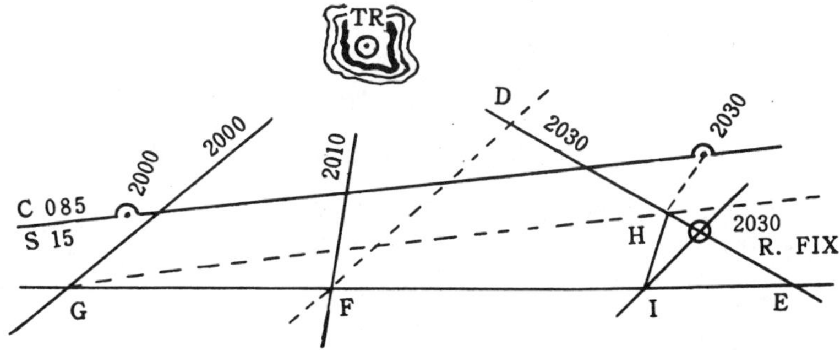

그림 14-42. 예제 풀이

④ 선박의 침로와 속력을 알고 제 1 물표를 3회 관측한 방위와 제 2 물표의 방위로 실측 위치를 구한 후 대지 침로, 유향 및 유정을 구하는 경우이다.

예제 선박의 침로 085°T, 속력 15노트로 항행 중 2000 i에 TR 등대의 방위를 050°T, 2010 i에 010°T, 2030 i에 300°T로 측정하고 TK 등대의 방위를 030°T로 측정하였다. 대지 침로, 유향 및 유정을 구하라.

풀이 TR 등대를 기준하여 제 1, 제 2, 제 3 위치선을 기점하고 그림 14-41과 같은 요령으로 대지 침로를 구한다.

TK 등대를 관측한 방위로 제 4 위치선을 기점하여 제 3 위치선과 만난 교점을 2030 i의 실측 위치로 정한다.

대지 침로와 평행하고 2030 i 실측 위치를 통과하는 직선이 제 1 위치선과 만나는 교점을 I라 기입한다.

I 점을 지나고 추측 항적과 평행한 직선을 그려서 2030 i의 추측 위치가 평행 이동된 점을 H라 기점한다. H점에서 2030 i의 실측 위치를 보는 방향은 유향이 되고, 그 거리는 유정이 된다.

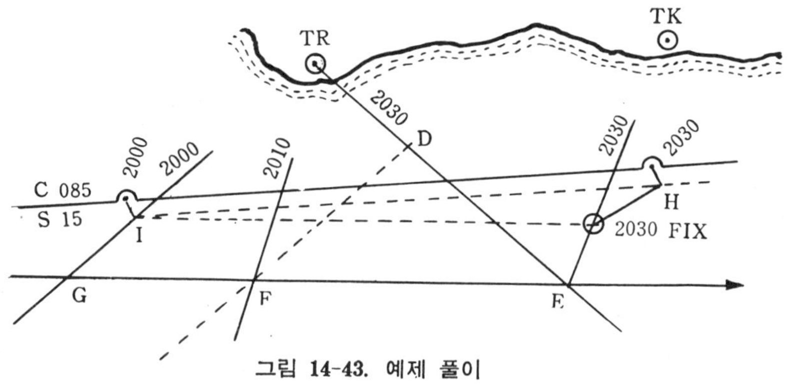

그림 14-43. 예제 풀이

⑤ 선박의 침로와 속력을 알고 실측 위치와 한 물표를 2회 관측한 방위로 대지 침로, 유향, 유정 및 격시 관측 위치를 구하는 경우이다.

예제 1950 i의 실측 위치가 TR 등대로부터 245°T, 거리 7.8 해리이고 선박의 침로 085°T, 속력 15 노트로 항행 중 2010 i에 TR 등대의 방위를 020°T, 2020 i에 350°T로 측정하였다. 대지 침로, 유향, 유정 및 격시 관측 위치를 구하라.

풀이 TR 등대를 기준하여 제 1, 제 2 위치선을 기점한다.

1950 i의 실측 위치(A점)를 기준하여 시침로를 기점한 후 추측 위치 B와 C를 기점한다.

보조선 AE를 작도하여 제 1 위치선과 만나는 교점 D를 기점하고, BD와 평행하며 C점을 지나는 직선이 보조선과 만나는 교점 F를 기점한다.

제 1 위치선과 평행하며 F점을 지나는 직선이 제 2 위치선과 만나는 교점을 G라 하면 G점은 2020 i의 격시 관측 위치가 되고, 직선 AG는 대지 침로, C점에서 G점을 보는 방향은 유향, 그 거리는 유정이 된다.

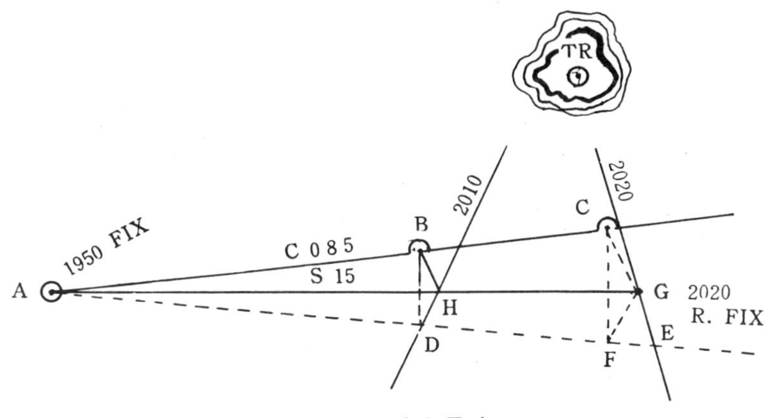

그림 14-44. 예제 풀이

2. 격시 관측 위치를 구할 때의 주의 사항

① 교차 방위법을 실시할 때와 같이, 위치선의 교각이 30°～150° 되는 시기를 택한다.

② 한 물표의 방위를 측정할 때 동일한 시간차로 실시하여 적당한 방위선 두 개를 결합시켜 선위를 결정한다.

③ 가능하면 선위를 여러 번 결정하여 평균 침로를 정확히 구한다.

④ 방위를 측정한 시각에 오차가 포함되지 않도록 하고, 방위 변화가 빠른 물표를 관측할 때에는 초단위까지 정확히 측정한다. 특히 주기가 긴 섬광 등의 방위를 측정할 때에는 관측 시각 결정에 유의해야 한다.

⑤ 유조의 크기를 면밀히 검토하여 선박의 속력에 미치는 영향을 충분히 고려한다.

⑥ 유조의 방향이 침로와 평행하면 속력에 오차가 포함되고, 침로에 대해서 직각 방향이면 침로의 좌우로 편위하는 것을 감안해야 한다.

⑦ 나침의 오차가 부정확할 때 침로의 좌우에 있는 물표를 측정하여 선위를 결정하면 실항 침로(實航針路)에서 현저하게 편위(偏位)된다.

⑧ 선수 배각법을 실시할 경우에도 위와 같은 유조의 영향을 고려해야 한다.

1417 측심에 의한 선위의 추정

연안 항해 중 시정이 불량하고 전파 항해 계기를 이용할 수 없는 경우, 수심을 계속적으로 측정하여 선위를 결정하는 과정은 시간차를 두고 여러 번 수심을 측정하여야 하므로, 일종의 격시 관측에 의한 선위 결정 방법이라고 할 수 있다.

측심에 의한 선위는 추정 위치로 취급되어야 하고, 선위 결정 때 일정한 요건을 갖추어야 한다. 비록 일정한 요건이 갖추어져 있더라도 자칫 잘못하면 선박의 안전에 위험을 초래할 우려가 있으므로 각별히 주의를 해야 하고, 측심에 의한 선위를 과신하는 일이 없도록 해야 한다.

1. 측심에 의한 선위 결정시에 필요한 요건

① 해도는 정확하고, 기재되어 있는 수심의 신뢰도가 높은 것을 사용한다.

② 연속적으로 수심 측정이 가능한 음향 측심의(音響測深儀; Echo sounder)를 장치하고 있어야 한다.

③ 등심선이 명확하고 선위를 추정하는 데 적당한 해역이어야 한다.

④ 간만(干滿)의 차가 크지 않아야 한다. (클 경우 조차에 대한 개정이 필요하다.)

⑤ 외력의 영향이 적고, 침로와 속력을 추정하기 쉬워야 한다.

2. 측심시 요령

① 투사지(Tracing paper)에 경도와 위도의 선을 기입하고 추정 항로를 기점한다.

② 항로선(航路線)을 측심하고자 하는 적당한 간격으로 분할한다(보통 0.5~1 해리 간격 또는 매 1분 간격).

③ 음향 측심의로 측심한 것을 투사지에 차례로 기입한다.

④ 투사지를 해도에 포개어 놓고 경도와 위도에 평행하게 상하 및 좌우로 움직이면서 투사지에 기입된 수심과 해도의 수심이 일치하는 곳을 찾으면 그 곳이 선위가 된다.

3. 선위를 추정할 때의 주의 사항

① 수심의 측정 시기는 경계를 요하는 수심의 한계선에 이르기 이전에 시작한다.

② 대축척 해도를 사용하여야 한다.

③ 투사지에 기점하는 수심의 간격은 외력을 수정한 항정과 침로를 이용하여야 한다.

④ 수심의 측정 시각에 해당하는 조차(潮差)를 개정하여 기입한다.

⑤ 수심이 갑자기 예상 외로 얕아지면 즉시 기관(機關)을 후진한다.

4. 대륙붕을 이용하는 방법

대륙붕(大陸棚; Continental shelf)은 해안에서 수심 200 m까지의 해저를 말하고, 뚜렷한 등심선은 불연속선을 이루고 있어 수심 측정이 쉬으므로 대륙붕의 등심선을 이용하여 선위 결정이 가능하다.

① 대륙붕의 등심선이 직선에 가까우면 이 선을 위치선으로 보고 이와 교차되는 무선 방위, 천측 위치선 및 전파 항해 계기의 위치선과 결합하여 선위 측정을 할 수 있다.

② 대양에서 육안(陸岸)에 접근할 때 대륙붕의 등심선을 한계선으로 이용한다.

③ 대륙붕의 형태가 뚜렷하고 그 크기가 광대하지 않으면 이 부분을 항주할 때의 침로와 항정으로 선위를 추정할 수 있다.

④ 대륙붕의 등심선이 해안선과 평행하면 이 선을 항로로 결정하여 안전 항해가 가능하다.

⑤ 해협의 중앙에 등심선이 있으면 이 선을 항로로 이용한다.

1418 피험선에 의한 선위 추정

1. 피 험 선

협수도를 통과하거나 출입항시와 같이, 자주 변침하고 마주치는 선박에 대비하기 위해서 선위 측정에 전념하거나 예정 침로를 계속 유지하기가 어려운 경우가 있다.

따라서 이와 같은 해역을 항해할 때에는 미리 해도를 보고 충분히 연구하여 뚜렷한 물표의 방위, 거리, 수평 협각 및 수직 앙각 등을 이용하면 선위를 측정하지 않아도 항로 부근에 있는 위험물을 피할 수 있게 된다. 이와 같은 목적으로 준비된 위험 예방선을 피험선(避險線; Clearing line)이라 한다.

피험선은 항행 중 위험물에 접근하는 것을 미리 알고 사전에 위험을 방지할 수 있도록 반드시 해도에 기점하여 두어야 한다. 피험선은 직접 선위를 결정하는 것은 아니지만 선박의 위치가 위험 구역에 있는지 아니면 안전 구역에 있는지를 판단하기 위한 것으로서 간단 명료한 위치선을 이용해야 하고, 빨간색으로 기점하는 것이 좋다.

2. 피험선의 선정 방법

피험선은 간단 명료한 것을 선정해야 하고, 복잡하거나 실용상 불편한 것은 피하는 것이 좋다.

(1) 두 물표의 중시선에 의한 피험선

가장 확실하고 적절한 피험선이며, 그림 14-45에서 LT점과 A점을 중시하는 선상에 위험물인 침선(沈船)이 있는 것을 표시한다.

(2) 선수 방향에 있는 목표(조타 목표)의 방위선에 의한 피험선

선수 방향에 있는 조타 목표를 기준하여 위험물이 있는 방위선을 결정하여 항행의 안전 구역을 선정한 피험선이며, 그림 14-45에서 TR를 보는 방위를 305°보다 크지 않게(NMT, Not more than), 280°보다 작지

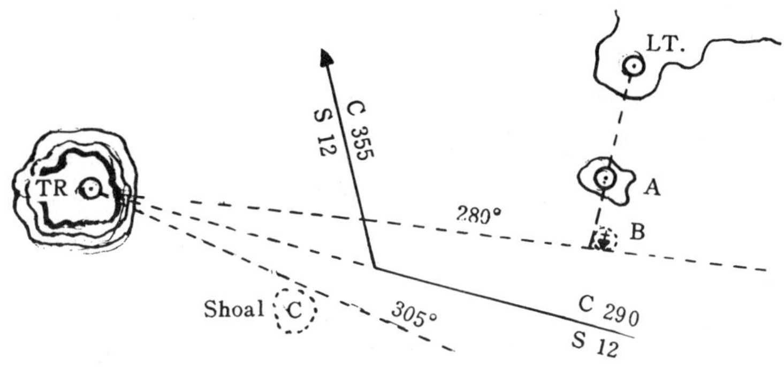

그림 14-45. 피험선의 실예

않게(NLT, Not less than) 되는 곳을 항행하면 침선과 위험물 C를 피하여 안전 항행이 가능하다(그림 14-46 참조).

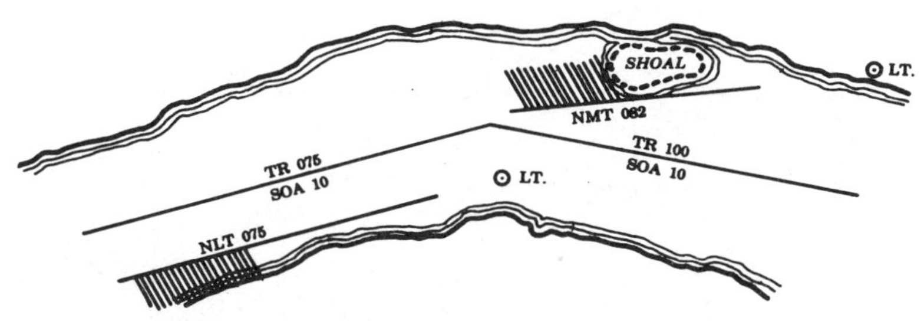

그림 14-46. 선수 방향에 있는 목표의 방위선에 의한 피험선

(3) 침로의 전방에 있는 물표의 방위선에 의한 피험선(그림 14-47 참조)

침로 전방에 위험물이 산재하여 있고 시각(視覺)으로 관측이 어려울 때 뚜렷한 물표를 선정하여 그 물표와 그 위험물의 끝단을 연결하는 방위선을 작도하고 위험 구역으로 항행하는 것을 피하도록 선정한 피험선이다.

(4) 물표로부터의 거리에 의한 피험선

섬이나 암초 등의 주위 일정한 거리에 수중 장애물이 있을 때 일정한 거리권을 선정한 피험선이며, 물표까지의 거리가 거리권보다 크면 선박이 안전한 구역에 있음을 알려 준다.

(5) 높이를 알고 있는 물표의 앙각(仰角)에 의한 피험선(그림 14-48).

(6) 두 물표의 수평 협각에 의한 피험선(그림 14-49 참조)

(7) 수심에 의한 피험선

항로 부근에 간출암(干出岩), 세암(洗岩), 암암(暗岩) 등의 장애물이 있으면 선박의 흘수(吃水)를 고려하여 적당한 등심선을 선정하고, 이것을 위험한 한계선으로 보고 그 안으로 들어가지 않도록 결정한 것을 말한다.

3. 위험 방위

위험 방위(危險方位; Danger bearing, DB)란 선박이 항행하게 될 항로 부근에 위험 구역이 있을 경우 그 외곽선을 표시하여 안전 항행을 목적으로 선정한 방위를 말한다. 그림 14-45에서 TR-B, TR-C, LT-B 등의 피험선이 위험 방위가 된다.

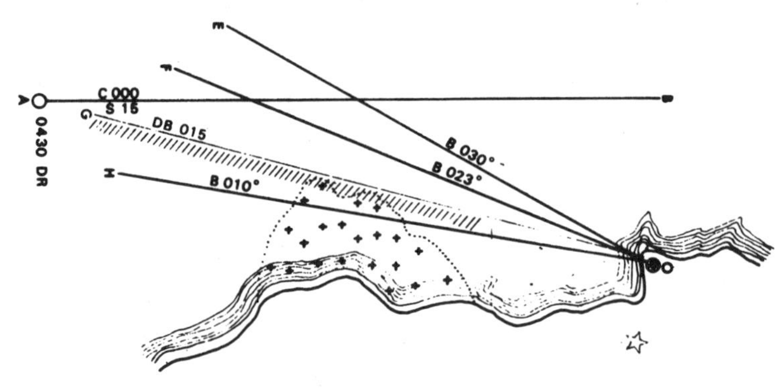

그림 14-47. 위험 방위

위험 방위는 해도에 적색 잉크로 기입하고 눈에 빨리 보여야 한다. 그림 14-47에서 선박의 침로 000°T, 속력 15 노트로 항행 중 0430 i의 추측 위치가 A점이다. 항해 위험물을 피해야 하므로, O 등대를 기준하여 위험물이 있는 구역의 외곽에 접하는 OG 선을 기점하고 G점에서 O등대를 보는 방위 015°T인 위험 방위를 기점한다.

선박에서 자주 O등대의 방위를 측정하여 OE, OF와 같이 위험 방위보다 크면 선위는 안전 구역에 있고, OH와 같이 위험 방위보다 작으면 위험 구역에 들어가게 되므로 변침해야 한다.

4. 위험각법

항로 부근의 위험물을 안전하게 피할 목적으로 두 물표의 수평 협각이나 수직 앙각을 미리 계산하여 얻은 각도를 유지하며 항행할 수 있도록 육분의에 맞추어 위험물을 피항하는 방법을 위험각법(危險角法; Danger angle method)이라 말한다. 여기에는 수평 위험각법과 수직 위험각법이 있다.

(1) 수직 위험각법

선위를 결정할 수 있는 물표가 한 개뿐이며, 그 거리가 멀지 않고 그 물표의 높이를 알고 있으면 선박이 안전하게 항행할 수 있는 물표의 수직 앙각을 구할 수 있다. 이 앙각을 육분의에 맞추어 위험물을 피하는 방법을 수직 위험각법(垂直危險角法; Vertical danger angle method)이라 한다. 그림 14-48에서 AB는 높이를 알고 있는 물표, S는 선위일 때 BS는 안전하게 통과하게 될 거리가 되므로, $\tan\alpha = AB/BS$가 된다.

수직 앙각 α는 계산에 의하거나 항해표 제 9 표(Distance by vertical angle)에 의하여 구하고, α가 구해지면 이를 육분의에 맞추어 물표 A의

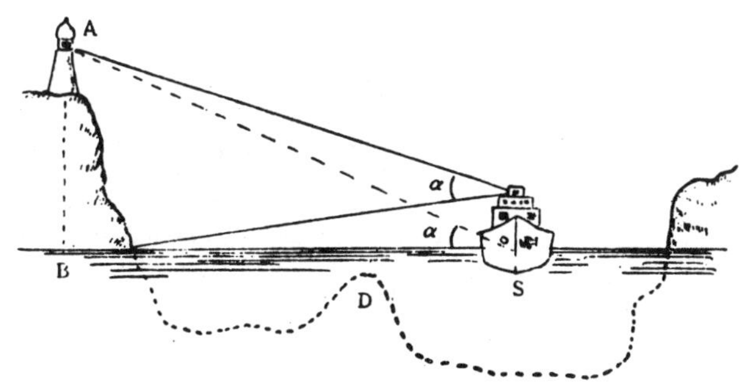

그림 14-48. 수직 위험각법

앙각이 항상 α보다 크지 않도록 주의하여 항행하면 위험물 D를 피할 수 있게 된다.

(2) 수평 위험각법

위험물을 피하기 위하여 적당한 두 물표를 선정하고 그 두 물표의 수평 협각을 산출하여 안전 항행 구역의 수평 협각을 결정한다. 이것을 육분의에 맞추어 항상 안전 각도를 유지하도록 조선(操船 또는 操艦)하므로써 위험을 피하는 방법을 수평 위험각법(水平危險角法; Horizontal danger angle method)이라 한다.

그림 14-49에서 위험물 S와 S' 사이를 통과하려 할 때 육분의로 물표 A와 B의 수평 협각을 측정하여 그 각이 60°이면 선위는 원호 AEB에 있고, 50°이면 원호 AGB에 있게 된다. 그러므로 A와 B의 수평 협각이 50°보다 크고 60°보다 작도록 육분의를 이용하여 조선하면 위험물을 피하여 항행할 수 있다.

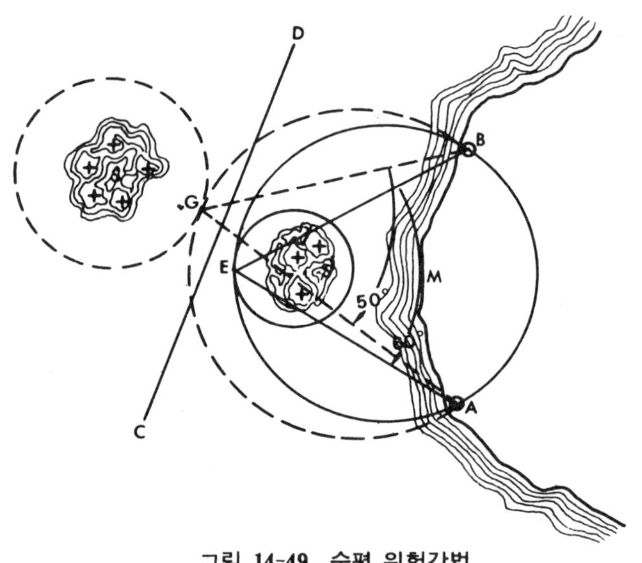

그림 14-49. 수평 위험각법

제 15 장 항해 실무

1501 항해 계획

함정이 어떤 목적지를 향하여 항해하게 되면 항해사는 항해에 필요한 각종 자료, 해도 및 기타 출판물을 수집, 연구하여 구체적인 항해 계획을 작성하고 이것을 함장에게 제출하여야 한다.

항로의 상황은 해역 및 계절에 따라 다르기 때문에 선박이 출항하기 이전에 충분한 시간적 여유를 가지고 항해 계획을 세우지 않으면 안 된다. 항해 계획의 원칙은 안전한 항행을 제일 목표로 하고, 다음으로 항해 일수의 단축 및 경제성을 고려해야 한다.

특히 해상에 있어서는 기상, 해상(海象)에 의한 외력을 이용하거나 또는 경우에 따라서는 이를 회피하는 일이 항행의 안전과 경제적인 면에서 가장 중요한 과제가 되며, 설사 항정이 연장되더라도 경제적인 면에서 유리한 경우가 많은 것이다.

항해사가 항해 계획을 수립하기 전에 사전에 준비할 사항은 출발 예정 시간(Estimated time and date of depature, E.T.D.)과 도착 예정 시간(Estimated time of arrival, E.T.A.)을 결정하여야 하며, 항해 과정에서 필요한 해도를 결정하고 국내 및 외국 등대표, 수로지, 파이로트 해도 등 필요한 출판물을 준비해야 한다. 이러한 준비가 끝나면 해도의 검사, 수정, 출판물의 수정 등이 완료되었는가를 확인하고, 조석과 그 제한 조건을 조사하며, 총 항정과 예상 대지 속력(Speed of advance, S.O.A.)이 결정되었으면 다음과 같은 순서로 항해 계획을 수립한다.

① 항로 선정을 한다. 각종 수로도지에 의한 조사, 항해사 자신의 연구와 경험을 살려 가장 적합하다고 생각되는 출입항 항로, 연안 항로, 대양 항로를 각각 선정한다.

각각 선정한다.

② 소축척 해도에 선정된 항로를 기입하고, 대략적인 항정을 구하여 항해의 개략적인 윤곽을 결정한다.

③ 항해에 사용하는 대축적 해도(소구역도)에 기점하여 출입항 항로, 연안 항로를 상세히 기입하고, 각 해도마다 수심, 고도, 경위도, 해도의 축척, 해도의 지리적 한계, 해도의 편차 및 레이다 항해에 필요한 물표 등을 검토한다.

④ 사용 속력을 결정하고 실속력을 추정한다.

⑤ 항정과 추정한 실속력으로 항행 일정을 구하여, 출입항 시각 및 항로의 중요한 지점을 통과하는 시각을 대략 추정한다.

⑥ 항해 계획이 적절한가를 검토한다.

⑦ 위험 구역, 위험 방위 및 안전 수역의 한계를 정확히 파악하여 해도에 기입한다.

⑧ 항해 보조물 중 항해 과정 중에 나타나게 될 것은, 주간에 식별 가능한 것과 야간에만 식별 가능한 것(등화의 가시거리 포함)으로 구분하여 표를 만든다.

⑨ 조석 및 해조류 관계 자료, 도착할 항구에 관한 자료 및 정박할 항구의 정보 사항(수로 안내인 및 예인선의 사용 여부)를 조사한다.

⑩ 예정 항로표를 작성하고 세밀한 항행 일정을 구하여 출입항 시각을

표 15-1 예정 항로표

시각, 일, 월	변침점			침로	항정	누계 항정	나머지 항정	기타
	물표	방위	거리					
1000 13 June	A등대	120°	5 mi					
				080°	29 mi	60 mi	240 mi	
1215 13 June	B등대	220°	10 mi					
				030°	30 mi	90 mi	210 mi	

결정한다.

1502 항로의 선정

1. 이안 거리

이안 거리(離岸距離)는 항정을 단축하고 항로 표지나 자연의 물표를 충분히 이용할 수 있도록 육안(陸岸)에 접근한 항로를 선정하는 것이 원칙이나, 함정의 크기에 따라 다음 사항을 고려하여 결정한다. 항정을 단축하려고 지나치게 육안에 접근하는 것은 위험을 수반하게 되므로 특히 주의해야 한다. 이안 거리는

① 함정의 크기

② 항로의 길이

③ 함위를 측정하는 방법(항로 표지의 정비 상황, 지형의 특징 유무, 천후 및 해조류의 상태 등)

④ 해도 측량(특히 수심)의 정밀성 여부

⑤ 시정(視程) 및 통과하는 시기(낮인가, 밤인가)

⑥ 기상, 해상의 영향

⑦ 당직자의 능력

등에 좌우되기 때문에 일률적으로 규정할 수는 없으나, 일반적으로 다른 선박을 피항할 때, 기관 및 조타기에 고장이 생겼을 때, 갑자기 비나 안개가 내습하여 물표를 식별하기 어려운 경우가 되더라도 위험에 직면하는 일이 없을 정도의 여유가 필요하다.

함정이 편대 행동, 고속 항해, 예항중(曳航中), 무중 항행 및 야간 항행일 때에는 표준 이상으로 이안 거리를 두어야 하지만, 함위를 측정하기가 어렵지 않은 경우의 이안 거리의 표준은 다음과 같다.

① 경사가 급한 해안일 경우에는 표15-2와 같다.

② 경사가 완만한 해안일 경우에는 함정의 흘수가 20 ft 이상이면 등심선이 20 m인 외해 쪽, 10～20 ft인 함정은 등심선이 10 m인 외해 쪽, 10

표 15-2

	내해 항로	외해 항로
항정의 손실이 적을 때	1.0 mi	3.0~5.0 mi
항정의 손실이 클 때	0.5 mi	2.0 mi

ft 이하인 함정은 등심선이 6 m인 외해 쪽을 항행한다.

③ 해안에 암암(暗岩) 같은 위험물이 있을 때에는 함위를 정확히 측정할 수 있는 조건이 되어도 약 1해리 이상의 여유를 두어야 한다.

④ 야간에 항로 표지가 없는 해안에서는 10해리 이상 떨어져야 한다.

⑤ 부표, 등선에서는 0.5해리 이상 떨어져야 한다.

⑥ 육안이 보이지 않는 대양에 위치하고 있는 암암 등에서는 5~10해리 떨어져야 하고, 실측 위치를 구한 후 경과한 시간과 해조류의 영향을 고려해야 한다.

⑦ 암초가 많은 해역은 20 m 등심선을 경계선으로 보아야 한다.

2. 항 로

연안 항로에는 안선 병행 항로(岸線並行航路), 우회 항로(迂廻航路), 추천 항로가 있다.

안선 병행 항로는 육상에 뚜렷한 물표가 없고 함위를 측정하기 곤란한 해안을 따라 항해할 때에 선정한다. 야간 항해시나 해조류 및 바람이 육지로 향하게 될 경우에는 주간보다 외해 쪽으로 더 벗어나게 하여 항로를 선정해야 한다.

우회 항로는 항로상에 항해 위험물이 있을 때 선정하는 항로로서 항정이 연장되는 것처럼 생각되기 쉬우나, 실제로는 별로 많이 연장되지 않는다. 그러므로 항정을 단축하기 위하여 극도로 육안에 근접한 항로를 취하거나 지름길을 택하려고 위험물이 많은 해역을 통과하는 일은 되도록 삼가하고 다소 우회하는 일이 있어도 안전한 항로를 선정하는 것이 항해 안전을 위해서 필요하다.

추천 항로는 수로지, 항로지, 해도 등에 명시되어 있으므로, 특별한 이유가 없을 때에는 이에 따른다.

3. 우회로 인한 항로의 증가

(1) 직행 항로(直行航路)의 경우

그림 15-1과 같이, 위험물에서 5해리 떨어져서 A와 B 점을 직항할 경우와 10해리의 여유를 둔 ABC 항로를 항행할 때 항정은 1.5해리 연장된다. 일반적인 경우를 고려해 보면

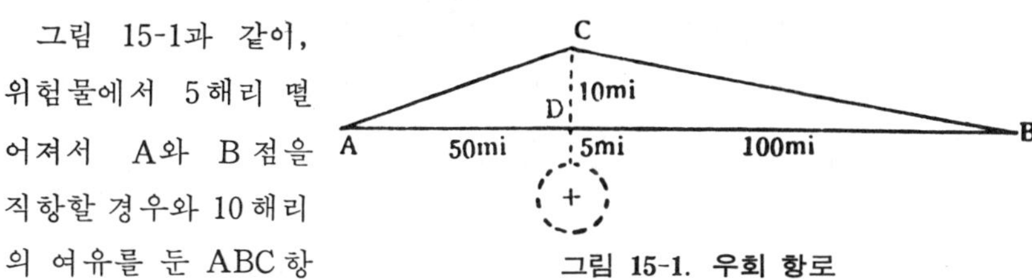

그림 15-1. 우회 항로

△ACD에서

$$CD = AC \sin A \quad \text{또는} \quad CD = AD \tan A$$

$$\frac{AC}{AD} = \frac{\tan A}{\sin A} = \sec A \qquad \therefore \ \frac{AC - AD}{AD} = \sec A - 1$$

지금 CD의 거리를 AD의 10%에 해당하는 CD=0.1 AD로 할 경우

$\tan A = 0.1$이 되므로, 표15-3에서 보면 $A \fallingdotseq 6°$이다.

표 15-3

A	1°	2°	3°	4°	5°
sec A	1.00015	1.00061	1.00137	1.00244	1.00382
tan A	0.01746	0.03492	0.05241	0.06993	0.08749
A	6°	17°	18°	24°	30°
sec A	1.00551	1.02234	1.05146	1.09464	1.15470
tan A	0.10510	0.21256	0.32492	0.44523	0.57735

A의 각을 6°라 하면,

$$\frac{AC - AD}{AD} = \sec 6° - 1 = 0.00551$$

따라서 항정의 증가한 양(AC−AD)은 AD의 약 0.6%임을 알 수 있다. 다시 말해서 위험물까지의 거리의 10% 여유를 두고 이안 거리를 잡으면 항정은 직행 항로보다 불과 그 거리의 0.6%가 증가할 뿐이다.

(2) 갑각(岬角)을 회항(回航)하는 경우

그림 15-2 (a)에서

$$\widehat{AB}=2\pi r\times\frac{\theta^\circ}{360^\circ}\text{이고, } \widehat{A'B'}=2\pi(r+\Delta r)\times\frac{\theta^\circ}{360^\circ}\text{이다.}$$

$$\therefore\ \widehat{A'B'}-\widehat{AB}=2\pi\Delta r\times\frac{\theta^\circ}{360^\circ}=0.017\,\Delta r\cdot\theta^\circ\text{이다.}$$

그림 15-2의 (b)에서 기본 침로에서 변침 후 최후 침로까지 변침각을 θ라 하면

$$\theta^\circ=25^\circ+35^\circ+30^\circ=90^\circ\text{이다.}$$

변침 중의 항적을 원호라고 가정하면 물표에서 거리 r 되는 항로 abcdef와 거리 $r+\Delta r$ 되는 항로 a′b′c′d′e′f′ 사이에 생기는 항로의 차 ΔD는

$$\Delta D=0.017\Delta r\cdot\theta^\circ\text{가 된다.}$$

지금 $\Delta r=2$해리, $\theta=90^\circ$라고 하면,

$$\Delta D=0.017\times2\times90=3.06(\text{해리})\text{이 된다.}$$

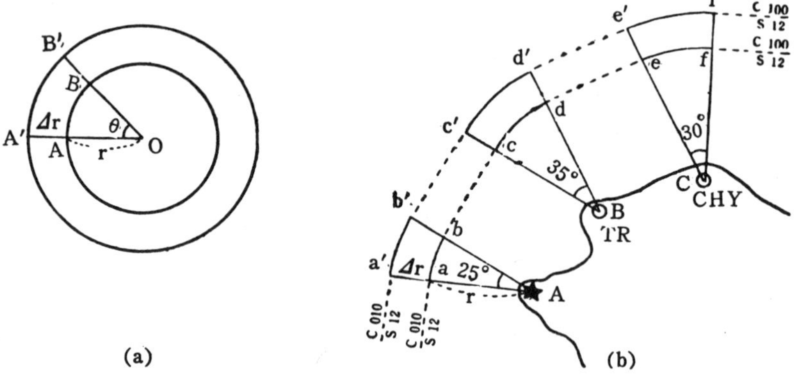

그림 15-2. 우회 항로

1503 항행 계획

항로가 선정되면 그 항로를 안전하고 경제적인 방법으로 항행하기 위하여 항로상의 여러 지점에서 취할 침로의 결정, 함수 목표의 설정, 변침

계획, 통협 계획(通峽計劃), 피험 계획, 출입항 계획 등을 세워야 한다.

1. 피 험 선

협수도를 통과할 때 또는 출입항할 때에는 자주 변침하여야 하고, 마주치는 선박에 대비하기 위하여 노력하다 보면 함위 측정에 전념하거나 예정 항로를 계속 유지하기가 어려운 경우가 있다. 이러한 수로(水路)에 접근할 때에는 미리 해도를 보고 충분히 연구하여 뚜렷한 물표의 방위, 거리, 수평 협각 등에 의하여 항로 부근에 있는 위험물을 피해야 한다.

이와 같은 목적으로 준비된 위험 예방선을 피험선(避險線; Clearing line)이라 한다. 피험선은 미리 해도에 명확히 기입하여 두고 항해 중에 이것을 이용해서 위험물에 접근하는 것을 탐지하고 위험을 방지하여야 한다.

이것은 직접 함위를 결정하는 것은 아니지만, 함정이 위험 구역에 들어 있는지를 판단할 수 있는 것이기 때문에 함위 측정 원리를 기초로 한 간단하면서도 명확한 위치선을 이용할 것이다.

피험선을 선정하는 방법은 다음과 같다.

① 두 물표의 중시선에 의한 것
② 함수 방향에 있는 물표의 방위선에 의한 것
③ 침로의 전방에 있는 한 물표의 방위선에 의한 것
④ 두 물표의 수평 협각에 의한 것
⑤ 침로 측면에 있는 물표의 거리에 의한 것
⑥ 높이를 알고 있는 물표의 앙각에 의한 것
⑦ 수심에 의한 것

협수도를 통과하거나 육안에 접근하여 항해할 때, 연안에 산재해 있는 위험물을 피하기 위하여 뚜렷한 물표를 지나거나 위험계(危險界)에 접선을 그리면 이것이 피험선이 되는데, 이 때의 방위를 위험 방위라고 한다.

2. 함수 목표

항해 중에 함수 방위에 적당한 중시 물표(重視物標)가 있으면 함위가 예정 항로 위에 있는지 없는지를 간단히 알 수 있을 뿐만 아니라, 정횡 부근에 있는 다른 물표에 의해서 대략의 함위를 쉽게 알 수 있어 대단히 편리하다.

이 때 함위의 편위량(偏位量)은 중시선 위에서 두 물표가 이동하는 상황으로 판단할 수 있는데, 그 변화는 두 물표 사이의 거리와 관측자와 가까운 물표까지의 거리에 비례하므로 그 비가 1 : 3 이상인 것이 좋다.

선수 방향에 적당한 중시 물표가 없을 때에는 함수 방향에 있는 한 개의 뚜렷한 물표를 함수 목표(艦首目標)로 선정하면 중시선을 이용하는 경우와 거의 같은 효과를 거둘 수 있다.

즉, 항행 중 함수 목표가 점차 우현 쪽으로 이동하면 함정은 항로의 왼쪽으로 편위(偏位)하고 있으며, 이 때에는 우현으로 변침하여 함위가 항로상에 놓이도록 해야 한다. 함수 목표가 좌현 쪽으로 이동할 때에는 이와 반대 방향으로 침로를 수정해야 한다.

함위의 편위량을 수정할 때에는 대각도 변침으로 짧은 시간에 행해야 하며, 풍압이나 유압이 큰 때에는 함수 목표를 좌현이나 우현으로 보게 되는 침로를 취해야 겨우 예정 항로를 항행하게 되는 경우도 생긴다.

1해리 떨어진 거리에서 방위가 1° 변화하면 선위는 약 30 m 편위하고, 10해리 떨어진 거리이면 약 300 m 편위하게 되므로, 선수 목표는 될 수 있는 대로 가까운 것이 좋다.

3. 변침 목표의 선정

연안 항해 중 특히 협수로에서 침로를 바꾸어 새로운 침로로 변침할 때 계속적으로 함위를 확인하는 것은 함정의 안전에 중요한 일이다. 이 때 함정이 예정 항로 위에 오도록 조함할 필요가 있게 된다. 함정은 키이를 전타(轉舵)한 후 즉시 타효가 나타나는 것이 아니므로 원침로를 따라 얼마간 항진한 뒤에 비로소 함수가 회전하기 시작하며 원호를 그리면서 새로운 침로에 들어가게 된다.

원침로선과 신침로선의 교점에서 전타하여 변침하면 함정은 예정 항로

선상에 오지 않기 때문에 함정이 예정 항로선상에 오도록 하려면 그림15-3에 표시한 바와 같이, 함정의 선회권(Turning Circle)과 리치(Reach)를 고려하여 전타(轉舵)점을 결정해야 한다.

원침로선과 신침로선의 교점인 P점에서 변침 각도(75°)를 구하고 이에 대한 횡거(Transfer)를 표준 선회경 표에서 구한다. 다음 원침로와 평행하게 횡거만큼 떨어진 평행선을 긋는다.

평행선이 신침로선과 만나는 점 B점을 구하고, 이 점에서 변침 각도(75°)에 해당하는 종거(Advance)와 같게 X점을 구한다. X점에서 원침로에 수직선을 그려서 만나는 점을 결정하면 이 점이 변침점이 되고 변침점에 뚜렷한 물표의 방위를 해도에서 구하여 이 물표를 변침 목표로 한다.

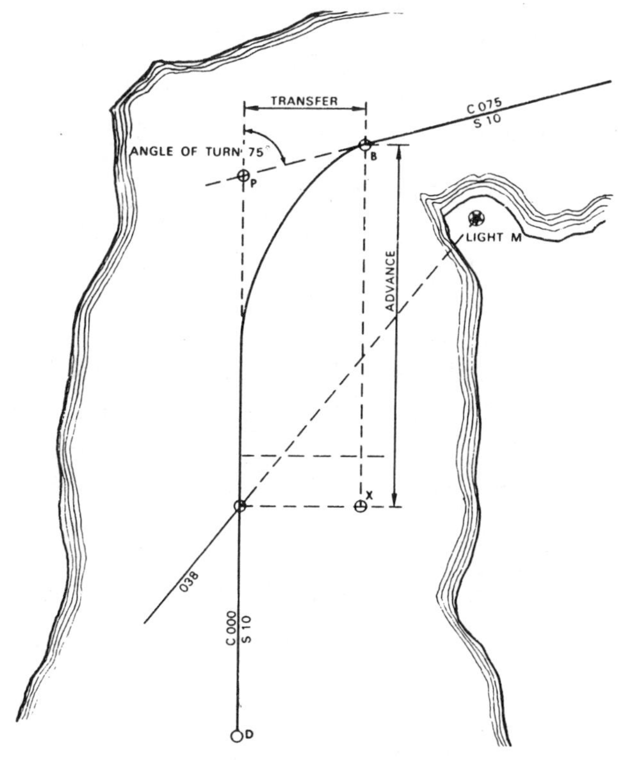

그림 15-3. 변침점과 변침 목표

함정이 변침하게 될 때 항해사는 변침 목표의 물표가 그 방위에 보였을 때 전타하여야 예정 침로상을 항해할 수 있게 된다. 따라서 변침 목표는 미리 선정해 둘 필요가 있다.

4. 변침 목표 선정시의 주의 사항

① 신 침로의 방향에 있고 신 침로와 평행하거나 거의 평행하며, 함위를 결정하는 물표로서 가능하면 가까운 거리에 있는 것을 택한다.

② 위와 같은 물표가 없으면 전타할 현측 정횡 부근에 있는 뚜렷한 물표 또는 중시선 목표와 같이 정밀도가 좋은 것을 택한다.

③ 뚜렷한 물표를 찾아내기 어려운 때에는 반드시 예비 목표를 정해 둘 필요가 있다.

④ 일반적으로 변침 목표는 등대, 입표, 섬, 산봉우리 등 뚜렷하고 방위를 측정하기 좋은 물표를 선정할 것이며, 갑(岬), 부표 등은 불가피한 경우가 아니면 선정하지 않는 것이 좋다. 또 산봉우리 같은 것은 관측자의 위치에 따라 확실하지 않은 수가 있으므로 주의해야 한다.

1504 항해 당직

항해 당직 사관의 임무는 함정의 운명을 좌우하는 것이므로, 책임의 무거움을 명심하고 늘 긴장과 치밀한 주의를 하여 항해 당직에 임해야 한다.

1. 당직 교대 전의 조사 및 확인 사항

항해 당직을 교대할 때에는 충분한 시간을 두고 준비해야 하며, 야간 당직시에는 눈이 어둠에 순응하도록(암적응) 적어도 15분 전에 선교(함교)에 올라가 있어야 하고, 교대 전 다음 사항을 조사 및 확인해 둘 필요가 있다.

① 함장 주야간 지시록(Captain's order and night order book)

② 항해 당직 중 항행할 것으로 예상되는 해역의 항로 표지, 수로, 조석 등의 사항

③ 전 당직 때로부터 현재까지 기압계의 시도(示度)가 변한 상태

④ 함정 주위의 상황, 특히 항로 부근의 장애물(섬, 암초, 침선, 통항하는 선박, 어선군 등)

⑤ 항해 계기의 작동 상황 및 오차(자기 나침의, 레이다 등)

⑥ 현재의 기관 상태와 속력

⑦ 중요 지점을 통과하는 시각(변침점, 정횡 거리 등)

⑧ 현재의 침로

2. 당직 근무 중의 수행 사항

① 항해 관계 법령집(해상 충돌 예방법규, 개항 질서법 등)을 준수하고 항행에 관한 지시와 명령을 이행한다.

② 침로를 유지하고, 철저한 견시(Look out) 임무를 수행한다.

③ 항시 함위를 확인한다(연안 항해시 매 15분 이내).

④ 선박의 안전에 유의한다.

⑤ 항해 계기와 조타 장치의 작동 상황을 확인한다.

⑥ 기회 있을 때마다 자차를 측정한다.

⑦ 천후의 변화에 늘 주의하고 해상 관측과 필요시에는 보고한다.

⑧ 연안 항해시에는 측심과 항정을 기록한다.

⑨ 무슨 변화나 불안을 느끼게 될 때에는 곧 함장에게 보고하고, 급박한 경우에는 즉시 임기 응변 조치를 취한 후 보고한다.

⑩ 함정 보안에 유의한다. (등화관제등)

3. 당직 근무 중의 보고 사항

당직 사관은 항해 당직 중 다음과 같은 경우에 그 사실을 함장에게 보고한다.

① 풍향, 풍속, 파랑, 수온의 급변, 안개의 내습, 유빙(流氷) 등의 장애물을 발견했을 때

② 지형, 등화, 항로 표지의 최초 인지 사항이 다를 때

ⓐ 대양 항해에서 육지의 초인

ⓑ 예정 방향의 등화를 볼 수 없을 때

ⓒ 예기하지 않은 곳에서 등화나 육지를 발견했을 때

ⓓ 항로 표지나 지형에 이변이 있을 때

③ 조난 선박을 발견했을 때

④ 예정 침로의 변침시, 중요물표의 정횡 통과 시각

⑤ 기관 또는 항해 계기의 고장이나 나침의의 자차에 이상이 있을 때

⑥ 다른 선박이 접근하여 충돌의 위험이 있거나 침로, 선위, 운항에 관하여 불안을 느낄 때

⑦ 풍조류의 영향이 심할 때

⑧ 다른 선박이나 육상에서 신호가 있을 때

⑨ 오수(Bilge)의 증가, 화재, 침수 등의 보고가 있을 때

⑩ 함위가 편위하여 다음 변침 예정 시각, 항로 등을 변경할 필요가 있을 때

⑪ 창구의 개폐 등 함정 보안에 관한 특별한 조치를 강구하였을 때

⑫ 기타 참고가 되리라고 생각되는 사항

보고 요령은 전화, 전송관(Voice tube)으로 하거나, 보고 내용을 메모하여 조타사를 시켜서 한다. 항해의 안전에 관계 있는 중요한 함위, 자차, 항로 표지의 발견, 정횡 통과 등은 메모로 보고하는 것이 통례이다.

4. 당직 교대시의 인계 사항

① 선위, 속력, 현 침로

② 천후, 풍조의 상황

③ 시계 내의 물표 위치

④ 항해 계기의 상황과 자차

⑤ 항해등과 통풍기 등의 상황

⑥ 함장의 지시나 인계 사항

⑦ 당직 중 경험한 특수 사항

5. 항해 당직 중에 주의할 사항

① 당직 자세를 엄정히 한다.

② 철저한 견시를 한다.

③ 조타사의 침로 유지를 관찰하고 선위 결정을 위해 노력한다.

④ 함정의 내외 사정에 유의하고 돌발 사고에 즉시 응할 수 있는 준비를 한다.

⑤ 천기의 변화, 풍향의 변화 등에 유의하고, 통풍기의 회전 또는 황천 준비 등의 조치를 취할 수 있어야 한다.

⑥ 당직 근무자의 근무 상황을 감독한다.

6. 당직 교대 후의 조치 사항

① 항박 일지 기입

② 함장에게 당직 교대 사항과 근무 중의 상황 보고

③ 함정 내의 순시

7. 함장 야간 지시록의 내용

야간 지시록은 표준 사항(Standing order)과 당일 야간 당직에 관하여 특별히 선장으로부터 지시된 사항이 기재되어 있다.

표준 사항은 당직 근무자가 항시 지켜야 할 내용이 기재되어 있다. 그 내용은 선박의 종류, 선박의 형, 속력, 기관의 종류, 항해 계기의 종류에 따라 그 선박에 알맞은 것이어야 하며, 대략 다음과 같은 사항이 표시된다. 당직자는 야간 지시록을 읽고 반드시 서명해야 한다.

① 야간 지시록은 완전하게 수행되어야 한다.

② 함정 운행에 관하여 의문 또는 위험을 느꼈을 때에는 즉시 함장에게 보고하여야 한다.

③ 기관의 감속 또는 정지, 함장을 깨우는 일, 시계(視界)가 나빠질 때 무중 신호를 시작하는 일 등은 필요에 따라 주저하지 말고 실행해야 한다.

④ 견시(見視) 임무에 대해서는 자기가 최고 책임자라는 사실을 명심하고, 만전을 기하여 견시의 감독과 지시를 하여야 한다.

⑤ 야간에는 다른 선박, 장애물, 어망 등은 주간보다 충분한 거리를 두고 피항하여야 한다.

⑥ 등화 관제에 주의를 하여 견시의 효과를 높이도록 노력해야 한다.

⑦ 당직 교대 후 침로의 확인과 모든 나침의의 이상 유무를 확인하여야 한다.

1505 연안 항행

1. 침 로

침로는 자차와 편차 및 그 때의 외력의 영향을 수정하여 예정 침로 위를 정확히 항행할 수 있도록 결정해야 한다. 그리고 자차는 두 물표의 중시 방위(重視方位), 일출몰 방위, 시진 방위(時辰方位), 북극성 방위 등 여러 가지 방법 중 하나를 선택하여 항상 현재의 침로에 대한 자차를 정확히 측정하여 둘 필요가 있다.

외력의 영향은 대개 정확히 예상하기가 곤란할 뿐만 아니라 때로는 전혀 예상과 어긋나는 일이 있으므로, 다음과 같은 요령으로 수정한다.

① 외력의 영향을 추정할 수 있을 경우에는 그 추정량에 대한 수정을 행하여 침로를 결정한다.

② 외력의 영향이 분명하지는 않으나 대략 예상할 수 있는 경우에는 그 절반만 수정한다. 그러나, 그 수정이 예상과 틀려져도 함정이 위험하게 되지 않을 경우에만 행한다.

③ 외력의 영향이 분명하지 않으면 수정하지 않는다.

④ 일반적으로 침로의 수정은 외력의 영향이 최악의 상태가 되더라도 함정이 안전할 것을 염두에 두고 행한다.

연안 항행 중 외력의 영향이 분명하지 않으면 예정 침로 위를 똑바로 항행하기란 대단히 어려운 일이다. 그러므로 새로운 침로로 변침하면 함위를 자주 구하여 외력(Set and drift)을 측정하고 적당한 수정량을 구하여 예정 항로 위를 항행할 수 있도록 노력하지 않으면 안 된다.

외력을 정확히 측정하는 방법으로, 정확한 시간 간격(3분 또는 15분)으로 함위를 결정하거나 함수 목표를 이용한다. 만일 함위가 예정 침로에서 같은 비율로 편위하는 것을 알 수 있어 거의 정확한 외력의 크기를 측정할 수 있을 때에는 이것을 항로에 수정하면 정확한 항로의 항행이 가능하다.

만일 예정 항로와 다른 항로를 취하게 될 때에는 해도에 점선으로 기입하여 예정 항로와의 구별을 뚜렷이 하여 당직 사관이 충분히 이해할 수 있도록 한다.

2. 함위 측정시의 주의 사항

① 예정 시간, 예정 지점에서 정확한 함위를 측정하려고 기다리지 말고 함위 측정 조건이 좋은 시기를 놓치지 않아야 한다.

② 함위 측정과 동시에 시각을 기록한다.

③ 좁은 수로나 내해를 항행할 때에는 될 수 있으면 5~10분 간격으로 함위를 측정하고, 외해를 항행할 때에는 최소 30분을 넘지 않는 간격으로 측정하여 현재의 함위, 실속력 및 외력의 영향을 확인한다.

④ 함위를 측정한 오차 삼각형(교차 방위법 실시의 경우)이 크게 생겨도 위치를 지우지 말고 시각을 기입한 채 놓아 둔다.

⑤ 한 물표의 방위를 일정한 시간차를 두고 측정하여 함위의 추정 및 실속력을 측정하는 경우에는 초시계를 이용하여 시간차를 결정한다.

⑥ 견시 임무와 함위 측정은 동시에 이루어져야 한다.

⑦ 레이다를 이용하여 함위 측정을 동시에 실시한다.

3. 실속력의 추정

대수 속력은 측정의(測程儀)의 시도(示度) 또는 추진기의 회전수에 의하여 구한다. 추진기의 회전수에 의한 것은 회전수가 동일해도 선저의 오손(汚損), 흘수, 함수미의 전후 경사(Trim)에 따라 속력이 달라지므로, 그때 그때의 함정의 상태에 따라 조사해 두어야 한다.

함정이 항진할 때 함수에서 받는 저항 때문에 실각(失脚; Slip)이 생기고 그 양은 설계상 속력의 10% 내외에 해당한다. 실각은 바다의 상태, 선저의 오손, 흘수의 변화, 조타의 잘못 등에 따라 변화하지만, 정기 수리 후 속력 시험을 할 때 실각의 값을 결정해 두면 실제 대수 속력을 구하는 데 이용된다.

항해 일정을 결정하려면 실속력, 즉 대지 속력을 알아야 하는데, 이를 추정하려면 대수 속력에 항행 중에 받는 해조류, 풍랑 등 외력의 영향을 고려하여 구해야 한다. 실속력의 정확한 추정은 여러 가지 자료의 연구와 항해 경험에 의존해야 하며, 항해 중에는 기회 있을 때마다 실속력을 추정해 두어야 한다.

실각(Slip) $= N \cdot P - V_p$

(N=rpm., P=Pitch, V_p=Propeller speed in ship's wake)

4. 변침할 때의 주의 사항

① 변침하기 전에 자주 함위를 측정하고 예정 항로를 정확히 항행하고 있는지, 침로는 정확한지를 해도에서 검토한다.

② 함위를 측정하고 현재의 침로선과 다음 예정 항로선과 만난 점을 구하고, 변침점은 신침로까지의 거리 및 외력의 영향을 고려하여 결정한다.

③ 변침점이 결정되면 변침 시각과 변침 목표의 방위 및 거리를 구한다.

④ 변침하기 전 보통 10분 전에 함장에게 보고한다.

⑤ 변침하기 전에는 변침 목표의 방위를 계속 측정하고, 다음 항로 방향을 주의깊게 관찰하여 변침에 지장이 없는가 확인한다.

적당한 변침 목표가 없으면 변침 시각을 정하여 변침하며, 변침점에 도달하면 함장에게 보고하고 변침한다.

⑥ 변침 후 즉시 함위를 측정하고 함수 방향의 목표를 확인하며, 예정 항로를 항행하고 있는지 검토한다.

⑦ 다음 예상 변침 시각을 산출하여 함장에게 보고한다.

5. 갑각(岬角)을 돌아갈 때 변침하는 방법

(1) 변침 목표와 병항(並航)하였을 때의 변침

이 변침법은 변침 목표가 정횡(正横) 부근에만 있어 변침점에서 정확한 함위를 결정할 수 없는 경우이다.

그림 15-4에서 알 수 있는 것과 같이, 물표 L이 정횡에 보일 때 변침하게 된 항로에서 B와 같은 항로에 함위가 있을 때에는 변침 후 함위는 육안으로 가까와질 것이고, C와 같은 항로에 함위가 있을 때에는 변침 후 함위는 외해 쪽으로 위험물에 접근하게 될 것이다.

따라서 병항하였을 때에 정횡 변침을 고집하면 위험을 초래하므로, 함위가 육안 쪽으로 가깝게 추정되면 정횡 통과 후에 변침하고, 함위가 외해 쪽으로 추정되면 정횡 전에 변침하여 신 침로로 항진한다.

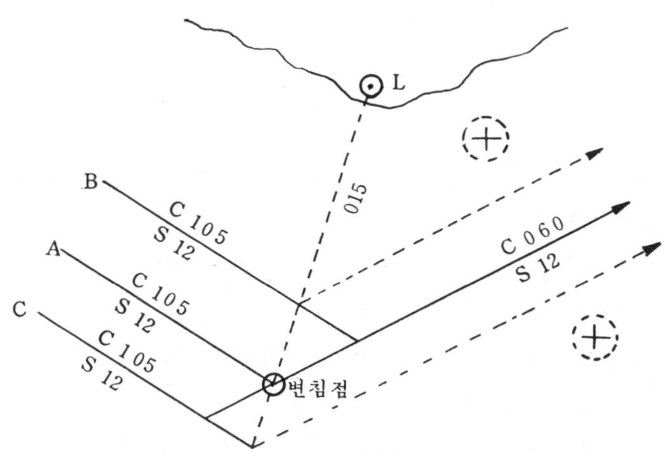

그림 15-4. 변침 목표와 병항하였을 때의 변침

(2) 이안 거리를 일정하게 하는 변침

그림 15-5에서 침로 270°로 항행 중인 함정이 L등대를 돌아서 000°로 변침하려고 할 때 등대를 정횡으로 볼 때마다 일정각 θ만큼씩 변침한다면

함위는 변침할 때마다 육안에 접근하게 된다.

일반적으로 θ도씩 n번 변침하면 등대의 이안 거리(D_n)는

$$D_n = D\cos^n\theta$$

가 된다.

그러나 변침각 θ의 반, 즉 $\frac{1}{2}\theta$씩 등대가 정횡에서 후방으로 보일 때(상대 방위$=90° + \frac{1}{2}\theta$) 변침하면 변침 목표 L등대로부터 거리를 일정하게 유지하면서 새로운 침로로 변침하게 된다.

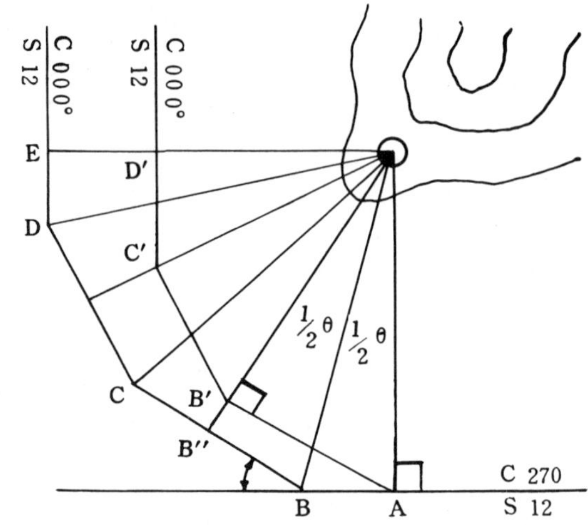

그림 15-5. 이안 거리를 일정하게 하는 변침

1507 협수도 항행

협수도(狹水道)란 충돌 예방 규칙 등에서 규정하고 있는 협수도를 포함한 좁은 해역이라는 뜻이다.

이와 같은 해역에서는 수로의 폭이 좁고 암암(暗岩)과 같은 위험물이 존재하며, 수로는 굴곡이 심하여 전방을 관찰하기가 힘들고 조류가 강해서 조함(조선)하기도 어렵다. 또 많은 선박의 통항이 빈번하여 충돌 및 좌초하는 사고가 자주 일어난다.

협수도를 통과할 때에는 (선원법에 규정되어 있는 것처럼) 함장은 직접 선함교에서 지휘하여야 하며, 항로 부근에서 수심이 얕은 장소, 암암 등 위험물을 조사하고 중요한 지점 사이의 침로, 거리, 항행 목표, 변침 목표, 피험선 등은 해도를 보고 잘 연구하여 수로를 통과할 때에는 일일이 해도를 볼 필요가 없도록 외워 두는 것이 좋다.

그러나 자신이 없을 때에는 주요 사항을 메모하여 기록해 두고 수시로 해도를 참조하여 현황을 파악하도록 노력해야 하며, 당직자로 하여금 함위를 측정하게 하는 등 신중을 기해야 한다.

협수도 항행시에는 사전에 특수 직무 분담표를 작성하여 두고 다음과 같은 사항에 유의하여야 한다.

1. 침 로

(1) 침로를 결정하는 원칙

특별한 경우를 제외하고는 항시 수도의 우측을 항행하도록 계획한다.

(2) 상용 항로

자함이 항행하기에 알맞은 항로는 수로지, 조석표, 조류도 등을 조사하여 결정하면 되지만, 특별한 경우를 제외하고는 수로지 또는 해도에 기재된 상용 항로(常用航路)를 선정하는 것이 유익하다.

(3) 법규에 의한 항로

법으로 항로가 규정되어 있는 해역에서는 규정에 따라야 한다.

(4) 협수도의 출입구 부근의 항로

상당히 먼 거리에서부터 수도 안의 위험물이나 다른 선박의 동정을 살필 수 있는 항로를 택하고, 협수도로 들어가는 선박이 수도의 경계선 부근에서 수도의 우측을 통항(通航)하기 위하여 수도의 방향과 교차되는 침로를 취하던가 하면 수도에서 나오는 선박과 횡단 관계가 되어 위험하므로, 수도의 경계선에 이르기 전에 이미 그대로의 침로로 수도의 우측을 통항할 수 있는 태세를 갖추어야 한다. 수도에서 나오는 경우는 이와 반대로 수도의 경계선을 지난 뒤에 새로운 침로로 변침하여야 한다.

(5) 수도가 특히 좁은 경우의 항로

도중에서 변침할 필요가 없는 짧은 수도에서는 일반적으로 수도의 중앙선 위를 조류의 방향과 일치하도록 통과하거나, 또는 가장 좁은 부분을 연결한 선의 수직이등분선 위를 통항하도록 항로를 정한다.

(6) 두 개 이상의 가항 항로가 있는 경우의 항로

순조인 때에는 굴곡이 심하지 않은 짧은 수도를, 역조인 때에는 다소 거리가 멀더라도 조류가 약한 수도를 통과한다.

협수도에서 단암차(Single screw) 선박은 갑각(岬角) 등 돌출된 부분을 우현에 보고 변침시에는 가까이, 좌현에 보고 변침시에는 멀리 떨어져야 하고, 강한 조류가 있는 돌출부의 하류 쪽에는 반류(反流)나 와류(渦流)가 있으므로 이 구역을 피하여 항로를 정한다.

2. 협수도 통과 시기

항해사의 경험 유무, 함정의 성능, 시계, 수로 및 바람과 조류 등의 상황에 따라 다르나, 특히 대형선이나 저속 선박, 화물을 만재하여 타효가 나쁜 선박 또는 공선으로 바람의 영향을 많이 받는 선박은 신중하게 그 시기를 고려해야 한다.

(1) 일반적인 원칙

협수도를 통과해 본 경험이 없거나 항행하기가 곤란한 수도를 통과해야 할 때에는 주간에 조류가 약한 시기를 택한다.

(2) 조류가 있는 경우

긴 수도에서는 역조(逆潮)의 초기에 항행하면 시간이 경과함에 따라 유속이 증가하여 항행이 곤란하게 되는 수가 있으며, 반대 방향에서 순조기가 되기를 기다렸던 다른 선박들이 항행하여 오는 일이 많다. 순조의 초기에 통항하면 점점 유속이 빨라져서 특히 굴곡이 심한 수도에서는 변침할 때 함정의 선회 직경이 커져서 위험하다.

따라서 역조의 말기나 게류시(憩流時)에 통과하는 것이 좋다.

(3) 강한 역조가 있는 경우

굴곡이 심한 수도에서는 노련한 함장이라도 대지 속력(Speed of ground)이 5노트 이하인 경우나 역조의 유속이 선박 속력의 1/2 이상인 경우에는 통항을 중지하고 적당한 시기까지 기다리는 것이 좋다.

이러한 조건에서는 다른 선박이나 위험물 등을 피항하는 데 있어서 곤란하게 되므로, 양현 기관 앞으로 둘(A/E 2/3 또는 Half ahead) 속력으로 조함하기가 어려울 정도의 유속이면 협수도 통과 시기를 피하는 것이 좋다.

(4) 협시계(狹視界)인 경우

야간에 비가 오거나 안개가 낀 경우에는 협수도에 들어가기 전에 시정을 보아 결정해야 한다.

순조를 타고 수도의 입구에 도달한 때나 역조인 경우, 시계가 나빠서 되돌아가야 하는 경우에는 조류 때문에 선회권이 커져서 좌초할 위험이 많으므로 주의해야 한다.

3. 속 력

개항 질서법 제 17 조에 "선박은 개항의 항계 내와 항계 부근에서는 다른 선박에 위험을 미치지 아니할 속력으로 항행하여야 한다."고 규정하고 있다.

항내에는 여러 종류의 함정이 정박하고 있으므로, 고속으로 항행하는 함정이 있으면 항행시 발생하는 파도에 의하여 다른 함정에 손해를 입히거나 또는 충돌의 위험도 많기 때문에 속력의 제한을 가하고 있다.

해상 충돌 예방 규칙 제 6 조에 "모든 선박은 충돌을 피하기 위하여 적절하고 유효한 동작을 취할 수 있고, 그 당시의 사정과 상태에 알맞는 거리에서 정지할 수 있도록 항상 안전한 속력으로 항행하여야 한다."고 규정하고 있다.

그러므로 다음 사항에 주의하여 적당한 속력으로 항행하여야 한다.

① 함정의 조종 성능, 수로, 조류, 시정, 통항하는 선박의 양, 조함자의 능력에 따라 정하여야 하며, 일반적으로 기관은 전 능력을 발휘할 수 있는 상태로 하여 통과한다.

② 속력*이 너무 빠르면 함위가 빨리 변하기 때문에 조함하는 데 여유가 없어 조함자의 능력이 부족하면 위험하게 된다.

③ 속력이 너무 느리면 조류의 영향을 크게 받으며, 타효도 나빠져서

* Suez 운하에서는 7.5 노트, Panama 운하에서는 장소에 따라 다르나 2~15 노트임.

조함하기가 곤란하게 된다.

④ 일반적으로 항내 속력으로 협수도를 통과하는 것이 좋다.

4. 함위 및 변침

① 함수 방향에 중시 물표를 선정하여 함위가 항로의 좌우로 편위(偏位)되어 있는지를 확인하면서 항행한다. 만약 중시 물표가 없으면 뚜렷한 한 개의 함수 물표를 항해 목표로 선정하고, 그렇지 못하면 함미 목표를 선정한다.

② 항로 부근의 수심, 암암 등 위험물을 조사하여 피험선을 설정하고 항시 안전한 항로로 항행하고 있는지를 확인한다.

③ 일시에 대각도로 변침하는 것을 피하고 소각도 전타(轉舵)를 명하여 서서히 변침한다. 이 때 함수미선은 항시 조류 방향과 평행한 상태가 되도록 유의하고, 조류 방향과 직각되는 상태로 함수미선이 되지 않도록 주의해야 한다.

5. 견　시

협수도 항해시에는 견시를 배치하고, 필요시에는 레이다도 작동시켜서 함정의 안전을 꾀해야 한다.

① 견시는 고립된 암초, 부표, 어망의 부표 등의 발견에 노력해야 한다.

② 고속 대형 함정, 함교가 함미에 있는 선박, 공선(空船) 상태의 선박, Derrick boom을 올린 채 항행하는 함정은 함(선)수에 견시를 배치해야 한다.

③ 저속 함정은 함미에 견시를 배치하여 추월 함정을 감시한다.

6. 협수도 통과시의 준비 사항

① 협수도 통과시에는 승조원 총원을 임무 부서에 배치한다.

② 기관은 전 능력을 발휘할 수 있는 상태로 준비한다. 그리고 기관 준비 상태의 해제는 수도를 완전히 통과한 상태에서 실시한다.

③ 닻의 투묘 준비를 한다.

일반적으로 조류가 강한 협수도의 수심은 깊기 때문에 기관과 조타 장치가 고장났을 때 즉시 투묘하는 것은 오히려 위험한 일이지만, 육안이나 위험물에 좌초하기 직전의 투묘는 선체의 타력을 감소 또는 정지시키는 데 유효하다.

④ 조타 장치를 점검한다.

협수도를 통과할 때에는 자주 전타해야 하기 때문에 조타 장치에 고장이 나지 않도록 면밀한 점검을 한다.

⑤ 측심 요원을 선수에 배치한다.

협수도는 조류의 영향으로 수심의 변화가 심하게 되므로, 수심이 의심스러우면 즉시 수심 측정을 해야 한다.

⑥ 조함자는 타기 장치에 고장이 생기면 어떤 조치를 할 것인가에 대한 복안을 가져야 한다.

7. 협수도 통과시에 일으키기 쉬운 착오

① 야간에는 원근을 판단하기 어려워 산봉우리를 항해 목표로 하는 경우, 가까운 다른 목표와 착오를 일으키기 쉽다. 이러한 때에는 산봉우리보다 양편의 안선(岸線)을 주시하며 항해하는 것이 좋다.

② 야간에는 산과 산 사이의 평지를 수도로 오인하는 수가 있다.

③ 수도가 굴곡이 심하고 두 개의 수도가 있을 때에는 다른 수도로 들어가는 일이 있다.

④ 달빛에 의한 섬의 그림자 때문에 어두운 쪽으로부터 멀어지고 밝은 쪽으로 가까이 접근하기 쉽다.

⑤ 키이 중앙(Rudder midship)과 Steady를 혼동하는 일이 있다.

⑥ 자주 그리고 연속적으로 변침하기 때문에 조타 명령을 잘못 내리는 일이 있다.

⑦ 육상의 등화, 등선(燈船), 어선의 등화 등을 혼동하는 일이 있으므로, 특히 시계가 좋지 않으면 주의해야 한다.

1507 출입항 항행

특정항의 출입항 항로에 대해서는 개항 질서법 시행령 등의 법규에 규정되어 있으므로, 부득이한 사유가 없는 한 이에 따라야 한다.

또 항구에 따라서는 선박의 대소에 의하여 출입항 항로를 정해 둔 곳이 있으므로 미리 조사하여 둘 필요가 있다.

1. 출항 및 입항 시기

출항 예정 시간(Estimated time and date of depature, E.T.D.)와 입항 예정 시간(Estimated time of arrival, E.T.A.)를 결정할 때에는 다음 사항을 고려한다.

① 승객의 승강, 하역, 연료 적재의 유무, 검역, 도선사(Pilot)의 승선 여부, 작업 또는 수속 등의 필요한 시간을 고려한다.

② 전 항정과 외력의 영향을 고려하여 항해에 소요되는 시간을 결정한다. 항행 중 순조시에는 평균치보다 작게, 역조시에는 평균치보다 다소 크게 도착 예정 시간을 정한다.

③ 조류의 속도가 큰 항만을 출입할 때에는 조시를 고려한다.

④ 연무(煙霧)가 자주 끼는 항만이면 일출 전후는 피한다.

⑤ 항로의 도중에 있는 협수도, 갑각 등 항로의 중요 지점을 통과하는 시기는 가급적 주간이 되도록 정한다.

⑥ 외항선은 검역 때문에 일몰 후에는 입항이 허용되지 않는 곳이 있고, 또 야간에 입항하는 것을 금지하고 있는 특정 항도 있으므로, 항해 도중 예기치 않은 사고가 발생하여 항해가 다소 지연되더라도 일몰 전에 도착하도록 계획한다.

2. 출항 항로를 선정할 때의 주의 사항

출항 항로는 항만의 넓이, 위험물의 유무, 정박 선박의 동정, 출입항 선박의 유무, 바람과 조류의 영향 등 주위 환경과 출항 선박의 조종 성능 등을 고려하여 가장 안전하다고 생각되는 항로를 선정하여야 한다.

① 출항할 때에는 조함 관계로 함위를 측정할 여유가 없는 경우가 많으므로, 함수나 함미에 항행 목표를 정하여 함위가 좌우 방향으로 편위하는 것을 간단히 알 수 있도록 한다.

② 정박 선박 또는 장애물로부터는 될 수 있는 대로 멀리 떨어지도록 하며, 풍하 또는 유하(流下) 쪽을 통과하도록 한다.

③ 출항시에는 다른 선박을 피해야 하기 때문에 일정한 침로를 유지하기가 어려운 경우가 많으므로, 항진 방향을 대략 정하여 두고 위험물이 있으면 상세하고 정밀한 피험선을 선정하여 둔다.

④ 묘지에서 바로 침로를 유지할 수 있도록 계획하면 편리하고, 야간에는 확실한 등화를 항해 목표로 정하는 것이 좋다.

3. 입항 항로 선정시에 조사할 사항

① 항만의 상황 및 일반 지형, 묘지의 수심, 저질, 장애물, 기상(특히 폭풍, 돌풍, 지방풍 등), 해상(특히 파랑의 진입하는 사항, 조류의 방향과 강약, 간만의 차 등), 항만 관계의 법규를 조사한다.

② 수로에 관한 여러 가지 자료를 수집하고 그 정밀성에 대하여 조사한다.

③ 선박의 항해 목적, 선박의 형, 흘수, 조종 성능 등에 관한 고려를 한다.

4. 침　로

① 지정된 항로 또는 상용 항로가 있으면 이에 따른다.

② 정밀한 측정이 되어 있지 않은 위험물이 있는 항만에서는 등심선이나 소해된 수로를 항로로 택한다.

③ 해도의 정밀성을 고려하고, 일반적으로 수심이 낮거나 그 분포가 고르지 못한 해역, 고립된 암초, 돌출한 초맥(礁脈)의 부근 및 침선 등은

피한다.

④ 묘지로 향하는 항로는 약간 우회하는 일이 있더라도 될 수 있는 대로 빨리 묘지 부근의 상황을 파악할 수 있는 항로를 선택한다.

5. 속 력

속력은 항내 속력을 유지하고 기관의 전 능력을 발휘할 수 있는 상태로 유지한다.

6. 입항할 때의 주의 사항

① 입항하기 5～10 해리 이전에 함장에게 보고하고 이를 기관 당직 사관에게도 통보한다.

② 입항 항로에 들어가기 전에 미리 입항 목표를 확인한다.

③ 입항할 때에는 입항 목표, 속력 감속 목표, 투묘 목표 등에서의 거리, 방위 등을 메모한다. 또 함수 목표나 함수 방향에 있는 해안선까지의 거리를 측정하여 참고로 한다.

④ 예정 묘지 부근에 다른 선박, 어책(漁柵), 어망, 기타 장애물이 있는지 조사하고 필요하면 예정 묘지를 주저하지 말고 변경한다.

⑤ 입항 항로에 들어가면 그 때의 상황에 알맞게 속력을 감속하면서 묘지로 항행한다.

⑥ 속력을 감속하는 시기 및 투묘 방위는 닻과 나침의까지의 수평 거리를 고려하여 결정한다.

1508 묘지 선정과 묘지 기점

1. 묘지 선정

① 묘지는 바람과 조류의 영향을 받지 않는 곳을 택한다.

② 수심과 저질이 적당한 곳을 택한다.

③ 인접한 장애물이나 육안으로부터 충분한 거리에 있는 곳을 택한다.

묘지의 표준 거리 결정은 다음과 같다.

고정되어 있는 위험물로부터의 거리는 선박 길이의 두 배와 그 선박 묘쇄 총 길이를 합한 것을 표준 거리로 한다.

선박, 부표 등과 같이 부동(浮動)하는 위험물로부터의 거리는 선박 길이와 그 선박 묘쇄 총 길이를 합한 것을 표준 거리로 한다.

④ 주야간 선위 결정에 필요한 육상 물표나 주표 또는 야표가 있는 곳을 택한다.

⑤ 예정한 정박 기간의 장단, 예상 천후 및 교통과 통신, 작업 또는 보급 등을 고려하여 택한다.

2. 묘지 기점

묘지가 선정되면 다음과 같은 절차로 묘지 기점을 실시한다.

① 접근 항로를 기점한다. 접근 항로는 선박이 묘지에 정확히 도착할 수 있도록 기점하는 항로이며, 선박의 크기에 따라 최소 1000야드 이상 2000야드까지 표시한다.

② 선수 목표를 선정하고 방위를 기점한다.

③ 투묘권을 기점한다. 투묘권의 반지름은 닻의 위치에서 방위 측정용 나침의까지의 수평 거리로 한다.

④ 투묘 방위 물표를 선정하고 그 방위를 기점한다. 투묘 방위의 물표는 묘지에서 접근 항로와 직각을 이루는 물표를 택한다.

⑤ 거리권을 기점한다. 거리권은 묘지에서 1000야드까지 매 100야드마다 표시하고 숫자를 기입하며, 다음은 1200야드, 1500야드 거리권을 기점한다.

⑥ 선회권(Swing circle)을 기점한다. 선회권은 선박의 길이와 신출된 묘쇄의 길이를 합한 거리를 반지름으로 하여 묘지에서 그린 원주를 말한다.

⑦ 실선회권(Drage circle)을 기점한다. 실선회권은 묘쇄 신출공(Hawse

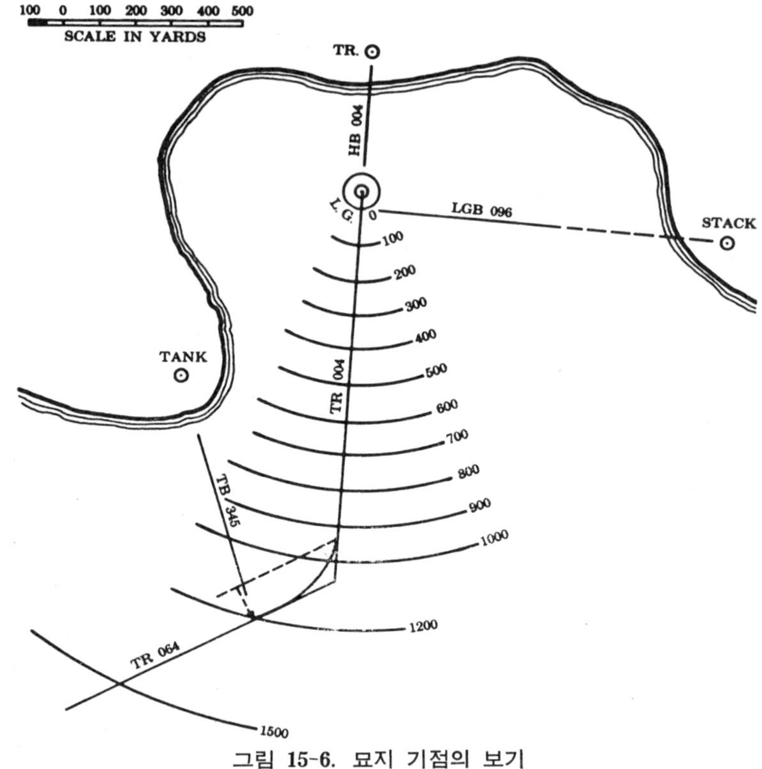

그림 15-6. 묘지 기점의 보기

pipe)으로부터 나침의까지의 수평거리와 신출된 묘쇄의 길이를 합한 거리를 반지름으로 하여 닻이 투하된 지점에서 그린 원주를 말한다.

1509 야간 항해

야간 항해시에는 시계가 좋은 주간 항해에 비하여 다음과 같은 특성을 가진다.

① 섬, 갑각(岬角), 산봉우리 등이 잘 보이지 않아 선위 측정이 곤란하다.

② 타 선박의 발견이 어렵고 발견하더라도 그 종류, 진행 방향 및 거리

를 판단하기가 곤란하므로 상당한 숙련이 필요하다.

③ 당직 근무자는 긴장이 풀리고 졸음이 오기 쉽다.

④ 당직 근무자 외에는 자고 있거나 휴식 중이므로, 충돌 등의 해난 사고가 발생하였을 때 신속한 조치를 취할 수 없다.

1. 야간 항해시의 주의 사항

① 육상의 물표를 확인하기 쉬운 안전한 항로를 선정하고, 필요할 때마다 선위를 측정하도록 한다.

② 견시를 철저히 한다.

③ 다른 선박의 등화 방위가 변하는 상태를 신중히 관측하고, 충돌의 위험이 있는지를 판단하여 항법 규정에 따라 행동한다.

④ 항해 당직 전에는 충분한 휴식을 취한다.

⑤ 선위가 의심스럽거나 다른 선박의 행동에 의문이 생기면 지체없이 선(함)장에게 보고한다.

2. 견시 및 등화

① 야간 항해시에는 특히 견시를 철저히 하고, 항로 부근에 있는 등화는 물론 등화를 표시하고 있지 않은 소형 어선들까지도 발견하도록 신경을 써야 한다.

② 각종 등화에 대하여 목측(目測)에 의한 판단은 부정확하다. 홍광, 녹광 및 섬광에 대해서는 각별한 주의가 필요하며, 여러 가지 각도에서 검토하고 확인해야 한다.

③ 항해등은 규정대로 켜져 있는가를 확인하여야 하고, 다른 선박의 항해등을 발견했을 때에도 그러할 필요가 있다.

④ 등광(燈光)을 발견하면 우선 그것이 어떤 종류의 것인지 확인해야 한다.

3. 타 선박의 등화를 초인시의 항법

① 시각을 측정한다.

② 나침의로 선등(船燈)의 방위를 측정한다.

③ 거리를 대략 목측한다. 등화를 목측할 때에는 광력이 약한 것은 거리가 가까와도 멀리 보이므로 주의를 요한다.

④ 초인한 선박의 어느 등화를 어떤 상태로 보고 있으며, 그 등화의 명암도를 확인한다.

⑤ 등화의 종류에 의하여 그 선박의 형태를 파악한다.

⑥ 선박의 대략적인 진행 방향을 추정한다.

⑦ 제 3의 선박이 없는가 확인한다.

⑧ 일정한 시간이 경과한 후에 다시 방위를 측정하여 변화량을 확인하고, 방위가 거의 변화되지 않고 거리가 가까와지면 충돌 위험이 있으므로 항법에 따라 행동한다.

⑨ 항법 적용에 대한 판단이 어려우면 즉시 선(함)장에게 보고한다.

4. 마주치는 선박의 피항법

① 초기 판단을 정확히 하고 명확한 행동을 취한다.

선수 방위의 좌우 6° 이내에서 다른 선박의 양쪽 현등을 본 경우에는 "End on" 또는 "Nearly end on"으로 마주 보고 있다고 판단하는 것이 좋다.

우현 선수 부근에 다른 선박의 녹등을 보고 거의 평행인 침로로 접근하고 있는 경우에는 다른 선박과 "Nearly end on"의 관계에 있는 것으로 잘못 판단하여 우선회할 위험이 있다.

정횡 후방 23°를 넘는 방위, 즉 야간에 현등이 보이지 않는 범위에서 접근하는 선박은 추월선이다. 이 때 횡단 관계에 있는 선박인가 추월선인가 의심스러우면 추월선으로 간주한다.

② 피항하려면 일시에 대각도 변침을 실시하여 자기 선박의 현등 한 개

가 명확히 다른 선박에게 보이도록 해야 한다. 동시에 침로 신호를 행하여 의사 표시를 명확하게 하며, 감속할 때에는 짧은 시간 후진하는 것이 좋다.

③ 소형 선박의 등화에 대해서는 각별히 주의하고, 상대방 선박의 동정에 의문이 생기면 재빨리 주의 환기 신호를 행하던가 피항해야 한다.

5. 야표에 대한 일반적인 주의 사항

① 등대의 발견이 예상될 때에는 미리 등질을 조사하여 예상 시간 전부터 견시를 철저히 한다.

② 시계가 좋은 암야에는 우선 그 광망(光芒; Glare)을 발견한 후 실광(實光)을 발견하게 된다.

③ 등대의 실광을 발견하면 초인 시각과 방위를 측정하고 그 등질을 식별하여 해도나 등대표와 비교한다. 이 때 섬광등이나 명암등은 초시계로 그 주기를 확인한다.

④ 등대의 초인 거리를 구할 수 있을 때에는 방위도 측정하여 선위를 결정한다.

⑤ 광력이 강한 등대의 광망은 광달거리 밖에서 보이며, 실광은 거의 예상한 광달거리에서 발견할 수 있다. 그러나 광력이 약한 등대의 실광은 광달거리 내에 들어가도 보이지 않는 수가 있으므로, 등대의 광달거리는 광력까지도 확인하여야 한다.

⑥ 등대에 접근해 갈 때 등광이 보이지 않는다고 광달거리 밖에 있다고 속단하지 말고 등대 부근에 구름과 안개가 끼어 있는지 확인한다.

⑦ 안개나 비가 갠 후 갑자기 등광을 발견하게 되면 우선 안고(眼高)를 낮추어 보고 등광이 사라지지 않으면 자기 선박은 이미 광달거리 안에 들어 있다고 판단한다.

⑧ 등부표의 등화는 너무 신뢰하지 말아야 한다. 등부표는 위치도 불확실하고 등화가 소등되어 있는 수도 있기 때문이다.

6. 선위를 측정할 때의 주의 사항

① 야간에 측정한 선위는 큰 오차가 생기는 경우가 있으므로, 확실한 물표를 선택하여 여러 가지 방법으로 선위를 구한다.

② 암야에 선위를 측정할 때에는 물표를 잘못 보는 수가 있으므로 충분한 관찰이 요구되며, 물표는 될 수 있는 한 뚜렷한 산봉우리 같은 것이 좋다. 그리고 방위는 3개 이상의 물표를 이용하여 선위를 결정한다.

③ 야간의 연안 항해시에 선위에 대한 의혹이 생기면 즉시 육안에서 떨어지도록 침로를 변경시키고 확실한 선위를 확인한 후 원침로로 복귀한다.

④ 도서의 중앙 수로나 협수도를 통과할 때에 달빛이 있으면 어두운 곳은 멀리 떨어지게 되고, 밝은 쪽에 접근하기 쉬우므로 선위를 정확히 측정하여야 한다.

1510 협시계 항법

안개, 눈, 폭우, 연무(煙務), 황사(黃砂) 등의 원인으로 시계가 제한된 상태일 때 이를 협시계(狹視界)라 한다. 협시계인 상태에서 야간이 되면 육지와 항로 표지를 발견하기가 더욱 어렵게 되므로, 협시계에 대한 대비책을 강화하고, 전파 항해 계기를 더욱 활용해야 한다.

1. 협시계 항행시의 준비 사항

① 안개, 비 또는 눈이 내려 협시계가 될 증후가 보이면 즉시 선(함)장에게 보고하고, 기관실과 통신실 등 선내 전반에 통보한다.

② 육상 물표가 보일 때까지 마지막 선위를 결정하고, 그 시각과 측정의 시도(示度)를 기록한다.

③ 선박 주위에 있는 다른 선박의 위치, 종류 및 진행 방향을 확인한다.

④ 자동 조타(Auto-pilot)로 항행 중일 때에는 인력 조타로 전환한다.

⑤ 견시를 증가 배치한다.

⑥ 무중 신호와 측심의의 동작 준비를 한다.

⑦ 수밀문, 수밀창의 폐쇄와 투묘 준비 등 보안에 관한 조치를 취한다.

⑧ 합(선)교는 물론 선내의 소음을 최소로 하여 정숙을 기한다.

2. 견시의 배치와 주의 사항

오늘날 선박이 대형화 및 고속화되고 갑판에 차폐물이 많아져 견시의 필요성은 더욱 강조되고 있다. 특히 협시계 항해시에는 견시를 더 철저히 해야 한다.

① 견시는 해상 경력이 풍부하고 필요한 사항을 당직 사관에게 보고할 수 있는 능력을 갖추어야 한다.

② 음향 신호, 등화, 낮은 물표를 발견하려면 선수에 견시를 배치한다.

③ 협수도나 항내를 항행할 때에는 선미에 견시를 배치하여 추월선을 감시한다.

④ 해상에 안개가 낮게 끼어 있으면 높은 장소에 견시를 배치한다.

⑤ 안개의 위치는 높기도 하고 낮기도 하면서 이동하므로, 등광을 단속시키기도 하고 차폐하기도 한다.

⑥ 예정된 방향에서 물표를 발견해도 확인될 때까지 속단하지 말아야 한다.

⑦ 육안을 눈으로 보기 전에 해안에서 일어나는 쇄파(碎波) 소리를 듣게 되는 경우가 있다.

⑧ 무중(霧中)에는 다른 선박의 선체보다 항적만 보이는 수가 있다.

⑨ 무중신호소의 신호는 기온차, 풍속차, 풍랑 등에 따라 음속이 변하여 들리지 않는 경우가 있다.

⑩ 안개나 눈은 등대의 광력을 흡수하거나 난반사시켜 광달거리를 짧게 하므로 주의해야 한다.

3. 무중 항로

연안에서 외해(外海)로 향하는 선박은 육안에 접근해서 항해할 필요가 없으므로 충분한 이안 거리를 두고 항로를 선정하는 것이 좋다.

연안 항해시에는 등대, 섬, 갑각 등 뚜렷한 물표에 접근하여 선위를 확인하고 다음 목표로 향하는 'Point to point'의 방법으로 항해하는 것이 좋다. 항정은 약간 길어져도 접근하는 물표 부근에 위험물이 없고 외력의 영향이 적으며, 무신호 청취가 가능하고 무선 방위 측정과 측심에 의하여 선위 측정이 가능한 항로를 선정한다.

외해에서 연안으로 접안(接岸)하는 경우에는 좌초의 위험이 가장 많은 시기이므로 다음과 같은 계획을 세운다.

① 접근하려는 물표를 지나 해안선과 평행한 안전선을 기점하고, 이 평행선과 작은 각도로 만나는 항로를 선정한다.

② 육안으로 접근할 때에는 모든 수단을 다하여 선위를 추정하고 오차계(誤差界)를 고려하면서 항행한다.

③ 물표에 가까와지면 견시를 증원하고, 속력을 감속하며 투묘 준비를 한다. 필요하면 묘쇄를 적당히 신출하고, 낮은 속력으로 항행하면서 물표 발견에 노력한다.

④ 시계가 더욱 나빠지면 해안선에 평행한 항로를 취하거나 육안에서 멀어지는 항로를 취한다.

4. 무중 항행

무중 항행 중 지나친 감속은 오히려 외력의 영향을 받게 되므로, 당시의 시계(視界), 선박의 크기, 선박의 교통량, 조류의 강약 등을 고려하여 해상 충돌 예방 규칙의 안전 속력을 유지해야 한다.

계속 전파 항해 계기에 의하여 실측 위치를 결정하거나 최근의 실측 위치를 기초로 선위를 추정하여 안전한 항해를 할 수 있는 노력을 한다. 선위의 추정은 신중을 기해서 행하고, 그 추정 위치에 충분한 오차계를 설정하여 위험계(危險界)와 접촉하지 않도록 해야 한다. 오차계가 오차계와 접근하는 경우에는 다음과 같은 안전 조치를 취해야 한다.

① 육안이나 목표에 접근할 필요가 없는 경우는 외해 쪽으로 변침한다.

② 가능하면 측심에 의하여 선위를 추정한다.

③ 측심으로 선위를 추정하면서 항행하려고 할 때에는 해도에 등심선을 정밀하게 그려 넣고, 위험물에 대하여는 안전하며 등심선에 특징이 있어 선위를 추정하기에 편리한 침로를 선정한다.

④ 선위에 불안을 느낄 때에는 주저하지 말고 투묘하거나 외해로 변침하여 항해한다.

1511 산호초해의 항법

열대 해역에는 발견하기 어려운 산호초가 산재해 있고, 복잡한 해조류가 흐르고 있으며, 항로 표지가 제대로 설치되지 않아 선위를 측정하기가 어렵다. 산호초(또는 石花礁)에 좌초되면 선저는 대파되게 마련이고, 외해로부터 밀려드는 파랑의 충격에 의하여 선체 파손은 증대될 뿐만 아니라 구조 작업도 어렵게 된다.

1. 산호초해의 특징

산호초는 간출암과 같이 조고에 따라 수면하에 잠기거나 노출되는 경우가 있으며, 수온과 주위 환경이 알맞으면 무성하게 자라난다.

① 레이다를 장비한 선박도 산호초를 발견하기가 어렵다.

② 해면에 파도가 일지 않으면 산호초를 식별하기가 곤란하다.

③ 태양의 고도가 높고 태양이 등 뒤에 있을 때나 바람이 불 때에는 산호초 발견이 용이하다.

표 15-4

수 심(m)	물 빛 깔	수 심(m)	물 빛 깔
0.9	엷은 갈색	20 내외	청 색
2.0 이하	갈색을 띤 녹색	30 내외	자색을 띤 청색
2.0∼5.0	황색을 띤 녹색	40∼70	자남색
10 내외	청색을 띤 녹색	70 이상	짙은 자남색
15 내외	백색을 띤 청색		

④ 산호초가 산재한 바다는 해수가 맑아 물빛에 의하여 대략적인 수심을 판단할 수 있다.

⑤ 산호초 부근에 접근하면 해류의 유향, 유속이 급격히 변하는 일이 있고, 산호초의 유하(流下) 쪽에는 와류나 반류가 일어나는 수가 있다.

2. 침로 및 항행

산호초가 산재한 바다는 육상 물표를 관측할 수 없는 경우가 많으므로, 나침의의 오차가 적어도 선위는 크게 편위하게 된다. 일정한 침로로 항해하더라도 오차가 변하는 수가 있으므로, 기회가 있을 때마다 오차를 측정하여 정확한 침로를 유지해야 한다.

① 해도는 최신판 대축척도인 것을 사용하고, 항로 고시에 의한 소개정을 필히 실시한다.

② 수심 측량이 정확하지 않은 해안이나 수심이 100 m 이내인 해역은 암암이 있을 수가 있으므로 속력을 감속하고 견시를 강화한다.

③ 수심 측량이 정확하지 않은 해역은 가능하면 측심선 위를 항행한다.

④ 해도의 표제 기사에서 수심, 높이 등의 단위에 착오가 없도록 한다.

⑤ 산호초와의 거리는 적어도 6해리 이상 떨어져 항로를 선정한다.

⑥ 선위를 측정하기 위하여 섬으로 접근하는 항로 선정을 금한다.

⑦ 산호초가 정횡으로 되기 전까지의 항로는 외력에 의하여 편위되는 경향을 산출하기 위하여 직선 항로를 택한다.

⑧ 물표의 정횡선은 필히 기입하고 정횡통과 시각을 추정 한다.

⑨ 산호초가 발견될 예정 시각이 되어도 안 보이면 기관을 정지하던가 저속력으로 감속한다.

⑩ 남북 적도 해류가 있는 해역에서는 대략 서류(西流)가 있으므로, 산호초나 섬의 서쪽을 통과하는 것이 안전하다.

⑪ 산호초 사이를 통과할 때에는 항정이 약간 길어져도 산호초 사이의 가장 좁은 구간을 연결한 직선의 수직이등분선을 항로로 선정, 항행한다.

⑫ 스코올(squall)이 있을 때에는 항행을 중단하고 대기한다.

부 록

1. 지구에 관한 측정치
2. 각종 단위
   - 길 이
   - 면 적
   - 질 량
   - 속 력
   - 용 적
   - 용적당 질량
   - 수 학
3. 희랍(그리이스) 문자
4. 해도 도식

1. 地球에 관한 측정치

지 구(Earth)

중력의 가속도(표준 상태) ·························· $=980.665\ cm/sec^2$

$=32.1740\ ft/sec^2$

질 량 ·························· $=598\times10^{25}$ grams

$=66\times10^{20}$ short tons

$=59\times10^{20}$ long tons

평균 밀도 ·························· $=5.517\ gr/cm^3$

Velocity of escape ·························· =6.94 statute miles per second

Curvature of surface ·························· =0.8 foot per nautical mile

Clarke 회전 타원체(1866년)

赤道 반지름(a) ·························· =20, 925, 874.05 feet

=6, 975, 291.35 yards

=6, 378, 206.4 meters

=3, 963.234 statute miles

=3, 443.957 nautical miles

極 반지름(b) ·························· =20, 854, 933.76 feet

=6, 951, 644.59 yards

=6, 356, 583.8 meters

=3, 949.798 statute miles

=3, 432.282 nautical miles

평균 반지름$\left(\frac{2a+b}{3}\right)$ ·························· =20, 902, 227.28 feet

=6, 967, 409.09 yards

=6, 370, 998.9 meters

=3, 958.755 statute miles

=3, 440.065 nautical miles

赤道의 弧 1′ ·························· =6, 087.090 feet

=2, 029.030 yards

=1, 855.345 meters

=1.153 statute miles

=1.002 nautical miles

赤道에서의 緯度 1′ ·························· =6, 045.889 feet

=2, 015.296 yards

=1, 842. 787 meters
=1. 145 statute miles
=0. 995 nautical miles

極에서의 緯度 1′ ……………………………………=6, 107. 795 feet
=2, 035. 932 yards
=1, 861. 656 meters
=1. 157 statute miles
=1. 005 nautical miles

楕率$\left(f=\frac{a-b}{a}\right)$ ……………………………………=$\frac{1}{294.98}$
=0. 00339007530

離心率($e=\sqrt{2f-f^2}$) ……………………………………=0. 08227185422

離心率의 제곱(e^2) ……………………………………=0. 00676865800

Clarke 회전 타원체(1880 년)

赤道 반지름(a) ……………………………………=20, 926, 014. 29 feet
=6, 975, 338. 10 yards
=6, 378, 249. 145 meters
=3, 963. 260 statute miles
=3, 443. 980 nautical miles

極 반지름(b) ……………………………………=20, 854, 707. 61 feet
=6, 951, 569. 20 yards
=6, 356, 514. 870 meters
=3, 949. 755 statute miles
=3, 432. 245 nautical miles

평균 반지름$\left(\frac{2a+b}{3}\right)$ ……………………………………=20, 902, 245. 39 feet
=6, 967, 415. 13 yards
=6, 371, 004. 387 meters
=3, 958. 759 statute miles
=3, 440. 068 nautical miles

赤道의 弧 1′ ……………………………………=6, 087. 129 feet
=2, 029. 043 yards
=1, 855. 357 meters
=1. 153 statute miles
=1. 002 nautical miles

赤道에서의 緯度 1′ ……………………………………=6, 045. 719 feet

=2, 015. 240 yards
=1, 842. 735 meters
=1. 145 statute miles
=0. 995 nautical miles

極에서의 緯度 1′ ……………………………………=6, 107. 943 feet
=2, 035. 981 yards
=1, 861. 701 meters
=1. 157 statute miles
=1. 005 nautical miles

楕率$\left(f=\frac{a-b}{a}\right)$ ……………………………………=$\frac{1}{293.465}$
=0. 00340756138

離心率 $(e=\sqrt{2f-f_2})$……………………………………=0. 08248339904

離心率의 제곱(e^2)……………………………………=0. 00680351112

국제 회전 타원체

赤道 반지름(a) ……………………………………=20, 926, 469. 85 feet
=6, 975, 489. 95 yards
=6, 378, 388 meters
=3, 963. 347 statute miles
=3, 444. 055 nautical miles

極 반지름(b) ……………………………………=20, 856, 010. 35 feet
=6, 952, 003. 45 yards
=6, 356, 911. 946 meters
=3, 950. 002 statute miles
=3, 432. 459 nautical miles

평균 반지름$\left(\frac{2a+b}{3}\right)$ ……………………………………=20, 902, 983. 35 feet
=6, 967, 661. 12 yards
=9, 371, 229. 315 meters
=3, 958. 8987 statute miles
=3, 440. 190 nautical miles

赤道의 弧 1′ ……………………………………6, 087. 264 feet
=2, 029. 088 yards
=1, 855. 398 meters
=1. 153 statute miles
=1. 002 nautical miles

赤道에서의 緯度 1′ ……………………………………=6,046.342 feet
=2,015.447 yards
=1,842.925 meters
=1.145 statute miles
=0.995 nautical miles

極에서의 緯度 1′ ……………………………………=6,107.828 feet
=2,035.943 yards
=1,861.666 meters
=1.157 statute miles
=1.005 nautical miles

楕率$\left(f=\frac{a-b}{a}\right)$ ……………………………………$=\frac{1}{297}$
=0.00336700337

離心率$(e=\sqrt{2f-f^2})$ =0.08199188997

離心率의 제곱(e^2) ……………………………………=0.00672267002

2. 각종 단위

길 이(Length)

1 inch ……………………………………=25.4 millimeters
=2.54 centimeters

1 foot(U.S.) ……………………………………=12 inches*
=1 British foot
=1/3 yard*
=0.3048 meter
=1/6 fathom*

1 foot(U.S. survey) ……………………………………=0.30480061 meter

1 yard ……………………………………=36 inches*
=3 feet*
=0.9144 meter

1 fathom ……………………………………=6 feet*
=2 yards*
=1.8288 meters

1 cable ……………………………………=720 feet*
=240 yards*
=219.4560 meters

1 cable(British) ······························ =0. 1 nautical mile
1 statute mile ······························ =5, 280 feet*
=1, 760 yards*
=1, 609. 344 meters
=1. 609344 kilometers
=0. 86897624 nautical miles
1 nautical mile ······························ =6, 076. 11548556 feet
=2, 025. 37182852 yards
=1, 852 meters*
=1. 852 kilometers*
=1. 150779448 statute miles
1 meter ······························ =100 centimeters*
=39. 370079 inches*
1 square (statute) mile =3. 28083990 feet
=1. 09361330 yards
=0. 0174532925199432957666 radian =0. 54680665 fathom
=0. 00062137 statute miles
=0. 00053996 nautical mile
1 kilometer ······························ =3, 280. 83990 feet
=1, 093. 61330 yards
=1, 000 meters*
=0. 62137119 statute mile
=0. 53995680 nautical mile

면 적(Area)

1 square inch ······························ =6. 4516 square centimeters
1 square foot ······························ =144 square inches*
=0. 09290304 square meter
=0. 00002296 acre
1 square yard ······························ =9 square feet*
=0. 83612736 square meter
1 square (statute) mile ······························ =27, 878, 400 square feet*
=640 acres*
=2. 589988110336 square kilometers
1 square centimeter ······························ =0. 15500031 square inch*
=0. 00107639 square foot

1 square meter .... =10. 76391045 square feet
=1. 19599005 square yards

1 square kilometer .... =247. 1053815 acres
=0. 38610216 square statute mile
=0. 29155335 square nautical mile

질 량(Mass)

1 ounce .... =437. 5 grains*
=28. 34952312 grams*
=0. 0625 pound*
=0. 028349523125 kilogram*

1 pound... =7, 000 grains*
=16 ounces*
=0. 45359237 kilogram*

1 short ton .... =2, 000 pounds*
=907. 18474 kilograms*
=0. 90718474 metric ton*
=0. 89285714 long ton

1 long ton .... =2, 240 pounds*
=1, 016. 0469088 kilograms*
=1. 12 short tons*
=1. 0160469088 metric tons*

1 kilogram .... =2. 204622622 pounds
=0. 00110231 short ton
=0. 00098421 long ton

1 metric ton.. =2, 204. 6226218 pounds
=1, 000 kilograms*
=1. 10231131 short ton
=0. 98420653 long ton

속 력(Speed)

1 foot per minute .... =0. 01666667 foot per second
=0. 00508 meter per second*

1 yard per minute..................................... =3 feet per minute*
=0. 05 foot per second*
=0. 03409091 statute mile per hour
=0. 02962419 knot
=0. 01524 meter per second*

1 foot per second ………………………………… =60 feet per minute*
=20 yards per minute*
=1.09728 kilometers per hour*
=0.68181818 statute mile per hour
=0.59248380 knot
=0.3048 meter per second*

1 statute mile per hour ………………………… =88 feet per minute*
=29.33333333 yards per minute
=1.609344 kilometers per hour*
=1.46666667 feet per second
=0.86897624 knot
=0.44704 meter per second*

1 knot ………………………………………………… =101.26859143 feet per minute
=33.75619714 yards per minute
=1.852 kilometers per hour*
=1.68780986 feet per second
=1.15077945 statute miles per hour
=0.51444444 meter per second

1 kilometer per hour …………………………… =0.62137119 statute mile per hour
=0.53995680 knot

1 meter per second ……………………………… =196.8539340 feet per minute
=65.6167978 yards per minute
=3.6 kilometers per hour*
=3.28083990 feet per second
=2.23693632 statute miles per hour
=1.94384449 knots

진공 속에서의 광속 ……………………………… =299,792 kilometers per second
=186,282 statute miles per second
=161,875 nautical miles per second
=983,570 feet per microsecond

공기 중에서의 광속 ……………………………… =299,708 kilometers per second
=186,230 statute miles per second
=161,829 nautical miles per second
=983.294 feet per microsecond

기온 60°F, 표준해면 기압인 건조한 공기 중에서의 음속 ……… =1116.99 feet per second
=761.59 statute miles per hour
=661.81 knots
=340.46 meters per second

기온 60°F, 염분 3.485 퍼센트인 해수 중에서의 음속 ……… =4,945.37 feet per second
=3,371.85 statute miles per hour
=2,930.05 knots
=1,507.35 meters per second

용　적(Volume)

1 cubic inch ……… =16.387064 cubic centimeters*
=0.01638661 liter
=0.00432900 gallon

1 cubic foot ……… =1,728 cubic inches*
=28.31605503 liters
=7.48051946 U.S. gallons
=6.22883522 imperial (British) gallons
=0.028316846592 cubic meter*

1 cubic yard ……… =46,656 cubic inches*
=764.53367616 liters
=201.974010624 U.S. gallons
=168.17859183 imperial (British) gallons
=27 cubic feet*
=0.764554857984 cubic meter*

1 cubic centimeter ……… =0.06102374 cubic inch
=0.00026417 U.S. gallon
=0.00021997 imperial (British) gallon

1 cubic meter ……… =264.17203187 U.S. gallons
=219.96923879 imperial (British) gallons
=35.31466655 cubic feet
=1.30795059 cubic yards

1 quart (U.S.) ……… =57.75 cubic inches*

=32 fluid ounces*
=2 pints*
=0.94632645 liter
=0.25 gallon*

1 gallon(U.S.) ······=3,785.3984784 cubic centimeters*
=231 cubic inches*
=0.13368056 cubic foot
=4 quarts*
=3.7853058 liters
=0.83267412 imperial(British) gallon

1 liter······=1,000.028 cubic centimeters
=61.02545 cubic inches
=1.05671780 quarts
=0.26417945 gallon

1 register ton······=100 cubic feet*
=2.8316846592 cubic meters*

1 measurement ton······=40 cubic feet
=1 freight ton*

1 freight ton ······=40 cubic feet*
=1 measurement ton*

용적당 질량(Volume-mass)

1 cubic foot of sea water ······=64 pounds
1 cubic foot of fresh water ······=62.428 pounds at temperature of maximum density (4°C=39°.2F)
1 cubic foot of ice······=56 pounds
1 displacement ton······=35 cubic feet of sea water*
=1 long ton

수 학(Mathematics)

π······=3.14159265358979323846264338327950288419 71
π^2 ······=9.8696044011
$\sqrt{\pi}$ ······=1.7724538509
자연 대수의 밑(e)······=2.718281828459
상용 대수의 계수($\log_{10}e$)······=0.4342944819032518
1 radian······=206.264″.80625
=3,437′.7467707849

	$=57°.2957795131$
	$=57°17'44''.80625$
원둘레 ………………	$=1,296,000''$*
	$=21,600'$*
	$=360°$*
	$=2\pi$ radians*
180° ………………	$=\pi$ radians*
1° ………………	$=3600''$*
	$=60'$*
	$=0.017453292519943295769$ radian
1′ ………………	$=60''$*
	$=0.000290888208665721596$ radian
1″ ………………	$=0.0000048481368110953599$ radian
sin 1′………………	$=0.000290888204563424 60$
sin 1″ ………………	$=0.000004848136811076 37$

3. 희랍(그리이스) 문자

A	α	Alpha	N	ν	Nu
B	β	Beta	Ξ	ξ	Xi
Γ	γ	Gamma	O	o	Omicron
Δ	δ	Delta	Π	π	Pi
E	ε	Epsilon	P	ρ	Rho
Z	ζ	Zeta	Σ	σ	Sigma
H	η	Eta	T	τ	Tau
Θ	θ	Theta	Υ	υ	Upsilon
I	ι	Iota	Φ	ϕ	Phi
K	κ	Kappa	X	χ	Chi
Λ	λ	Lambda	Ψ	ψ	Psi
M	μ	Mu	Ω	ω	Omega

해 도 도 식

이 도식은 수로국 간행 해도에 기재된 기호 및 약어를 수록 하였으며 일부 외국판의 복제도나 특수도에는 적용되지 않는 것이 있다.

○도식의 항목, 배열은 국제 수로국의 기호, 약어, 기준표에 준하였음.
○입체 숫자 번호는 국제 수로국 결정에 따른 것임.
○사체 숫자 번호는 국제 수로국 결정과 다르거나 아직 결의되지 않는 항목을 말한다.
○괄호내의 표시한 문자는 국제 수로국의 기호, 약어, 기준표 항목에 준한 것이 아님.

총 설

1. 도법 :
주로 머-케트법(점장도법)을 사용함.

2. 축척의 기준 :
한국 및 근해에서는 1:20만 이하의 해도는 위도 36°를 기준으로 하고 1:20만 이상의 해도는 그 해도의 중분위도를 기준으로 함.

3. 경도 :
영국 그린닛치 (Greenwich) 자오선을 본초 자오선으로 한 것을 기준으로 한다.

4. 수심의 기준면 :
수로국 측량에 의한 해도에서는 평균 해면하 $H_m+H_s+H'+H_o$(H_m, H_s, H', H_o는 $M_2 \cdot S_2 \cdot K_1$, O_1 潮의 半潮差)의 면을 기준으로 한다.
(서지 제1201-1호 조석표 제1권 참조)
외국의 해도를 자료로 이용하는 경우는, 그 나라의 기준면을 사용해야 한다.

5. 수심 (소해심도도 같음) :
기본 수준면하의 수심을 미터(m)로 표시할 때 20.9m까지는 소수 1위를 붙이고, 21m 이상은 소수를 절사한다.

6. 간출 :
기본 수준면과 약 최고 고조면 사이에 있는 물체의 높이는, 기본 수준면부터 미터(m)로 표시하고, 10m 미만은 소수 1위를 붙인다. (단수는 4사 5입)

7. 높이 (간출 및 특정한 물체는 제외) :
평균 수면상의 높이를 미터(m)로 표시하고 10m 미만은 소수 1위를 붙인다. (단수는 4사 5입)

8. 안선 :
안선은 고조면때의 흔적 즉 약최고 고조면에 있어서 육지와 수면의 경계선을 말한다.

9. 해리 :
1마일(M)은 위도 1′의 길이에 준하며, 국제 해리는 1M=1,852m를 사용한다.

10. 해도의 규격 :
각 해도는 내윤곽선의 규격을 센치미터(cm) 단위로 해도 우측하단란에 기재함.

11. 소개정의 항로고시 항수 :
각 해도의 좌측 하단 란외에 기재함.

목 차

CHART SYMBOLS AND ABBREVIATIONS

The Chart 416 contains symbols and abbreviations used on the charts compiled by the Hydrographic office of Korea

However, those charts based on foreign sources may contain any symbol or abbreviation not shown on this chart.

- *Terms, symbols and abbreviations on this chart are listed in accordance with the arrangedment and numbering of the Standard List of Symbols and Abbreviations of the International Hydrographic Bureau.*
- *Vertical Figures indicate those items where the symbols and/or abbreviations are in accordance with the Resolutions of the International Hydrographic Conferences.*
- *Slanting figures indicate those items where the symbols and/or abbreviations from the differ Resolutions of the Conferences or for which Resolutions do not yet exist.*
- *Letters in parentheses indicate that that items are in addition to those shown on the approved standard form*

GENERAL REMARKS

1 *CHART PROJECTION*

The charts compiled by Hydrographic office Korea, are mainly constructed on the Mercator's projection.

2 *SCALES*

Charts with scales of smaller than 1:200,000 for the area of Korea and its adjacent seas are mainly based on the scale length of the meridian at Lat. 36°, and those of larger than 1:200,000 are based on the middle latitude of the chart.

3 *LONGITUDES*

Longitudes are referred to the Meridian of Greenwich.

4 *DATUM LEVEL FOR SOUNDINGS*

All the soundings on the chart based on the original survey of the Hydrographic office are referred to the level of $H_m + H_s + H' + H_o$ *under the Mean Sea Level. This chart datum corresponds to the Level of Nearly Lowest Low Water (See Pub. 1201-1. Tide Tables. Vol. I)*

Those charts based on foreign sources are referred to the chart datum of the country of origin.

5 *SOUNDINGS (including Swept Depths)*

Soundings are shown in metres with decimals except .0 up to the depth of 20.9 metres and in metres elsewhere, ignoring fractions.

6 *DRYING HEIGHTS*

Drying heights, indicating the portion of an object between the chart datum and the Level of Nearly Highest High Water, are referred to the chart datum and shown in metres with decimals except .0 up to 10 metres and elsewhere in metres.

7 *HEIGHTS (except Drying Heights and those otherwise remarked)*

All heights are measured from the Mean Sea Level and shown in metres with decimals except .0 up to 10 metres and elsewhere in metres.

8 *COASTLINES*

Coastlines are determined by the high water mark which is the line of intersection of the land and the Level of Nearly Highest High Water.

9 *NAUTICAL MILE*

A Nautical Mile is the length of a minute of Latitude at the place. An International Nautical Mile is 1,852 metres.

10 *DIMENSIONS OF PLATE*

The dimensions of the inner border of each chart are shown in centimetres at the bottom right-hand corner margin of the chart.

11 *PARAGRAPHS OF NOTICES TO MARINERS FOR SMALL CORRECTIONS*

The year date and paragraph numbers of Notices to Mariners affected the chart for small corrections are shown at the bottom left-hand margin of the chart.

TABLE OF CONTENTS

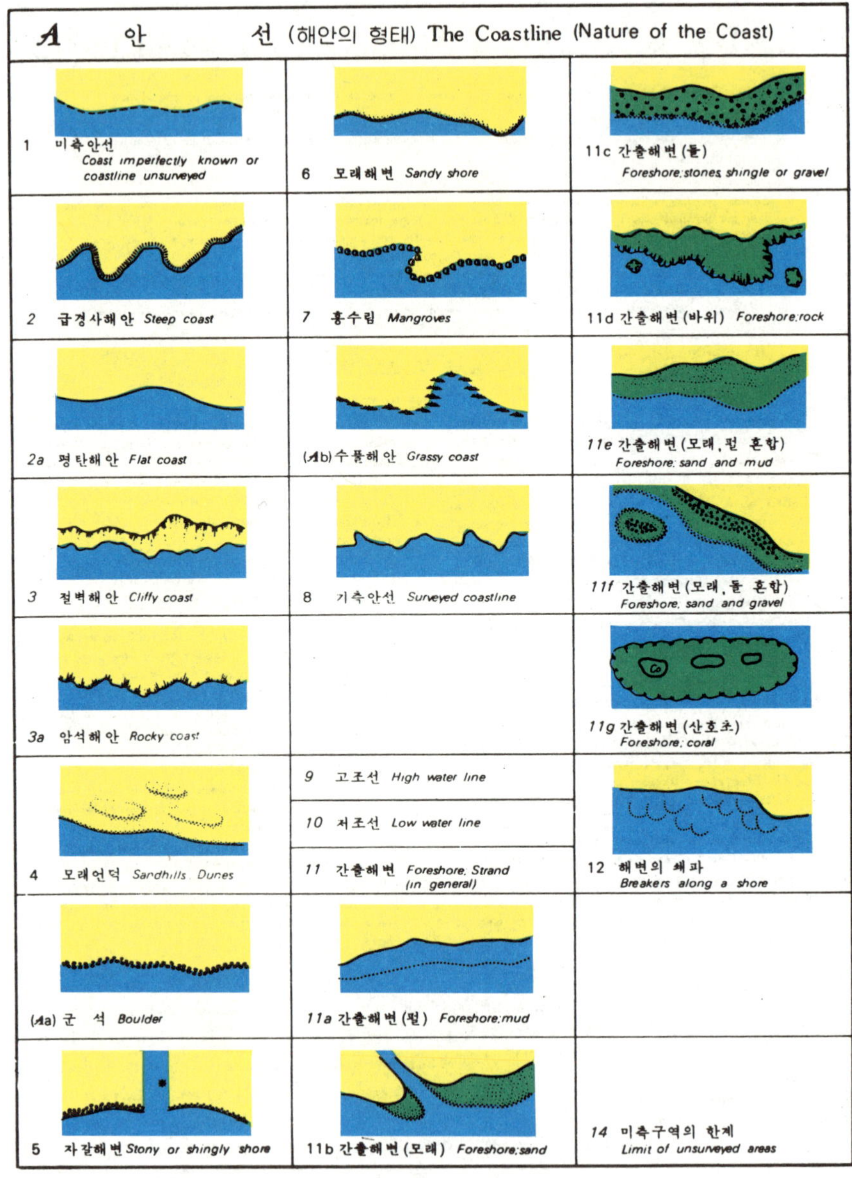
A 안 선 (해안의 형태) The Coastline (Nature of the Coast)
1 미측안선 Coast imperfectly known or coastline unsurveyed
6 모래해변 Sandy shore
11c 간출해변(돌) Foreshore; stones, shingle or gravel
2 급경사해안 Steep coast
7 홍수림 Mangroves
11d 간출해변(바위) Foreshore; rock
2a 평탄해안 Flat coast
(Ab) 수풀해안 Grassy coast
11e 간출해변(모래, 펄 혼합) Foreshore; sand and mud
3 절벽해안 Cliffy coast
8 기측안선 Surveyed coastline
11f 간출해변(모래, 돌 혼합) Foreshore, sand and gravel
3a 암석해안 Rocky coast
11g 간출해변(산호초) Foreshore; coral
Co
4 모래언덕 Sandhills. Dunes
9 고조선 High water line
10 저조선 Low water line
11 간출해변 Foreshore, Strand (in general)
12 해변의 쇄파 Breakers along a shore
(Aa) 군 석 Boulder
11a 간출해변(펄) Foreshore; mud
5 자갈해변 Stony or shingly shore
11b 간출해변(모래) Foreshore; sand
14 미측구역의 한계 Limit of unsurveyed areas

B 연 안 지 형 (Coast Features)

1	G.	해만	*Gulf*
2	B.	만	*Bay*
3	Fd.	포르드(협강)	*Fjord*
4	L.	하구, 호수	*Loch, Lough Lake*
5	Cr.	샛 강	*Creek*
5a	C.	포, 만.	*Cove*
6	In	강어귀, 포	*Inlet*
7	Str.	해 협	*Strait*
8	Sd.	포, 수도	*Sound*
9	Pass.	항 로	*Passage*
		수 도	*Pass*
	Thoro.	협수로	*Thoroughfare ; Thorofare*
10	Chan.	수도, 수로	*Channel*
10a		협수로	*Narrows*
(Ba)		수로, 갯골	*Fairway*
11	Entr.	입 구	*Entrance*
(Bb)	R.	강	*River*
12	Est.	하 구	*Estuary*
12a		삼각주	*Delta*
13	Mth.	입 구	*Mouth*
(Bc)	La.	개펄, 초호	*Lagoon*
14	Rd, Rds.	박 지	*Road, Roadstead*
15	Anch.	묘 지	*Anchorage*
16	Hbr.	항	*Harbour*
16a	Hn.	항(피박지)	*Haven*
17	P.	항	*Port*
18	I.	섬, 도.	*Island*
(Bd)	Is.	제도, 군도, 열도.	*Islands*
19	It.	섬, 도.	*Islet*
(Be)	Its.	제 도	*Islets*
20	Arch.	제도, 군도.	*Archipelago*
21	Pen.	반 도	*Peninsula*
22	C.	갑, 기, 각	*Cape*
(Bf)	Got.	곶	
23	Prom.	고 각	*Promontory*
24	Hd.	갑, 곶, 기, 각	*Head ; Headland*
25	Pt.	갑, 곶, 기, 각	*Point*
26	Mt.	산, 악,	*Mountain*
(Bg)	Mts.	산 괴	*Mounts ; Mount*
27	Mts.	산 맥	*Range of Mountains*
27a		계 곡	*Valley*
28		산 정	*Summit*
29	Pk.	봉, 정상	*Peak*
30	Vol.	화 산	*Volcano*
31		언덕, 산	*Hill*
32	Bld.	군 석	*Boulder*
33	Ldg.	상륙소, 양륙소	*Landing*
34		대지, 고원	*Table-land*
35	Rk.	암 석	*Rock*
(Bh)	Rks.	암반지대	*Rocks*
36		고립암	*Isolated Rock*

C 육 지 The Land (Natural Features)

1	등고선	Contour lines
1a	개략지형선	Contour lines, approximate
2	모익선영	Relief; Shown by Hachures
2a	간격이 일정치 않은 지형선	Relief; Shown by form-lines
3	빙 하	Glaciers
4	염 전	Saltpans
5	독립수	Conspicuous trees
5a	낙엽수	Deciduous or of unknown or unspecified type
5b	침엽수	Coniferous
5c	야자수	Palm tree
5d	니파 야자	Nipa palm
5f	카슈아리나	Casuarina
6	경작지	Cultivated fields
6a	초 원	Grass fields
7	논	Paddy fields
7a	공원, 정원	Park, Garden
8	관목숲	Bushes
8a	일반 식림지	Tree plantation in general
9	낙엽수림	Deciduous woodland
10	침엽수림	Coniferous woodland
10a	일반 수림지	Woods in general
11	수림의 높이 (278)	Elevation of top of trees
12	용암류	Lava flow
13	강, 개울	River; Stream
14	간헐천	Intermittent stream
15	호 수	Lake
16	초 호	Lagoon
17	늪지, 습지	Marsh; Swamp
18	수 렁	Slough
19	급 류	Rapids
20	폭 포	Waterfall
21	샘	Spring

D 기 준 점 Control Points

No.	약어/기호	명칭	English
1	▲	삼각점	*Triangulation point*
2	⊙ •	고정점	*Fixed point*
3	• 33	고지정점	*Summit of height*
Da	⊙	고정점(개략)	*Summit (position approx)*
Db	●33	등고선 봉우리	
Dc		모익선영 봉우리	
Dd		미측정 봉우리	
De	⊙	육표가 되는 봉우리	
4	⊕	측 점	
5		기본수준표	*Bench mark*
6	view x	대경도	*View point*
7		그릿드 기준점	*Datum point for grid of a plan*
8		도해 도근점	*Graphical triangulation point*
9	*Astro*	천문의	*Astronomical*
10	*Tri*	삼각 측량	*Triangulation*
11	*G. T. S.*	인도측량부 측점	*Great Trigonometrical Survey Station (India)*
12		다각점	*Traverse station*
13	Bdy Mon	경계표	*Boundary monument*
D*f*		목표물의 위치	*Position of an object*

E 단 위 (등) Units, etc.

No.	약어	명칭	English
1	h	시	*Hour*
2	min, m	분(시간)	*Minute(of time)*
3	sec, s	초(시간)	*Second(of time)*
4	m	미 터	*Metre*
4a	dm	데시미터	*Decimetre*
4b	cm	센치미터	*Centimetre*
4c	mm	미리미터	*Millimetre*
4d	m^2	평방미터	*Square metre*
4e	m^3	입방미터	*Cubic metre*
5	km	키로미터	*Kilometre*
6	in	인 치	*Inch*
7	ft	피 트	*Foot*
8	yd	야 드	*Yard*
9	fm	화 담	*Fathom*
10	Cab	케 블	*Cable length*
11	M	해 리	*Nautical mile*
12	kn	놋 트	*Knot*
12a	t	톤	*Ton*
12b	cd	칸데라	*Candela(new candle)*
13	Lat.	위 도	*Latitude*
14	Long.	경 도	*Longitude*
15	Pub.	서지간행	*Publication*
16	Ed.	판(版)	*Edition*
17	Corr.	개 정	*Correction*
18	alt	고 도	*Altitude*
19	H	높이, 고정	*Height Elevation*
20	… °	도(度)	*Degree*
21	…′	분(각도)	*Minute(of arc)*
22	…″	초(각도)	*Second(of arc)*
23	No.	번 호	*Number*

F 형용사, 부사, 등 약호 Adjectives, Adverbs and Other Abbreviations

No.	Abbr.	한글	English
1	Gt.	큰, 대	Great
2	Lit.	적은, 소	Little
3	Lrg.	큰	Large
4	sml.	작은	Small
5		밖(外)	Outer
6		안(內)	Inner
7	Mid.	가운데(中), 중간에	Middle
8		오랜(旧)	Old
9	anc.	고대의	Ancient
10		새로운	New
11	St.	세인트(聖)	Saint
12	Conspic	현저한	Conspicuous
13		저명한	Remarkable
14	Destr	파괴된	Destroyed
15		계획중	Projected
16	Dist.	거 리	Distant
17	abt.	약, 대략	About
18		해도참조	See chart
18a		분도참조	See plan
19		점등, 발광	Lighted, Luminous
20	Sub.	해저, 수중	Submarine
21		최 종	Eventual
22	Aero.	항 공.	Aeronautical
23	Hr.	높 은	Higher
23a	Lr.	얕 은	Lower
24	exper.	실험중의	Experimental
25	discontd	폐지, 중지	Discontinued
26	Prohib.	금지, 제한	Prohibited
27	explos.	폭발성	Explosive
28	estab.	설치된	Established
29	elec.	전 기	Electric
30	priv.	시 설	Private: Privately
31	prom.	현 저	Prominent
32	std.	표 준	Standard
33	subm.	수 몰	Submerged
34	Approx.	개 략	Approximate
35		해운의	Maritime
36	maintd.	유지, 지속	Maintained
38	temp.	임시의	Temporary
39	Occas	임시의, 때때로	Occasional
40	extr.	극단의	Extreme
42	N. M.	항로고시	Notice to Mariners
Fa	CL.	간 격	Clearance
Fb	LL	등대표	List of Lights
Fc	Rep.	보 고	Reported

G 항 만 Ports and Harbours

No.	Symbol	한국어	English
1		대형선 묘지	Anchorage for large vessels
2		소형선 묘지	Anchorage for small vessels
2a		묘박지(숫자 또는 문자)	Anchorage berch
3	Hbr	항	Harbour
4	Hn.	항, 피박지	Haven
5	P	항,	Port
6	Bkw	방파제	Breakwater
6a		제 방	Dyke Dike
7		방파제	Mole
8		돌 제	Jetty
8a		돌제(소축척)	Jetty (Small Scale)
8b		잠 제	Submerged jetty
9		잔 교	Pier
10		모래톱	Spit
11		방사제	Groin:groyne
12		투묘금지구역	Anchorage Prohibited
12a	QUAR ANCH	검역묘지	Quarantine anchorage
13	SPOIL AREA	토사사장	Spoil ground
13a	DUMPING GROUND	오물투하장	Dumping Ground
14		어 책	Fisheries;Fishing stakes
14a		정치망	Fish-trap; Fish-weirs
Ga	○	어 초	Fishing reef
15a	oys	굴양식장	Oyster bed
Gb	pearl	진주 양식장	Pearl bed
18		선창, 안벽	Wharf

No.	Symbol	한국어	English
20a		지정묘박지	Anchoring berth
20b	4	묘박지 번호	Berth number
21	Dol	돌 핀	Dolphin
24		기중기(고정)	Crane.
Ge		기중기(이동식)	Shifting crane
26		검역소	Quarantine
28	Hr. Off.	항무관실 Captain	Harbour-master's office (Captain of the Port Office)
29	Cus. Ho.	세 관	Custom house
35		독 크	Dock
36		乾독크	Dry-dock
37		浮독크	Floating dock
39		선가대	Patent slip; Marine railway
40		수문, 갑문	Lock
44		보건소	Health officer's office
45		폐 선	Hulk
46	PROHIB AREA	금지구역	Prohibited area
46a	7	호출지점	Calling-in points for vessel traffic control
49	under construction	공사중	Work in progress
50		공사중	Under construction

H 지 물 (시설) Topography (Artificial Features)		
1 도 로 Road	(Ha) 수송관 Pipelines	17 부 교 Pontoon bridge
2 소 로 Track ; Footpath ; Trail	7 수도관 Aqueduct Water-pipe (水)	18a 높이가 표시된 교각 Bridge clearance, vertical (13-15) (16)
3 철 도 Railway, Railroad	8 고가다리 Viaduct	19 도선장 Ferry
3a 궤 도 Tramway	8a 송유관 Oil pipe line (油)	21 댐 Dam
3b 철 도 역 Railway station	9 파 일 pile, piling, post (pile "." piling · post piling ··········)	
3c 터 널 Tunnel	11 하수도 Sewer (下水)	
3d 제 방 Embankment ; Levee	13 운하, 수문 Sluice	
3e 도랑, 개천 Cutting	14 고정교, 육교 Bridge, in general	
3f 둑 길 Causeway	15 가동교 Draw-bridge	
4 가공선 Overhead transporter Overhead cable (H 20m or (20m))		
5 송전선 및 전신전화선 Power transmission line		

I 건 물 Buildings

- 1 시 가 *City, town*
- 1a 시가(소축척)
- 3 촌 락 *Village*
- 3a 일반건축물 *Buildings in general*
- 4 성 *Castle*
- 5 집 *House*
- 8 교 회 *Church*
- 8a 대사원 *Cathedral*
- 8b SPIRE SPIRE 예 탑 *Spire; Steeple*
- 9 성 당 *Roman Catholic church*
- 10 사원, 불탑, 신사 *Temple*
- 11 예배당 *Chapel*
- 12 회교사원 *Mosque*
- 12a 회교사원의 뾰족탑 *Minaret*
- 13 회교도의 묘 *Marabout*
- 14 pag 파고다 *Pagoda*
- 15 불 각 *Buddhist temple; Joss house*
- 15a 신 사 *Shinto-shrine*
- 17 십자가 *Calvary, Cross*
- 17a 묘 지 *Cemetery, Non-Christian*
- 18 묘지(기독교) *Cemetery, Christian*
- 18a 묘 *Tomb.*
- 19 보 루 *Fort*
- 20 포 대 *Battery*
- 23 AIR PORT 항공기 착륙장 *Airplane landing field*
- 24 공항(육상) *Airport*
- 공항(해상) *Airport*
- 25 계류주 *Mooring mast*
- 26 St 가 로 *Street*
- 26a Ave. 가 로 *Avenue*
- 27 Tel. 전 신 *Telegraph*
- 28 Tel. Off. 전신국 *Telegraph office*
- 29 PO. 우체국 *Post office*
- 30 Govt. Ho. 정부청사 *Government House*
- 32 Hosp. 병원 *Hospital*
- 34a 창 고 *Warehouse*
- 35 Mon. 기념비 *Monument*
- 40 폐 허 *Ruins*
- 41 Tr 탑 *Tower*
- 41a 연 돌 *Chimney*
- 41b 폐기등대 (Lt.Ho) *Light house*
- 42 풍 차 *Windmill*
- 43 수 차 *Water mill*
- 45 급수탑 *Water-tower*
- 46 기름탱크 *Oil Tank*
- 47 공 장 *Factory*
- 50 광산, 채석장 *Mine; Quarry*
- 51 well 우 물 *Well*
- 53 탱 크 *Tank*
- 54 물방아(下射式) *Noria*
- 65 학 교 *School*
- 66 Bldg. 빌 딩 *Building*
- 70 Tel. 전 화 *Telephone*
- 71 가스탱크 가스탱크 *Gas Tank*
- 가스탱크 가스탱크 *Gas Tank*

J 각종의 부서 Miscellaneous stations

- 1 각종의 부서 *Any kind of Station*
- 2 Sta. 장 소 *Station*
- 3 (해안경비서) *Coast guard Station* 해양경찰대
- 4 Look Tower 감시소 *Lookout station; Watch tower*
- 6 L. S. S. 해난구조소 *Lifesaving station*
- 8 도선사 조합 *Pilot station*
- 9 Sig. Sta. 신호소 *Signal station*
- 10 Sem. 수기신호 *Semaphore*
- 11 S. Sig. 폭풍신호소 *Storm signal station*
- 12 We. Sig. 기상신호소 *Weather signal station*
- 13 Tide. Sig. 조석신호소 *Tide signal station*
- 14 Stream. Sig. 조류신호소 *Stream signal station*
- 15 Ice Sig. 유빙신호소 *Ice signal station*
- 16 Time Sig. 시보신호소 *Time signal station*
- 18 Mast 신호주 *Signal mast*
- 19 F.S. 기 주 *Flagstaff*
- 20 Sig. 신호 *Signal*
- 21 Obsy. 관측소 *Observatory*
- 22 Off. 사무소 *Office*
- Ja HECP 항만입출항 사무소 *Harbor entrance control post*

K 등 Lights

No.	Abbreviation / Symbol	한국어	English
1		등화의 위치	*Position of light*
2	Lt	등	*Light*
3		등대, 등주, 등표	*Lighthouse; Light staff; Light beacon*
4	 Aero Aero	항공등화	*Aeronautical light*
5	Bn	등입표	*Light beacon*
6		등 선	*Light vessel; Lightship*
11	 271°.3	도 등	*Leading light*
12	 Red Red	분호등	*Sector light*
13	 Red Green Red Green	지향등	*Directional light*
21	F	부동등	*Fixed light*
22	Occ.	명암등	*Ouccltng light*
23	Fl.	섬광등	*Flashing light*
24	QK. Fl.	급섬광등	*Quick flashing light*
24a	I.QK.Fl.	단속 급섬광등	*Interrupted quick flashing light*
25a	S.Fl.	단섬광등	*Short flashing light*
26	Alt.	호광등	*Alternating light*
(Ka)	Alt. Occ.	명암 호광등	*Alternating occulting light*
(Kb)	Alt. Fl.	섬호광등	*Alternating flashing light*
(Kc)	Alt.Gp. Fl.	군섬호광등	*Alternating group flashing light*
27	Gp.Occ.	군 명암광등	*Group occulting light*
28	Gp. Fl.	군섬광등	*Group flashing light*
28a	S-L. Fl.	단, 장섬광등	*Short-long flashing light*
28b		군단섬광등	*Group short flashing light*
(Kd)	F.Occ.	연성 부동명암광등	*Fixed and occulting light*
29	F.Fl.	연성부동섬광등	*Fixed and flashing light*
(Ke)	F.Gp.Occ.	연성부동군명암등	*Fixed and group occulting light*
30	F.Gp. Fl.	연성부동 군섬광등	*Fixed and group flashing light*
30a	Mo.	몰-스 부호등	*Morse code light*
31	Rot.	회전등	*Rotating light*
41		주 기	*Period*
42		매(每)	*Every*
43		부(附)	*With*
44		광달거리	*Visible(range)*
45		섬(閃)	*Flash*
46		엄 폐	*Occultation*
46a		암(暗)	*Eclipse*
47		군(群)	*Group*
48		불연속등	*Intermittent light*
49	Sec.	분호, 명호	*Sector*
50		분호의 색	*Colour of sector*
51		부 등	*Auxiliary light*
52		변 화	*Varied*
61	Vi.	보라색	*Violet*
62	Pu.	자 색	*Purple*
63	bu.	청 색	*Blue*
64	g.	녹 색	*Green*
65	or.	오렌지색	*Orange*
66	r.	홍 색	*Red*
67	w.	백 색	*White*
67a	am.	호박색	*Amber*
68	obsc.	안보이는 등	*Obscured light*
69		무인등	*Unwatched light*
70	Occas.	임시등	*Occasional light*
71	irreg.	불규칙등	*Irregular light*
72		가 등	*Provisional light*
73	temp.	가설등	*Temporary light*
74	ext.	소등중의 등	*Extinguished light*
80	Vert.	수직등	*Vertical lights*
81	hor.	수평등	*Horizontal lights*
(Kf)	Exper.	시험등	*Experimental light*

L 부표 및 입표 Buoys and Beacons

No.	Symbol	한국어	English
1	∘	부표 및 입표의 위치	Position of buoy or beacon
2		등부표	Light buoy
3	(Bell.)	타종부표	Bell buoy
3a	(Gong)	징부표	Gong buoy
4	(Whis)	취명부표	Whistle buoy
5	B W R RW RW RW	원태형 부표	Can buoy
	B W R RW RW RW	원통형 부표	Cylindrical buoy
6	B W R RW RW RW	방추형 부표	Nun buoy
	B W R RW RW RW	원형부표	Conical buoy
7	RW	구형부표	Spherical buoy
8		원주부표	Spar buoy
8a		원주부표	Pillar or spindle buoy
9		두표부 부표	Buoy with topmark
10		드럼통형부표	Drum can buoy
La		양식불명부표	Type unknown
12	(Float)	등 선	Light-float buoy
14a	BW	수로중앙 부표	Mid-channel
15	R	우현부표	Starboard hand buoy
16	B	좌현부표	Port hand buoy
17	BW	주(州)의 하단부표	Bifurcation buoy
18	RW	주(州)의 상단부표	Junction buoy
19	RB	고립장애부표	Isolated danger buoy
20	G	침선부표	Wreck buoy
22		계선부표	Mooring buoy
22a		계 선	Mooring
22b	(Tel.)	전신시설계선부표	Mooring buoy with telegraphic communications
22c	(Tel.)	전화시설 계선부표	Mooring buoy Telephonic communications
24a	RY R	업무중부표	Practice area buoy
30	(temp.)	가설부표	Temporary buoy
31	H. S	횡선도색	Horizontal stripes or bands

32		V. S.	종선도색	Vertical stripes
33		Cheq	체크	Chequered
41		W.	백 색	White
42		B.	흑 색	Black
43		R	홍 색	Red
44		Y	황 색	Yellow
45		G.	녹 색	Green
46		Br.	토색(다색)	Brown
47		Gy.	회 색	Gray
48		Bu.	청 색	Blue
48b		Or.	오렌지색	Orange
51			원주부표	
52		∘Bn.	입 표	Fixed beacon
53	∘ Bn.		일반입표	Beacon in general
57			두 표	Topmarks
64	Ref		반사기	Reflector
Lb	Bn Bn 271°3 271°3		도 표	Leading beacon

M 무선국 및 레이다국 Radio and Radar Station

No.	Symbol	국문	English
1	∘R ※R Stn.	무선전신국	Radio telegraphy station
2	∘RT	무선전화국	Radio telephone station
3	⊙ R Bn.	무선표지국	Radiobeacon
4	⊙ RC	무지향성 무선표지국	Circular radiobeacon
5	⊙ RD	지향성 무선표지국	Directional radiobeacon; Radio range; Coursebeacon
6	⊙ RW	지향성회전 무선표지국	Rotating loop radiobeacon
7	⊙ RG	무선방향탐지국	Radio direction finding station
9	∘ R Tr.	무선주, 무선탑	Radio masts; Radio tower
9a	∘ TV Tr.	텔레비존탑	Television mast; Television tower
10	RB	방송국	Radio broadcasting station
11	⊙ Ra.	레이다국	Radar station(Equipped with radio facilities for passing range and bearing to ships)
12	⊙ Racon	레이다, 레스폰다, 비콘	Radar responder beacon
13	※Ra Ref.	레이다반사기	Radar reflector
14	Ra conspic.	레이다현저한목표	Radarconspicuous object
14a	⊙ Ramark.	레이다비콘	Ramark
15		측거국	Distance finding station (synchronized signals)
16	⊙ Aero R Bn.	항공무선표지국	Aeronautical radiobeacon
17		데카국	Decca station
18		로란국	Loran station
(Ma)	+	송신소	Transmitting station

Gp.Fl.r.(2) 15sec 32m17M RC 등대에 설치된 무선국표시

Example of radiobeacon placed in juxtaposition with lighthouse light house

N 무 신 호 Fog Signals

No.	Symbol	국문	English
1	Fog. Sig.	무신호소	Fog signal station
2	R Fog Sig.	무선 무신호소	Radio fog-signal station
3	Gun	폭발무신호	Explosive fog signal
4		수중무신호	Submarine fog signal
5	Sub.Bell.	수중무종(파랑에 의한)	Submarine fog bell(action of waves)
6	Sub.Bell.	수중무종(기계에 의한)	Submarine fog bell(mechanical)
7	Sub. Osc.	수중발신기	Submarine oscillator
8	Nauto	노-토폰	Nautophone
9	Dia.	다이아폰	Diaphone
Na	Horn.	다이아프램 혼	Diaphragm horn
10	Gun.	무 포	Fog gun
11	Siren	무사이렌	Fog siren
13	Horn.	무각(霧角)	Fog horn
14	Bell.	무종(霧鐘)	Fog bell
15	Whis.	무적(霧笛)	Fog Whistle
16	Horn.	리드혼	Reed horn
17	Gong	무징(霧)	Fog gong
18	●	수중음 신호(해안과 연락되지 않음)	Submarine sound signal not connected to the shore
18a	●〰〰〰	수중음신호(해안과 연락됨)	Submarine sound signal connected to the shore

무신호 약기의 기재순서는, 종류, 취명회수, 주기순서임.

종류 주기
例 : ∘Horn (2) 30sec.
Ex 취명회수

The descriptive order of details of fog signal in its legend is as follows: Type, Number of Blast and Period.

O 위 험 물 Dangers

No.	Symbol / Abbr.	한글	English
1		노출암	Rock which does not cover
2		간출암	Rock which covers and uncovers
3		세 암	Rock awash at the level of chart datum
4		암 암	Sunken rock, dangerous to surface navigation
5		고립암상의 얕은 수심	Shoal sounding on isolated rock
6	21 R	암암(위험하지 않은 것).	
6a		소해로 밝혀진 수중위험물	Sunken danger with depth cleared by wiredrag
7	Reef	불명확한 넓은 암초	Reef of unknown extent
8	Vol.	해저화산	Submarine volcano
8a	Smt.	해 산	Seamount
9		변색수	Discoloured water
10		산호초	Coral reef
11	Wk	선체의 일부가 노출된 침선	Wreck showing any portion of hull or surpestructure
12		마스트만 노출된 침선	Wreck of which the masts only are visible
13		침선의 구기호	Old symbols for wrecks
14	Wk	항해에 위험한 침선	Sunken wreck, dangerous to surface navigation
15	Wk	수심이 확실한 침선	Wreck over which depth is known
16		위험하지 않은 침선	Sunken wreck, not dangerous to surface navigation
17	fB	험악지	Foul ground
17a		사 파	Foul ground Sandwave
18		급류, 파문	Overfalls; Tide-rips
Oa		격 조	Tidal race
19		와 류	Eddies
20	Kelp.	해 초	Kelp; Sea-weed
21	Bk.	퇴(堆)	Bank
22	Shl.	여 울	Shoal
23	Rf.	초(礁)	Reef
23a		초 맥	Ridge
24	Le.	암 붕	Legde
25		파 랑	Breakers
27	Obst.	장해물	Obstruction

No.	Symbol / Abbr.	한글	English
27a		석유개발대	
28	WK	침 선	Wreck
Ob	어초	어 초	Fishing reef
29	Wks	침선군	Wreckage
30		침수된 파일(위치불명확)	Submerged piling
		침수된 파일(위치가 명확)	Snags; Supmerged stumps
32	Uncov.	간출된	Dries
33	Cov.	수몰된	Covers
34	Uncov.	노출된	Uncovers
35	Rep.	보고된	Reported
38		위험한계선	Limiting danger line
39		암반한계선	Limit of rocky area
41	(P. A.)	개 위	Position approximate
42	(P.D.)	의 위	Position doubtful
43	(E. D.)	의 존	Existence doubtful
44	P Pos	위 치	Position
45	D	의심스러운	Doubtful
Ob	LD	최저수심	Least Depth

주의 :

1. 침선의 노출정도는 기본 수준면을 기준으로 함.
2. 선형이 불명확한 침선의 위치는 각 기호의 중심이 됨.

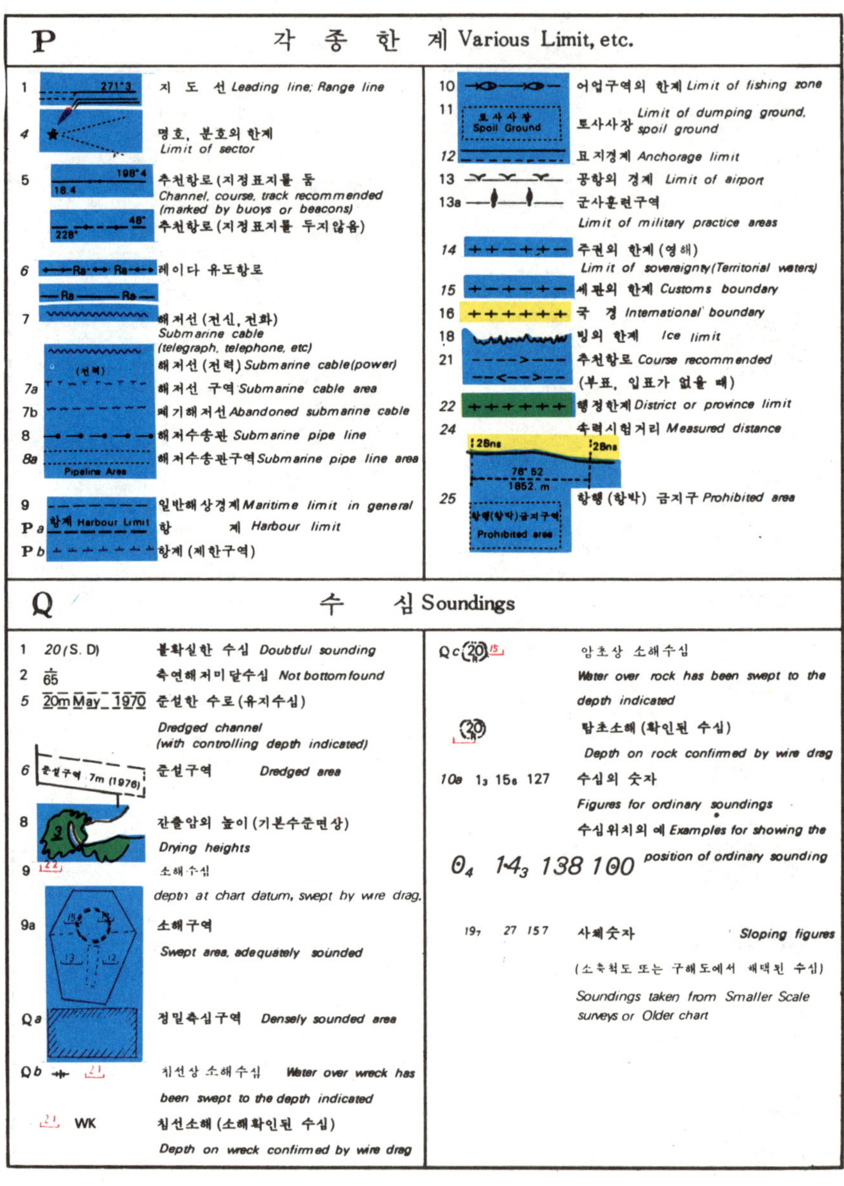
P 각 종 한 계 Various Limit, etc.
1 지 도 선 Leading line; Range line
271°3
4 명호, 분호의 한계 Limit of sector
5 추천항로(지정표지를 둠) Channel, course, track recommended (marked by buoys or beacons)
198°4
18.4
추천항로(지정표지를 두지않음)
48°
228°
6 레이다 유도항로
Ra
7 해저선(전신, 전화) Submarine cable (telegraph, telephone, etc)
해저선(전력) Submarine cable(power)
(전력)
7a 해저선 구역 Submarine cable area
7b 폐기해저선 Abandoned submarine cable
8 해저수송관 Submarine pipe line
8a 해저수송관구역 Submarine pipe line area
Pipeline Area
9 일반해상경계 Maritime limit in general
Pa 항 계 Harbour limit
항계 Harbour Limit
Pb 항계(제한구역)
10 어업구역의 한계 Limit of fishing zone
11 토사사장 Limit of dumping ground, spoil ground
토사사장
Spoil Ground
12 묘지경계 Anchorage limit
13 공항의 경계 Limit of airport
13a 군사훈련구역 Limit of military practice areas
14 주권의 한계(영해) Limit of sovereignty(Territorial waters)
15 세관의 한계 Customs boundary
16 국 경 International boundary
18 빙의 한계 Ice limit
21 추천항로 Course recommended (부표, 입표가 없을 때)
22 행정한계 District or province limit
24 속력시험거리 Measured distance
28ns
78° 52
1852. m
25 항행(항박) 금지구 Prohibited area
항행(항박)금지구역
Prohibited area
Q 수 심 Soundings
1 20(S. D) 불확실한 수심 Doubtful sounding
2 65 측연해저미달수심 Not bottom found
5 20m May 1970 준설한 수로(유지수심) Dredged channel (with controlling depth indicated)
6 준설구역 Dredged area
준설구역 7m (1976)
8 간출암의 높이(기본수준면상) Drying heights
3
9 22 소해수심 depth at chart datum, swept by wire drag.
9a 소해구역 Swept area, adequately sounded
15
13
12
Qa 정밀측심구역 Densely sounded area
Qb 21 침선상 소해수심 Water over wreck has been swept to the depth indicated
21 WK 침선소해(소해확인된 수심) Depth on wreck confirmed by wire drag
Qc 20 15 암초상 소해수심 Water over rock has been swept to the depth indicated
20 탐초소해(확인된 수심) Depth on rock confirmed by wire drag
10a 1₃ 15₆ 127 수심의 숫자 Figures for ordinary soundings
수심위치의 예 Examples for showing the position of ordinary sounding
0₄ 14₃ 138 100
19₇ 27 157 사체숫자 Sloping figures
(소축척도 또는 구해도에서 채택된 수심) Soundings taken from Smaller Scale surveys or Older chart

R 등심선 및 착색 Depth Contours and Tints

1m	○ 10m	1000m
○ 2m	○ 20m	2000m
3m	30m	3000m
4m	40m	4000m
○ 5m	50m	5000m
6m	60m	6000m
7m	70m	7000m
8m	80m	8000m
9m	90m	9000m
11m	100m	
12m	○ 200m	
13m	300m	
14m	400m	
15m	500m	
16m	600m	
17m	700m	
18m	800m	
19m	900m	

○印의 것을 주로 사용하고 기타는 필요한 경우에 사용한다.

海部의 착색 : 주요한 항만 수도의 해도는 수심 0 ~ 5 m범위를 수색으로 하고 간출부분은 육지색과 수색의 합성색으로 표시함.

S 저 질 Quality of the Bottom

1	Grd.	해 저	Ground	23	Sh	조개껍질	Shells	47a	grd	해저(조개)	Ground(Shell)
2	S	모 래	Sand	24	Oys	굴	Oysters	48	rt	부패한	Rotten
3	M	펄	Mud	25	Ms	섭조개	Mussels	49	Str	줄이 있는	Streaky
4	Oz	연 니	Ooze	26	Sp	해 면	Sponge	50	Sk	얼룩진	Speckled
5	Ml	이회암	Marl	27	K	대형의 해초	Kelp	51	gty	잔모래	Gritty
6	Cl	점 토	Clay	28	Wd	해 초	Sea-weed	52	dec	부패된	Decayed
(Sa)	Gr	가는자갈	Granule	29	Stg	다시마류	Sea-tangle	53	fly	수석질	Flinty
7	G	자 갈	Gravel	31	Spi·	해면골침	Spicules	54	ga	빙하의	Glacial
8	Sn	조약돌	Shingle	32	Fr	유공충	Foraminifera	55	ten	점착력이 강한	Tenacious
9	P	둥근자갈	Pebbles	33	Gl	방추충	Globigerina	56	w	백 색	White
10	St	돌	Stone	34	Di	규 조	Diatoms	57	bl	흑 색	Black
11	Rk. rky	바 위	Rock Rocky	35	RD d	방산충	Radiolaria	58	vi	자 색	Violet
11a	Blds	표 석	Boulders	36	Pt	익족류	Pteropods	59	b	청 색	Blue
12	Ck	백 아	Chalk	37	Po	태충류	Polyzoa	60	gn	녹 색	Green
12a	Ca	석회질	Calcareous	38	Cir	만각류	Cirripeda	61	y	황 색	Yellow
13	Qz	석 영	Quartz	38a	Fu	해초류	Fucus	62	Or	오렌지색	Orange
13a	Sch	편 암	Schist	38b	Ma	해초류	Matles	63	rd	홍 색	Red
14	Co	산 호	Coral	39	fne	가 는	Fine	64	br	갈 색	Brown
15	Mds	석산호	Madrepores	40	C	거 친	Coarse	65	ch	쵸코렛트색	Chocolate
16	V	화산질	Volcanic	41	So	연 한	Soft	66	gy	회 색	Gray
17	Lv	용 암	Lava	42	h	굳 은	Hard	67	lt	밝 은	Light
18	Pm	속 돌	Pumice	43	Sf	딱딱한	Stiff	68	d	어두운	Dark
19	T	응 회 암	Tufa;Tuff	44	Sml	작 은	Small	70	vard	가지각색	Varied
20	Sc	화산암찌꺼기	Scoriae	45	lrg	큰	Large	71	unev	평탄치않음	Uneven
21	Cn	화산분석	Cinders	46	Sy	점착질	Sticky	76	[illegible]	해저용수	Fresh water
22	Mn	망 간	Manganese	47	bk	부서진	Broken	Sb	fB	험악물76	Foul bottom

T 조석과 해조류 Tides and Currents

No.	약어	한국어	English
1	H.W.	고 조	High Water
1a	H.H.W.	고 고 조	Higher High Water
2	L.W.	저 조	Low Water
2a	L.L.W.	저 저 조	Lower Low Water
3	M.T.L.	평균조위	Mean Tide Level
4	M.S.L.	평균수면	Mean sea Level
4a	Zo.	수심기준면에서 평균수면까지 높이	Elevation of Mean Sea Level above Chart Datum
5	D.L.	기본 수준면, 수심의 기준면	Chart Datum(Datum for sounding reduction)
6	Sp.	대 조	Spring Tide
(Ta)	Sp.R.	대 조 승	Spring Rise
7	Np.	소 조	Neap Tide
(Tb)	Np.R.	소 조 승	Neap Rise
8	M.H.W.S.	대조의 평균고조면	Mean High Water Springs
8a	M.H.W.N.	소조의 평균고조면	Mean High Water Neaps
8b	M.H.H.W.	평균고고조면	Mean Higher High Water
9	M.L.W.S.	대조의평균저조면	Mean Low Water Springs
9a	M.L.W.N.	소조의평균저조면	Mean Low Water Neaps,
9b	M.L.L.W.	평균저저조면	Mean Lower Low Water
10	I.S.L.W.	인도대저조면	Indian Spring Low Water
11	H.W.F & C.	삭망의 평균고조간격	High Water Full and Change
(Tc)	M.H.W.I.	평균고조간격	Mean High Water Lunitidal Interval
12	L.W.F & C.	삭망의 평균저조간격	Low Water Full and Change
(Td)	M.L.W.I.	평균저조간격	Mean Low Water Lunitidal Interval
18	1.4kn / 1.2kn	일반해류(유속을 표시한)	Current general, with rate
19	2.3kn	창조류(유속을 표시한)	Flood stream(current), with rate
20	2.3kn	낙조류(유속을 표시한)	Ebb stream(current), with rate
21	• Tide gauge	검조기	Tide gauge
23	Vel	속 도	Velocity
24	Kn	놋-트	Knots
25		조 고	Height
26		조 석	Tide
27		삭, 신월	New moon
28		망, 만월	Full moon
29		평균의, 보통의	Ordinary
30		삭 망	Syzygy
31		창 조	Flood
32		낙 조	Ebb
33		조류도표	Tidal stream diagram
34	A B C	조류기사가 기재된 지점	Place for which tabulated tidal stream data are given.

(화살표상의 흑점의수는 고, 저조시 후의 시간을 표시함.)

1.3kn 2kn 1kn 1.5kn 2kn 1kn

U 나 침 판 Compass

No.	약어	한국어	English
1	N	북	North
2	E	동	East
3	S	남	South
4	W	서	West
5	NE	북 동	North-East
6	SE	남 동	South-East
7	SW	남 서	South-West
8	NW	북 서	North-West
9		북쪽의	Northern
10		동쪽의	Eastern
11		남쪽의	Southern
12		서쪽의	Western
21		방 위	Bearing
22		진 의	True
23	MAG.	자기의	Magnetic
24	Var.	편 차	Variation
25	ann.	년 차	Annual Change
26	±10°	이상자기구역	Abnormal variation Magnetic attraction
27	deg	도	Degrees
28	dev	자 차	Deviation

U 나 침 판 Compass

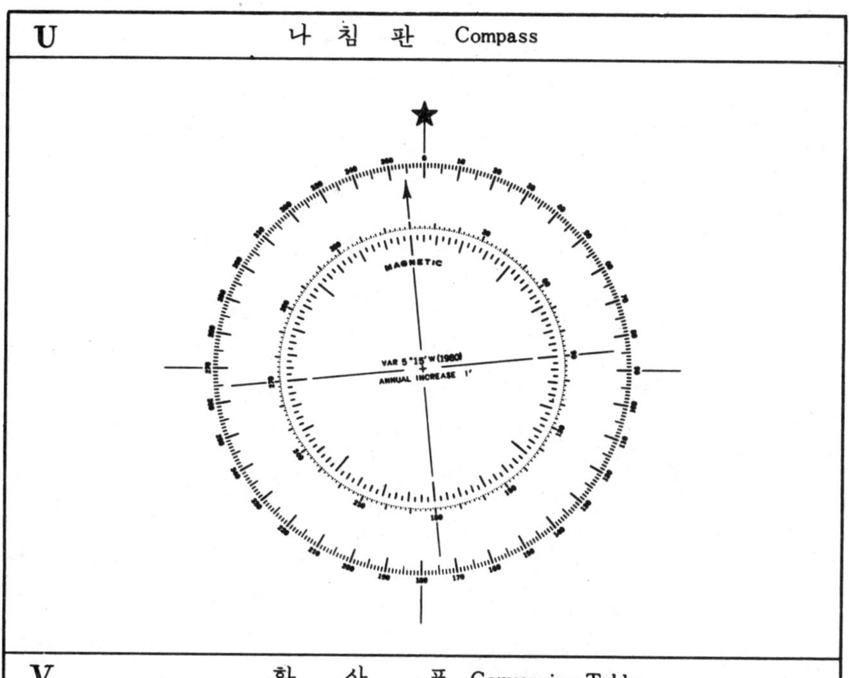

V 환 산 표 Conversion Table

화 담 fathom	미 터 m	화 담 fathom	미 터 m
0. 54	1		1. 82
1. 09	2		3. 65
1. 64	3		5. 48
2. 18	4		7. 31
2. 73	5		9. 14
3. 28	6		10. 97
3. 82	7		12. 80
4. 37	8		14. 63
4. 92	9		16. 45
5. 46	10		18. 28
54. 68	100		182. 88

휘 트 feet	미 터 m	휘 트 feet	미 터 m
3. 28	1		0. 304
6. 56	2		0. 609
9. 84	3		0. 914
13. 12	4		1. 219
16. 40	5		1. 524
19. 68	6		1. 828
22. 96	7		2. 133
26. 24	8		2. 438
29. 52	9		2. 743
32. 80	10		3. 048
328. 08	100		30. 480